環境構築から実践的なシステム作成まで完全習得!

PHP7＋
MariaDB／MySQL
マスターブック

永田順伸［著］

Windows・
macOS・
Linux対応

マイナビ

ご注意

●本書の動作確認環境は Windows 10 および、macOS Sierra バージョン 10.12.6 ならびに CentOS Linux release 7.4.1708 (Core) で行っております。これ以外の環境については操作や画面が掲載のものと異なる場合があります。

●本書の制作に当たっては正確な記述に努めましたが、著者や出版社のいずれも、本書の内容について何らかの保証をするものではなく、内容に関するいかなる運用結果についても一切の責任を負いません。

●本書掲載のサンプルプログラムは弊社 Web サイト

https://book.mynavi.jp/supportsite/detail/9784839962340.html

よりダウンロードできます。同サンプルプログラムは個人が非営利目的に使用する限りにおいて転載を認めます。ただし、運用の結果生じたいかなる結果についても責任を負いかねます。

●本書は HTML、Web サイト開設の方法、OS の操作などについては基本的な知識のあることを前提としています。不明の点は各テーマの入門書などを参照してください。

● Microsoft Windows、その他本書に記載されているマイクロソフト製品名は米国及びその他の国における Microsoft Corporation の登録商標です。

●その他本書中の会社名や商品名は、すべて各社の商標または登録商標です。

［ は じ め に ］

　本書は 2014 年に出版された『PHP + MySQL マスターブック』の改訂版です。PHP の基礎からはじめ、データベース操作、会員制システムの構築までを学習します。今回、これらの内容を PHP7 と MariaDB（MySQL 互換）に対応するよう書き改めました。

　本書前半では、基本的なサンプルプログラムを題材にして PHP と MariaDB ／ MySQL の動作を確認できるようにしました。これらの基礎的な項目は覚えるまで何度も繰り返してください。

　本書後半では会員制サイトを題材にして学習します。閲覧制限の基礎からステップアップしながらデータベースを使った認証機能まで順を追って技術を習得します。実際に利用されている会員制システムと比べると機能を絞った簡易なものですが入門者には少し難しい内容となっています。本書内のソースコードは一部省略して掲載している場合があります。サンプルファイルは必ずダウンロードして内容をよく読んでください。できるかぎり本書の解説を参考にしてプログラムを実行してください。

　Web サイトはたくさんの技術の組み合わせで構成されています。その中でも HTML と CSS は、基本となる技術です。本書内ではこれらに関してはまったく触れていないため、もし、HTML と CSS に対してまったく知識がない場合は、本書を学習する前にこれらの内容を他の書籍などで確認しておいてください。

　本書の最後に、自分で考えてプログラミングするための方法を私自身の経験を元に書いてみました。参考になれば幸いです。読者のみなさんが本書をマスターして、さらに上級クラスの書籍や他の言語の学習へ進んでいき、Web アプリケーションの世界で活躍される日を心待ちにしています。

2018 年 1 月　永田順伸

PHP7+MariaDB／MySQLマスターブックの使い方

「PHP7+MariaDB／MySQL マスターブック」は、経験のない方でもプログラミングの基本をマスターできることを目指した入門書です。まずは、本シリーズの特徴をご紹介しつつ、その読み方について説明しましょう。豊富な図解とコラム、練習問題とサンプルプログラムで着実にスキルアップをはかることができます。

サンプルのダウンロード
本書に掲載しているサンプルは下のURLからダウンロードすることができます。
URL https://book.mynavi.jp/supportsite/detail/9784839962340.html

Section タイトル
各 Section は「〜するには」「〜とは」などの目的別に構成されているので、やりたいこと・知りたいことを簡単に探せます。

サブタイトル
学習する文法事項の名前です。

左ページツメ
各 Chapter のタイトルが入っています。

Chapter 3
Section 32　**HTTPヘッダー**

HTTPヘッダーを操作するには

Webブラウザでホームページを閲覧するとき、WebサーバとWebブラウザの間では、見えないところで、各種情報をやり取りしています。この情報はHTTPヘッダーという部分に書かれています。

HTTPヘッダーとは

リクエストヘッダーとは
Web サーバと Web ブラウザは HTTP（Hypertext Transfer Protocol）というプロトコル（通信のための手順）を使ってお互いにメッセージを交換しています。例えば、ページを閲覧するときには、ブラウザから Web サーバに対して「リクエスト」（要求）が送信されます。「リクエスト」はメソッド、ヘッダー、データで構成された文字列です。リクエストメソッドでページを表示するなどの要求をし、リクエストヘッダーにブラウザの情報などが含まれて送信されます。ブラウザの種類やOSの情報を含む「User-Agent」、どのページからのリクエストなのかを示す「Referer」はプログラムによく利用されます。

レスポンスヘッダーとは
Webサーバでは「リクエスト」のメソッドを受けて処理を実行します。次に、ステータスコードをブラウザへ送信します。ステータスコードは処理の結果を3桁の数字で返します。次に、「レスポンス」(返事) がブラウザへ送信されます。レスポンスは、ヘッダー、データで構成されています。レスポンスヘッダーの例としては、「HTTP/1.1 200 OK」や「Server: Apache」などがあります。

110

PHP7＋MariaDB／MySQL マスターブックの特徴

●その1
コードの説明は同じページ内に

本書は、原則的にプログラムのコードの説明は、同じページにあります。説明を読むために、ページをめくる必要がないので、ストレスを感じることなく学習を進めることができます。

●その2
練習問題でパワーアップ

各Chapter末には学習したことを確認し、力を付けるための練習問題が付いています。

●その3
やりたいこと・知りたいことだけを読んで効率的にマスター

本書の各Sectionは「〜するには」「〜とは」などの目的別に構成されています。自分のやりたいことや知りたいことだけを探して読んでいけば、再入門の読者の方にも最適です。

レスポンスヘッダーを送信する

リクエストヘッダーを直接操作する場面は少ないですが、レスポンスヘッダーに関しては、CSV形式ファイルをダウンロードさせる処理に特別なヘッダーを出力することがあります。例では、$downloadfileにファイル名を格納します❶。このファイル名は1つめのheader関数と、2つめのheader関数に記述します❷。読み込み用のファイル名「test.data」をfile_get_contents関数に指定して❸、$resultにファイルの内容を格納し❹、print文でダウンロードファイル内に書き込みます❺。「test.data」をPHPファイルと同じディレクトリに置いてPHPファイルを表示させると画面に表示はなく、代わりにダウンロード画面が表示され、ファイルを「data.csv」としてダウンロードすることができます。なお、header関数を実行する前にprint文やHTMLタグがあるとエラーになったり、ダウンロードファイルに文字が書き込まれたりします。

```php
header(" レスポンスヘッダー ");
```

header.php

```php
<?php
$downloadfile = "data.csv";           ❶ ダウンロードに使うファイル名を格納して、
header("Content-Disposition: attachment;   ❷ このheader 関数に
filename=$downloadfile");                      $downloadfileを指定
header("Content-type: application/octet-stream;   します。
name=$downloadfile");                 ❸「test.data」をここに指定して、
$result = file_get_contents("test.data");
print $result;          ❺ print文でダウンロードファイル内に書き込みます。
?>
          ❹ $resultにファイルの内容を格納し、
```

Section 32 HTTPヘッダー

In detail ≫詳解 Hypertext Transfer Protocol

レスポンスヘッダーの記述方法など、HTTPの詳細については「Hypertext Transfer Protocol – HTTP/1.1」(http://www.w3.org/Protocol/rfc2616/rfc2616-sec14.html)を参照してください。

Point ≫要点 サーバサイドとクライアントサイド

PHPからレスポンスヘッダを操作することが多いのは、PHPがサーバで動作するプログラムだからです。このようなプログラム言語を「サーバサイド・スクリプト」と呼びます。一方、クライアント（ブラウザなど）で動作する「クライアントサイド・スクリプト」があります。最近のWebサイトには必須の言語がJavaScriptです。ページを切り替えずに画面を更新するようなときにJavaScriptのXMLHttpRequestオブジェクトでリクエストヘッダを操作します。

リダイレクト

あるページから別のページ（または別のサイトのページ）に自動的に移動することをリダイレクトといいます。レスポンスヘッダーとして「Location: URL」をブラウザに対して送信するとこのリダイレクトを実現できます。指定するURLは、相対パスではなく、http://から始まる絶対パスにする必要があります❶。header関数によって別のページに移動するため、「exit」で終了します❷。

location.php

```php
<?php          ❶ 絶対パスを指定して、
header("Location: https://book.mynavi.jp/");
exit;          ❷ exitで終了します。
?>
```

構文

プログラム言語の文法事項を例示したものです。この色の文字が学習する事項を表します。

右ページツメ

ここで学習する項目の名前で必要なSectionが探せます。

コード

コードに対して説明を加えています。説明している部分がこの色になっています。

コラム

本書には以下の5種類のコラムが用意されています。本文と併せてこれらのコラムを読むことで、より幅広い知識が身に付きます。

Grammar ≫文法	文法事項についての注意点を説明しています。
Point ≫要点	操作やプログラミングのポイントを解説します。
Caution ≫注意	間違いやすいところを注意しています。
Term ≫用語	専門的な用語を解説しています。
In detail ≫詳解	コードの意味などについて詳細に解説します。

C o n t e n t s

はじめに …………………………………………………………………………………… 3

本書の使い方 ……………………………………………………………………………… 4

Chapter 1　PHP の開発環境　011

Section 01	PHP はどんな言語？	[PHP の特徴]	012
Section 02	Windows で稼動させるには (XAMPP)	[Windows にインストール]	014
Section 03	Mac で稼働させるには	[Mac にインストール]	018
Section 04	Linux で稼動させるには	[Linux にインストール]	022
Section 05	Apache を設定するには	[Apache の設定]	026
Section 06	PHP を設定するには	[PHP の設定]	030
Section 07	PHP の動作を確認するには	[PHP の動作確認]	032
Section 08	開発ツールを導入するには	[IDE]	034
	▶ 練習問題		038

Chapter 2　PHP の基礎　039

Section 09	PHP スクリプトを書くには	[記述のルール]	040
Section 10	文字を表示するには	[文字の表示]	042
Section 11	HTML に PHP を埋め込むには	[HTML に埋め込む]	044
Section 12	定数を使うには	[定数]	046
Section 13	変数にデータを保存するには	[変数]	048
Section 14	データを並べて操作するには	[配列]	050
Section 15	データとキーを関連させて保存するには	[連想配列]	054
Section 16	演算子を使うには	[演算子]	058
Section 17	条件を判定して処理を分岐するには	[if 文]	066
Section 18	複数の条件で処理を分岐するには	[switch 文]	068
Section 19	ある条件のときだけ繰り返すには	[while 文]	070
Section 20	指定した回数だけ繰り返すには	[for 文]	072
Section 21	配列や連想配列を一度に処理するには	[foreach 文]	074
Section 22	処理を飛ばして繰り返したり中断するには	[continue 文・break 文]	076

Section 23	別ファイルに記述した処理を読み込むには	[require 文・include 文]	078
Section 24	処理をまとめるには	[ユーザー定義関数]	080
Section 25	関数に引数を渡すには	[引数]	082
Section 26	関数から値を受け取るには	[返り値]	084
Section 27	変数の有効範囲を決めるには	[グローバル変数]	086
	▶ 練習問題		088

Chapter 3　PHP の組み込み関数　089

Section 28	文字列を操作するには	[文字列の操作]	090
Section 29	配列を操作するには	[配列の操作]	096
Section 30	日付・時刻を使用するには	[日付・時刻]	104
Section 31	ファイルを操作するには	[ファイルの操作]	106
Section 32	HTTP ヘッダーを操作するには	[HTTP ヘッダー]	110
Section 33	メールを送信するには	[メール送信]	112
Section 34	正規表現を利用するには	[正規表現]	114
	▶ 練習問題		116

Chapter 4　Web での PHP　117

Section 35	フォームで送信されたテキストを取得するには	[テキストの送信]	118
Section 36	複数行のテキストを取得するには	[複数行テキスト]	122
Section 37	hidden タグのデータを取得するには	[hidden タグ]	124
Section 38	送信ボタンのデータを取得するには	[送信ボタン]	126
Section 39	チェックボックスのデータを取得するには	[チェックボックス]	130
Section 40	ラジオボタンのデータを取得するには	[ラジオボタン]	132
Section 41	プルダウンメニューのデータを取得するには	[プルダウンメニュー]	134
Section 42	リストボックスのデータを取得するには	[リストボックス]	136
Section 43	クッキーを取得するには	[クッキー]	138
Section 44	セッションを管理するには	[セッション管理]	140
Section 45	ファイルをアップロードするには	[ファイルアップロード]	146
Section 46	画像を縮小するには	[画像縮小]	150

Section 47	メールを受信するには	［メール受信］	152
Section 48	外部コマンドを実行するには	［外部コマンドの実行］	156
	▶ 練習問題		160

Chapter 5　クラスとオブジェクト　　161

Section 49	クラスを作成するには	［クラス］	162
Section 50	インスタンスを生成するには	［インスタンス］	164
Section 51	メソッドを利用するには	［メソッド］	166
Section 52	クラスから新しいクラスを作るには	［継承とトレイト］	168
Section 53	クラスを設計するには	［クラスとオブジェクト］	172
Section 54	デザインパターンを利用するには	［クラスを利用する］	176
	▶ 練習問題		180

Chapter 6　データベースの準備　　181

Section 55	データベースとは	［データベース］	182
Section 56	MySQL に接続するには	［MySQL に接続］	184
Section 57	MySQL を設定するには	［MySQL の設定］	190
Section 58	データベースを作成するには	［データベースの作成］	192
Section 59	ユーザーの作成と権限設定	［ユーザーと権限］	194
	▶ 練習問題		196

Chapter 7　データ操作の基本　　197

Section 60	テーブルを作成するには	［テーブル作成］	198
Section 61	データをテーブルに挿入するには	［データの挿入］	204
Section 62	データをテーブルから検索するには	［データの検索］	206
Section 63	データを更新するには	［データの更新］	208
Section 64	データを削除するには	［データの削除］	210
	▶ 練習問題		212

Chapter 8	**PHP からデータベースを操作する**		213
Section 65	データベースに接続するには	［データベース接続］	214
Section 66	PDO を利用するには	［PDO］	218
Section 67	SQL 文を発行するには	［SQL 文］	224
Section 68	登録画面からデータを挿入するには	［データ挿入］	228
Section 69	データを検索して表示するには	［検索結果の表示］	232
Section 70	データを更新するには	［更新］	236
Section 71	データを削除するには	［削除］	240
Section 72	機能を連携するには	［各処理の連携］	242
	▶ 練習問題		248

Chapter 9	**PHP と MySQL で作る会員管理システムー会員機能**		249
Section 73	会員のみに画面を表示するには	［会員画面の表示］	250
Section 74	アクセス制限するには	［アクセス制限］	252
Section 75	会員管理システムの構成	［会員管理の構成］	260
Section 76	テーブルを設計するには	［テーブルの設計］	262
Section 77	設定と機能確認	［設定と機能確認］	264
Section 78	Smarty を利用するには	［テンプレートエンジン］	268
Section 79	HTML_QuickForm2 で入力チェックするには	［入力チェック］	272
Section 80	認証機能を実装するには	［認証］	278
Section 81	制御構造を作るには	［制御構造］	286
Section 82	会員情報を登録するには	［会員情報の登録］	290
Section 83	メールを使って本人を確認するには	［メールによる確認］	300
Section 84	会員情報を更新するには	［会員情報の更新］	306
Section 85	会員情報を削除するには	［会員情報の削除］	312
	▶ 練習問題		314

Chapter 10	**PHPとMySQLで作る会員管理システムー管理機能**		315
Section 86	管理画面を表示するには	［管理画面の表示］	316
Section 87	会員情報の一覧を分割表示するには	［分割表示］	320

Section 88	管理画面から会員情報を登録するには	[管理側から登録]	326
Section 89	管理画面から会員情報を更新するには	[管理側から更新]	332
Section 90	管理画面から会員情報を削除するには	[管理側から削除]	336
Section 91	機能を追加するには	[機能追加]	340
Section 92	ログインを自動解除するには	[タイムアウト処理]	344
	▶ 練習問題		346

Chapter 11　データベースの運用
347

Section 93	MySQL のコマンドツール	[コマンドツール]	348
Section 94	ログ取得と動作確認	[動作確認]	352
Section 95	データをバックアップするには	[バックアップ]	356
	▶ 練習問題		358

Chapter 12　PHP の応用
359

Section 96	商品情報を取得するには	[商品情報の取得]	360
Section 97	位置情報を取得するには	[位置情報の取得]	366
Section 98	レンタルサーバを利用するには	[レンタルサーバ]	370
	▶ 練習問題		372

Chapter 13　これからプログラミングをしていくにあたって
373

| Section 99 | 自分で考えてプログラミングするには | [プログラミングするには] | 374 |
| | ▶ 練習問題 | | 384 |

	▶ 練習問題解答	385
	▶ ダウンロード一覧	390
	▶ 索引	391

Chapter 1

PHP の開発環境

Section 01
PHP はどんな言語？ [PHP の特徴] 012

Section 02
Windows で稼動させるには（XAMPP） [Windows にインストール] 014

Section 03
Mac で稼働させるには [Mac にインストール] 018

Section 04
Linux で稼動させるには [Linux にインストール] 022

Section 05
Apache を設定するには [Apache の設定] 026

Section 06
PHP を設定するには [PHP の設定] 030

Section 07
PHP の動作を確認するには [PHP の動作確認] 032

Section 08
開発ツールを導入するには [IDE] 034

練習問題 038

Chapter 1
Section 01　PHPの特徴

PHPはどんな言語？

このChapterではPHPを稼動させるために必要な準備を行います。このSectionで、PHPの特徴と、動作に必要な仕組みについて確認しておきましょう。

PHPの特徴

PHPとは
PHPは「ピー・エイチ・ピー」と読みます。Personal Home Pageがその由来です。正式名称は「PHP：Hypertext Preprocessor」と言います。Webで利用されるHTML形式のようなハイパーテキストを閲覧者の操作によって生成して、動的な画面を作るのが得意です。会員制システムや通販システムなどのWebアプリケーションを開発する状況では実行速度や実装の容易さからよく利用される言語の1つとなっています。以下、具体的にPHPの特徴を述べます。

利用者側から見た特徴
●無償で利用できる
PHPは無償で利用できます。ボランティアのみなさんの活躍で、マニュアルも完備し、バグフィックスなどのメンテナンスも十分に行われているため安心して利用できます。

●習得しやすい言語
PHPはC、Java、Perlに似た文法や関数群が豊富です。これらのプログラミング言語を学習済みであれば、比較的短時間にPHPを習得することができます。本書でPHPを使ったWebアプリケーションの基礎を学んだ後にJavaやrubyを学ぶのも面白いでしょう。

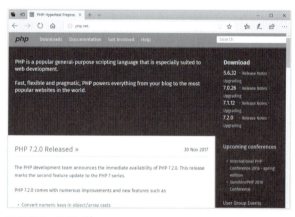

PHPのホームページ
URL http://www.php.net/

●デバッグのしやすさ
プログラミングに誤りはつきものです。PHPでエラーが発生したときは、スクリプトの行番号とエラー内容がブラウザ上に表示されるため、ミスを容易に発見できます。C言語やアセンブリ言語などで実行時にエラーが発生した場合に比べるとデバッグが非常に簡単です。

●マルチプラットフォーム
Linux上だけではなく、Windows、Mac OS Xで動作します。AmazonのAWS SDK for PHPやMicrosoft Azureなどクラウド環境にも対応しています。

技術的な特徴

●サーバサイド・スクリプト言語

PHPはWebサーバ上で動作するためサーバサイド・スクリプト言語と呼ばれます。ブラウザから送信されたリクエストに応えて処理を実行して、結果をHTML形式に整形してブラウザへ送信します。同じような言語にPerl、Ruby、Pythonなどがあります。

●文字コード変換が自動

PHPの設定ファイルに記述するだけで、入力されたデータの文字コード変換や、表示するときの文字コード変換を自動的に行います。現状のWebサイトの文字コードは次第にUTF8に統一されつつありますが、日本語メールや携帯サイトは文字コードの設定が重要です。

●セッション管理ができる

PHPはセッション管理が簡単にできるため、通販システムや会員制のシステムなどを簡単に構築できます。（セッションについては後で学習します）

●各種データベースのサポート

PHPはMySQL、MariaDBやPostgreSQLをはじめ、Oracle OCI8、Microsoft SQL Server、MongoDB、Firebirdなどをサポートしています。それぞれにPHPから利用できるクラスが用意されていますが、PDOを利用すると共通化されたインターフェイスを利用してどのデータベースにも接続できます。さらに標準でSQLiteがバンドルされているので、データベースを用意しなくても簡単な用途ならすぐに利用できます。

●PDF、JpGraph、XML、JSONなどのサポート

PHPはさまざまなライブラリをサポートしています。PHPスクリプトからTCPDFやmPDFなどのライブラリを使用してPDFファイルを作成したり、JpGraphというライブラリを利用することで折れ線グラフや円グラフを作成できます。XMLやJSONなどのデータ形式を利用できる関数も用意されています。

●オブジェクト指向の強化

PHP5からオブジェクト指向が強化され、SPL（クラスライブラリ）を利用できるようになりました。PHP5.3から名前空間の導入でクラス名や定数名の競合を回避できるようになり、PHP5.4では、トレイトというコードを再利用するための仕組みが導入されています。

●バージョンアップごとに進化

PHPは常に複数のバージョンが公開されバージョンアップごとに安全で使いやすい言語として成長しています。PHP5.4でビルトインWebサーバが、PHP5.5ではfinally節が導入され、PHP5.6では演算子を使った可変長引数が扱えるように、PHP7.0では致命的エラーの多くが例外として捕捉できるようになりました。

動作に必要な仕組み

Webサーバとの連携

PHPはデータの処理だけを行います。ブラウザからデータを受け取ったり、データをブラウザに送信するようなやりとりはWebサーバが行います。本書では広く利用されているApache（Webサーバ）とPHPを組み合わせて利用する方法を解説します。

データベースとの連携

PHPはデータベースとの連携を目的として開発されたため他の言語と比べると容易にデータベースを利用したWebアプリケーションを開発することができます。本書後半ではMySQLの設定から詳しく解説します。PHPとMySQLを連携する方法を自分のものにしてください。

Chapter 1
Section 02 | Windowsにインストール

Windowsで稼動させるには(XAMPP)

Apache、PHP、MySQL互換のMariaDBを簡単にインストールできるXAMPPを利用してWindows上に開発環境を構築します。

ダウンロード

1 WebサイトでXAMPPを確認する

XAMPP（ザンプ）はPHPやMySQL互換のMariaDB、Apache(Web サーバ)などホームページを表示するために必要なソフトを一度にインストールします。XAMPPの公式サイトからダウンロードして開発環境を構築しましょう。ブラウザのアドレスバーに「https://www.apachefriends.org/index.html」を指定してXAMPPの公式サイトを表示します❶。ページに表示された言語が英語の場合は、ページ上部右側の言語プルダウンメニューから[JP]を選択して日本語に変更します❷。同じページ上部左側にある[ダウンロード]をクリックしてダウンロード画面に移動します❸。

❶「XAMPP公式サイト」を表示して、
❷ 言語を設定して、
❸ ここをクリックして移動します。

XAMPPのホームページ
URL https://www.apachefriends.org/index.html

2 ダウンロードを開始する

「Windows向けXAMPP」という表示を確認します❹。本書では「PHP 7.2.0」をインストールします。ここでは一番下にある「7.2.0 / PHP 7.2.0」の右側の[ダウンロード]をクリックしてください❺。Microsoft Edgeでは、メッセージ画面に切り替わります。ダウンロードパネルは、もとの画面に表示されていますので、タブを切り替えて[保存]ボタンをクリックします。「PHP 7.2.0」が見つからない場合は「http://sourceforge.net/projects/xampp/files/」で探してください。

インストール

1 インストーラを起動する

Microsoft Edgeでは「xampp-win32-7.2.0-0-VC15-installer.exeのダウンロードが終了しました」と表示されますので、[実行]ボタンをクリックして❶起動してください。ダウンロードしたXAMPPのインストーラは、「ダウンロード」フォルダに保存されています。何度か試す場合は、ここからアイコンをダブルクリックしてインストーラを起動できます。

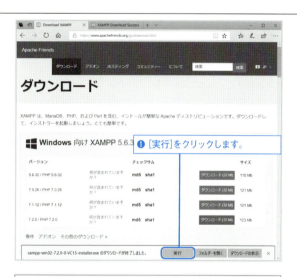

2 XAMPPのセットアップ

Microsoft Edgeでは「このアプリがデバイスに変更を加えることを許可しますか？」と表示されますので[はい]をクリックします。次にインストール先についてWarning（注意）が表示されます。[OK]をクリックして閉じてください。「Setup」画面が表示されたら[Next]をクリックして、画面のとおり本書で取り扱わない機能のチェックを外します❷。インストール先は「C:¥xampp」から変更しないでください。画面の指示を読みながら数回[Next]ボタンをクリックするとインストールが開始されます。

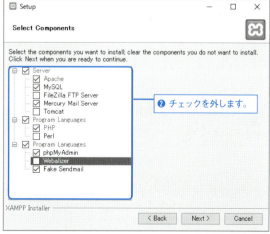

Next▶

3 XAMPP Control Panel の起動

インストールが完了して[Finish]ボタンをクリックします。すぐに「Language」設定パネルが表示されます。米国国旗にチェックがあることを確認して[Save]ボタンをクリックすると「XAMPP Control Panel」ウィンドウが表示されます。[Start]ボタンをクリックします❸。Windows 10ではスタートボタンをクリックして表示されるスタートメニュー内に「XAMPP Control Panel」のアイコンがありますのでそこから起動できます。

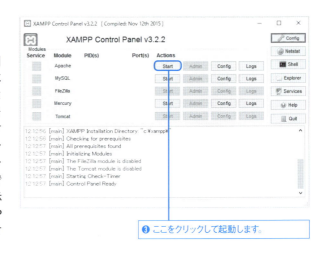

❸ ここをクリックして起動します。

4 Apacheを起動する

XAMPP Control Panelの下部には動作状況が表示されます❹。しばらくすると「Apache」の背景が緑色になり❺、PID（プロセスID）とPort（ポート番号）に番号が表示され❻、起動が完了したことがわかります。

❹ 動作状況が表示され

❺ 緑色になり、

❻ 番号が表示されます。

Caution 注意　プロセスID

プロセスIDは、コンピュータが識別できるように処理中のプログラムに付けられた識別番号のことです。ポート番号は、コンピュータ同士で通信するときの窓口になるものです。このポート番号が違ったり別のプログラムが同じポート番号を利用したりすると通信できなくなります。ここではポート番号に80番と443番を利用しています。SkypeやIIS（インターネットインフォメーションサービス）が動作していると同じポート番号を使用していてApacheが起動できないことがあります。このときはSkypeやIISのポート番号を変更するか、停止してください。

Caution 注意　Windows 10 にアップグレードしたらXAMPP が起動しない

XAMPPをインストールした状態でWindows10にアップグレードした場合、Windows内のIIS（Webサーバ：インターネットインフォメーションサービス）が起動して80番ポートを占有してしまうためApacheが起動できなくなります。IISを無効にしてApacheを再起動してください。まず、スタートメニューのWの項目にある[Windows システムツール] → [コントロールパネル] → [プログラム] を選択して、表示された画面上の [Windowsの機能の有効化または無効化] をクリックします。「Windowsの機能」画面が表示されたら「インターネットインフォメーションサービス」を探し [+] をクリックして [World Wide Web サービス] のチェックを外し [OK] をクリックします。しばらく待つとIISが無効になり、Apacheを起動できるようになります。

XAMPPの動作を確認

1 localhostに接続する

ブラウザのアドレスバーに「localhost」と入力して❶、[Enter]キーを押します。localhostとはネットワーク内で自分自身を表す言葉です。ここでは、手元で操作しているPCがlocalhostです。

❶「localhost」と入力。

In detail ≫詳解　localhost

「localhost」はサーバ自身を意味します。「127.0.0.1」も同じ意味です。http://localhost/ の代わりに http://127.0.0.1/ と入力してもApacheのテストページを表示できます。

2 動作を確認する

「Welcome to XAMPP for Windows 7.2.0」と表示されます❷。動作しない場合は手順に誤りがないか、再チェックしてください。終了するときはXAMPP Control Panel上で、Apacheの右の[Stop]ボタンをクリックしてください。[Quit]ボタンをクリックするとXAMPP Control Panelが終了します。Apacheを停止せずに終了した場合は、そのままApacheは起動したままになります。

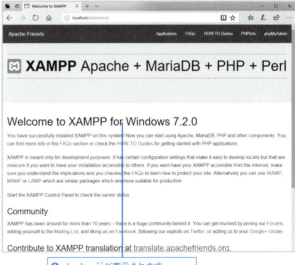

❷ メッセージが表示されます。

Next▶

Chapter 1
Section 03　Macにインストール

Macで稼働させるには

Mac版のXAMPPを利用してApache、PHP、MySQL互換のMariaDBを一度にインストールしましょう。Windows版と比べるとコントロールパネルやメールの機能に関して違いがあります。

ダウンロード

1 ダウンロードを開始する

Mac版XAMPPも、Windows版と同じようにPHPやMySQL互換のMariaDB、Apacheなどを一度にインストールできるソフトウェアのパッケージです。管理用のXAMPP Control Panelも同時にインストールされます。ブラウザのアドレスバーに「https://www.apachefriends.org/jp/download.html」を指定して、「OS X 向け XAMPP」という表示を確認します❶。ページに表示された言語が英語の場合は、ページ上部右側の言語プルダウンメニューから［JP］を選択して日本語に変更します。本書では「PHP 7.2.0」をインストールします。ここでは一番下にある「7.2.0 ／ PHP 7.2.0」の右側の［ダウンロード］をクリックしてください❷。「PHP 7.2.0」が見つからない場合は「http://sourceforge.net/projects/xampp/files/」で探してください。なお、「XAMPP-VM ／ PHP 7.2.0」は本書の説明と内容が違うものなのでダウンロードしないでください。

❶「OS X 向け XAMPP」を表示させて、

❷ ここをクリックしてダウンロードします。

XAMPPのホームページ
URL　https://www.apachefriends.org/jp/download.html

2 インストーラを起動する

Finderの［ダウンロード］を選択してダウンロードしたファイル（本書ではxampp-osx-7.2.0-0-installer.dmg）をダブルクリックします。しばらく待つとファイルが展開されインストーラ「XAMPP.app」が表示されます。このアイコンをさらにダブルクリックします❸。

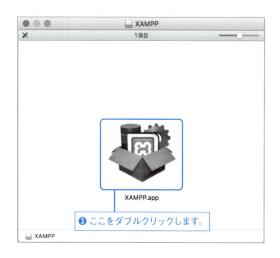

❸ ここをダブルクリックします。

インストール

1 XAMPPのセットアップ

インストーラが表示されたら、画面の指示に従い操作してください。何度か［Next］ボタンをクリックするとインストールが開始されます❶。

❶ 何度か[Next]をクリックしてインストールします。

2 インストールの完了

「Completing the XAMPP Setup Wizard」と表示されたらインストールは完了です。そのまま、［Finish］ボタンをクリックすると❷、SafariにXAMPPの最初の画面が表示され「Welcome to XAMPP for OS X 7.2.0」を確認できます。これでApache（Webサーバ）が起動していることがわかります。画面が表示されない場合は次の手順でApacheを起動します。

❷ ここをクリックして完了します。

3 XAMPP Control Panel の起動

Mac版のControl PanelはLaunchpadのXAMPPの中にある「manager-osx」アイコンをクリックしてください❸。または、Finderを表示して［アプリケーション］→［XAMPP］→［manager-osx.app］を選択して実行します。

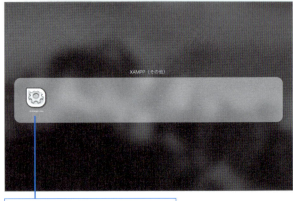

❸ Launchpadのアイコンをクリックします。

4 Apacheを起動する

「Control Panel」の［Manage Servers］を選択します。「Server」の名前と「Status」（その状態）が一覧で表示されます。ここでは、［Apache Web Server］を確認します。左のインジケーターが赤でStatusが「Stopped」だとWebサーバは停止中です。起動するには［Apache Web Server］を選択して❹、一覧の右側の［Start］ボタンをクリックします❺。左側のインジケーターが赤から黄になり緑になると起動に成功です❻。

❹ここを選択して、　❺ここをクリックすると、

❻ここが緑色になります。

In detail 詳解　XAMPP-VM for Mac

執筆時点では、Mac版のみXAMPP-VMが公開されています。これは、Macの中にLinuxと同じ環境を構築できる仮想マシン（VM: Virtual Machine）と呼ばれるものです。初心者には難易度が高く扱いづらいため本書では取り上げていません。

In detail 詳解　MAMP

XAMPP以外にもMac用のMAMPが有名です。XAMPPは、X（クロスプラットフォーム）、Apache、MySQL、PHP、Perlの意味です。一方、MAMPは、Mac、Apache、MySQL、PHPという意味です。XAMPPは、Windows、Mac、という3つのOSで開発が進んでいるため本書で取り上げることにしました。MAMPには有償版があり複数のPHPのバージョンを利用できたりメールが簡単に利用できたりと便利になっています。MAMPは「https://www.mamp.info/en/」でダウンロードできます。

XAMPP の動作を確認

1 localhost に接続する

ブラウザのアドレスバーに「localhost」と入力して ❶、Backspace キーを押します ❷。localhost とはネットワーク内で自分自身を表すことばです。ここでは、手元で操作している Mac が localhost です。

❶「localhost」と入力して、

❷ Backspace キーを押します。

2 動作を確認する

「http://localhost/dashboard/」へ移動して「Welcome to XAMPP for OS X 7.2.0」と表示されます ❸。動作しない場合は手順に誤りがないか、再チェックしてください。Mac 版 XAMPP はポート（通信するときの窓口）80 と 443 を利用します。同じポートを使用するアプリケーションが起動中の場合は停止してください。

❸ メッセージが表示されます。

3 XAMPP の終了

終了するときは [Stop] または [Stop All] ボタンをクリックしてください ❹。サーバが停止します。Mac では「コンピュータ名.local」としても Web サーバにアクセスできますが本書では「localhost」で統一します。

❹ クリックして終了します。

Chapter 1
Section 04 | Linuxにインストール

Linuxで稼動させるには

Linuxにはさまざまディストリビューション（頒布形態）があります。このSectionではレンタルサーバに広く利用されているCentOSにApache、PHP、MySQL互換のMariaDBをXamppを使って一括導入する方法を説明します。

ダウンロード

1 WebサイトでXAMPPを確認する

Linux版XAMPPもPHPやMySQL互換のMariaDB、Apacheなどを一度にインストールできるソフトウェアです。ブラウザのアドレスバーに「https://www.apachefriends.org/jp/download.html」を指定して❶、「Linux 向け XAMPP」を確認します❷。本書では「PHP 7.2.0」をインストールします。一番下の「7.2.0/PHP 7.2.0」の右側の[ダウンロード]をクリックしてください❸。

XAMPPのホームページ
URL https://www.apachefriends.org/jp/download.html

2 ダウンロードを開始する

タブ画面が開いてメッセージが表示されます。その上に重なってダウンロードパネルが表示されます。[OK]をクリックしてダウンロードを開始します❹。本書では、CentOS7のデスクトップ環境にインストールします。CentOSの操作の詳細については書籍を参照するか、インターネットで検索してください。「PHP 7.2.0」が見つからない場合は「http://sourceforge.net/projects/xampp/files/」で探してください。

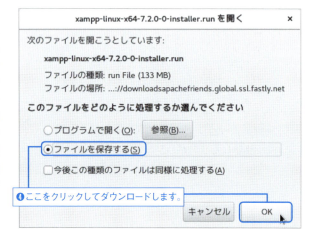

インストールの準備

1 ターミナルの起動

インストールは、「ターミナル」または「端末」と呼ばれるコマンドを入力するための画面を起動して操作します。はじめに、CentOSのデスクトップから［アプリケーション］→［システムツール］→［端末］を選択して❶、ターミナルを表示します。

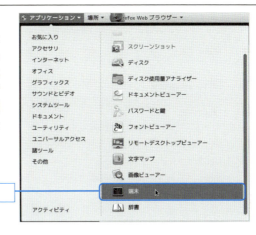

❶ ここを選択します。

2 root権限になる

ターミナル画面を表示したら、システムに変更を加えられるようにユーザ権限をrootに昇格して、ダウンロードしたファイルを実行できるようにします。ターミナルに「su」と入力して❷、[Enter]キーを押します❸。「パスワード：」に続けて、rootのパスワードを入力して❹、再度、[Enter]キーを押します❺。ここにrootと表示されたらroot権限です❻。root権限のときは慎重に操作してください。

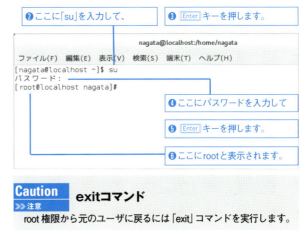

❷ ここに「su」を入力して、
❸ [Enter]キーを押します。
❹ ここにパスワードを入力して
❺ [Enter]キーを押します。
❻ ここにrootと表示されます。

Caution ≫注意　exitコマンド
root権限から元のユーザに戻るには「exit」コマンドを実行します。

3 ディレクトリの移動

操作するときに長いパスを入力しなくて済むように、ダウンロードしたXAMPPのインストーラのあるディレクトリまで「cd ディレクトリ名」と入力して移動します。Firefoxでダウンロードした場合、「/home/あなたのアカウント名/ダウンロード」にXAMPPのインストーラが保存されています。本書では「cd /home/nagata/ダウンロード」と入力して❼、[Enter]キーを押します❽。プロンプトに移動先が表示され❾、移動したことがわかります。

❼ 「cd ディレクトリ名」と入力して、
❽ [Enter]キーを押します。
❾ ここで移動したことがわかります。

Next ▶

In detail 詳解　コマンドとオプション

コマンドはオプションを追加したり、対象のファイルやディレクトリを追加したりして動作を変更できます。コマンドとオプション、対象のファイルやディレクトリの間は、それぞれ半角スペースを挟んで追加します。コマンドにどのようなオプションがあるか詳しい記述方法を知りたいときは、ターミナルから「man コマンド名」とするとマニュアルが表示されます。

4 ファイルの権限変更

保存ディレクトリへ移動できたら、「chmod」コマンドでファイルに実行権限「755」を設定します。「chmod 755 ファイル名」と入力してください。ここでは「chmod 755 xampp-linux-x64-7.2.0-0-installer.run」と入力して❿、Enter キーを押します⓫。

❿「chmod」コマンド入力して、
⓫ Enter キーを押します。

In detail 詳解　実行ファイルの確認

「ls」コマンドは、ファイル一覧を表示します。オプション「-lF」を付けて「ls -lF」を実行するとファイルの詳細情報と実行ファイルかどうかがわかります。実行ファイルのファイル権限は「rwxr-xr-x」となります。またファイルの後ろに「*」が付きます。

5 グループの追加

インストールの途中でシステム内に「nogroup」というグループ権限が未設定の場合、エラーを表示して中断してしまいます。インストールの前にグループを追加する「groupadd」コマンドで「nogroup」を追加しておきましょう。ターミナルに「groupadd nogroup」と入力して⓬、Enter キーを押します⓭。

⓬「groupadd nogroup」と入力して
⓭ Enter キーを押します。

インストール

1 インストーラの実行

インストールの準備が終わったら、ターミナルに「./xampp-linux-x64-7.2.0-0-installer.run」と入力して❶、Enter キーを押します❷。しばらく待つと「Setup」画面が表示されます❸。画面の指示に従って[Next]ボタンを数回クリックするとインストールが開始します。インストールが終了し「Completing the XAMPP Setup Wizard」と表示されたら、「Launch XAMPP」のチェックを外して、[Finish]ボタンをクリックして画面を閉じます。次の手順でコマンドを使って「XAMPP」の起動、停止を学びます。

❶ コマンドを入力して、
❷ Enter キーを押します。
❸「Setup」画面が表示されます。

XAMPPの起動

1 起動スクリプトを実行する

起動スクリプトを実行するときもroot権限のまま操作します。ターミナルに「/opt/lampp/lampp start」と入力して❶、Enterキーを押します❷。「/opt/lampp/lampp」までが起動スクリプトです。半角スペースを空けてオプションの「start」を入力します。起動が成功したら「ok」と表示されて❸、Apache、PHP、MySQL互換のMariaDBなどが使用可能になります。

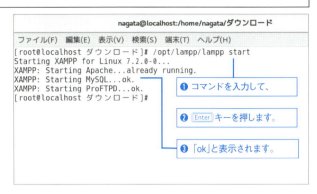

❶ コマンドを入力して、
❷ Enterキーを押します。
❸ 「ok」と表示されます。

2 動作を確認する

ブラウザのアドレスバーに「localhost」と入力して❹、Enterキーを押します❺。localhostとは手元で操作しているLinuxマシンのことです。「http://localhost/dashboard/」へ移動して「Welcome to XAMPP for Linux 7.2.0」と表示されます❻。動作しない場合は手順に誤りがないか、再チェックしてください。

❹ 「localhost」と入力して、
❺ Enterキーを押します。
❻ メッセージが表示されます。

3 XAMPPを停止する

XAMPPを停止したいときはターミナルに「/opt/lampp/lampp stop」とターミナルに入力して❼、Enterキーを押します❽。起動するときの「start」を「stop」に変更します。停止すると「ok」と表示されて❾、Apache、PHP、MySQL互換のMariaDBは使用できなくなります。

❼ ここコマンドを入力して、
❽ Enterキーを押します。
❾ 「ok」と表示されます。

Chapter 1

Section **05**

Chapter 1

Apacheの設定

Apacheを設定するには

Apacheの設定は「httpd.conf」ファイル内の記述を変更することで行います。このSectionではApache
の基本的な設定とPHPを動作させるための設定を解説します。

httpd.confの設定

1 httpd.confを開く

Apache は、Webサーバと呼ばれるサーバ上で動作するプログラムです。ブラウザからのリクエストに応えて
PHPで出力したデータをブラウザに送信します。httpd.conf ファイルでその動作を設定します。XAMPPを利用し
てApache Webサーバをインストールするとほとんどの設定が完了しています。ここでは、Webアプリケーショ
ンを開発していく上で必要になってくるApacheの基本的な設定を確認しておきましょう。確認にはテキスト

エディタが必要です。Windowsではサク
ラエディタ、MacではCotEditor、Linuxで
はvimやnanoなどを利用してファイルを
確認します。httpd.confはXAMPPのイ
ンストールディレクトリ内に存在します。
本書で解説するApacheのバージョンは
2.4.29です。設定の詳細については公式サ
イトのマニュアル「http://httpd.apache.
org/docs/2.4/ja/」を参照してください。

Windows：
C:¥xampp¥apache¥conf¥httpd.conf

Mac：
/Applications/XAMPP/xamppfiles/etc/httpd.conf

Linux：
/opt/lampp/etc/httpd.conf

2 ServerRoot

httpd.conf内の位置を何行目と記し
ています。見つからない場合はテキ
スト内を検索してください。まず、
「ServerRoot」です。設定ファイルやロ
グファイルの起点となるディレクトリ
です。httpd.conf内で相対パスで記述
されている場合、ServerRootディレク
トリから見た位置が記されています。

Windows：37 行目
ServerRoot "C:/xampp/apache"

Mac：31 行目
ServerRoot "/Applications/XAMPP/xamppfiles"

Linux：31 行目
ServerRoot "/opt/lampp"

Term
≫≫ 用語
絶対パスと相対パス

パスとはファイルまでの道順のようなものです。道順の
説明には起点が必要になります。Mac、Linux は「/」から、
Windows は「C:¥」です。絶対パス（またはフルパス）は、
その起点からファイルまでのすべての道順を記したもの
です。相対パスは、道順の途中から説明するようなも

のです。「/opt/lampp」は絶対パスですが、「etc/extra/
httpd-xampp.conf」は相対パスです。これを絶対パスで
記すと「/opt/lampp/etc/extra/httpd-xampp.conf」と
なります。

3 Listen

Listenには、Apacheが利用するポート（通信するときの窓口）を指定します。標準では80番を利用しますが、すでにIISサーバが動作していたり、Skypeなど他のアプリケーションが利用している場合はこの番号を他のポートに変更することがあります。

Windows：58行目、Mac：52行目、Linux：52行目
Listen 80

4 LoadModule

Apacheに組み込むモジュールをLoadModuleで設定します。行頭に「#」が付いているモジュールがありますが、この状態ではモジュールは組み込まれません。「#」を外せばApacheに組み込めます。XAMPPでインストールした場合は、「httpd-xampp.conf」内でPHPをモジュールとして組み込んでいます。「httpd-xampp.conf」は、httpd.confのあるディレクトリの下の「extra」ディレクトリ内に設置してあります。

Windows：72行目
LoadModule access_compat_module modules/mod_access_compat.so

Mac：66行目
LoadModule authn_file_module modules/mod_authn_file.so

Linux：66行目
LoadModule authn_file_module modules/mod_authn_file.so

5 ServerAdmin

ServerAdminにはサーバ管理者のメールアドレスを設定します。エラーが発生したときに表示される画面内に表示されます。

Windows：214行目
ServerAdmin postmaster@localhost

Mac：194行目
ServerAdmin you@example.com

Linux：194行目
ServerAdmin you@example.com

6 ServerName

サーバの名前をServerNameに設定します。「サーバ名：ポート番号」のように設定できますし、「サーバ名」だけでもかまいません。サーバ名以外に「IPアドレス」の指定も可能です。実際に公開するサーバは「ServerName www.ynagata.com」のように設定します。

Windows：223行目
ServerName localhost:80

Mac：205行目
ServerName localhost

Linux：205行目
ServerName localhost

Next ▶

7 DocumentRoot

DocumentRoot（ドキュメントルート）には、公開コンテンツを設置するディレクトリ名を設定します。ここに置いたindex.htmlファイルやindex.phpファイルはブラウザで確認できます。画像やスタイルシート関連もこのディレクトリ以下に配置します。

Windows：247行目
DocumentRoot "C:/xampp/htdocs"

Mac：229行目
DocumentRoot "/Applications/XAMPP/xamppfiles/htdocs"

Linux：229行目
DocumentRoot "/opt/lampp/htdocs"

8 AllowOverride

本書では.htaccessファイルを利用しますのでAllowOverrideを確認しておきます。ApacheやPHPの設定をディレクトリごとに変更するために必要な「.htaccess」の有効・無効を設定できます。設定値が「All」の場合は.htaccessファイルが有効となりますが、「None」にすると.htaccessファイルはApacheに読み込まれず無効となります。XAMPPではインストール時にAllに設定されます。

Windows：268行目、Mac：254行目、Linux：254行目
AllowOverride All

9 DirectoryIndexを設定する

「http：//www.example.com 」のようにアクセスした場合、「index.php」が表示されるように設定します。記述した順番にサーバはファイルを探します。下記の設定の場合、「index.html」と「index.php」が同じディレクトリ内にあると、「index.php」、「index.html」の順にファイルを探して表示します。httpd.confを右記のとおり修正してください。修正したら必ず保存してください。

Windows：281行目、Mac：269行目、Linux：269行目
DirectoryIndex DirectoryIndex index.html index.html.var index.php .. 省略
↓
DirectoryIndex index.php index.html

In detail >>詳解　Linux上のファイル修正

Linux上のファイル編集にはvim（またはvi）というコマンドを利用するといいでしょう。Windows上のエディタのようには操作できませんが、操作になれると手軽でとても便利です。起動するには、コンソール画面などから、プロンプト「>」に続けて、

> vim ファイル名 ［改行］

と、vimの後に半角のスペースを入れて編集したいファイル名を指定します。例えば、「/opt/lampp/etc/httpd.conf」を編集するには

> vim /opt/lampp/etc/httpd.conf ［改行］

と実行します。vimが起動してファイルの内容が表示されます。移動方法をマスターすると非常に使いやすくなります。ファイル内を移動するには、Ctrl キーを押しながら F キーを押すと1画面進みます。Ctrl キーを押しながら B キーを押すと1画面戻ります。Shift キーと G キー（大文字のG）を押すとファイルの最後へ、G キーを2度「GG」と押すとファイルの先頭に移動します。

編集個所まで移動するには、カーソルキー ← ↑ → ↓ を利用します。不要な文字を削除するにはその文字の上にカーソルを移動して X キーを押します。不要な行を削除するにはその行の上にカーソルを移動して「DD」と D キーを2回押します。文字を挿入するには、I キーを押して挿入モードにしてください。画面の一番下に「Insert」または「挿入」と表示され、文字を挿入できるようになります。挿入モードから復帰するには Esc キーを押します。最後に、修正内容を保存して終了するには : キーを押します。画面の一番下に「:」が表示され、コマンド待機状態になったら、「保存」の「w」と「終了する」の「q」を

:wq ［改行］

のようにプロンプト「:」の後に続けて入力して［改行］キーを押して実行します。ファイルが保存されて、viは終了します。

Apacheの再起動

1 Apacheを再起動する

修正したhttpd.confの設定を反映させましょう。Apacheが停止している場合は起動すると反映されます。Apacheが起動中の場合は設定を読み込むために再起動を行います。再起動するまで、修正した設定は反映されません。

2 Windowsで再起動

Windows 10ではスタートボタンをクリックして表示されるスタートメニュー内から「XAMPP Control Panel」のアイコンを探して起動します。Apacheが起動中のときはApacheの背景色は緑色です❶。再起動というボタンは無いので、[Stop]ボタンをクリックしてApacheを停止して❷、同じボタンが[Start]に変わったら、[Start]ボタンをクリックして起動します。これでhttpd.confを読み込みました。

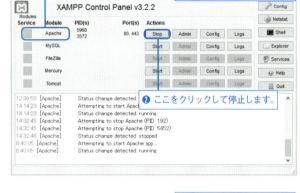

3 Macで再起動

LaunchpadまたはFinderのアプリケーションから「XAMPP manager-osx」を探して起動します。Apacheが起動中の場合は「Apache Web Server」のインジケータが緑色です❶。停止していると赤色になります。再起動は[Restart]をクリックします❷。

4 Linuxで再起動

CentOSのデスクトップからターミナルを起動して、コマンド「/opt/lampp/lampp」を実行してApacheを再起動します。コマンドはroot権限で実行してください。「ターミナル」やroot権限の詳細はSection 04を参照してください。XAMPP自体を再起動するにはコマンドにオプション「restart」を指定して実行します。Apacheのみを再起動するには、「stopapache」を実行して停止した後、「startapache」で再起動します。

XAMPP全体を再起動
/opt/lampp/lampp restart

Apacheのみ再起動
/opt/lampp/lampp stopapache
/opt/lampp/lampp startapache

Chapter 1

Section 06 | **PHPの設定**

PHPを設定するには

PHPの設定は、「php.ini」ファイル内の記述を変更することで行います。このSectionでは、タイムゾーンと日本語に関する設定を行います。

php.iniの設定

1 php.iniの設置場所

XAMPPでインストールした標準のままでは日本語の設定が不足していますのでここで設定します。PHPの設定はphp.iniというファイルで行います。php.iniはXAMPPのインストールディレクトリ内にあります。本書で解説するPHPのバージョンは7.2.0です。設定の詳細については公式サイトのマニュアル「http://www.php.net/manual/ja/configuration.file.php」を参照してください。

ファイルの位置
Windows：
C:¥xampp¥php¥php.ini

Mac：
/Applications/XAMPP/xamppfiles/etc/php.ini

Linux：
/opt/lampp/etc/php.ini

2 default_charset

Webサーバはレスポンスヘッダという文字列をブラウザに送信します。その内容がどのような文字コードを使っているかを設定する項目です。本書ではUTF-8に設定します。ブラウザ上では文字コードがUTF-8で表示されます。「;（セミコロン）」が行頭にあるとその後の設定などはすべて無視されコメントとして認識されます。文字列は二重引用符で括ることもできます。

Windows：684 行目、Mac：779 行目、Linux：779 行目
;default_charset = "iso-8859-1" または
;default_charset = "UTF-8"
↓
default_charset = "UTF-8"

3 date.timezone

PHPで使用される日付や時刻に関係した関数すべてに使用される標準の時間帯を設定します。XAMPPインストール直後は「Europe/Berlin」が設定されます。「Asia/Tokyo」と日本の時間帯を指定します。

Windows：949 行目、Mac：1040 行目、Linux：1040 行目
date.timezone=Europe/Berlin
↓
date.timezone=Asia/Tokyo

4 mbstringを設定する

マルチバイト（日本語）関連の設定を行います。以下のように設定を変更してください。本書では文字コードはUTF-8を利用します。PHPのプログラムファイルはUTF-8で保存してください。これまで利用されてきたmbstring.http_input、mbstring.http_output、mbstring.internal_encodingはPHP5.6.0から非推奨となりました。

デフォルト言語（日本語）
Windows：1641 行目、Mac：1790 行目、Linux：1790 行目
;mbstring.language = Japanese
　↓
mbstring.language = Japanese

HTTP 入力の変換機能（有効）
Windows：1674 行目、Mac：1813 行目、Linux：1813 行目
;mbstring.encoding_translation = Off
　↓
mbstring.encoding_translation = On

文字コード検出順序（UTF-8 のみ）
Windows：1679 行目、Mac：1818 行目、Linux：1818 行目
;mbstring.detect_order = auto
　↓
mbstring.detect_order = UTF-8

無効な文字の代替出力（何も出力しない）
Windows：1684 行目、Mac：1823 行目、Linux：1823 行目
;mbstring.substitute_character = none;
　↓
mbstring.substitute_character = none;

5 セキュリティ対策

攻撃のヒントになるため、外部からPHPのバージョンが見えないように「expose_php」を「Off」に設定します。会員システムなどで利用されるPHPの重要な技術に「セッション」があります。後ほど詳しく説明しますが、セッションに利用する文字列（セッションID）を盗まれないように堅牢にするための設定が「session.sid_length」と「session.sid_bits_per_character」です。PHP7.1.0から利用できるようになりました。その他、設定の詳細に関してはphp.ini 内部の英文の説明やPHP の公式サイト上のマニュアルを参照してください。設定が終わったら保存してテキストエディタを終了します。php.iniを変更したら、必ずApache を再起動（Section 05 参照）しましょう。再起動するまで、修正した設定は反映されません。

ヘッダから PHP のバージョンを削除
Windows：369 行目、Mac：433 行目、Linux：433 行目
expose_php=On
　↓
expose_php=Off

セッション ID の文字列の長さを指定（22 ～ 256）
Windows：1574 行目、Mac、Linux：1676 行目あたりに追加
session.sid_length = 22
　↓
session.sid_length = 32

エンコードされたセッション ID 文字のビット数を指定
Windows：1524 行目、Mac、Linux：1677 行目あたりに追加
session.sid_bits_per_character = 5（Windows 版は修正不要）
　↓
session.sid_bits_per_character = 5

Section 06

PHPの設定

Chapter 1
Section 07 | PHPの動作確認

PHPの動作を確認するには

XAMPPのインストールからApache、PHPそれぞれの設定まで終了しました。このSectionでは、ブラウザでApacheとPHPの動作確認を行います。

ApacheとPHPの動作確認

1 ファイルを準備する

テキストエディタで、以下のコードを入力してください。PHPではこのような確認テストのためには以下のようなコードを利用します。ApacheおよびPHPが正しく動作していれば、PHPに関係する情報を一覧で表示します。ただ、いまは内容については何も考える必要はありません。入力が終わったら「index.php」という名前で保存してください。

index.php

```
<?php
phpinfo();
?>
```

2 ファイルを設置する

Apacheのhttpd.confでDocumentRootについて設定しました。本書の設定どおりであれば、右の図の位置になります。ここに先ほど作成した「index.php」を移動します。他のファイルはすべてどこかに移動するか削除してください。LinuxやMacでは権限に注意してください。ファイルを保存できない場合は、「chown ユーザ名:ユーザ名 /opt/lampp/htdocs」のようにコマンドを実行してroot権限からユーザ権限に変更してください。

Windows：247行目
DocumentRoot "C:/xampp/htdocs"

Mac：229行目
DocumentRoot "/Applications/XAMPP/xampfiles/htdocs"

Linux：229行目
DocumentRoot "/opt/lampp/htdocs"

3 ブラウザで確認する

ブラウザを起動して確認します。Apacehが起動しているサーバ上でブラウザを起動した場合は、「http://localhost/」または「http://localhost/index.php」にアクセスすることで確認できます。localhostの代わりに「http://127.0.0.1/」としても接続できます。LANなどで接続された別のコンピュータから確認するには、「http://Apacheが起動しているパソコンのIPアドレス/」とします。PHPに関する情報が表示されたら成功です。

PHPに関する情報の一覧

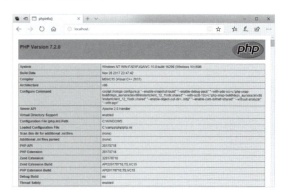

Point ≫要点 Apacheのhttpd.confのテスト

httpd.conf の内容に間違いが無いか調べるにはコンソールやコマンドプロンプトから apachectl コマンドにオプション「configtest」を付けて実行します。間違いが無い場合は「Syntax OK」と表示されます。誤りがある場合は「Syntax error on line 19」のように表示されるので指示された行またはその周辺をチェックしてください。

Windows：
C:¥xampp¥apache¥bin¥httpd.exe -t
Syntax OK

Mac：
/Applications/XAMPP/xampfiles/bin/apachectl
configtest
Syntax OK

Linux：
/opt/lampp/bin/apachectl configtest
Syntax OK

In detail ≫詳解 .htaccessによるPHPの設定変更

Apache の設定は「httpd.conf」だけではなくて「.htaccess」というファイルを利用することで、ディレクトリごとに設定を変更することができます。例えば、レンタルサーバを利用している場合は、root 権限を利用することができないため「httpd.conf」や「php.ini」による設定の変更ができませんが、この「.htaccess」を使用できるサーバの場合は、柔軟に設定を変更することができます。ここでは、PHP の設定を「.htaccess」で行う方法を解説します。

はじめに「.htaccess」という名前のファイルを作成します。Windows 上ではうまく作成できないかもしれません。メモ帳で作成する場合は、保存するときに「ファイルの種類」を「テキスト文書」から「すべてのファイル」にして保存すれば作成できます。または、一旦、別の名前で作成しておいて、Linux のサーバ上で名前を変更するとよいでしょう。「.htaccess」では、php.ini とは違う形式で設定を記述します。右のように「php_value」（設定値が文字列のとき）または「php_flag」（設定値が On や Off のとき）を先頭に記述して、「=」を使いません。

php.ini の記述例
mbstring.language = Japanese
　　　　↓
.htaccess の記述例
php_value mbstring.language　Japanese

php.ini の記述例
mbstring.encoding_translation = On
　　　　↓
.htaccess の記述例
php_flag　mbstring.encoding_translation　On

「.htaccess」を設置したディレクトリの下の階層はすべて設定の影響を受けます。なお、PHP の設定項目によっては「.htaccess」では設定できないものがあります。

In detail ≫詳解 Macで.htaccessを表示させるには

Mac では、「.htaccess」のように「.」ではじまるファイル名は Finder に表示されません。ターミナルからコマンドを実行して表示、非表示をコントロールします。

.htaccess を表示
defaults write com.apple.finder AppleShowAllFiles true
killall Finder

.htaccess を非表示
defaults write com.apple.finder AppleShowAllFiles false
killall Finder

Chapter 1
Section 08

IDE

開発ツールを導入するには

プログラムを記述する道具としてテキストエディタは必須です。プログラム開発を効率よく行うためにはIDEと呼ばれるアプリケーションの利用をお勧めします。このSectionではIDEのインストールから簡単な使用方法まで解説します。

IDEのインストール

1 IDEとは

IDEは「Integrated Development Environment」の略で統合開発環境と呼ばれています。プログラムを入力するテキストエディタ、プログラムを実行形式に変換するコンパイラ、プログラムのバグを発見するデバッガなど、プログラミングに必要なツールを統合して操作できます。本書の内容はテキストエディタだけで学習できますが、テキストエディタに慣れている方はIDEを取り入れてみてください。見た目は複雑ですが実際にプログラミングを始めると効率よくプログラミングができるということがわかると思います。本書ではPHPを編集できるIDEとしてNetBeansを解説します。本書ではバージョン8.2を使用します。

NetBeans 公式サイト
URL https://netbeans.org

2 ダウンロード

「https://netbeans.org/downloads/」からNetBeansをダウンロードします。IDEの言語は［日本語］を選択します❶。「プラットフォーム」は使用しているOSを選んでください❷。「PHP」の下の［ダウンロード］ボタンをクリックすると❸、「NetBeans IDE 8.2のダウンロードを開始しました」と表示されます。Windows版とLinux版はOSに合わせて32bit版と64bit版を選べます。ダウンロードボタンにx84とあるのが32bit、x64が64bitです。

3 WindwosにJavaをインストール

▼ NetBeans8.2を稼働させるにはJDK（Java SE Development Kit）が必要です。「https://www.java.com/ja/download/win10.jsp」にアクセスして、[同意して無料ダウンロードを開始] をクリックします❹。あとは、画面の指示に従って「JDK」をインストールしてください。

❹ここをクリックします。

4 MacにJavaをインストール

▼ MacにJDKをインストールするには「http://www.oracle.com/technetwork/java/javase/downloads/index.html」にアクセスして「Java Platform (JDK)」をクリックして次の画面に遷移します。「Java SE Development Kit 9 Downloads」画面で [Accept License Agreement] にチェックを付けて❺、Mac版インストーラをクリックして❻、ダウンロードを開始します。

❺ここにチェックを付けて、

❻ここをクリックしてダウンロードします。

5 LinuxにJavaをインストール

▼ CentOSのデスクトップからターミナルを起動して「yum search jdk」とコマンドを実行して❼、インストールできるJavaを確認します。執筆時点では「java-1.8.0-openjdk.x86_64」を確認できました。root権限になって「yum install java-1.8.0-openjdk.x86_64」を実行します。「Is this ok [y/d/N]:」とプロンプトが表示されたら キーを押して処理を続けます。同時に関連ファイルもインストールされます。「完了しました!」と表示されたら終了です。Linuxの操作に慣れていない場合はWindowsやMacでPHPの学習を進めてください。

❼ここでインストールコマンドを実行します。

Next▶

035

6 NetBeansをインストールする

▼ Javaの準備ができたらNetBeansをインストールしましょう。WindowsとMacでは、ダウンロードした「NetBeans IDE8.2インストーラ」のアイコンをダブルクリックしてインストールを開始します。あとは、画面の指示に従って操作してください。Linuxは、ターミナルからコマンドを実行してインストーラを起動します。まず、root権限になり、ダウンロードしたファイルのディレクトリに移動します。「chmod +x netbeans-8.2-php-linux-x64.sh」と、コマンドを実行してください。「chmod +x」はファイルに実行権限を追加するコマンドです。「./netbeans-8.2-php-linux-x64.sh」とターミナルから実行すると、WindowsやMacと同じようにインストール画面が表示されます❽。画面に従って操作を完了してください。

❽Linux版のインストール画面

Caution　>>注意　インストールエラー

logディレクトリ内には「半角数字.log」のようなファイルがありここにインストール時の処理が記録されています。「less /root/.nbi/log/ 半角数字.log」のようにして内容を確認できます。lessコマンドは、閲覧しているときに ↑ キーまたは ↓ キーで場所を移動できます。

7 NetBeansを起動する

ここまで準備ができたら、NetBeansを起動しましょう❾。

▼ ●**Windows：**
デスクトップ上にNetBeansのアイコンがありますのでダブルクリックします。見当たらない場合は「すべてのプログラム」で探してください。

●Mac：
Finderのアプリケーション、または、LaunchpadからNetBeansのアイコンを探してダブルクリックしてください。

●Linux：
コンソールを起動して「/usr/local/netbeans-8.2/bin/netbeans」とコマンドを入力して実行するとNetBeans IDE 8.2が起動します。

❾NetBeans起動画面

Point　>>要点　プラグイン

NetBeansはプラグインを追加して自由に機能を拡張できます。本書の指示どおり設定したみなさんのNetBeansにはPHPに必要なプラグインが63個程度インストール済みです。NetBeansのメニューから[ツール]→[プラグイン]とたどって、[使用可能なプラグイン]画面でプラグインを探すことができます。カテゴリの「Base IDE」「Editing」「PHP」「Tools」などにPHPのプログラミングに役に立つものがあります。この中から必要なものだけをインストールするようにしてください。あまりたくさんインストールすると起動時間が長くなります。

プログラムの実行

1 プロジェクトの作成

NetBeansで開発するには、はじめにプロジェクトを作成する必要があります。Section 07で作成したindex.phpを利用して解説します。また、このindex.phpはXAMPPのDocumentRootに設置されApacheが起動したままになっているということが前提です。NetBeansのメニューの[ファイル]の中の[新規プロジェクト]をクリックします❶。[新規プロジェクト]パネルが表示されたら、カテゴリから[PHP]を選択して❷、プロジェクトから[既存のソースを使用するアプリケーション]を選択して❸、[次]ボタンをクリックします❹。

❶ここをクリックして、
❷PHPを選択します。
❸ここを選択して、
❹[次]をクリックします。

2 名前と場所を設定

「ソース・フォルダ」にはApacheのhttpd.confで設定したDocumentRoot（Section 05参照）のディレクトリをここに設定します❺。プロジェクト名は自動的に表示されますので適宜変更してください。ここでは「htdocs」とします❻。「PHPのバージョン」は[PHP 7.0]を選択してください❼。「デフォルトのエンコーディング」には[UTF-8]を設定して❽、[次]ボタンをクリックします❾。

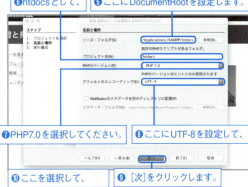

❺ここにDocumentRootを設定します。
❻htdocsとして、
❼PHP7.0を選択してください。
❽ここにUTF-8を設定して、
❾[次]をクリックします。

3 接続URLの変更

「実行方法」は[ローカルWebサイト（ローカルWebサーバで実行中）]を選択します❿。「プロジェクトURL」には「http://localhost/htdocs/」と表示されますので、「http://localhost/」に変更してください⓫。「開始ファイル」には「index.php」と表示されているので⓬、そのままにします。[終了]ボタンをクリックすると⓭、プロジェクト画面が表示されます。

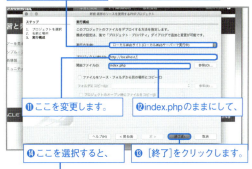

❿ここを選択すると、
⓫ここを変更します。
⓬index.phpのままにして、
⓭[終了]をクリックします。

4 プログラムを実行する

プロジェクト画面が表示されたら、画面の左上「ソース・ファイル」に、DocumentRootに保存されているファイルが表示されます。本書ではindex.phpだけが保存されています。ソース・ファイルの「index.php」を選択すると⓮、右の広い編集画面にindex.phpの内容が表示されます⓯。ここでソースコードを追加したり、修正できます。編集画面の上で右クリックしてメニューを表示します⓰。[ファイルの実行]を選択すると⓱、index.phpが実行されWebブラウザ上にSection 07で確認したものと同じ画面が表示されます。

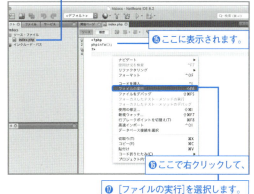

⓯ここに表示されます。
⓰ここで右クリックして、
⓱[ファイルの実行]を選択します。

練習問題

1-1 Apache の動作を変更するときの設定ファイルの名前は?

1-2 PHP の動作を変更するときの設定ファイルの名前は?

1-3 ディレクトリごとに Apache や PHP の動作を設定するファイルの名前は?

Chapter 2

PHPの基礎

Section 09
PHPスクリプトを書くには　　　　　　　　　　　　[記述のルール]　　　040

Section 10
文字を表示するには　　　　　　　　　　　　　　[文字の表示]　　　042

Section 11
HTMLにPHPを埋め込むには　　　　　　　　　[HTMLに埋め込む]　　　044

Section 12
定数を使うには　　　　　　　　　　　　　　　　[定数]　　　046

Section 13
変数にデータを保存するには　　　　　　　　　　[変数]　　　048

Section 14
データを並べて操作するには　　　　　　　　　　[配列]　　　050

Section 15
データとキーを関連させて保存するには　　　　　[連想配列]　　　054

Section 16
演算子を使うには　　　　　　　　　　　　　　　[演算子]　　　058

Section 17
条件を判定して処理を分岐するには　　　　　　　[if文]　　　066

Section 18
複数の条件で処理を分岐するには　　　　　　　　[switch文]　　　068

Section 19
ある条件のときだけ繰り返すには　　　　　　　　[while文]　　　070

Section 20
指定した回数だけ繰り返すには　　　　　　　　　[for文]　　　072

Section 21
配列や連想配列を一度に処理するには　　　　　　[foreach文]　　　074

Section 22
処理を飛ばして繰り返したり中断するには　　　　[continue文・break文]　　　076

Section 23
別ファイルに記述した処理を読み込むには　　　　[require文・include文]　　　078

Section 24
処理をまとめるには　　　　　　　　　　　　　　[ユーザー定義関数]　　　080

Section 25
関数に引数を渡すには　　　　　　　　　　　　　[引数]　　　082

Section 26
関数から値を受け取るには　　　　　　　　　　　[返り値]　　　084

Section 27
変数の有効範囲を決めるには　　　　　　　　　　[グローバル変数]　　　086

練習問題　　　　　　　　　　　　　　　　　　　　088

Chapter 2
Section 09 | 記述のルール

PHPスクリプトを書くには

PHPを記述するために覚えなければならないルールをこれから学習していきましょう。このSectionでは
PHPのコードを記述するときの規則とコメントの記述方法を学習します。

スクリプトの記述

開始タグと終了タグ

前のChapterで、Apache（Webサーバ）
とPHPの動作確認をするために右の
コードをindex.phpファイル内に記述し
ました。「phpinfo();」はPHPの情報
を見栄えの良い表形式にしてWebブ
ラウザで表示できるようにデータを出
力する関数です。「関数」についてはも
う少し後で詳しく学習します。いまは
「phpinfo();」の前後の「<?php」「?>」に
注目してください。

```
<?php
phpinfo();
?>
```

「<?php」は「開始タグ」❶といいます。
「?>」は「終了タグ」です❷。PHPのコー
ドは、この「開始タグ」から「終了タグ」
の範囲内に記述します❸。開始タグ以
降をPHPはプログラムコードと認識し
て処理を実行します。終了タグが来る
と処理を終了します。開始タグから終
了タグまで1行に記述しても同じよう
に動作します❹。

❶ ここが開始タグで、

`<?php`

❸ ここにPHPコードを記述します。

ここにコードを記述します。

`?>` ❷ ここが終了タグです。　❹ 同じように動作します。

`<?php こう記述しても同じように動作します。 ?>`

Caution ▶▶ 注意　範囲外のPHPコード

開始タグと終了タグの外側に記述されたPHPコー
ドは実行されません。右のコードでは「phpinfo();」
としては認識されずPHPからは無視されます。

```
<?php

?>
phpinfo();
```

040

開始タグと終了タグの種類

開始タグと終了タグは、「<?php」「?>」を含め2つの種類があります。将来、作成したPHPのコードを別の環境で動作させたり、XMLと一緒に利用するような場合は、「<?php」「?>」を利用したほうが環境に左右されにくいなどの利点があります。本書では、この開始タグと終了タグを利用します。最後の<?=データ?>の形式はHTMLタグの中に埋め込むときに便利です。

tag.php

```
<?php
phpinfo();
?>
```
開始タグ。
終了タグ。

```
<?
phpinfo();
?>
```
開始タグ。
終了タグ。

```
<?=データ?>
```
開始タグ。
終了タグ。

In detail
≫≫詳解
ファイル終端の終了タグは不要

実際の作業ではPHPファイルの終端の「?>」終了タグを書かないように気を付けています。例えばSection 07で作成したindex.phpの「?>」を削除すると正常に表示されます。「?>」がなくてもファイルの終端でプログラムの実行が終了するためです。終了タグがあるとうっかりその後に改行コードやスペースを残してしまうことがあります。こうなるとテキストエディタ上でははっきりと確認できません。処理によっては画面が表示されなかったり、画面上部が改行されて表示されたりします。Webサイトでは多数のPHPファイルを使って機能を作成するためどのファイルが原因か探すことが困難になります。このためファイルの終端の終了タグは書かないことが奨励されています。

終了タグがない場合
```
<?php
phpinfo();
```

終了タグの後に改行コードやスペースがある場合
```
<?php
phpinfo();
?>
改行コードスペースなど
```

コメントの記述

コメントを記述する

PHPコードの中にコードの意味や使い方のようなメモを残したいときにコメントを利用します。コメントにはJava形式の「//」を使う方法と、C言語形式の「/ *」「* /」の間にコメントを記述する方法があります。「//」は、コードが実行されるときに「//」からその行の終わりまでが、「/ *」「* /」の場合は、「/ *」から「* /」まで、コメントとして認識され、たとえ、コメントの中にPHPのコードが書き込まれていても実行されることはありません。

comment.php

```
<?php
// この部分がコメントです。
// 下の関数は実行されます。
phpinfo();

/ *
phpinfo () ; この関数は実行されません。
* /

?>
```

041

Chapter 2
Section 10

文字の表示

文字を表示するには

このSectionでは文字を表示するときに使用するprint文の使い方を学習しましょう。また、作成したPHPコードの実行の手順を詳しく解説します。

文字の表示

1 NetBeansでPHPファイルを作成

NetBeans を起動して htdocs プロジェクトを開いて操作してください（Section 08 参照）。ここでは Windows 版で説明します。プロジェクトを閉じてしまった場合は、NetBeans を再起動して開始ページの「マイ NetBeans」タブの「最近のプロジェクト」で探します。まず、PHP ファイルを作成しましょう。ツールバーの [新規ファイル] アイコンをクリックして❶、「新規ファイル」パネルが表示されたら、カテゴリから「PHP」を選択し❷、ファイル・タイプに「PHP ファイル」を指定して❸、[次] ボタンをクリックします❹。

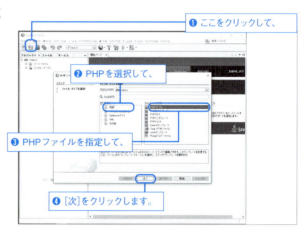

❶ ここをクリックして、
❷ PHPを選択して、
❸ PHPファイルを指定して、
❹ [次]をクリックします。

2 ファイルの保存場所を決める

次の画面でファイル名とそのファイルを保存する場所を設定します。「ファイル名」には、半角英字で「print」と入力します❺。拡張子の「.php」は自動で入力されます。「プロジェクト」は「htdocs」で固定されています❻。「フォルダ」はここでは入力しませんが❼、ここに名前を入れると自動的にフォルダが作られます。「作成されるファイル」に実際のファイルのパスが「C:¥xampp¥htdocs¥print.php」と表示されます❽。Mac では「/Applications/XAMPP/xampfiles/htdocs/print.php」、Linux は「/opt/lampp/htdocs/print.php」となるはずです。[終了] ボタンをクリックするとファイルが生成されます❾。

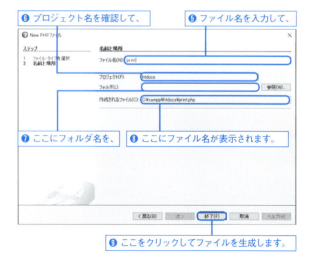

❺ ファイル名を入力して、
❻ プロジェクト名を確認して、
❼ ここにフォルダ名を、
❽ ここにファイル名が表示されます。
❾ ここをクリックしてファイルを生成します。

3 print文を使う

作成したファイル「print.php」が表示されます。内部にすでにコードがありますが編集して画面どおりにコードを入力してください。開始タグと終了タグのあいだの「print」が文字を表示する関数です❿。ここでは「こんにちは！」と表示したいので、半角スペースに続いて文字列を入力します⓫。文字列は「"」または「'」で囲みます。ここでは「"」で囲みました⓬。行の終わりは「;」を入力します⓭。「こんにちは！」以外はすべて半角文字です。全角の文字があると正常に表示されないので注意して入力してください。

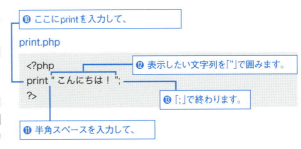

4 確認する

Section 08を参照して、編集画面の上で右クリックしてメニューを表示して［ファイルの実行］を選択します。print.phpが実行されWebブラウザ上に「こんにちは！」と表示されます⓮。Windowsの場合、Internet Explorer 11が起動します。Microsoft Edgeのアドレスバーに「http://localhost/print.php」と入力しても同じように表示されます。

テキストエディタ

テキストエディタでPHPファイルを作成

テキストエディタで作成するには文字コードをUTF-8で保存できるものが必要です。Windowsはフリーウェアのサクラエディタ、Macは無料のCotEditorやTextWranglerなどがあります。Linuxはvimやemacsが付属しています。各マニュアルを参照してエディタを起動したら、「print文を使う」のコードを入力して、DocumentRoot（Section 05参照）に「print.php」と名前を付けて「UTF-8」で保存します。ブラウザのアドレス欄に「http://localhost/print.php」と入力してEnterキーを押すと表示されます。

In detail ≫詳解 文字コード

漢字やひらがなど日本語をコンピュータで表示するために決められたコードを文字コードといいます。日本語を表す文字コードには、JIS、SJIS、EUC-JP、Unicode（ユニコード）があります。SJISは携帯電話コンテンツ、JISはメール送信に、EUC-JPはUNIX系OSで使われています。Unicode（UTF-8、UTF-16）は最も新しい文字コードです。Windows、Linux、Macの新しい機種やスマートフォンやタブレット端末のコンテンツはUTF-8です。本書もUTF-8でファイルを保存します。

Chapter 2
Section 11 | HTMLに埋め込む

HTMLにPHPを埋め込むには

PHPは、通常のHTMLタグ内に埋め込んで使うことができます。このSectionではHTMLタグの中でPHPのコードを利用する方法を学習します。なお、HTMLタグの解説は行いませんので他の書籍などで学習してください。

開始・終了タグの外の文字列

1 PHPコードがある場合

開始タグと終了タグの外側に記述された文字列はPHPのコードとしては認識されずに、文字列として認識され、そのまま表示されます。図のように「print」という部分も❶、文字列として表示されてしまいます❷。

2 HTMLタグがある場合

開始タグと終了タグの外側にHTMLタグを記述すると、ブラウザによってHTMLタグとして認識され表示されます。<strong></strong>（太字）でPHPコード部分を囲むと❸、print文で出力される文字（こんにちは！）が太字になって表示されます❹。

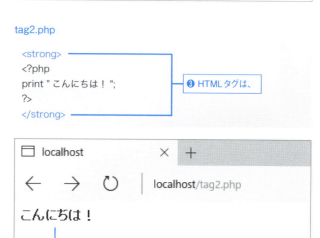

HTMLタグとPHPコードの混在

1 PHPコードを埋め込む

PHPファイルにHTMLタグを記述して、プログラムで制御したいところだけをPHPコードにして表示させることができます❶。このコードの例は単純過ぎてあまりPHPの便利さは感じませんが、名簿などの一覧を検索して表示するような、表示するたびにページ内容が変化するときに真価を発揮します。ここではシンプルな記述方法を確実に理解してください。

tag3.php

```
<!DOCTYPE html>
<html lang="ja">
<head>
<title>PHP のテスト </title>
</head>
<body>

<?php
print " こんにちは！ ";          ❶ ここにPHPコードを記述します。
?>

</body>
</html>
```

2 PHPコードを複数記述する

開始タグと終了タグは何箇所でも記述できます❷。開始タグと終了タグの中の半角スペースやコード部分はブラウザには表示されません。開始タグと終了タグの中で表示されるのはprint文で指定した文字列のみです。また、タグの中にはコードを何行でも記述できますが、1つのコード（文）は必ず「;（セミコロン）」で終わります❸。できあがったファイルは拡張子「.php」をつけてPHPファイルとして文字コードをUTF-8で保存します。間違って「.html」をつけてHTMLファイルとして保存するとPHPコードが有効にならず、コードがそのまま表示されてしまいます。

tag4.php

```
<!DOCTYPE html>
<html lang="ja">
<head>
<title>PHP のテスト </title>
</head>
<body>

                    ❷ 開始終了タグは何箇所でも記述できます。

<strong>
<?php
print " こんにちは！ ";
?>
</strong>

<?php
print "<br>";
print "<br>";
?>

<?php print " こんにちは！！ "; ?>

                    ❸ 文は必ず「;」で終わります。

</body>
</html>
```

Grammar ▶▶文法　終了タグ

「?>」は終了タグの意味の他に、PHPコードの終わりという意味もあるため、「<?php print "さようなら！" ?>」のように「;」がなくてもエラーにはなりません。

Chapter 2

Section 12 | 定数

定数を使うには

PHPには、あらかじめ値が設定された「定数」があります。「true」や「false」は、条件文にはなくてはならないものです。また、「__LINE__」などはPHPコードが意図どおり動作しないときなどに重宝します。

定数

定数とは

定数とは、PHP のコード実行中に変更することのない値を格納したものです。PHP には多くの定義済みの定数があります。例えば、「PHP_VERSION」には使用している PHP のバージョンが格納されています。このような定数名には慣習的に大文字が利用されます。「マジック定数」と呼ばれるものが 8 個あります。実行中のファイル名など、利用状況によって自動的に定義されます。その他、プログラムの中でよく使うものに真偽値をあらわす「true」「false」と、値がないことを表す「null」があります。これらは大文字小文字を区別しません。本書ではプログラムの中では「true」「false」と小文字を使用しますが、解説文の中で真偽値を表す場合は「TRUE」「FALSE」と大文字を使います。

（表）定数と意味

定数	意味
PHP_VERSION	PHP のバージョン
PHP_OS	PHP が稼動中の OS
__LINE__	処理中の行番号
__FILE__	処理中の PHP ファイルのフルパスとファイル名
__DIR__	処理中のファイルがあるディレクトリ名
__FUNCTION__	関数名
__CLASS__	クラス名
__TRAIT__	トレイト名
__METHOD__	クラスのメソッド名
__NAMESPACE__	「名前空間」の名称
true	真
false	偽
null	なにも値がない

Grammar 文法 define 関数

define 関数を利用すると、自分用の定数を定義することができます。「define("定数名","定義する値");」のように定義します。定数はスクリプトのどこからでも利用できるため、閲覧者に表示するメッセージなどを定義しておくと便利です。このコードを実行すると「こんにちは！」と表示されます。定義する文字は大文字、小文字を区別しますが、大文字のみを使ったほうがソースコードは読みやすくなります。

define.php

```php
<?php
define("HELLO", " こんにちは！ ");
print HELLO;
?>
```

定数の利用

1 PHPのバージョンを表示する

定数にどのような値が格納されているかをprint文を利用して確認しましょう。PHPのバージョンを表示するには、「PHP_VERSION」を記述します❶。「"」で囲む必要はありません。ここでは、PHPのバージョン「7.2.0」が表示されました❷。

version.php

```
<!DOCTYPE html>
<html lang="ja">
<head>
<title>PHPのテスト</title>
</head>
<body>
<?php
print "PHPのバージョンは ";
print PHP_VERSION;
print " です。<br>";
?>
</body>
</html>
```

❶「PHP_VERSION」を記述します。

❷「PHPのバージョンは7.2.0です。」と表示されます。

2 ファイル名を表示する

「__FILE__」を利用すると現在処理中のファイル名を表示することができます。「FILE」の前後の「_（アンダーバー）」は2個ずつ記述します❸。ブラウザで確認すると、ファイル名が表示されます❹。

file.php

```
<!DOCTYPE html>
<html lang="ja">
<head>
<title>PHPのテスト</title>
</head>
<body>
<?php
print " このファイルの名称は ";
print __FILE__;
print " です。<br>";
?>
</body>
</html>
```

❸「__FILE__」を記述します。

❹ ファイル名が表示されます。

3 処理中の行番号を出力する

稼動中のPHPファイル内に「__LINE__」を記述すると❺、その位置の行番号を表示することができます❻。

line.php

```
<!DOCTYPE html>
<html lang="ja">
<head>
<title>PHPのテスト</title>
</head>
<body>
<?php
print " ここは ";
print __LINE__;
print " 行目です。<br>";
?>
</body>
</html>
```

❺「__LINE__」を記述します。

❻ 現在処理中の行番号が表示されます。

Section 12 定数

047

Section 13 変数

変数にデータを保存するには

このSectionからプログラミングの具体的な内容について学習します。ここではデータをメモリに保存するための「変数」について学習しましょう。

変数の作成

1 変数とは

「変数」は、まるで「箱」のように機能します。計算の結果（数値）やあいさつ文など（文字列）を保管したり、必要なときに取り出して参照したりすることができます。実際には、PHPのコードを実行中に、コンピュータの中のメモリという部分に変数の値は保持されて、PHPのコードが終了するとメモリの値（変数）はなくなります。定数との違いはPHPのコードの実行中に値を変えられるという点です。これにより、計算結果を格納したり、条件によって値を変更したりできます。

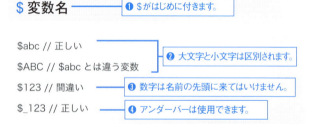

In detail 詳解　メモリ

メモリはコンピュータの中にあり、プログラムやデータを記憶する装置です。メモリは一時的にデータを保管します。永続的に記録するためにはハードディスクなどを使用します。

2 変数に名前を付ける

変数の名前は、はじめにドル記号（$）が付き、その後にアルファベットや数字の変数名が続きます❶。変数名では、英字の大文字と小文字は区別されます❷。また、数字は名前の先頭に来てはいけません❸。このようなときは、「_（アンダーバー）」を先頭に使用するといいでしょう❹。名前に使用できる文字には右表のように制限があります。「$this」はクラス（Chapter 05参照）内で利用する特別な変数ですので他の場所では利用できません。

$ 変数名　　❶ $がはじめに付きます。

$abc // 正しい
$ABC // $abcとは違う変数　　❷ 大文字と小文字は区別されます。
$123 // 間違い　　❸ 数字は名前の先頭に来てはいけません。
$_123 // 正しい　　❹ アンダーバーは使用できます。

（表）変数に使用できる文字

文字	説明
a 〜 z	大文字と小文字は区別される
A 〜 Z	
0 〜 9	$ の次に数字は利用できない
0x7F 〜 0xFF	コードを持つ文字
_	アンダーバー

データの格納

1 変数に文字列を格納する

変数に文字列を格納するには「=」という代入演算子を使用します。右のコードでは「=」の左側にある変数に❶、「=」の右側の文字列「こんにちは！」を格納しています。文字列は「"」（ダブルクォーテーション）で囲んで❷、文の終わりを「;」で指定しています❸。

hello.php

```
$data = "こんにちは！";
```

❶ ここに文字列を格納します。

❸「;」で文を終わります。

❷ 文字列は「"」で囲み、

2 変数に数値を格納する

変数に数値を格納するには、数値（半角の数字）を文字列と同じように「=」の右側に指定します❹。このとき、文字列のように「"」で囲む必要はありません。

number.php

```
$data = 9;
```

❹ ここに数値を指定します。

変数の参照

格納したデータを参照する

格納されたデータを参照するには、print文を使います❶。print文に続けて半角スペースを入れて、変数$dataを記述し、文の終わりを「;」で指定します。右のコードを実行すると、「こんにちは！」と表示されます。

print_hello.php

```
$data = "こんにちは！";
print $data;
```

❶ print文を使って参照します。

In detail
≫≫ 詳解

変数の型変換

PHPでは、変数の型を宣言せずに使用することができます。型の設定はPHPが判断し、例えば、文字列を代入するとその変数は文字列型になり、整数を代入すると整数型に自動的に変換されます。各型に関しては、必要に応じて詳しく解説します。

（表）PHPの変数の型

論理値（boolean）	TRUE、FALSE の真偽値
整数（integer）	正負の整数
浮動小数点数（float）	浮動小数点数
文字列（string）	一連の文字で、文字列の長さに制限はない
配列（array）	1つの変数に複数の値を持てる
オブジェクト（object）	オブジェクトを初期化するときに使用
リソース（resource）	外部リソースへのリファレンスを保持する
ヌル（NULL）	値を持たないことを表す

049

Chapter 2
Section 14 | 配列

データを並べて操作するには

変数に複数のデータを格納するには「配列」を使用します。配列を上手に利用することでさまざまな機能を実現することができます。

配列の作成

1 配列とは

変数は箱のように機能するという説明をしました。ここで解説する「配列」は、複数の箱を持った変数と考えることができます。複数の箱を識別できるように、箱には順番に番号（インデックス）が付いています。このような配列を利用することで、データとそのデータの順番を同時に格納することができます。箱の順番は 0 から始まり 1、2、3、4…とデータの数だけ続きます。順番が大切な意味を持つ会員名簿の一覧を出力するときなどに配列は威力を発揮します。

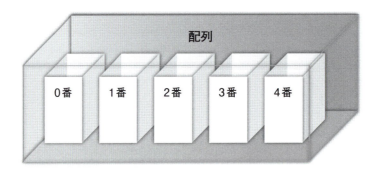

2 配列に名前を付ける

PHPの配列は変数と同じ規則が適用されます（Section 13参照）。「$」を変数名の先頭に付けます❶。見た目だけでは配列なのか変数なのかわかりません。

❶「$」を変数名の先頭に付けます。

$ 変数名

配列の利用

1 データを格納する

配列 $week にデータを格納するには「$week[ ]」と「[ ]」を記述して ❶、「=」（代入演算子）を使って ❷、変数と同じように値を代入します。ここでは、「月」という文字を代入しています ❸。文字列なので「"」で囲います。配列も変数と同じように文字列でも数値でもそのまま代入できます ❹。数値の場合は「"」で囲う必要はありません。

array1.php

```
$week[] = "月";

$month[] = 1;
```

❶ ここに[ ]を記述して、
❷ 「=」を記述して、
❸ 文字列「月」を代入します。
❹ 数値も代入できます。

2 データを出力する

配列に格納したデータを参照するには、配列の番号（インデックス）を利用します。「$week[] = "月";」のようにコードが実行されると、配列 $week のインデックス「0番」に「月」が格納されています ❺。格納されたデータを参照するには、この0番を指定して「$week[0]」とします ❻。

array2.php

❺ 「月」は、

```
$week[] = "月";
print $week[0];
```

❻ インデックス「0番」で参照します。

3 データを追加する

「$week[] = "月";」に続けて、「$week[]」へ「火」を代入すると、インデックス「1番」に値が代入されます ❼。次に、「水」を代入すると、インデックス「2番」に代入されます ❽。このように代入するたびにインデックスが自動的にカウントアップして代入されていきます。なお、はじめからインデックスを指定して「$week [0] = "月";」として代入することもできます。代入の結果は同じ意味になります ❾。

array3.php

```
$week[] = "月";
$week[] = "火";
$week[] = "水";

// 上のコードと同じ意味です。
$week[0] = "月";
$week[1] = "火";
$week[2] = "水";
```

❼ インデックス「1番」に値が代入されます。
❽ インデックス「2番」に代入されます。
❾ 代入の結果は同じ意味になります。

Term ≫用語 データの上書き

データを代入した同じインデックスに再度データを代入すると上書きされます。これは変数、配列、次のSectionで解説する連想配列でも同じです。

array4.php

```
$week[0] = "月";
$week[0] = "火";
```

Next►

4 PHPコードをHTML内に記述する

これまでのコードの動作を確認してみましょう。右のコードのように、確認のためのコードを開始タグと終了タグの間に記述します❿。

array5.php

```
<!DOCTYPE html>
<html lang="ja">
<head>
<title>PHP のテスト </title>
</head>
<body>

<?php
// 確認のためのコードをここに記述する
$week[] = " 月 ";
$week[] = " 火 ";
$week[] = " 水 ";
print $week[0];
print "<br>";
print $week[1];
print "<br>";
print $week[2];
?>

</body>
</html>
```

❿ ここに確認のためのコードを記述します。

5 動作を確認する

サンプルプログラムをダウンロードするか、新しくarray5.phpを作成します。PHPファイルはDocumentRootに設置してブラウザで確認してください（Section 07参照）。間違いがなければ、「月火水」と縦に表示されます⓫。これ以降、簡単なコードに関しては確認のためのコードのみを掲載します。

⓫ 月火水と表示されます。

配列の作成

1 array関数を使う

配列を作成するもう1つの方法にarray関数を使用する方法があります。array()関数の「()」の中にデータを「,」（カンマ）で区切って指定します❶。データが文字列の場合は「"」で囲みます。PHP5.4からarray関数の代わりに簡単に「[」と「]」で囲って配列を作成できるようになりました。本書ではarray関数で解説しますが必要に応じて短縮構文も解説します。

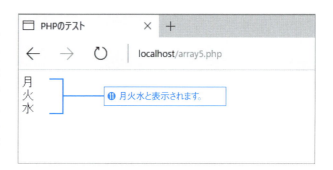

❶ ここにデータを指定します。

$data = array(データ1, データ2, データ3, ‥);

array 関数の短縮構文
$data = [データ1, データ2, データ3, ‥];

2 データを指定する

「$week[ ] = " 月 ";」の形式で配列にデータを格納する場合、大量にデータがあるとデータの数だけ記述する必要がありますが、array 関数を使うとデータだけを記述すればいいのでコードが見やすくなります ❶。右の下のコードのようにデータごとに適宜改行を入れて見やすくすることもできます ❷。

Section 14

配列

array6.php

❶ コードが見やすくなります。

```php
<?php

$month = array( 1, 2, 3, 4, 5, 6, 7, 8, 9, 10, 11, 12 );

$week  = array( " 月 "," 火 "," 水 "," 木 "," 金 "," 土 "," 日 ");

$PrefectureList = array(
        " 北海道 "," 青森県 "," 岩手県 "," 宮城県 "," 秋田県 ",
        " 山形県 "," 福島県 "," 茨城県 "," 群馬県 "," 栃木県 ",
        " 埼玉県 "," 千葉県 "," 東京都 "," 神奈川県 "," 新潟県 ",
        " 富山県 "," 石川県 "," 福井県 "," 山梨県 "," 長野県 ",
        " 岐阜県 "," 静岡県 "," 愛知県 "," 三重県 "," 滋賀県 ",
        " 京都府 "," 大阪府 "," 兵庫県 "," 奈良県 "," 和歌山県 ",
        " 鳥取県 "," 島根県 "," 岡山県 "," 広島県 "," 山口県 ",
        " 徳島県 "," 香川県 "," 愛媛県 "," 高知県 "," 福岡県 ",
        " 佐賀県 "," 長崎県 "," 熊本県 "," 大分県 "," 宮崎県 ",
        " 鹿児島県 "," 沖縄県 "
        );
?>
```

❷ 適宜改行することができます。

Point ≫要点

配列の初期化

```
$data = array();
```
または
```
$data = []; // 短縮構文
```

とすると、$data を配列として初期化（データは何もない）できます。配列を変数と区別するためにコードのはじめでこのように初期化するとコードが読みやすくなります。

In detail ≫詳解

explode 関数で配列を作成する

配列を作成する別の関数があります。この関数は explode 関数といい、文字列を分割して配列を作成することができます。「月,火,水,木,金,土,日」のような文字列があり、各データが「,」で区切られています。区切り文字に「,」が指定されているため、「,」の箇所で分割されます。先頭からインデックス「0番」、「1番」、「2番」というように代入されて、配列が作成されます。

```
$data = explode(" 区切り文字 ", " 文字列 ");
```

array7.php

```php
<?php
        $week = explode(",", " 月 , 火 , 水 , 木 , 金 , 土 , 日 ");
        print $week[3];
?>
```

Chapter 2
Section 15

連想配列

データとキーを関連させて保存するには

このSectionでは連想配列について学習します。配列はデータに番号を付けてメモリに格納しました。連想配列は、番号（数値）の代わりにキー（文字列）を付けて格納します。

連想配列とは

1 連想配列とは

「連想配列」も、配列と同じように複数のデータを格納できる箱を持っています。各箱に任意の名前（キー）を付けることで箱を識別することができます。キーとデータを関連付けて保管したいときに連想配列を利用します。例えば、会員1人分の名前や住所、電話番号などのデータを操作するときに便利に活用できます。

2 連想配列に名前を付ける

連想配列は配列や変数と同じ規則が適用されます（Section 13参照）。「$」を変数名の先頭に付けます❶。

❶「$」を変数名の先頭に付けます。

連想配列の利用

1 データを格納する

連想配列 $member にデータを格納するには「$member["name"]」と、キーとなる文字列「name」を記述します❶。キーは文字列なので「"」で囲います。後は、変数や配列と同じように「=」（代入演算子）を使って❷、値を代入します。ここでは「○田○夫」という名前（文字列）を代入しています❸。連想配列も変数や配列と同じように文字列でも数値でもそのまま代入できます。数値の場合は「"」は付けません。

associative_array1.php

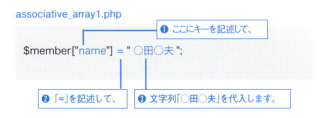

❶ ここにキーを記述して、
❷「=」を記述して、
❸ 文字列「○田○夫」を代入します。

2 データを出力する

連想配列に格納したデータを参照するには、連想配列のキーを利用します。「$member["name"] = "○田○夫";」というコードが実行されると、連想配列$memberのキー「name」に関連付けて「○田○夫」が格納されています❹。格納されたデータを参照するには、このキー「name」を指定して「$member["name"]」とします❺。ブラウザで読み込むとデータが表示されます❻。

associative_array2.php

❹「○田○夫」は
❺キー「name」で参照します。

❻データが表示されます。

3 データを追加する

データを追加するときは、同じようにキーを指定して値を代入します。配列のように「$member[]」は使用しません。キー「age」には年齢を関連付け❼、キー「tall」には身長を関連付けて格納します❽。それぞれprint関数で出力して確認できます❾。

❾各データが出力されます。

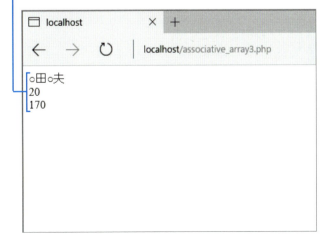

associative_array3.php

❼ここには年齢を
❽ここには身長を代入します。

Next ▶

連想配列の作成

1 array関数を使う

array関数で連想配列を作成するには「=>」を使ってキーと値の関連付けを指定する必要があります。array 関数の「()」の中にキーとデータを「キー => データ」のように指定します ❶。各データとキーの組み合わせを「,」(カンマ) で区切ります ❷。キーやデータが文字列の場合は「"」で囲みます。PHP5.4以降ではarray関数の代わりに角括弧「[」「]」が利用できます。

❶ ここにキーとデータの組み合わせを指定します。

$data = array(キー 1=> データ 1,
キー 2=> データ 2, キー 3=> データ 3, ‥);
array 関数の短縮構文
$data = [キー 1=> データ 1,
キー 2=> データ 2, キー 3=> データ 3, ‥];

❷ 各データはカンマで区切ります。

2 データを格納する

array 関数を使ってキーとデータの関連付けをわかりやすく記述します ❸。コードのようにデータごとに適宜改行を入れて見やすくすることもできます ❹。出力は、前ページのサンプルと同じになります ❺。

associative_array4.php

```php
<?php
$member = array(
        "name" => "○田○夫",
        "age" => 20,
        "tall" => 170
);

print $member["name"];
print "<br>";
print $member["age"];
print "<br>";
print $member["tall"];

?>
```

❸ 「=>」でキーとデータを関連付けして、

❹ 適宜改行して見やすくできます。

```
□ localhost          ×  +

←  →  ○  | localhost/associative_array4.php

○田○夫
20
170
```

❺ 出力結果は同じです。

In detail ≫詳解 配列と連想配列

配列と連想配列は、実は、PHPから見ると同じ1つの配列型のことを指していて、双方に違いはありません。本書では、理解しやすいように、配列と連想配列を別々に説明しましたが、使用法についてはまったく同じものです。配列を連想配列のように記述すると以下のように、キーの部分が数値になります。

associative_array5.php

```php
$week = array( "月", "火", "水", "木", "金", "土", "日");

// 上のコードと同じです。
$week = array( 0 => "月", 1 => "火", 2 => "水",
                3 => "木", 4 => "金", 5 => "土", 6 => "日");
```

配列と連想配列の組み合わせ

1 多次元配列とは

少々難しくなりますがここで配列と連想配列を組み合わせた多次元配列を見てみましょう。本書では後半でデータベースを扱いますが、配列と連想配列を組み合わせたデータ構造を頻繁に使用します。配列と連想配列を組み合わせることで会員名簿一覧などを表示する場合に非常に便利にデータを扱えるようになります。図のように配列のそれぞれのインデックスに連想配列が1つずつそのまま格納されています。これにより、会員名簿の1人ずつのデータを操作することができます。

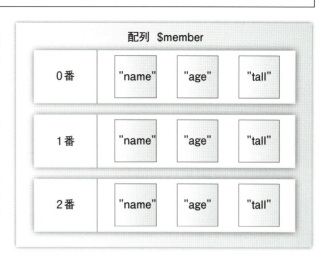

2 データを格納する

多次元配列にデータを格納するには、配列「$member[]」に、array関数を使って作成した連想配列を代入します❶。これにより、インデックス0番に連想配列が格納されます。「$member[0]」とインデックスを指定して代入しても同じ結果になります。PHP5.4以降ではarray関数の代わりに角括弧「[」「]」が利用できます。

associative_array6.php

```
$member[] = array("name" => "○田○夫", "age" => 20, "tall" => 170);
```
❶ 配列に連想配列を代入します。

```
// または、
$member[0] = array("name" => "○田○夫", "age" => 20, "tall" => 170);

// array 関数の短縮構文
$member[] = ["name" => "○田○夫", "age" => 20, "tall" => 170];
$member[0] = ["name" => "○田○夫", "age" => 20, "tall" => 170];
```

Point 格納できるデータの型

配列、連想配列には、PHPが扱うことのできるすべてのデータ型を格納できます（Section 13参照）。

3 データを参照する

多次元配列のデータの参照は、「$member[0]["name"]」のように、インデックスを「0番」と指定して❷、次に、連想配列のキーを「name」と指定することで参照できます❸。

associative_array7.php

```
<?php
$member[] = array("name" => "○田○夫", "age" => 20, "tall" => 170);
```
❷ インデックスを指定して、
```
print $member[0]["name"];
```
❸ キーを指定することで参照できます。
```
print "<br>";
print $member[0]["age"];
print "<br>";
print $member[0]["tall"];

?>
```

Chapter 2

PHPの基礎

Chapter 2
Section **16** | 演算子

演算子を使うには

「+」や「&」のような記号を演算子と呼びます。演算子の意味や機能がわかるとプログラムがぐっと身近なものになります。このSectionではプログラミングに必須の演算子を学習します。

代数演算子

1 代数演算子とは

代数演算子とは、表のように、足し算や引き算、掛け算、割り算などの基本的な計算を行うための演算子です。「%」は、割り算の結果の余りを計算します。

（表）代数演算子

演算子	記述例	意味
+	5 + 1	加算
-	5 - 2	減算
*	5 * 3	乗算
/	5 / 5	除算
%	5 % 3	剰余

2 代数演算子の使用

数値を直接記述することも、「$a + $b」のように変数を指定することもできます。右コードを実行して、ブラウザで結果を確認すると以下のように表示されます。

```
5 + 1 = 6
5 - 2 = 3
5 * 3 = 15
5 / 5 = 1
5 % 3 = 2
```

In detail
≫詳解 変数展開

print "5 + 1 = $answer";のように、「"」で囲まれた中に変数があると、変数の部分が格納されているデータに置き換わります。これを変数展開といいます。「'」で囲まれていると、変数展開は行われません。

operators1.php

```php
<?php
// 加算
$answer = 5 + 1;
print "5 + 1 = $answer";
print "<br>";

// 減算
$answer = 5 - 2;
print "5 - 2 = $answer";
print "<br>";

// 乗算
$answer = 5 * 3;
print "5 * 3 = $answer";
print "<br>";

// 除算
$answer = 5 / 5;
print "5 / 5 = $answer";
print "<br>";

// 剰余
$answer = 5 % 3;
print "5 % 3 = $answer";
print "<br>";
?>
```

058

代入演算子

1 代入演算子とは

代入演算子とは、変数や配列にデータを格納（代入）するときに使用した「=」が基本です。数学で使用する「=」（等しい）とは違い、「$age = 20;」のように、右の値「20」を左の変数$ageに格納するという意味があります。「+=」を使うと、変数に格納されていた値に新たに指定した数値を加算して代入します。「.=」を使うと、変数に格納されていた文字列に文字列を連結して代入できます。代入演算子には他にもありますが、ここではよく使用するものだけにとどめておきます。

（表）代入演算子

演算子	記述例	意　味
=	$num = 20;	変数 $num に 20 を代入する
+=	$num += 20;	変数 $num に 20 を加算して代入する
.=	$string .= " 文字列 "	変数 $string に文字列を連結して代入する

2 加算代入する

右のコードでは、「$data = 20;」で$dataに「20」が代入されています❶。「$age = $data;」で$ageに$dataの「20」が代入されます❷。「$age += 5;」は、$ageの値「20」に「5」を加算した結果「25」を$ageに代入しています❸。このためこのコードを実行した結果は「25」と表示されます。「$age += 5;」は、「$age = $age + 5;」と同じ意味です。この場合、左辺（「=」の左）の$ageには計算の結果が、右辺の$ageには計算前の値が格納されています。

operators2.php

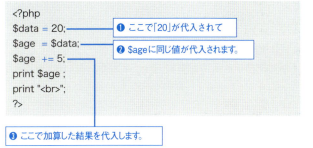

3 文字列を連結代入する

右コードでは、「$data = '○田';」で$dataに文字列「○田」が代入されています❶。「$name = $data;」で$nameに$dataの「○田」が代入されます❷。「$name .= "○夫";」は、$nameの値「○田」に「○夫」を連結した結果「○田○夫」を$nameに代入しています❸。このためこのコードを実行した結果は「○田○夫」と表示されます。「$name .= "○夫";」は、「$name = $name . '○夫';」と同じ意味です。

operators3.php

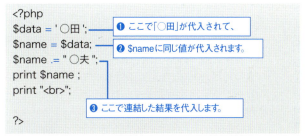

Point 「.」文字列結合演算子
>> 要点

「$name = $name . '○夫';」の「.」（ピリオド）は、文字列を結合するための演算子です。文字列同士、および、文字列を格納した変数同士を結合できます。

```
$string = " 文字列 1 " . " 文字列 2";
$string = $string1 . $string2;
```

Next▶

ビット演算子

1 ビット演算子とは

ビット演算子とは、ビット単位でデータ操作をするものです。対象は整数になります。PHPでWebアプリケーションを作成する場合はめったに利用しない演算子です。

（表）ビット演算子

演算子	記述例	意味
&	$a & $b	ビットごとの AND（論理積）
|	$a | $b	ビットごとの OR（論理和）
^	$a ^ $b	ビットごとの XOR（排他的論理和）
~	~ $a	ビットごとの NOT（否定））
<<	$a << $b	左シフト
>>	$a >> $b	右シフト

2 ビット演算子の使用

「&」を使った使用例をここで解説します。「$a & $b」のように記述すると、$a、$b に格納されている整数を2進数として評価して、両方の各桁のビットごとに論理積を計算し、両方のビットが1のときのみ結果が1になる演算処理を行います❶。「&」は、例えば、必要なビット以外をマスクする（0にする）処理などに使用されます。右のコードを実行すると、以下のように表示されます。

```
0
0
0
1
```

operators4.php

```php
<?php

$data = 0 & 0;
print $data . "<br>";

$data = 1 & 0;
print $data . "<br>";

$data = 0 & 1;
print $data . "<br>";

$data = 1 & 1;
print $data . "<br>";

?>
```

❶ ここで論理積を計算します。

比較演算子

1 比較演算子とは

比較演算子は、次のSection以降で学習する条件式（if文、三項演算子）や繰り返し処理（while）などで使用します。ここで述べる比較演算子はどれもよく利用するものなのですべて理解できるようにしましょう。

Grammar ▶▶文法　宇宙船演算子

PHP7から「<=>（宇宙船演算子）」が追加されました。例えば「print 1 <=> 1;」を実行すると「0」、「print 1 <=> 2;」は「-1」、「print 2 <=> 1;」は「1」が表示されます。この機能を利用して並べ替え処理などに利用します。

（表）比較演算子

演算子	記述例	意味
==	$a == $b	等しい
===	$a === $b	値と型が等しい
!=	$a != $b	等しくない
<>	$a <> $b	等しくない
!==	$a !== $b	値が等しくない、または型が等しくない
<	$a < $b	$a は $b より少ない
>	$a > $b	$a は $b より多い
<=	$a <= $b	$a は $b より少ないか等しい
>=	$a >= $b	$a は $b より多いか等しい
<=>	$a <=> $b	$a > $b のときは 1、$a=$b のときは 0、$a < $b ときは -1 を返す

060

2 比較演算子の使用

ここでは「==」について解説します。「等しい」という意味がある「==」は「=」を2個続けるところに注意してください。「5 == 5」はどちらも「5」を比較しているためこの演算子を使った条件式は真偽値の真（TRUE）を返します。これはどういう意味かということを実際に目で確かめてみましょう。右コードを実行すると「print true;」の部分と❶、「print (5 == 5);」の部分で「1」を表示します❷。「true」は「1」と同じです。「print (5 == 5);」も比較演算子による比較の結果が「等しい」ため「true」である「1」を表示しました。逆に、「print false;」と❸、「print (5 == 4);」を実行すると何も表示されません❹。これは条件式が成り立たないので真偽値の偽（FALSE）を返したためです。

operators5.php

```php
<?php

print true;          ❶「1」を表示します。

print "<br>";

print false;         ❸何も表示しません。

print "<br>";

print (5 == 5);      ❷「1」を表示します。

print "<br>";

print (5 == 4);      ❹何も表示しません。

?>
```

三項演算子

1 三項演算子とは

比較演算子と三項演算子を使って条件判断する方法を解説します。if文などについては次のSection以降で詳しく解説します。この三項演算子は「?」と「:」を使って構文を作成します。C言語やPerlなどと同じ使い方です。比較演算子で構成した条件式の比較結果がTRUEの場合、値1を$変数に格納して❶、結果がFALSEの場合は、値2を$変数に格納します❷。if文を使用するより1行ですっきりと記述できるためよく利用されます。

❶ TRUEの場合、値1を、

$$\$変数 = (条件式)\ ?\ 値1\ :\ 値2\ ;$$

❷ FALSEの場合、値2を代入します。

In detail ≫詳細 Null合体演算子

PHP7から導入されたものに「??（Null合体演算子）」があります。三項演算子で表していたような処理を読みやすく書きやすくなるように導入されました。1番のコードは、演算子の前の$get_ageが存在して、かつ、NULL以外の値が格納されていれば$get_ageの値を$user_ageに代入します。$get_ageが存在しない、または、NULLが格納されている場合は演算子の後の「年齢不詳」を$user_ageに格納します。2番のコードは同じ働きをするように三項演算子で書いたものです。isset関数は検査対象の変数が存在して、かつ、その値がNULLではない場合に真となります。

```php
// 1. Null 合体演算子
$user_age = $get_age ?? '年齢不詳';

// 2. 三項演算子
$user_age = isset($get_age) ? $get_age : '年齢不詳';
```

Next▶

2 三項演算子の使用

実際のコードで動作を確認しましょう。ここでは設定した年齢を大人か子供か判断します。変数$ageに年齢「19」を代入して❸、$adult_ageに比較のための年齢「20」を代入しま❹。三項演算子を使って、条件式の部分を「($adult_age <= $age)」とします❺。ここで、設定した年齢を比較して、年齢が「20」以上の場合、TRUEとなり、文字列「大人」が$adult_checkに代入されます❻。年齢が「19」以下の場合、FALSEとなり、文字列「子供」が$adult_checkに代入されます❼。「print $adult_check . "です。";」の中の「.」は文字列結合演算子です。このコードを実行すると、結果として「子供です。」と表示されます。

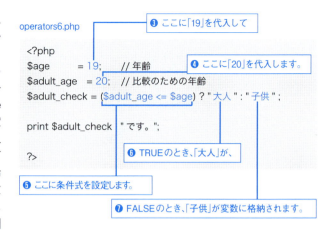

operators6.php

```
<?php
$age         = 19;    // 年齢
$adult_age   = 20;    // 比較のための年齢
$adult_check = ($adult_age <= $age) ? "大人" : "子供";

print $adult_check . "です。";
?>
```

❸ ここに「19」を代入して
❹ ここに「20」を代入します。
❺ ここに条件式を設定します。
❻ TRUEのとき、「大人」が、
❼ FALSEのとき、「子供」が変数に格納されます。

エラー制御演算子

1 エラー制御演算子とは

エラー制御演算子とは、PHPの式（関数や変数など）の前に付けることで、例えば、その式にエラーがあった場合、エラーメッセージを非表示にします。エラー制御演算子「@」を前に付けられるのは、変数、関数、include()、定数などです。関数の定義部分や、foreach文、条件文の前には付けることはできません。パースエラーによるメッセージに関しては「@」を付けていても表示されます。

（表）エラー制御演算子

演算子	記述例	意味
@	@file()	エラーメッセージを非表示にします。

2 エラー制御演算子の使用

「$string = $data[$key];」を実行すると配列部分が未定義だというエラーメッセージが表示されます。エラー制御演算子「@」を「$data」の前に付けて❶、「$string = @$data[$key];」とすると、エラーメッセージは表示されなくなります❷。プログラミング中にこの演算子を使用すると、どこでエラーが発生しているのか確認できなくなります。どうしてもエラーを表示したくないときにだけ利用しましょう。

operators7.php

```
<?php
print "エラー制御演算子のテスト";
$string = @$data[$key];
?>
```

❶ ここに@を付けます。

Term ▶▶用語　パースエラー

パースエラーとは、プログラムの書き方が間違っているときに表示されるエラーです。PHPコードの最後の「;」や、文字列の前後を囲む「"」ダブルクォーテーションのどちらかが抜けた状態で実行すると「Parse error: syntax error, unexpected end of file, expecting variable」などと表示されます。

ice: Undefined variable: data in **C:\xampp\htdocs\operators7.php** on line **3**
ice: Undefined variable: key in **C:\xampp\htdocs\operators7.php** on line **3**
─エラー制御演算子のテスト

❷ エラーが表示されなくなります。

実行演算子

1 実行演算子とは

実行演算子は、PHPが稼動しているOS（オペレーティングシステム：WindowsやMac、Linuxのこと）のコマンドを実行するために使用します。実行演算子として「`」（バッククォート）を使用します。シングルクォート「'」とは違います。「`」でコマンドを囲むことでそのコマンドを実行することができます。結果は、代入演算子「=」を使って変数に代入することができます。

（表）実行演算子

演算子	記述例	意味
`` ` ` ``	`` `ls -laF` ``	コマンドを実行します。

Caution ≫≫注意　バッククォートの入力方法

「`」バッククォートは、WindowsやMacのキーボードでは Shift キー + @ キーで入力できます。

2 実行演算子の使用

「$filelist = \`ls -laF\`;」の「\`ls -laF\`」で実行演算子を使ってコマンドを指定しています❶。「ls -laF」はMac、Linux上のシェルコマンドです。このコマンドをコンソール画面などで直接実行するとカレントディレクト内のファイルやディレクトリを表示します。ここでは結果を表示する代わりに、変数$filelistに表示結果を文字列として代入しています。結果はHTMLの<pre>タグにより、結果をそのまま表示します❷。
実行演算子「`」は、セーフモード が有効な場合や、shell_exec () が無効な場合は利用できません。このスクリプトをWindowsで実行する場合は、$filelist = \`dir\`;とコマンドを変更します。

operators8.php

```php
<?php
$filelist = `ls -laF`; ── ❶ ここでコマンドを指定して、

print "<pre>";
print $filelist;     ❷ 変数に格納された結果をここで表示します。
print "</pre>";

?>
```

Caution ≫≫注意　コマンドプロンプトの文字コード

Windowsのコマンドプロンプトは、メッセージをSJISという文字コードで表示します。本書ではUTF-8でPHPファイルを実行しているためこのままでは文字化けが発生します。$filelistにdirコマンドの内容を格納した後に、下のコードを実行してください。SJISのメッセージをUTF-8に変換します。mb_convert_encoding 関数に関してはSection 31 コラム「文字コードを変換する」を参照してください。

```
$filelist = mb_convert_encoding($filelist, "UTF-8","SJIS");
```

Next▶

加算子/減算子

1 1を加える式

プログラムでは、変数に1を加えたり❶、変数から1を減らしたりするような処理をよく利用します。

operators9.php

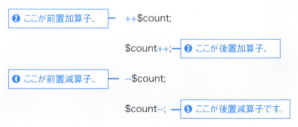

2 加算子/減算子とは

1を加える処理は、手順1のように記述することができますが、もっと簡単に加算子/減算子を利用することができます。「++$count;」は「前置加算子」❷、「$count++;」は「後置加算子」❸、「--$count;」は「前置減算子」❹、「$count--;」は「後置減算子」と呼びます❺。右のコードはそのまま実行するとエラーになります。$countに0を代入するなどして、先に$countの定義が必要です。

operators10.php

❷ ここが前置加算子、　++$count;

$count++;　❸ ここが後置加算子、

❹ ここが前置減算子、　--$count;

$count--;　❺ ここが後置減算子です。

(表) 加算演算子と減算演算子

演算子	記述例	意味
++	++$count	前置加算子 $count に 1 を加えて $count を返す。
++	$count++	後置加算子 $count を返して、$count に 1 を加える。
--	--$count	前置減算子 $count から 1 を引いて、$count を返す。
--	$count--	後置減算子 $count を返して $count から 1 を引く。

3 演算子を使用する

加算子、減算子を使用する場合、後置加算子や後置減算子を付けたまま参照する場合だけ注意が必要です。例えば、後置加算子では、前置加算子と同じように1を加える処理ですが、1を加えた変数を参照するときに違いが出てきます。後置加算子を「print $count++;」のように表示させると❻、$countを表示した後に、$countに1を加えるため、すぐ下の「print $count;」で表示させる値とに違いが出てきます❼。同様に後置減算子でも表示後に減算するため「print $count--;」で表示した値と❽、「print $count;」で表示した値❾に違いが出てきます。

operators11.php

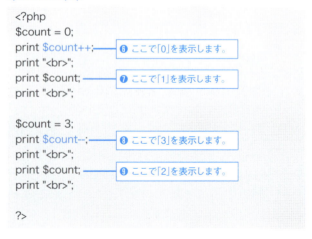

論理演算子

論理演算子とは

論理演算子は、比較演算子などで作成した条件式を複数組み合わせるときに使用します。表の論理積、論理和は2通りあります。これは、論理演算子の優先順位が違うためです。「&&」、「||」のほうが「and」、「or」より高くなっています。具体的な使用方法は必要に応じて解説します。

（表）論理演算子

演算子	記述例	意味
and	$a and $b	論理積 2つの条件式がTRUEの場合
or	$a or $b	論理和 どちらかがTRUEの場合
xor	$a xor $b	排他的論理和 どちらかがTRUEでかつ両方ともTRUEでない場合
!	!$a	否定 TRUEでない場合
&&	$a && $b	論理積 2つの条件式がTRUEの場合
||	$a || $b	論理和 どちらかがTRUEの場合

配列演算子

1 配列演算子とは

配列演算子とは、配列に配列を追加するための演算子です。「$c = $a + $b;」のように「+」を使用します。追加するときに、キーが同じものがあっても上書きはされません。

（表）配列演算子

演算子	記述例	意味
+	$c = $a + $b;	配列$aに配列$bを追加

2 配列演算子の使用

連想配列$data1と$data2を用意します❶。配列演算子「+」を使って結合します❷。結合によって、「tall」のデータが$data1に追加されます。残りはキーが同じなので、上書きされません。var_dump関数を使って配列$dataの構造とキーとデータの関係を確認できます❸❹。なお、PHPでは、配列の処理に関して豊富な関数が用意されています。これらに関しては後ほど解説します。

operators12.php

```php
<?php
$data1 = array("name" => " ○田○夫 ", "age"  => 20);
$data2 = array("name" => " ○木○郎 ", "tall" => 180, "age" => 30);

$data = $data1 + $data2;

print "<pre>";
var_dump($data);
print "</pre>";
?>
```

❶ 連想配列を用意します。
❷ 配列演算子を使って結合します。
❸ var_dump関数で配列の構造を表示します。

❹ ブラウザに構造を出力したところです。

Chapter 2

Section **17** | **if文**

条件を判定して処理を分岐するには

条件を判断することで処理を分岐させることができます。条件判断には、if文、if…else文、if…elseif…else文などを利用します。

if文

1 if文とは

送信フォームで入力された年齢を判断して、20歳以上のときだけ別の画面を表示させるようなときにこのif文を使用します。if文を使用することで、ある条件で処理を実行させたり、させなかったりすることができます。記述は、「if」の後の「()」内に、比較演算子や論理演算子を使った条件式を指定します❶。この条件式の結果がTRUEのときに、「{」と「}」の間の処理が実行されます❷。FALSEのときは実行されません。なお、実行する処理が1つの場合は、「{}」を省くことができます❸。

```
// 実行する処理が複数ある場合
if(条件式)            ❶ ここに条件式を記述します。
{
        処理1;
        処理2;          ❷ 条件式が成り立つときに処理を実行します。
        処理3;
         ‥
}

// 実行する処理が1つの場合
if(条件式)            ❸「{}」を省くことができます。
        処理1;
```

2 if文を使用する

右のコードは、IDとパスワードを入力してログインしたときの処理を擬似的に記述したものです。実際のログイン処理では、変数$usernameや$passwordには、フォームから送信されてきた値を代入します。また、連想配列$db_dataの値は、データベースから取得したデータを格納しておきます。ここでは、あらかじめ、値（ユーザーネームとパスワード）を代入してあります❶。if文の条件式は、「==」を利用して、等しいかどうか判定しています。また、「&&」を使って、2つの条件式を組み合わせています。この条件式全体の意味は「ユーザーネームとパスワードが等しい場合」となります❷。この条件式の結果がTRUEのときにブロック内部の処理が実行されて、メッセージが表示されます❸。

if1.php

```php
<?php
$username = "user";
$password = "pass";

                         ❶ あらかじめ値を代入します。

$db_data["username"] = "user";
$db_data["password"] = "pass";

if($db_data["username"] == $username &&
$db_data["password"] == $password )
{                        ❷ ユーザーネームとパスワードが等しい場合、
        // 会員ページの表示
        print " 会員ページです。";
}                        ❸ 会員ページが表示されます。
?>
```

066

if…else文

1 if…else文とは

条件式の結果がTRUEのときとFALSE
のときに別々に処理を実行したいとき
は、if…else文を使用します。if文に条
件式を指定して❶、条件式が成り立つ
とき（TRUE）、if文のブロック内の処理
を実行し❷、条件式が成り立たないと
き（FALSE）は、else文のブロック内の
処理を実行します❸。

```
if( 条件式 )              ❶ ここに条件式を指定して、
{
        処理 1;
        処理 2;           ❷ TRUEのときはこの処理を実行して、
        処理 3;
         ‥
}else{
        処理 4;
        処理 5;           ❸ FALSEのときはこの処理を実行します。
        処理 6;
         ‥
}
```

2 if…else文を使用する

if文の手順で作成したログイン処理に
ログインが失敗したときの処理を追加
しましょう。これは、if文のブロックの
後に、「else{ 処理1‥}」を追加するだけ
でよく、条件式がFALSEのときに、こ
の処理が実行されます❹。ここでは、
単にメッセージを表示するだけにしま
す。実際に、会員ページを表示させたり、
ログインエラーページを表示させる方
法は後のSectionで詳しく解説します。
ここではif文の使い方を確実に理解し
てください。

if2.php

```php
<?php
$username = "user";
$password = "pass";


$db_data["username"] = "user";
$db_data["password"] = "pass";

if($db_data["username"] == $username && $db_data["password"] == $password )
{
        // 会員ページの表示
        print " 会員ページです。";
}else{                                    ❹ 条件式がFALSEのときにこ
                                             の処理が実行されます。
        // ログイン失敗の処理
        print " ログインに失敗しました。";

}
?>
```

Grammar ≫文法 if文の別の書き方

if文にはこれまでに説明した書き方のほかに右
のコードのような書き方があります。「{}」波括
弧の代わりに「:」半角コロンを利用します。最
後のendifは「;」半角セミコロンで終了します。
「elseif(条件式):」「else:」のように記述できるため
HTMLにPHPを埋め込むときに便利です。

```
if( 条件式 ):
    処理 1;
elseif( 条件式 ):
    処理 2;
else:
    処理 3;
endif;
```

Section 17

if文

067

Chapter 2

PHPの基礎

Chapter 2
Section 18 | **switch文**

複数の条件で処理を分岐するには

複数の条件で処理を分岐する場合、if…elseif…else文を使うことができますが、条件が多い場合、switch文を利用したほうがすっきりとまとめることができます。

if…elseif…else文

1 if…elseif…else文とは

if…else 文は、条件式が1つだけでしたが、複数の条件式で判定したい場合、if…elseif…else 文を使用します。if 文の後に「else if(条件式)」が続き、これは、いくつでも追加することができます❶。else 文は必ず最後に記述しますが❷、不要な場合は、else 文は記述しません。else 文はどの条件も成立しないときに実行されます。

Grammar
≫≫文法 「else if」と「elseif」

「{}」波括弧を使ったif文の書き方のときは、「else if」と「elseif」は同じ意味になります。「:」コロンを使った別の書き方のときには「else if(条件式):」はエラーになります。「elseif(条件式):」とします。

```
if( 条件式 )
{
        処理 1;
        処理 2;
        ‥
}else if( 条件式 ){
        処理 3;
        処理 4;
        ‥
}else{
        処理 5;
        処理 6;
        ‥
}
```

❶ いくつでも追加できます。

❷ else文は最後に記述します。

2 if…elseif…else文を使う

画面を多数必要とするアプリケーションを PHPで作成する場合、手順1の条件式を利用して画面を振り分けます。右コードは会員登録処理を擬似的に表したものです。変数 $type には閲覧者が送信した値を格納しますが、ここでは説明のため値を直接代入しています❶。if文の最初の条件式「($type == "form")」が成り立ち、結果としてTRUE が返り❷、ifブロック内の処理「登録フォームを表示」が実行されます❸。条件式は上から順番に判定され、どの条件も成り立たないときにelseブロックの処理が実行されます。

ifelse.php

```php
$type = "form";

if($type == "form")
{

        print " 登録フォームです。";

}else if($type == "exec"){

        print " 登録処理を実行中 ";

}else{

        print " 画面がありません。";  // エラー処理

}
```

❶ 値を直接代入しています。

❷ この条件式がTRUEになります。

❸ この処理が実行されます。

switch文

1 switch文とは

前項で見たような複数の条件式の中にif文が含まれるようになると、ひと目で理解できなくなり、プログラムが意図どおりに動作しない原因になります。このようなときは、swich文を利用してすっきりと記述しましょう。switch()の中の判定用の変数と❶、同じ値「値1」をcase文から探して❷、「処理1」をbreak文まで実行します❸。case文は「:」で終わるところに注意してください。「;」ではありません。同じ値が見つからない場合は、上から下へ順番に探していき、一致するものがないときは、default文の処理を実行します❹。defaultも文の終わりは「:」です。

```
$ 判定用の変数 = " 値 1";

switch($ 判定用の変数 ) {        ❶ この変数と
{
        case " 値 1":           ❷ 同じ値を持つcase文を探します。
                処理 1;          ❸ 一致したら、処理を実行します。
                break;

        case " 値 2":
                処理 2;
                break;

        default:                ❹ ない場合はこの処理を実行します。
                処理 3;
}
```

2 switch文を使う

swich文は、if…elseif…else文と同じように機能する上に見通しもよいため、条件分岐が多数ある場合は、if…elseif…else文よりswich文を使うとよいでしょう。右のコードは、前のページのifelse.phpと同じ処理をswitch文で書き換え、さらに登録を実行する前に、入力内容の確認画面を表示するように、「case "confirm":」を追加したものです❺。

Caution ≫注意　switch文でよくある間違い

case文から始まる処理は、break文で完了しなければなりません。もし、コードのようにbreak文を忘れた場合❶、次の「case "confirm":」の処理が続けて実行されます。switch文を記述したときは必ずbreak文がすべて記述されているかどうか確認しましょう。

```
　〜 中略 〜
case "form":            ❶ ここにbreak文が
        print $form_page;       ありません。

case "confirm":
        print $confirm_page;
        break;
　〜 中略 〜
```

switch.php

```
$type = "form";

switch($type)
{
        // 登録フォームを表示
        case "form":
                print " 登録フォームです。";
                break;

        // 確認画面を表示
        case "confirm":         ❺ 条件をここに追加します。
                print " 確認画面です。";
                break;

        // 登録処理を実行
        case "exec":
                print " 登録処理を実行中 ";
                break;

        // エラー処理
        default:
                print " 画面がありません。";
}
```

Chapter 2

Section 19 | **while文**

ある条件のときだけ繰り返すには

while文は、はじめに条件を判断し、ある条件が成立するあいだ、処理を繰り返します。do…while文は、while文に似ていますが、判断を処理の最後に行います。

while文

1 while文とは

while文を使用すると繰り返し処理（ループ処理）を制御することができます。while文では、繰り返しの処理を実行する前に条件式が判定されます。条件式の結果がTRUEの場合に、処理が実行され、条件式の結果がFALSEになるとループを抜けます。while文の記述の仕方は3とおりあり、処理が1行のときは、「while(条件式)」に続けて処理を記述します❶。処理は「;」で終わります。処理が複数ある場合は、「{}」で処理を囲みます❷。この他に、endwhileを使った構文があります。「while(条件式):」のように「:」で終わり、処理を記述します。「endwhile;」のように最後は「;」で終わります❸。

```
while ( 条件式 ) 処理 ;
```
❶ 処理が1行の場合の記述方法です。

```
while ( 条件式 )
{
    処理 1;
    処理 2;
    ‥
}
```
❷ 処理が複数行の場合の記述方法です。

```
while ( 条件式 ):
    処理 1;
    処理 2;
    ‥
endwhile;
```
❸ endwhile構文です。

2 while文の動作を確認する

単純なコードを使ってwhile文の動作を確認してみましょう。はじめに変数$iに「0」が代入されます❹。次に、while文に指定された条件式「$i <= 10」が判定されます❺。ここでは、$iは「0」なので、「10」よりも小さく、条件式の結果はTRUEとなり、while文のブロック内の処理が実行されます❻。処理は「print $i++;」として後置加算子を付けて表示します。このため、$iの「0」が画面に表示されて、$iに1が加算され「1」となります。処理を繰り返す前に条件式を判定します。$iは現在「1」で「10」より小

while1.php

```php
<?php
$i = 0;

while($i <= 10)
{
    print $i++;
    print "<br>";
}
?>
```
❹ $iに「0」が代入されます。

❺ 条件式が判定されます。

❻ ブロック内の処理が実行されます。

070

さいため処理が続行されます。このように、処理を1度実行するたびに、条件が判定され、$iが「10」を表示して、$iが「11」になったところで、条件式「$i <= 10」が成り立たなくなりFALSEとなり、ループを抜けます。もし、$iがはじめから11以上ならば、処理は一度も実行されません。

3 while文を使う

while文は、データの数がわからないときの繰り返し処理に便利です。ここでは、「while2.php」を実行しているディレクトリ（フォルダ）内にあるファイル名やディレクトリ名をすべて表示します。if文に指定されているopendir関数で、「opendir ('.')」と指定して、「while2.php」を実行しているディレクトリのディレクトリ・ハンドル「$handle」をオープンします❼。「opendir('.')」の中の「.」が「while2.php」を実行しているディレクトリを表します。オープンに成功した場合のみifブロック内の処理を実行します❽。while文には「(false !== ($filename = readdir($dirhandle)))」と複雑な条件式が指定されています。「($filename = readdir($dirhandle)))」の部分で、readdir関数が$dirhandleを使って次のファイル名またはディレクトリ名を$filenameに格納しています。「false !== 」の部分で、「$filenameに格納された値がfalse以外」という意味を表しています。これは、$filenameに名前が格納される限り処理を続けるという意味になります❾。ファイル名またはディレクトリ名がある限り画面に表示されます❿。ファイル名がなくなるとループを抜けて、closedir関数によって、オープンしたディレクトリ・ハンドルの$dirhandleを閉じます⓫。コードを実行すると右図のような結果が表示されます。

❽ オープンに成功した場合のみこの処理が実行されます。

while2.php

```php
<?php
if($dirhandle = opendir('.')) {
        while (false !== ($filename = readdir($dirhandle)))
        {
                print $filename . "<br>";
        }
        closedir($dirhandle);
}
?>
```

❼ ここでディレクトリ・ハンドルをオープンします。

❿ ここでファイル名を表示します。

❾ $filenameに名前が格納される限り処理を続けます。

⓫ ディレクトリ・ハンドルを閉じます。

コードを実行した場合

```
.
..
.htaccess
index.php
while2.php
```

do…while文

do…while文とは

while文とdo…while文の違いは、条件式の判定位置です。while文では処理の前に条件を判定しますが、do…while文では処理を実行した後に❶、条件を判定します❷。このため、必ず一度は処理を実行することになります。条件式の判定結果がTRUEの場合、処理を繰り返して、FALSEの場合はループを抜けます。右のコードでは、$iが10になるまで11回繰り返して$iの内容を表示します。

```
do{
        処理；
} while ( 条件式 );
```

❶ 処理を実行して、

❷ 最後に条件を判定します。

dowhile.php

```php
<?php
$i = 0;

do{
        print $i++;
        print "<br>";

} while ( $i <= 10 );

?>
```

Chapter 2

PHPの基礎

Chapter 2
Section **20** | **for文**

指定した回数だけ繰り返すには

for文を使って指定した回数だけ処理を繰り返すことができます。例えば、決まった件数だけ名簿を表示するような処理を作成できます。

for文の使用

1 for文とは

for文は、初期化式❶、条件式❷、増減式❸を「;」で区切って指定して、繰り返す回数を設定することができます。初期化式に設定された数値から始めて、処理が繰り返されるたびに条件式でその数値を判定します。結果がTRUEの場合、次の処理を実行します。処理が実行された後に、増減式によって、初期化式の数値を決めた数だけ増減して、次の処理の前に条件式で判定します。判定の結果TRUEであれば処理を繰り返し❹、FALSEならループを抜けます。

❶ 初期化式、   ❷ 条件式、   ❸ 増減式を指定して、

```
for ( 初期化式 ; 条件式 ; 増減式 )
{
    処理 1;
    処理 2;          ❹ 条件式がTRUEの間、処理
    処理 3;             を繰り返し実行します。
    . .
}
```

2 for文の動作を確認する

for文に続く「(」と「)」の間に、繰り返しの条件を記述します。「$i = 1;」が初期化式です❶。これは、ループ処理が開始されるときに無条件で実行されます。次の「$i < 5;」が条件式です❷。条件式は各処理の開始時に判定され、結果がTRUEの場合に、処理が実行されます。ここでは、「$i回目のループです。
」と表示されます。表示が終わった後に、「$i++」によって、$iに格納されていた値「1」に「1」が加算されて、「2」になります。処理のはじめに戻って、条件式で$iを判定します。$iは「2」なので、「5」より小さいため、処理が繰り返されます❸。この例では4回繰り返され、$iが「5」になったときにループを抜けることになります❹。

for.php

❶ $iを1にセットして、

❷ 「$i < 5」が成り立つ間繰り返します。

❸ 繰り返しのたびに$iは1ずつ増えます。

```php
<?php
for ( $i = 1; $i < 5; $i++)
{
    print $i . " 回目のループです。<br>";
}
?>
```

```
1回目のループです。
2回目のループです。
3回目のループです。
4回目のループです。     ❹ ループ処理の最後の結果をここに表示します。
```

072

プルダウンメニューの作成

Section 20
for文

1 配列からデータを取り出す

都道府県名を格納した配列を使い送信フォームによく利用されるプルダウンメニューを生成します。はじめに、都道府県の配列\$PrefectureListを作成します❶。次に、for文に初期化式「\$i = 0;」を記述します。配列のインデックスは「0」からはじまるので初期化式も\$iに「0」を格納します❷。\$iは配列のデータ参照に使用します。条件式は「\$i<= count(\$PrefectureList) - 1;」です❸。count関数は配列の個数を返します。都道府県は「47」個ですが配列ではインデックスを0から数えるため「0から46」の47個ということになります。条件式を書き直すとすると「\$i <= 46;」になります。増減式「\$i++」により「1」ずつインデックスを移動します❹。繰り返し実行される処理「print \$PrefectureList[\$i];」で配列のデータを表示します❺。

2 プルダウンメニューを表示する

次に、プルダウンメニュー用にHTMLタグを追加しましょう。これまで、print文を使ってその都度表示してきましたが、操作しやすいように変数\$htmlに文字列を溜めます。はじめに、\$htmlには、<select>タグを格納します❻。「¥」(LinuxやMacではバックスラッシュ)マークが3箇所ありますが、はじめの2箇所は「¥"」として、文字列を囲む「"」と認識されないように「¥」を付けて(エスケープ)います❼。「¥n」は改行コードです❽。ブラウザ上では関係ありませんが、表示画面のソースを確認するときに適切に改行が入っていると見やすくなります。繰り返し処理内では、<option>タグ部分を作成して、\$htmlに「.=」を使って、文字列を結合しながら格納していきます❾。最後に、「\$html .= "</select>¥n";」として、</select>タグで閉じます❿。\$htmlに格納された文字列は、「print \$html;」で一度に表示します⓫。

---

prefecture1.php

❶ 都道府県の配列を作成します。

```
$PrefectureList = array(
        " 北海道 "," 青森県 "," 岩手県 "," 宮城県 "," 秋田県 ",
        " 山形県 "," 福島県 "," 茨城県 "," 群馬県 "," 栃木県 ",
        " 埼玉県 "," 千葉県 "," 東京都 "," 神奈川県 "," 新潟県 ",
        " 富山県 "," 石川県 "," 福井県 "," 山梨県 "," 長野県 ",
        " 岐阜県 "," 静岡県 "," 愛知県 "," 三重県 "," 滋賀県 ",
        " 京都府 "," 大阪府 "," 兵庫県 "," 奈良県 "," 和歌山県 ",
        " 鳥取県 "," 島根県 "," 岡山県 "," 広島県 "," 山口県 ",
        " 徳島県 "," 香川県 "," 愛媛県 "," 高知県 "," 福岡県 ",
        " 佐賀県 "," 長崎県 "," 熊本県 "," 大分県 "," 宮崎県 ",
        " 鹿児島県 "," 沖縄県 ");
```

❸ ここで条件式を指定して、

```
for ( $i = 0; $i <= count($PrefectureList) - 1; $i++)
{
```

❹ ここに増減式を指定します。

```
        print $PrefectureList[$i];
        print "<br>";
}
```

❺ 県名を表示します。

❷ \$iに「0」を格納します。

---

prefecture2.php

❻ <select>タグを格納します。

❼ ここで「¥」を付けてエスケープして、

```
<?php
$PrefectureList = array(
        " 北海道 "," 青森県 "," 岩手県 "," 宮城県 "," 秋田県 ",
        " 山形県 "," 福島県 "," 茨城県 "," 群馬県 "," 栃木県 ",
        " 埼玉県 "," 千葉県 "," 東京都 "," 神奈川県 "," 新潟県 ",
        " 富山県 "," 石川県 "," 福井県 "," 山梨県 "," 長野県 ",
        " 岐阜県 "," 静岡県 "," 愛知県 "," 三重県 "," 滋賀県 ",
        " 京都府 "," 大阪府 "," 兵庫県 "," 奈良県 "," 和歌山県 ",
        " 鳥取県 "," 島根県 "," 岡山県 "," 広島県 "," 山口県 ",
        " 徳島県 "," 香川県 "," 愛媛県 "," 高知県 "," 福岡県 ",
        " 佐賀県 "," 長崎県 "," 熊本県 "," 大分県 "," 宮崎県 ",
        " 鹿児島県 "," 沖縄県 ");
```

❽ ここに改行コードを記述します。

```
$html = "<select name=¥"prefecture¥" >¥n";
for ( $i = 0; $i <= count($PrefectureList) - 1 ; $i++) {
```

❾ <option>タグを結合しながら格納して

```
        $html .= "<option
        value=¥"$i¥">$PrefectureList[$i]</option>¥n";
}
```

❿ </select>タグで閉じて、

```
$html .= "</select>¥n";
```

```
print $html;
```

⓫ ここで一度に表示します。

```
?>
```

073

Chapter 2

Section 21 Chapter 2

foreach文

配列や連想配列を一度に処理するには

for文を使った配列の操作は前のSecitonで学習しましたが、foreach文を利用すると連想配列を簡単に操作することができます。さらに、foreach文を入れ子にすると多次元配列を操作できます。

foreach文

1 foreach文とは

foreach 文を使用すると配列や連想配列から値だけを簡単に取り出すことができます。さて、foreach 文には 2 つの構文があります。ここでは、配列の値だけを利用する方法を説明します。ループの開始に「$配列 as $変数」で、配列に格納されている値を配列の先頭から 1 つだけ変数に格納して ❶、処理を実行します ❷。処理が終わったら元に戻り、「$配列 as $変数」で次の値を変数に格納して処理を続け、値がなくなったらループを抜けます。

```
foreach($配列 as $変数)
{
    処理 1;
    処理 2;
    print $変数;
    ‥
}
```

❶ 配列の値を変数に格納して、

❷ ブロック内の処理を実行します。

2 foreach文を使用する

配列を用意し ❸、「$week as $value」として、配列 $week とその値を格納する変数 $value を指定します ❹。配列の値の数だけ変数 $value に順番に値が格納されて、print文で表示されます ❺。

foreach1.php

❸ 配列を用意して

```php
<?php
$week = array( "月","火","水","木","金","土","日");

foreach($week as $value)
{
    print $value;
    print "<br>";
}
?>
```

❹ ここに配列とその値を格納する変数を指定します。

❺ 配列の値の数だけprint文で表示されます。

In detail 配列のポインタ
>>> 詳解

PHP7のforeachは配列のポインタを使用しません。一方、whileとlist、eachなどで配列を処理すると、配列内のデータを指し示すポインタが移動します。すぐに配列を利用した処理を続ける場合は注意が必要です。foreach以外は前処理で進んだポインタ位置から始めるため意図とは違う動作をすることがあります。while文で手順2と同じ機能を実現するにはコードのようにreset文で配列のポインタを先頭に戻します。

foreach_column.php

```php
$week = array( "月","火","水","木","金","土","日");
reset($week);
while( list( , $value) = each($week) )
{
    print $value;
    print "<br>";
}
```

連想配列の操作

1 foreach文でキーを出力する

foreach文を利用して、連想配列からキーと値を同時に取り出すことができます。「$配列 as $変数」を「$配列 as $キー => $変数」のように変更するだけです。変数$キーに、連想配列のキーが格納され❶、$変数にキーと関連付けされた値が格納されます❷。

```
foreach($ 配列 as $ キー => $ 変数 )
{
        処理 1;
        処理 2;
        print $ キー ;
        print $ 変数 ;
        ‥
}
```

❷ ここに値が格納されます。
❶ ここにキーが格納され、

2 foreach文で連想配列を操作する

ここで実際に連想配列を使ってキーと値を取り出して表示してみましょう。配列$memberを用意します❸。「$member as $key => $value」と指定して、$keyにキーを格納します❹。そして、キーと関連付けられた値を$valueに格納して❺、ブロック内の処理を実行します❻。はじめに戻り、キーと値があれば処理を繰り返します。キーと値がなくなったらループを抜けます。

foreach2.php

```php
<?php

$member = array( "name" => " ○田○夫 ",
                 "age"  => 20,
                 "tall" => 170);

foreach($member as $key => $value )
{
        print "$key : $value";
        print "<br>";
}
?>
```

❸ 配列を用意します。
❹ キーを$keyに、
❺ 値を$valueに格納して、
❻ ブロック内の処理を実行します。

3 if文でキーを判定する

手順2を実行すると、「name : ○田○夫」のように表示されます。ここでキーをif文で判定して、nameの代わりに「名前」、ageの代わりに「年齢」、tallの代わりに「身長」を表示するようにしましょう。取り出した$keyを「==」を使って「name」と等しいかどうか確認します❼。結果がTRUEの場合、$titleに「名前」が格納され❽、「名前 : ○田○夫」のように表示されます❾。引き続き、age、tallを処理してループを抜けます。実行結果は下のようになります。

```
名前 : ○田○夫
年齢 : 20
身長 : 170
```

❾ キーが変換されて表示されます。

foreach3.php

```php
<?php
$member = array( "name"  => " ○田○夫 ",
                 "age"   => 20,
                 "tall"  => 170);

foreach($member as $key => $value )
{
        if($key == "name")
        {
                $title = " 名前 ";
        }else if($key == "age"){
                $title = " 年齢 ";
        }else if($key == "tall"){
                $title = " 身長 ";
        }
        print "$title : $value";
        print "<br>";
}

?>
```

❼ $keyが「name」と等しいか確認します。
❽ 結果がTRUEの場合、$titleに「名前」が格納されます。

Section 21 foreach 文

075

Chapter 2

Section **22** | **continue文・break文**

処理を飛ばして繰り返したり中断するには

繰り返し処理に使用したwhile文やfor文の処理の中で、繰り返し処理を次に飛ばしたり（continue文）、繰り返し処理を中断することができます（break文）。

繰り返し処理を次に飛ばす

1 continue文とは

continue 文は繰り返し処理をスキップして次の繰り返し処理を実行するときに使用します。右コードでは if 文の条件式で判定して結果が TRUE のときに ❶、continue 文を実行します ❷。continue 文が実行されると、残りの処理 2、処理 3 を飛ばして次のループ処理に移動します ❸。ここでは foreach 文を使って解説しますが for 文や while 文などすべての繰り返し処理で使用できます。

```php
<?php
foreach($配列 as $ キー => $ 変数 )
{
        if( 条件式 )
        {
                処理 1;
                continue;
        }
        処理 2;
        処理 3;
        ‥
}
```

❶ if文の条件式がTRUEのときに、

❷ continue文を実行します。

❸ 残りの処理2処理3を飛ばして次のループに移動します。

2 continue文を使用する

繰り返し処理で配列を扱うときに、値に何もデータがないときなど、処理を続けるとエラーが発生することがあります。このようなときにcontinue文を使用して、残りの処理を飛ばして次のループに移動させます。はじめに、配列を用意します ❹。Section 19で使用したものに、「tel」をキーとしたデータを格納しています。繰り返し処理内のif文による判定に「tel」がないため、else文の「print "処理を飛ばします。
";」と「continue;」が実行され ❺、残りの処理「print "$title : $value";」と「print "<br>";」が飛ばされて ❻、次のループに移動し、値の数だけ表示を繰り返します。

continue.php

```php
<?php
$member = array( "name"   => " ○田○夫 ",
                 "tel"    => "03-0000-0000",
                 "age"    => 20,
                 "tall"   => 170);

foreach($member as $key => $value )
{

        if($key == "name")
        {
                $title = " 名前 ";
        }else if($key == "age"){
                $title = " 年齢 ";
        }else if($key == "tall"){
                $title = " 身長 ";
        }else{
```

❹ 配列を用意します。

076

```php
            print " 処理を飛ばします。<br>";
            continue;        ❺ ここで continue 文が実行され、
    }
    print "$title : $value";
    print "<br>";
}
?>                           ❻ この残りの処理が飛ばされます。
```

繰り返し処理の中断

1 break文とは

break文は、繰り返し処理を中断してループを抜けるときに使用します。コードでは、繰り返し中にif文の条件式がTRUEと判定された場合に❶、break文を実行して処理をすべて中断してループを抜けます❷。ここではforeach文を使って解説しますがfor文やwhile文などすべての繰り返し処理で使用できます。

```php
<?php
foreach($配列 as $ キー => $変数 )
{
    if( 条件式 )        ❶ if文の条件式がTRUEのときに、
    {
        処理 1;
        break;          ❷ break 文を実行して
                             ループを抜けます。
    }
    処理 2;
    処理 3;
    ‥
}
```

2 break文を使用する

はじめに、配列に名前を格納しておきます❸。$iは表示件数をカウントする変数でここには「1」を格納します❹。$limitには表示を制限するための件数「3」を格納し、3件だけ表示することにします❺。foreach文でループを開始すると❻、$keyにはインデックス番号が格納され、$valueには名前が格納されます。if文の条件式「$i > $limit」が判定されます❼。ここでは、「1 > 3」となり、成り立たないので、break文は実行されません。print文で名前が表示され、「$i++;」で$iに「1」が加算されます。$iが4になったときに、「$i > $limit」がTRUEになりbreak文が実行されて❽、$member[3]と$member[4]の処理を残して、ループを抜けます。

break.php

```php
<?php
$member[0] = " ○田○夫 ";
$member[1] = " ○山□夫 ";
$member[2] = " ○川△夫 ";      ❸ 配列に名前を格納してます。
$member[3] = " ○木 × 夫 ";
$member[4] = " ○村▽夫 ";

$i    = 1;          ❹ ここに「1」を格納します。
$limit = 3;          ❺ ここに表示を制限するための件数を格納します。

foreach($member as $key => $value )
{                    ❻ foreach文でループを開始します。
    if($i > $limit)
    {                ❼ 条件式が判定され結果がTRUEになると、
        print " ループを抜けます。<br>";
        break;        ❽ break文が実行されます。
    }
    print " 名前 : $value";
    print "<br>";
    $i++;
}
?>
```

077

Chapter 2

PHPの基礎

Chapter 2
Section 23 | require文・include文

別ファイルに記述した処理を読み込むには

require文、include文を使うとPHPで記述された別のファイルを読み込むことができます。よく利用する
スクリプトを別ファイルにまとめておいて、require文、include文で読み込んで使うと便利です。

require文でファイルの読み込み

1 require 文とは

会員制の Web サイトのような本格的なアプリケーションを PHP で作る場合、単一のファイルだけですべてを記述できるものではありません。同じような処理を集めて別のファイルに記述して必要なときに読み込むようにできると便利です。require文に読み込みたいファイルを指定すると、その位置にコードを読み込み、まるでそこにコードがあったように実行されます❶。「()」がなくても❷、ファイル名を変数に格納して指定しても動作します ❸。

```
require (" ファイル名 ");
require " ファイル名 ";
require $変数 ;
```

❶ ここにファイル名を指定します。

❷「()」がなくても

❸ ファイル名を変数に格納して指定しても動作します。

2 読み込むファイルの設置場所の確認

読み込みたいファイルの名前やパスをrequire文で指定します。require文で指定したパスにファイルが見つからない場合は、PHPの設定から include_path を探します。include_pathにも無い場合、require文を記述したファイルのあるディレクトリや作業ディレクトリを探します。見つからない場合はエラーを表示して停止します。include_pathが php.ini内で設定されていない場合は、phpinfo関数で確認します。右の記述の中の「.」は実行中のPHPファイルの設置ディレクトリです。「;」は区切り文字です（Mac、Linuxの場合は「:」）。読み込みディレクトリを追加するには「;」で区切ってディレクトリ名を続けます。

include_pathの設定
Windows
.;C:¥xampp¥php¥PEAR

Mac
.:/Applications/XAMPP/xamppfiles/lib/php

Linux
.:/opt/lampp/lib/php

In detail **>> 詳解** **set_include_path関数**

include_pathはPHPの設定オプションのひとつです。include_pathは、php.ini、.htaccess（ディレクトリに設置する設定ファイル）プログラム内部の3箇所で変更できます。set_include_path関数を使うとプログラム内部で新しい読み込み先を設定できます。get_include_path関数で現在の設定を取得して、文字列結合演算子「.」で現在のものと$addpathをPATH_SEPARATORで結合します。PATH_SEPARATORは稼働OSに応じて「;」または「:」に変換されます。Windowsで実行するとinclude_pathに「.;C:¥xampp¥php¥PEAR;C:¥new¥path」が設定されます。

078

require文の使用

1 読み込まれる側のファイルを用意する

はじめに読み込まれる側のファイルを作成します。読み込まれるファイルの中も開始タグと終了タグの中にPHPコードを記述します❶。変数$nameに名前を格納して❷、$messageにメッセージを格納しています❸。コードのとおり入力したら、ファイル名を「data.php」として、DocumentRootに設置します。

data.php

```php
<?php

$name    = " ○田○夫 ";
$message = " 登録ありがとうございました。";

?>
```

❷ 変数$nameに名前を格納して、

❸ $messageにメッセージを格納しています。

❶ 開始タグと終了タグの中に記述します。

2 読み込み側のファイルを用意する

読み込み側は、HTMLコードを記述して、開始タグと終了タグを記述します。require文でファイル名を指定します❹。ファイル名は「data.php」です。data.phpの中に、$nameと$messageに値を設定しましたが、ここでprint文を使って名前とメッセージを表示します❺。実行すると、名前とメッセージが表示され❻、ファイルが読み込まれたことがわかります。

require.php

```php
<!DOCTYPE html>
<html lang="ja">
<head>
<title>PHP のテスト </title>
</head>
<body>

<?php
require("data.php");
print "$name さま <br>";
print "$message<br>";
?>

</body>
</html>
```

❹ require () 文でファイル名を指定して、

❺ ここで名前とメッセージを表示します。

○田○夫 さま
登録ありがとうございました。

❻ 読み込んだデータが表示されます。

In detail ≫詳解 **include 文**

require 文とまったく同じ機能のinclude 文があります。これら2つの文はエラーのときの振る舞いが違うだけです。エラーが発生した場合、include 文ではWarningを出力して処理を実行しますが、require 文を使用している場合はFatal Errorとなり処理が停止します。このため、require 文を使用すると指定したファイルがないときに処理を停止することができます。

In detail ≫詳解 **require_once() と include_once()**

require_once文はrequire文と同じように機能しますが、指定したファイルを一度読み込んでいる場合は、同じ処理中に再度読み込まれることはありません。その名のとおり、ファイルは一度しか読み込まれないところが特徴です。include_once文も、require_once文と同じように、前の処理で指定されたファイルがすでに読み込まれている場合は、そのファイルを読み込みません。

Chapter 2

Section **24** ユーザー定義関数

処理をまとめるには

処理がある程度の行数になったら機能ごとにひとまとめにして関数を作っておきましょう。メンテナンスする上でとても便利です。このようなユーザー定義関数は、functionステートメントを使って作成します。

ユーザー定義関数はなぜ必要か

1 処理の流れ

PHPで記述されたコードはファイルに記述された順に上から1行ずつ解釈して実行されます ❶。たくさんの処理を記述するには膨大な行数のコードを上から順にすべて記述しなければなりません。処理が増えれば増えるほど、まったく同じ処理を繰り返していることが多いです。しかし、逆戻りして同じ処理を利用することはできません。

PHPファイル

上
⬇
下

PHPコード1
PHPコード2
PHPコード3
PHPコード4
PHPコード2
PHPコード3

❶ 上から下に実行します。

2 ユーザー定義関数とは

処理の流れを変えずに別の位置にあるコードが利用できたらとても便利です。そこで、どのプログラム言語でも、サブルーチンと呼ばれる小さなプログラムの集まりを作成することができます。PHPではこれを「ユーザー定義関数」と呼びます。イラストでは、PHPコード2とPHPコード3をまとめて、function1にしました ❷。これにより、同じコードをまとめることができ、見晴らしがよくなり、ユーザー定義関数の中にバグ（プログラムのミス）があったとしても、ユーザー定義関数の中だけを確認すればよく、保守性が高くなります。

PHPファイル

上
⬇
下

PHPコード1
function1

PHPコード4
function1

処理の流れの外

ユーザー定義関数
function1
PHPコード2
PHPコード3

❷ コードをまとめてfunction1にしました。

080

ユーザー定義関数の作成

Section 24

ユーザー定義関数

1 functionステートメントとは

実際にユーザー定義関数（以降、関数と呼びます）を作成しましょう。関数を定義（作成）するにはfunctionを使用します。関数名は変数名と同じように半角英数字と「_」アンダーバーを使用します❶。名前の先頭に数字が来るとエラーになります。関数のブロック（{}の中）に、PHPで処理を記述します❷。実行するときは「関数名」に「()」を付けて「関数名();」とします❸。

```
function 関数名 (){      ❶ ここに関数の名前を、
        処理 1;          ❷ ここに処理を記述します。
        処理 2;
        ..

}

関数名 ();               ❸ ここで実行します。
```

2 functionステートメントを使用する

ここではコピーライトを表示するための関数を作成します。functionでprint_copy rightを定義します❹。ブロック内の処理には<div>タグとコピーライトに関する文言を表示する処理が記述されています❺。この関数は、「print_copyright();」で実行します❻。結果として、コピーライトが画面に表示されます❼。説明の都合上、先に関数の定義がきましたが、「print_copyright();」が関数の定義の前にあっても同じように機能します。

function.php

```php
<?php
function print_copyright()      ❹ function文でprint_copyrightを
{                                  定義します。
        print "<div style='font-size:14px'>";
        print "Copyright 2017 あなたの名前 All rights reserved.";
        print "</div>";          ❺ ここでコピーライトを表示します。
}

print_copyright();              ❻ ここで関数を実行します。

?>
```

Point ≫要点 関数の中の関数

PHPでは関数の中に関数を記述することができます。例えば、この関数だけから利用する関数があれば、関数の中に含めて定義しておくと便利です。

```
function 関数名 1()
{
        処理 1;
        処理 2;
        関数名 2;

        function 関数名 2()
        {

        }
}
```

```
□ localhost          ×    +

←  →  ↻  │ localhost/function.php

Copyright 2017 あなたの名前 All rights reserved.
```

❼ 結果として、コピーライトが画面に表示されます。

081

Chapter 2

Section **25** | 引数

関数に引数を渡すには

関数には必要な値を渡して処理させることができます。この値のことを引数と呼びます。引数は渡し方により
エラーになることもあるので注意が必要です。

引数の指定

1 引数とは

作成した関数の中で利用する値を、関数の外から与えることができます。この値のことを引数と呼びます。数値を格納した $ 変数を **❶**、「関数名 ()」の「()」の中に記述します。これにより引数として関数に値が渡されます **❷**。受け取り側の関数では、受け取り用の$引数を「()」の中に記述しておきます。引数が渡されると、$引数の中に $ 変数の値が格納（コピー）されます **❸**。$引数は関数内の処理で利用されますが **❹**、関数の中の$引数が処理中に変更されても、関数の外の $ 変数には影響がありません。なお、引数には文字列、数値、変数、配列などを指定でき、「,」（カンマ）で区切ることにより複数指定できます。

```
$変数 = 数値 ;     ❶ $変数に数値を格納して、

関数名 ($変数 );    ❷ ここに記述すると関数に値が渡されます。

function 関数名 ($引数 )
{                 ❸ $変数の値が$引数に格納されます。
    処理 1;
    処理 2;
    print $引数 ;   ❹ $引数はここで利用されます。
    ..
}
```

2 引数を指定する

変数 $myage に数値「19」を格納します **❺**。この変数を「check_adult($myage);」と指定します。これで変数 $myage は引数として関数に渡されます **❻**。「function check_adult ($age)」として、引数は $age に格納されます **❼**。以下、$age を利用して処理を実行して結果を表示します。

hikisu1.php

```php
<?php

$myage = 19;// 年齢          ❺ $myageに数値を格納します。

check_adult($myage);        ❻ ここで$myageを引数として渡します。

function check_adult($age)   ❼ ここで引数は$ageに格納されます。
{
        $adult_age   = 20;// 比較のための年齢
        $adult_check = ($adult_age <= $age) ? " 大人 " : " 子供 ";
        print $adult_check . " です。 ";
}
?>
```

082

引数にデフォルト値を設定する

Section 25

引数

1 引数のデフォルト値とは

もし、引数が設定されている関数を、引数を指定しないで実行するとどうなるでしょう。前項の関数を「check_adult ();」として実行してみるとFatal errorとなって停止します。引数がなくてもエラーが出ないようにするには、引数のデフォルト値を関数側で設定しておけばよいのです。こうしておくと、引数がない場合、デフォルト値で代替されて、処理はエラーを出さずに実行されます。もちろん、引数がある場合は、デフォルト値は代入しないで実行されます。このデフォルト値は「引数＝値」のように指定します❶。また、デフォルト値も、「,」(カンマ) で区切って複数指定できます。

```
$変数 = 数値;


関数名 ($変数);


function 関数名 ($引数 = 値)
{
            ❶ デフォルト値はここで指定します。
        処理 1;
        処理 2;
        print $ 引数;
          ‥
}
```

2 引数にデフォルト値を設定する

ここでは、会員かどうかをチェックする関数check_memberを使って動作を確認します。この関数を「check_member ();」として実行します❷。check_member 関数では「$username="guest",$password="guest"」として、デフォルト値「guest」が両方の引数に設定されています❸。引数がないので、ここで、デフォルト値が代入されます。最後に関数内の条件文で判定されて「ゲストさん、ようこそ！」と表示されます❹。

hikisu2.php

```
<?php
            ❷ ここの引数を外して実行します。
check_member();
                    ❸ ここでデフォルト値「guest」を設定します。
function check_member($username="guest",$password="guest")
{
        if($username == "guest" && $password == "guest")
        {
                print " ゲストさん、ようこそ！";
        }else{
                print " 会員さん、ようこそ！";
        }
            ❹ ここで「ゲストさん、ようこそ！」と表示されます。
}
?>
```

Term >>用法 デフォルト値の指定の順番

複数の引数を指定する場合、デフォルト値を指定しない引数は左側に、指定する引数は右側に設定します。逆にするとエラーが発生します。

```
〜 中略 〜

// これは動作しない
function check_member($username="guest",$password)

〜 中略 〜

// これは動作する
function check_member($username, $password="guest")

〜 中略 〜
```

083

Chapter 2

Section 26 | 返り値

PHPの基礎

関数から値を受け取るには

関数で処理した結果を受け取りたいときは、return文を使用して結果を返すことができます。この値を「返り値」（または「戻り値」）といいます。

返り値とは

1 返り値とは

ユーザー定義関数に、引数で何か値を渡して、結果をデータとして受け取ることができると、ますます関数が便利に使えます。関数から返り値を受け取りたい場合は、「$変数 = 関数 () ;」のようにして、代入演算子「=」を使って変数に格納します❶。次に、関数内に値を返すための処理を記述します。値を返すには、return文を記述して、返したい値を指定します❷。関数内でreturn文が実行されると、その関数の実行を即座に停止して、return文に指定された値を返します。次に、関数を呼び出した位置まで制御が戻り、$変数に返り値を受け取ります。

```
$変数 = 関数 ();  ── ❶ 返り値はここで受け取ります。

処理 1;
処理 2;
..


function 関数 ()
{
        処理 3;
        $変数 = 処理 4;
        return $変数 ;  ── ❷ ここに返り値を指定します。
}
```

2 return文を使う

会員登録処理などで使用される、入力バイト数をチェックする関数を例にreturn文の動作を確認します。$strには文字列を❸、$byteに上限のバイト数を格納します❹。「checkByte ($str, $byte) ;」と引数を指定して、checkByte関数を実行します❺。文字列のバイト数が指定したバイト数以下の場合$flagにTRUEが格納され、それ以上の場合はFALSEが格納されます。次のif文の条件式「($flag)」で、$flagがTRUEの場合は「OKです。」と表示して❻、FALSEの場合は「エラーです。」以下を表示します❼。

return1.php

```php
<?php
$str = "abcdefghijklemnop";
$byte = 16;

$flag = checkByte($str, $byte);
if($flag){

        print "OK です。";
}else{

        print " エラーです。";
        print $byte;
        print " バイトを越えています。";
}
```

❸ $strには文字列を、

❹ $byteに上限のバイト数を格納します。

❺ checkByte 関数を実行します。

❻ TRUEの場合はここを表示して、

❼ FALSEの場合はここを表示します。

084

3 checkByte関数

checkByte 関数について見ていきましょう。引数として渡された $str に格納された文字列は、PHPの内部関数 strlen() でバイト数をチェックして結果を変数 $strlen に格納します❽。if文で $strlen と $byte を比較して❾、指定したバイト以下の場合は return 文でTRUE を返します❿。指定バイト以上の場合は FALSE を返します⓫。

```php
function checkByte ( $str , $byte ){
        $strlen = strlen( $str );
        if( $strlen <= $byte ){
                return true;
        }
        return false;
}
?>
```

❽ バイト数を $strlen に格納します。

❾ ここで $strlen と $byte を比較して、

❿ 指定バイト以下の場合は TRUE を返し、

⓫ 指定バイト以上の場合は FALSE を返します。

複数の値を返す

1 複数の値を返す

関数の処理によっては複数の返り値が欲しいことがあります。return 文では複数の変数を返すことはできないので、値を配列にまとめて返します。右のコードでは、受け取り側で list 関数により返ってきた配列を変数に代入して受け取ります❶。関数内では array 関数で複数の値を配列にして返しています❷。

```php
list($変数 1,$変数 2,$変数 3) = 関数 ();

処理 1;
処理 2;
‥

function 関数 ()
{
        処理 3;
        $変数 = 処理 4;
        return array($変数 1,$変数 2,$変数 3);
}
```

❶ list 関数で変数に値を代入します。

❷ array 関数で複数の値を配列にして返します。

2 実例で確認する

ここでは今日の日付を返す get_today 関数を作成して動作を確認します。list（$year, $month, $day）で get_today 関数からの返り値を受け取ります❸。list 関数は、配列を、配列と同じ順番で複数の変数へ代入することができます。ちょうど逆の機能を array 関数で実現できます。array 関数は、変数や数値、文字列などを「,」区切りで指定することで、配列を生成します。get_today 関数内では、内部関数 date で、今日の日付の「年」、「月」、「日」を各変数に格納します❹。return 文に array 関数を指定して、変数を配列にまとめて値を返します❺。

return2.php

```php
<?php
list($year, $month, $day) = get_today();
print $year . '年' . $month . '月' . $day . '日';

function get_today()
{
        $year  = date('Y');
        $month = date('m');
        $day   = date('d');
        return array($year, $month, $day);
}
?>
```

❸ ここで get_today 関数からの返り値を受け取ります。

❹ 今日の日付を各変数に格納します。

❺ ここに array 関数を指定してまとめて値を返します。

Chapter 2

Section **27** | **グローバル変数**

変数の有効範囲を決めるには

変数には、利用できる有効範囲があります。通常、関数内にある変数は、その範囲だけ変数を参照したり、書き換えることができます。スクリプトのどこでも参照できる変数をグローバル変数と呼びます。

グローバル変数の使用

1 変数の有効範囲とは

関数の中の変数は、関数の外では代入、参照などの操作ができません。関数の中の変数にはその有効範囲（スコープ）があり、その範囲を越えて操作することはできません。例えば、右コードの$dataはファイル上のどこにでも有効範囲（グローバルスコープ）がありますが、scope_test 関数内の$dataだけは別のもの（ローカルスコープ）です❶。このため、関数を実行して関数内の$dataを表示しているところのみ「1」となります❷。

global1.php

```php
<?php
// グローバルスコープの変数
$data = 5;

function scope_test() {
    // ローカルスコープの変数を参照
    $data = 1;
    print $data;
    print "<br>";
}

print $data;
print "<br>";

scope_test();

print $data;
print "<br>";

?>
```

❶ ここだけローカルスコープの変数です。

❷ 最後の数字は5のままです。

```
5
1
5
```

2 グローバル宣言を行う

関数の中で、関数の外の変数を参照するには、その変数をグローバル宣言して使う方法があります。「global」を使用したい変数の前に使うことで利用できます❸。結果として、関数内で「1」が加算され、「6」を表示します❹。

global2.php

```php
<?php
// グローバルスコープの変数
$data = 5;

function scope_test() {
    global $data;
    // グローバルスコープの変数を参照
    $data += 1;
    print $data;
    print "<br>";
}

print $data;
print "<br>";

scope_test();

print $data;
print "<br>";

?>
```

❸ ここでグローバル宣言します。

❹ 加算されて6になりました。

```
5
6
6
```

3 $GLOBALSを使う

関数内でグローバルスコープの変数を使うもう1つの方法が配列$GLOBALSを使用する方法です。$GLOBALSは連想配列です。使い方は少々特殊で、使用したいグローバル変数が$dataとすると、関数内で、$GLOBALS['data']と変数名をキーにして$dataの内容を参照、代入することができます❺。結果は前の手順と同じになります。なお、この$GLOBALSはどこでも利用できるためスーパーグローバルと呼ばれます。

global3.php

```php
<?php
// グローバルスコープの変数
$data = 5;

function scope_test() {
        // グローバルスコープの変数を参照
        $GLOBALS['data'] += 1;
        print $GLOBALS['data'];
        print "<br>";
}

print $data;
print "<br>";

scope_test();

print $data;
print "<br>";

?>
```

❻ ここで$GLOBALSを参照します。

スーパーグローバルの使い方

PHPで利用できるスーパーグローバル変数は表のとおりです。すべて連想配列として利用します。$_SERVERや$_ENVはシステムによって値が格納されます。$_GETと$_POSTは送信フォームからの値を受け取ります。$_FILESはアップロードされたファイルや名称が格納されます。$_SESSIONはデータを持ちまわるための変数です。詳細はPHPのマニュアルを参照してください。

(表) グローバル変数

変数	意味
$GLOBALS	グローバル変数
$_SERVER	サーバ変数
$_ENV	環境変数
$_COOKIE	HTTP クッキー
$_GET	HTTP GET 変数
$_POST	HTTP POST 変数
$_FILES	HTTP ファイルアップロード変数
$_REQUEST	リクエスト変数
$_SESSION	セッション変数

staticの使い方

変数の有効範囲は関数内にしたままで、まるでグローバルスコープ変数のように変数を扱いたいときはstaticを使います。例えば、左側のコードを実行すると、関数内で$dataが初期化($dataへ「0」が代入)されるため「0」を5回表示します。カウントするように変更するには関数内の$dataをstaticとして宣言します❶。こうすることで、「counter();」を実行するたびにカウントしはじめます。

static1.php

```php
<?php
counter();
counter();
counter();
counter();
counter();
function counter()
{
    $data = 0;
    print $data++;
    print "<br>";
}
?>
```

static2.php

```php
<?php
counter();
counter();
counter();
counter();
counter();
function counter()
{
    static $data = 0;
    print $data++;
    print "<br>";
}
?>
```

❶ ここで static 宣言をします。

087

練習問題

2-1 変数 $tel に文字列「03-0000-0000」を格納するコードを記述してください。

2-2 for文を使って1から10までを表示するコードを記述してください。

2-3 もし、$str に格納された値が「登録」だったら、「登録しました。」と表示するコードを記述してください。

2-4 連想配列$memberのキーと値をforeach文を使ってすべて表示してください。

```
$member = array("name"   => " ○田○夫 ",
                "tel"    => "03-0000-0000",
                "address"=> " 東京都千代田区 ");
```

2-5 ユーザー定義関数「test」を作成してください。引数$nameに名前を指定すると、「○○さん、こんにちは！」と文字列を返す機能を持たせてください。

Chapter 3

PHPの組み込み関数

Section 28
文字列を操作するには　　　　　　　　　　［文字列の操作］　　　　090

Section 29
配列を操作するには　　　　　　　　　　　［配列の操作］　　　　　096

Sect ion 30
日付・時刻を使用するには　　　　　　　　［日付・時刻］　　　　　104

Section 31
ファイルを操作するには　　　　　　　　　［ファイルの操作］　　　106

Section 32
HTTP ヘッダーを操作するには　　　　　　［HTTP ヘッダー］　　　110

Section 33
メールを送信するには　　　　　　　　　　［メール送信］　　　　　112

Section 34
正規表現を利用するには　　　　　　　　　［正規表現］　　　　　　114

練習問題　　　　　　　　　　　　　　　　　　　　　　　　　　　116

Chapter 3
Section 28 | 文字列の操作

文字列を操作するには

PHPには豊富な関数が用意されています。このChapterではWebアプリケーションでよく使用される関数について詳しく解説します。はじめに、文字列を操作する関数から学習していきましょう。

入力データの処理

文字列バイト数を得る

データベースにデータを格納する場合、データのバイト数をチェックすることがあります。チェックにはstrlen関数を使用します。strlen関数に文字列や文字列を格納した変数を引数として指定すると❶、結果を変数で受け取ることができます❷。$lengthには「18」が格納されます❸。UTF-8では日本語全角文字は3バイトになるためです。なお、日本語として何文字あるかカウントしたい場合は、mb_strlen関数を使用します。$mb_lengthには「6」が格納されます❹。

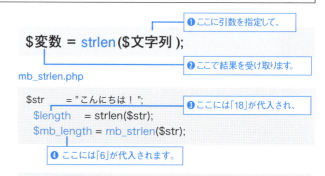

文字列を分割する

送信フォームから送られてきたデータ（文字列）からある部分だけを分割するには、substr関数を使用します。分割対象の文字列と分割位置、その位置から取り出したい文字列の長さを指定して❶、切り取って変数に代入することができます❷。文字列の位置は先頭の文字が「0」番めです。例では「A」が0番目、「B」が1番目です。3番目は「D」です❸。その「D」から数えて「5」文字（「H」まで）を切り取ります❹。$resultには分割された文字列「DEFGH」が格納されます❺。なお、引数として文字列の長さを指定しない場合は指定した位置から文字列の最後まで結果として返します。

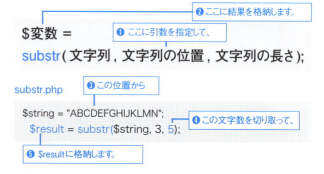

Section 28 文字列の操作

文字列を置換する

「文字列」の中の文字を置換するには str_replace 関数を使用します。置換対象文字、置換文字列、文字列の順に引数として指定して❶、結果は、変数で受け取れます❷。例では、$html に文字列（HTMLタグ）を格納して❸、$search に置換する対象の文字を❹、$replace に置換した後の文字を格納します❺。ここではフォントサイズ「12px」を「48px」へ置換します。結果は、「<div style="font-size:48px;">Hello!</div>
」となり、$result に格納されます❻。

❷ ここで結果を受け取ります。

❶ ここに引数を指定して、

$ 変数 =
str_replace(置換対象文字, 置換文字, 文字列);

str_replace.php

❸ ここに文字列を格納して、

```php
<?php
$html    = '<div style="font-size:12px;">Hello!</div><br>';
$search  = '12px';
$replace = '48px';

$result  = str_replace($search, $replace, $html);

?>
```

❹ ここに置換する対象の文字を、

❺ ここに置換後の文字を格納します。

❻ 結果は $result に格納されます。

In detail ≫詳解　「'」（シングルクォーテーション）

「$html = '<div style="font-size:12px;">Hello!</div>
';」は、文字列全体を「'」で囲んでいます。もし、「"」で囲むと文字列内部に現れる「"」を文字列を囲むための「"」と PHP が認識してエラーになるため、「"$html="<div style=¥"font-size:12px;¥">Hello!</div>
";」のように文字列に含まれる「"」を「¥"」のようにしなければなりません。ただし、「'」があるときに「'」で文字列を囲む場合は「'」を「¥'」としなければなりません。

In detail ≫詳解　空白文字

空白文字は、半角スペースだけでなく、タブ、改行、復帰、NULL バイトが含まれます。全角スペースは含まれません。

文字種	意味
「 」	半角スペース
¥t	タブ
¥n	改行
¥r	復帰
¥0	NULL バイト

スペースを除去する

フォームから送信されたデータ（文字列）の前後に半角スペースがあると、入力データのチェック時に正常に判断できないことがあります。trim 関数を使うと、このような前後の不要な文字を一度に削除することができます。文字列を trim 関数の引数として❶、不要な文字を削除した結果を変数で受け取ることができます❷。trim 関数ではデータの前後にある空白文字（コラム参照）と呼ばれる文字のみを削除します。例では、変数 $string に、半角スペースを前後に持つ文字列を格納します❸。$string を引数として trim 関数を実行して❹、結果の文字列「1234567890」を $result に格納します❺。

❶ ここに引数を指定して

$変数 = trim(文字列);

❷ ここで結果を受け取ります。

❸ ここに半角スペースを持つ文字列を格納します。

trim.php

```php
$string = "  1234567890  ";
$result = trim($string);
```

❹ $string を引数として、

❺ 結果を $result に格納します。

In detail ≫詳細　文字列の前後にある全角スペース

文字列の前後に全角スペースがあると trim では除去できません。このようなときには、trim を実行する前に mb_convert_kana 関数を利用して前後の全角スペースを半角スペースに変換します。mb_convert_kana 関数は、英数字やカタカナ、スペースなどを半角または全角に変換できます。全角スペースを半角スペースに変換するにはオプションに半角小文字の「s」を指定します。mb_convert_kana で返される値を trim 関数の引数に指定することで全角・半角スペースを同時に除去できます。オプションについての詳細は PHP マニュアルの mb_convert_kana を参照してください。

```php
$result = mb_convert_kana(文字列, オプション);

$result = trim(mb_convert_kana($row['products_model'], "s"));
```

Next ▶

HTMLの表示

HTMLタグを無効にする

この項では、ブラウザ表示に使うデータを加工する関数を解説します。はじめに、HTMLタグを無効にするhtmlspecialchars関数です。この関数は、HTMLタグに使用される「<」「>」などを特殊記号に変換して（表 変換できる文字）、文字として表示はできても、HTMLタグとしては機能しないようにすることができます。このようにすることで、個人情報を盗む目的でJavaScriptなどを含んだ入力データが送信されてきても、ただの文字列として受け取ることができるため、クロスサイトスクリプティング（悪意あるユーザによる攻撃の一種）に対して安全性が上がります。htmlspecialchars関数は、文字列とオプションを指定して❶、変数に結果を受け取ります❷。オプションを指定するとシングルクォーテーション、ダブルクォーテーションの変換の扱いが変わります（表 シングルクォーテーション、ダブルクォーテーションの変換）。例では、変数$stringに文字列を格納して❸、htmlspecialchars関数に$stringとオプション「ENT_QUOTES」を引数として指定します❹。このオプションはシングルクォーテーションもダブルクォーテーションも特殊記号に変換します。結果は$resultに格納され❺、print文で表示されます❻。表示結果はタグがそのまま表示され、HTMLタグが機能を失っています❼。HTMLのソースを確認すると、内部のタグが特殊記号に変換されていることがわかります❽。内容がわからない変数をprint文で表示する場合は、表示する直前で必ずこのhtmlspecialchars関数を使用してください。

htmlspecialchars.php

```
$string = '<a href="https://book.mynavi.jp/">マイナビブックス</a>';
$result = htmlspecialchars($string, ENT_QUOTES);
print $result;
```

ソース：
<a href='https://book.mynavi.jp/'>マイナビブックス </a> ――❽ 特殊記号に変換されています。

（表）変換できる文字

文字種	変換後の特殊文字
&（アンパサンド）	&amp;
"（ダブルクォーテーション）	&quot;
'（シングルクォーテーション）	&#039;
<	&lt;
>	&gt;

（表）シングルクォーテーション、ダブルクォーテーションの変換

オプション	意味
ENT_COMPAT	「"」のみを変換（デフォルトのオプション）
ENT_QUOTES	「"」「'」どちらも変換
ENT_NOQUOTES	どちらも変換しない

In detail ≫詳細　Microsoft Edge で HTML のソースコードを確認するには

Microsoft EdgeでPHPの動作を確認している場合、画面の上で右クリックしてメニューから［ソースを表示］を選択するとHTMLのソースコードが表示されます。メニューに［ソースの表示］が無い場合は画面上部、右端の［…］詳細メニューをクリックして、［F12開発者ツール］をクリックします。画面の下半分にソースが表示されます。これ以降は右クリックでソースを表示できます。

HTMLタグを取り除く

文字列からHTMLタグやPHPタグを取り除くにはstrip_tags関数を使用します。対象になる文字列と許可する（取り除かない）タグを指定します❶。結果は変数で受け取ることができます❷。「許可するタグ」部分は省略可で、引数として指定しなくても動作します。許可するタグを指定する場合は「"<a>"」などとします。例では、HTMLタグを含む文字列を$stringに格納して❸、strip_tags関数に$stringを引数として指定します❹。結果の文字列「マイナビブックス」が$resultに格納されます。この関数は、ダブルクォーテーションを取り除かないので、クロスサイトスクリプティングに対しては、前述のhtmlspecialchars関数を使用します。

改行コードの前に改行タグを付ける

文字入力の途中で[Enter]や[Return]キーを押すと改行され、改行した位置には改行コードが含まれます。これをブラウザで表示すると改行せずに1行の文章として表示されます。改行コードをいくら入力してもブラウザでは画面に改行を表示できません。改行する方法はいくつかありますが、HTMLタグの
を入力すれば改行できます。ここではnl2br関数を利用して改行コードの前に
を追加します。引数に対象の文字列❶とis_xhtmlパラメータ❷を指定して結果を変数で受け取ります❸。パラメータを指定しないか、または「true」を指定するとXHTML互換の
が追加されます。パラメータに「false」を指定すると
を追加できます。最近は
よりHTML5の
を利用することが多いです。例を見てみましょう。変数$stringに改行を含む文字列を格納します❹。nl2brに$string❺とパラメータ「false」❻を設定して、$resultに受け取り❼、print文で表示します❽。ブラウザでは改行されて表示されます❾。ソースでは改行位置に
が追加されていることがわかります❿。

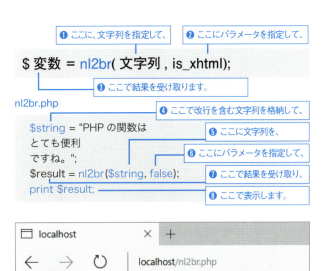

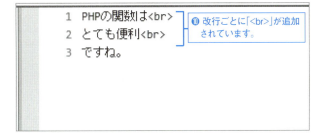

Next▶

配列を使った文字列処理

配列から文字列を作成する

implode 関数は、配列に格納されているデータを、指定した文字で区切った文字列にすることができます。データベースのデータを表計算ソフトなどで利用するために「,」区切り形式にしてダウンロードしたいときなどに使用します。この関数は、区切り文字と配列を引数として指定して実行します❶。データとデータの間を指定した文字で区切った文字列が作成され、結果を変数で受け取ることができます❷。例では、配列$dataにデータを格納して❸、implode 関数に区切り文字「,」と配列$dataを指定して❹、結果の文字列「りんご,みかん,かき,くり」を$resultに受け取ることができます❺。なお、join 関数はimplode 関数の別名で、まったく同じように利用できます。

❶ 区切り文字と配列を引数にして実行すると、

$$\$変数 = implode (区切り文字 , 配列);$$

❷ 結果を変数で受け取ることができます。

implode.php

```
$data   = array("りんご","みかん","かき","くり");
$result = implode(',', $data);
```

❸ $dataにデータを格納して、

❹ 「,」と$dataを引数とします。

❺ 結果を$resultに受け取ることができます。

文字列から配列を作成する

explode 関数は、文字列を区切り文字で分割して、結果を配列に格納することができます。「区切り文字」と「文字列」を explode 関数に引数として指定して実行すると❶、結果を配列に格納することができます❷。例では、「,」で区切られた文字列を $stringに格納して❸、区切り文字の「,」と $stringを指定します❹。結果は、配列$arrayに格納されます❺。print_r 関数は配列の構造を表示することができます❻。<pre>タグは、print_r 関数が出力したデータを改行どおりに表示させるためのものです。

❶ ここに引数を指定して実行すると、

$$\$変数 = explode (区切り文字 , 文字列);$$

❷ 結果を配列に格納することができます。

explode.php

```
$string = "りんご,みかん,かき,くり";
$array  = explode(',', $string);
print "<pre>";
print_r($array);
print "</pre>";
```

❸ 「,」で区切られた文字列を$stringに格納して、

❹ 区切り文字の「,」と$stringを指定します。

❺ 結果は$arrayに格納されます。

```
Array
(
    [0] => りんご
    [1] => みかん
    [2] => かき
    [3] => くり
)
```

❻ 配列$arrayの内容が表示されます。

長い文章を省略して表示

長い文章を省略する

Webページでは長い文章を省略して表示することがあります。先頭から任意の文字数だけを残して、余分な文章は「...」を表示します。mb_strimwidth関数を利用すると1行でこの処理を記述できます。引数には、対象となる「文字列」、表示開始の位置、表示する幅、省略に使う文字列を指定します。表示開始の位置は、対象の文字列の先頭を「0」として数えて指定します。「幅」は表示する場合の見た目の幅と考えるとわかりやすいです。mb_strimwidthは、mb_strlenと違い全角文字を2文字、半角文字を1文字としてカウントします。「幅」には省略に使う文字列の文字数も含みます。コード例では、$strに対象の文字列を格納して❶、開始「0」(先頭の文字)から❷、10文字以内を残すように指定しています❸。この10文字の中に省略に使う文字列「...」❹の文字数3を含みます。省略した文字列は$resultに格納して❺、実行結果は、「あいう...」と表示されます❻。全角文字が3つで6文字、半角の文字が3文字で合計9文字となり10文字以内で表示されました。

なお、このSectionで紹介した関数は文字列関数の中のごく一部です。PHPにはもっとたくさんの文字列関数がありますので、PHPのマニュアルで詳細を確認してください。

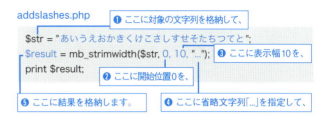

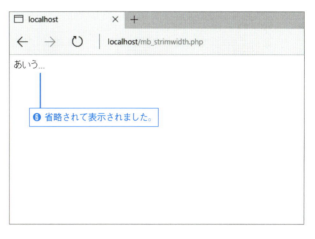

In detail ≫詳解 1文字ごと分割して配列へ

区切り文字のない文字列を1文字ごとに区切って配列に格納するにはpreg_split関数を使用します。preg_split関数には4つの引数を指定します。
コード例を見てください。「正規表現」には、開始と終了を意味する「//」のみで何も指定していません。「個数」はpreg_split関数が返す配列の要素数を記します。「-1」は無制限という意味になります。「0」「NULL」も同じく無制限になります。「フラグ」にはPREG_SPLIT_NO_EMPTYを指定して空の要素があっても結果に含まれないようにします。

$変数 = preg_split(正規表現, 文字列, 個数, フラグ);

preg_split.php

```
$string = "abcedfg";
$array  = preg_split('//', $string , -1, PREG_SPLIT_NO_EMPTY);
print_r($array);
```

Chapter 3

PHPの組み込み関数

Chapter 3
Section **29** 配列の操作

配列を操作するには

Chapter 2では配列について、その意味と繰り返し処理について学習しました。ここでは、配列関数を使って複雑な処理を簡単に記述する方法を学習します。

配列の基礎の確認

配列を作成する

配列は array 関数または角括弧 [] を使って作成します（Section 14 参照）。本書では array 関数で説明します。array 関数は、文字列または変数を引数として指定して ❶、結果を配列に格納できます ❷。配列はインデックスを指定することでも作成することができます ❸。配列を初期化する（ここでは格納されたデータをすべて消す）には、array 関数に引数を何も指定しないで実行します ❹。インデックスを省略してデータを追加すると、そのときの最大のインデックスに 1 を加えた数をインデックスにします ❺。array 関数にキーとデータを指定すると連想配列を作成できます（Section 15 参照）❻。インデックスの代わりにキーを指定することでも連想配列を作成することができます ❼。最後に、データベースからデータを取得するときに利用する多次元配列です。複雑そうに見えますが、配列に連想配列を格納して作成できます ❽。

```
// array 関数で作成する
$配列 = array(" 文字列 0", " 文字列 1", " 文字列 2");
```
❶ 文字列または変数を引数として指定して、
❷ 結果を配列に格納できます。

```
// インデックス（番号）を指定して作成する
$配列 [0] = " 文字列 0";
$配列 [1] = " 文字列 1";
$配列 [2] = " 文字列 2";
```
❸ インデックスを指定して作成します。

```
// インデックスを省略して指定する
$配列 = array();        // 初期化
$配列 [] = " 文字列 0"; // $ 配列 [0] にデータ追加
$配列 [] = " 文字列 1"; // $ 配列 [1] にデータ追加
$配列 [] = " 文字列 2"; // $ 配列 [2] にデータ追加
```
❹ 初期化するには何も指定しないで実行します。
❺ インデックスを自動的に追加します。

```
// array 関数にキーとデータを指定して連想配列を作成する
$配列 = array( "key0" => " 文字列 0", "key1" => " 文字列 1",
"key2" => " 文字列 2");
```
❻ キーとデータを指定して連想配列を作成します。

```
// キーを指定して連想配列を作成する
$配列 ["key0"] = " 文字列 0";
```
❼ ここにキーを指定して連想配列を作成します。

096

```
$配列 ["key1"] = " 文字列 1";
$配列 ["key2"] = " 文字列 2";

// 多次元配列を作成する
$配列 [0] = array( "key0" => " 文字列 0", "key1" =>
" 文字列 1", "key2" => " 文字列 2");
$配列 [1] = array( "key0" => " 文字列 0", "key1" =>
" 文字列 1", "key2" => " 文字列 2");
$配列 [2] = array( "key0" => " 文字列 0", "key1" =>
 " 文字列 1", "key2" => " 文字列 2");
```

❽ 多次元配列は配列に連想配列を格納して作成します。

配列のデータをすべて変数に格納する

配列に格納されているデータをその順番で変数にすべて格納することができます。関数から複数の返り値を受け取るときなどに利用します。まず、配列のデータを右辺に置き❶、代入演算子で左辺のlist関数にデータを渡します。データはlist関数の引数として指定されている変数に格納されます❷。例では、配列$dataにデータを格納して❸、次の式の右辺に指定して❹、list関数の引数に指定されている各変数に配列の順番どおりに格納します❺。インデックスを指定して各変数ごとに代入する処理と同じです❻。

❶ 右辺に配列を置き

list($変数1, $変数2, $変数3) = $配列 ;

❷ この変数にデータが格納されます。

list.php

```
$data = array("りんご", "みかん", "かき");
 list($fruit0, $fruit1, $fruit2) = $data;

// 上のコードと同じ意味です。
$fruit0 = $data[0];
$fruit1 = $data[1];
$fruit2 = $data[2];
```

❸ $dataにデータを格納して、

❹ 右辺に$dataを指定して、

❻ このようにも記述できます。

❺ これらの各変数にデータを格納します。

配列内のデータの並べ替え

昇順にソートする

配列のデータを昇順に並べ替える（ソートする）にはsort関数を使用します。結果を受け取るための配列は必要なく、sort関数に❶、配列を引数として指定して実行するだけです❷。配列内のデータが小さいほうから大きいほうへ並べ替えられ、インデックスは並べ替えた順に付け直されます。例では、配列$numbersに格納した各数字を❸、sort関数に指定して実行します❹。print_r関数で配列の構造を確認すると昇順にデータが並べ替えられていることがわかります❺。

❶ sort関数に、

sort($配列);

❷ 配列を引数として実行します。

sort.php

```
$numbers = array(18,7,20,5);
sort($numbers);
print "<pre>";
print_r($numbers);
print "</pre>";
```

❸ $numbersに数字を格納して、

❹ sort関数に指定して、

❺ print_r関数で配列の構造を確認します。

```
Array
(
    [0] => 5
    [1] => 7
    [2] => 18
    [3] => 20
)
```

Next ▶

降順にソートする

降順にソートするには、rsort 関数を使用します❶。使用方法は sort 関数と同じです。例では、rsort 関数に配列を指定して実行します❷。結果を表示させると、配列内のデータが大きいほうから小さいほうへ並べ替えられたことがわかります❸。

> ❶ 降順にソートするには rsort 関数を使用します。

rsort ($配列);

rsort.php

```
$numbers = array(18,7,20,5);
rsort($numbers);
print "<pre>";
print_r($numbers);
print "</pre>";
```

> ❷ rsort 関数に配列を指定して実行します。

```
Array
(
    [0] => 20
    [1] => 18
    [2] => 7
    [3] => 5
)
```

> ❸ 降順に並べ替えられました。

In detail ≫詳解　フラグを指定してソートするには

「sort($配列, フラグ);」または、「rsort($配列, フラグ);」のように実行することができます。フラグは表のように3種あります。これは、「数字」をソートするときに、数値としてソートするか、文字列としてソートするかで結果が変わることがありますが、このような場合に意図どおりにソートするため使用します。例えば、「昇順にソートする」の「sort($numbers);」を「sort($numbers, SORT_STRING);」のように数字を文字列として比較すると下のような結果になります。なお、この後で説明する asort、arsort、ksort、krsort 関数でも同じようにフラグを指定できます。

```
Array
(
    [0] => 18
    [1] => 20
    [2] => 5
    [3] => 7
)
```

(表)ソート方法のフラグ

フラグ	意味
SORT_REGULAR	通常通りにデータを比較します。
SORT_NUMERIC	数値としてデータを比較します。
SORT_STRING	文字列としてデータを比較します。
SORT_LOCALE_STRING	現在のロケールに基づいてデータを比較します。
SORT_NATURAL	データを自然順で比較します。
SORT_FLAG_CASE	SORT_STRING や SORT_NATURAL と組み合わせて比較します。

連想配列内のデータの並べ替え

データを昇順にソートする

連想配列には、「データを基準にソートする関数」と「キーを基準にソートする関数」があります。使用方法は前の手順で解説した配列のソート用関数と同じです。例えば連想配列に格納されているデータを基準に昇順にソートするには、asort 関数を使用します。例では、asort 関数に配列を指定して実行しています❶。print_r 関数で配列の構造を表示します❷。結果を確認すると、配列内のデータが小さいほうから大きいほうへ並べ替えられたことがわかります。

asort ($配列);

asort.php

```
$sales = array("TV2" => "1000", "TV1" => "500",
"RADIO1" => "800");
asort($sales);
print "<pre>";
print_r($sales);
print "</pre>";
```

> ❶ ここに配列を指定して実行し、
> ❷ 結果を確認します。

```
Array
(
    [TV1] => 500
    [RADIO1] => 800
    [TV2] => 1000
)
```

データを降順にソートする

連想配列に格納されているデータを基準に降順にソートするには、arsort 関数を使用します。例では、arsort 関数に配列を指定して実行しています❶。print_r 関数で配列の構造を表示します❷。結果を確認すると、配列内のデータが大きいほうから小さいほうへ並べ替えられたことがわかります。

arsort ($配列);

arsort.php

```
$sales = array("TV2" => "1000", "TV1" => "500",
"RADIO1" => "800");
arsort($sales);          ❶ ここに配列を指定して実行し、
print "<pre>";
print_r($sales);         ❷ 結果を確認します。
print "</pre>";
```

```
Array
(
    [TV2] => 1000
    [RADIO1] => 800
    [TV1] => 500
)
```

キーを昇順にソートする

連想配列に格納されているキーを基準に昇順にソートするには、ksort 関数を使用します。例では、ksort 関数に配列を指定して実行しています❶。print_r 関数で配列の構造を表示します❷。結果を確認すると、配列内のキーが、データとの関連はそのままで文字コードの小さいほうから大きいほうへ並べ替えられたことがわかります。

ksort ($配列);

ksort.php

```
$sales = array("TV2" => "1000", "TV1" => "500",
"RADIO1" => "800");
ksort($sales);           ❶ ここに配列を指定して実行し、
print "<pre>";
print_r($sales);         ❷ 結果を確認します。
print "</pre>";
```

```
Array
(
    [RADIO1] => 800
    [TV1] => 500
    [TV2] => 1000
)
```

In detail
>> 詳解 　　**文字の並び方**

文字は使用している文字コードの順に並べ替えられます。sort 関数で UTF-8 の文字を並べ替えると、半角記号、半角英数字、ひらがな、カタカナ、漢字、全角数字、全角英字、半角カタカナの順に並びました。これは UTF-8 の文字コードの順番に並べ替えられるためです。ひらがなやカタカナはほぼ五十音順に並びます。漢字は、JIS 第 1 水準漢字は音読順、JIS 第 2 水準漢字は画数順に並びます。

Next▶

Section 29

配列の操作

キーを降順にソートする

連想配列に格納されているデータを基準に降順にソートするには、krsort 関数を使用します。例では、krsort関数に配列を指定して実行しています❶。print_r 関数で配列の構造を表示します❷。結果を確認すると、配列内のキーが、データとの関連はそのままで文字コードの大きいほうから小さいほうへ並べ替えられたことがわかります❸。

```
krsort ($配列 );
```

krsort.php

```php
$sales = array("TV2" => "1000", "TV1" => "500", "RADIO1" =>
"800");
    krsort($sales);          ❶ ここに配列を指定して実行し、
    print "<pre>";
    print_r($sales);         ❷ 結果を確認します。
    print "</pre>";
```

```
Array
(
    [TV2] => 1000
    [TV1] => 500          ❸ 降順にソートされた結果が表示
    [RADIO1] => 800          されます。
)
```

配列末尾データの追加削除

末尾にデータを追加する

array_push 関数を使うと配列末尾にデータを追加することができます。「$配列[] ="文字列"」のようにしても同じことができますが、この関数を利用することで、複数の文字列や変数を「,」(カンマ)で区切って引数に指定し一度に追加することができます。例では、配列$dataにデータを格納して❶、array_push 関数に$dataと追加データの「なし」と「すいか」を指定します❷。結果はprint_r文で確認します❸。なお、文字列や変数の代わりに配列を追加した場合、配列の各データは追加されず(結合されず)、配列が丸ごと格納され多次元配列になります。配列と配列を結合するには後で説明するarray_merge 関数を使用します。

```
array_push ($配列 ," 追加文字列 ");
array_push ($配列 ,$追加変数 );
```

array_push.php

❶ $dataにデータを格納して、

```php
$data = array("りんご","みかん","かき");
    array_push($data," なし "," すいか ");
    print "<pre>";                ❷ ここに追加データを指定します。
    print_r($data);
    print "</pre>";          ❸ ここで結果を確認します。
```

```
Array
(
    [0] => りんご
    [1] => みかん
    [2] => かき
    [3] => なし
    [4] => すいか
)
```

In detail >> 詳解 **変数、配列を含む文字列の表示**

ダブルクォーテーション「"」に囲まれた文字列では、変数を直接含めて表示できます。ただし、変数を正しく認識できるように半角スペースを変数名の後に追加しています❶。変数の後に直接文字を続けると別の変数名と認識されて正しく表示できません❷。変数を大括弧で囲むと正しく表示できます❸。シングルクォーテーション「'」で囲まれた文字列に変数を含めると変数名がそのまま表示されます❹。ダブルクォーテーションでは変数がデータに展開されますが、シングルクォーテーションではその機能が抑制されるためです。

print_array.php

❶ $nameの後に半角スペースを追加

```php
$name = "永田順伸";
print "あなたの名前は $name です。<br>";
print "あなたの名前は $nameです。<br>";        ❷ 「$nameです。」を
print "あなたの名前は {$name} です。<br>";         変数と認識してエラー
print 'あなたの名前は $nameです。<br>';
                                         ❸ $nameを
$data['name'] = "永田順伸";                     大括弧で囲む
print "あなたの名前は {$data['name']} です。";

                                         ❹ $nameをそのまま表示
```

末尾のデータを削除する

array_pop 関数は、配列の末尾からデータを1つ取り出して変数に格納することができます。このとき配列は、取り出したデータ1つ分短くなります。例では、配列$dataにデータを格納して❶、array_pop 関数にその$dataを指定します❷。末尾のデータ「かき」が取り出されて、$kakiに格納されます❸。print_r 関数で$dataを確認して❹、print文で$kakiの内容を表示しています❺。配列に何もデータがないと取り出すものがないため、代わりにNULL（ヌル：データが入ってないことを示す）が変数に代入されます。

$変数 = array_pop($配列);

array_pop.php

❶ $dataにデータを格納して、

```
$data = array("りんご", "みかん", "かき");
$kaki = array_pop($data);
print "<pre>";
print_r($data);
print "</pre>";
print $kaki;
```

❷ ここに$dataを指定します。

❹ ここで$dataの内容を確認して、

❺ ここで$kakiの内容を確認します。

❸ 末尾のデータが$kakiに格納されます。

```
Array
(
    [0] => りんご
    [1] => みかん
)

かき
```

配列先頭データの追加削除

先頭のデータを追加する

array_unshift 関数を使うと配列先頭に1つ以上のデータを追加することができます。複数の文字列や変数を追加するには、「,」（カンマ）で区切って引数に指定します。例では、配列$dataにデータを格納して❶、array_unshift 関数に$dataと追加データの「パパイヤ」と「キィウィ」を指定します❷。結果はprint_r文で確認します❸。

array_unshift ($配列 , " 追加文字列 ");
array_unshift ($配列 , $追加変数);

array_unshift.php

❶ $dataにデータを格納して、

```
$data = array("りんご", "みかん", "かき");
array_unshift($data, "パパイヤ", "キィウィ");
print "<pre>";
print_r($data);
print "</pre>";
```

❷ ここに追加データを指定します。

❸ ここで結果を確認します。

```
Array
(
    [0] => パパイヤ
    [1] => キィウィ
    [2] => りんご
    [3] => みかん
    [4] => かき
)
```

Next▶

先頭のデータを削除する

array_shift 関数は、配列の先頭からデータを1つ取り出して変数に格納することができます。前に説明したarray_pop 関数は配列末尾のデータを1つ取り出せましたが、こちらは配列の「先頭」からデータを1つ取り出します。このため、インデックス（番号）は先頭に向かって1つずれます。例では、配列$dataにデータを格納して❶、array_shift 関数にその$dataを指定します❷。先頭のデータ「りんご」が取り出されて、$appleに格納されます❸。print_r 関数で$dataを確認して❹、print文で$appleの内容を表示しています❺。配列に何もデータがないときは、代わりにNULL（ヌル：データが入ってないことを示す）が変数に代入されます。

$変数 = array_shift ($配列);

array_shift.php

❶ $dataにデータを格納して、

```php
$data = array("りんご", "みかん", "かき");
$apple = array_shift($data);
print "<pre>";
print_r($data);
print "</pre>";
print $apple;
```

❷ ここに$dataを指定します。

❸ ここで$dataの内容を確認して、

❹ ここで$appleの内容を確認します。

❺ 先頭のデータが$appleに格納されます。

```
Array
(
    [0] => みかん
    [1] => かき
)

りんご
```

配列の結合と切り出し

配列をマージする

array_merge 関数を使うと2つの配列（または連想配列）を結合して、新たな配列を作成することができます。例では、連想配列同士を結合しています。配列と追加用の配列にデータを格納して❶、array_merge 関数に引数として指定します❷。結合結果は、配列$resultに格納されます❸。$resultはprint_r 関数で確認します❹。

$配列 = array_merge ($元の配列 , $追加配列);

array_merge.php

❶ $dataと$add_dataを格納して、

```php
$data     = array("TV1" => "500", "TV2" => "1000", "RADIO1"
=> "800");
$add_data = array("TV1" => "2000", "RADIO2" => "600");
$result   = array_merge($data, $add_data);
print "<pre>";
print_r($result);
print "</pre>";
```

❷ ここに追加する$add_dataを指定します。

❹ ここで配列の内容を表示します。

❸ 結合結果を$resultに格納します。

```
Array
(
    [TV1] => 2000
    [TV2] => 1000
    [RADIO1] => 800
    [RADIO2] => 600
)
```

In detail >>詳解

配列演算子「+」とarray_ merge 関数

配列演算子「+」（Section 16 参照）を使っても配列同士を結合することができますが動作に違いがあります。結合後、array_merge 関数はインデックスが0番から付け直されますが、「+」演算子はそのままインデックスを保持します。また、結合するとき同じキー（またはインデックス）がある場合、array_merge 関数では後から指定した配列に上書きされますが、「+」演算子による結合では上書きされません。

102

配列を切り出す

array_slice 関数は、引数に「元の配列」を指定して❶、「開始位置」❷から「長さ」❸だけ、配列のデータを連続して取り出して、新しい「配列」へ格納できます❹。開始位置を数えるときは、配列の最初のデータを「0」とします。例では、変数$dataにデータを格納して❺、array_slice関数にさまざまな引数を指定しています。「開始位置」が負のときは、配列末尾を「0」として先頭に向かって数えます❻。「長さ」が負のときは、開始位置と、配列末尾から「長さ」だけ先頭に移動したその位置との間のデータを取り出せます❼。「長さ」を省略すると、開始位置から配列の最後まで取り出せます❽。なお、implode関数（Section 28参照）で、配列内のデータを「,」で区切って出力しています❾。

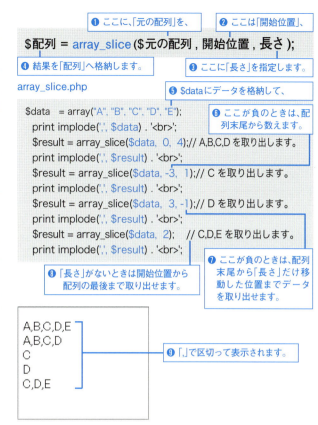

$配列 = array_slice($元の配列, 開始位置, 長さ);

array_slice.php

```
$data   = array("A", "B", "C", "D", "E");
  print implode(',', $data) . '<br>';
  $result = array_slice($data, 0, 4);// A,B,C,D を取り出します。
  print implode(',', $result) . '<br>';
  $result = array_slice($data, -3, 1);// C を取り出します。
  print implode(',', $result) . '<br>';
  $result = array_slice($data, 3, -1);// D を取り出します。
  print implode(',', $result) . '<br>';
  $result = array_slice($data, 2);    // C,D,E を取り出します。
  print implode(',', $result) . '<br>';
```

```
A,B,C,D,E
A,B,C,D
C
D
C,D,E
```

その他の関数

データを反転する

array_reverse 関数を使用すると配列に格納されているデータを反転（逆順）することができます。ファイルを使った掲示板などは記事データを配列に入れて、この関数で反転させることで、新しい記事をページの上側に表示することができます。例では、$dataにデータを格納して❶、array_reverse 関数に$dataを引数として指定します❷。反転した結果は、配列$resultに格納され❸、print_r 関数で結果を表示します❹。

$配列 = array_reverse($元の配列);

array_reverse.php

```
$data   = array("A", "B", "C", "D", "E");
$result = array_reverse($data);
print "<pre>";
print_r($result);
print "</pre>";
```

```
Array
(
    [0] => E
    [1] => D
    [2] => C
    [3] => B
    [4] => A
)
```

Chapter 3

Section **30** | **日付・時刻**

日付・時刻を使用するには

現在の日付や時刻を表示したり、入力フォームから送信された日付の妥当性をチェックする関数をここで解説します。

現在の日時の取得

UNIXのタイムスタンプを表示する

time 関数を実行するとUNIXのタイムスタンプ（秒）を取得できます。例では、time 関数を実行し❶、変数 $now にUNIXのタイムスタンプが格納され❷、print文で表示しています❸。結果は実行した時間で変わります。例えば「1491297205」のように表示されます。

```
$変数 = time();
```

time.php

❶ time関数を実行して、

```
$now = time();
print $now;
```

❸ 結果をprint文で表示しています。

❷ $nowにUNIXのタイムスタンプが格納され、

Term
≫用語 **UNIX のタイムスタンプ**

UNIX のタイムスタンプとは、UNIX epoch と呼ばれる 1970 年 1 月 1 日 00:00:00（協定世界時 UTC）からの経過秒数をいいます。time 関数では UNIX epoch から実行した日時までの秒数を取得できます。

日付をUNIXのタイムスタンプとして取得する

日付（文字列）からUNIXのタイムスタンプを求めるにはmktime 関数を使用します。引数として時間、分を分割して指定して、結果を変数で受け取ることができます。例では、mktime 関数に日付を分割して指定して❶、結果を変数 $timestamp に格納し❷、print文で表示します❸。結果は「1494082800」と表示されます。

```
$変数 = mktime ( 時間 , 分 , 秒 , 月 , 日 , 年 );
```

mktime.php

❶ ここに日付を分割して指定して、

```
$timestamp = mktime(0, 0, 0, 5, 7, 2017);
print $timestamp;
```

❸ ここで表示します。

❷ 結果を$timestampに格納し、

104

UNIXタイムスタンプを日付にする

date関数を使用すればUNIXタイムスタンプを日付に戻すことができます。time関数やmktime関数などと組み合わせることにより、何日後や何日前の日付を取得することができます。例では、time関数で取得したタイムスタンプに❶、1週間分の秒数を加算して❷、1週間後のタイムスタンプを作成して、$timestampに格納しています❸。date関数にフォーマット用記号「'Y年m月d日H時i分s秒'」と$timestampを指定して実行すると❹、$next_weekに1週間後の日付を取得できます❺。本書で確認したWindows版XAMPPでは結果が9時間遅くなりました。インストール時にphp.iniの1956行目あたりへ「date.timezone=Europe/Berlin」と追加されたためでした。本書の設定どおりの場合先頭に「;」を付けてコメントアウトしてapacheを再起動すると正しく表示できます。

$変数 = date (フォーマット , UNIXタイムスタンプ);

date.php

```
$timestamp = time() + ( 60 * 60 * 24 ) * 7;
$next_week = date('Y年m月d日 H時i分s秒', $timestamp );
print $next_week;
```

❶ time関数で取得したタイムスタンプと
❷ 1週間分の秒数を加算して、
❸ $timestampに格納します。
❹ ここにフォーマット用記号と$timestampを指定して、
❺ $next_weekに1週間後の日付を取得できます。

(表)ここで使用したフォーマット用記号

記号	内容
Y	数字4桁の年
m	数字2桁の月、先頭にゼロを付ける。
d	数字2桁の日、先頭にゼロを付ける。
H	数字2桁の時、24時間単位。
i	数字2桁の分、先頭にゼロを付ける。
s	数字2桁の秒、先頭にゼロを付ける。

日付のチェック

日付の妥当性をチェックする

Webアプリケーションでは、会員登録時などに誕生日を入力させることがあります。登録者が2月31日などの存在しない日付を入力することがあるので、チェックする必要があります。checkdate関数に、引数として月、日、年を指定することで日付の妥当性をチェックできます。正しい日付の場合はTRUEを、正しくない場合はFALSEを返します。例では、結果を変数に格納せずに、直接if文により判定します❶。「!」がcheckdateの前についていますが、これにより、日付が正しくない場合checkdate関数はFALSEになりますが、「!」があるため反転してTRUEになり❷、ブロック内のコードが実行され、「正しい日付を入力してください。」と表示されます❸。

(表)ここで使用したフォーマット用記号

年	1から32767の間であること
月	1から12の間であること
日	指定された月の日数以内に収まること。うるう年も考慮

$変数 = checkdate (月 , 日 , 年);

checkdate.php

```
$month = 2;
$day   = 31;
$year  = 2017;

if(!checkdate($month, $day, $year))
{
        print " 正しい日付を入力してください。";
}
```

❶ if文により判定します。
❷ 日付が正しくない場合ここがTRUEになり、
❸ ブロック内のコードが実行されメッセージが表示されます。

Section 31 ファイルの操作

ファイルを操作するには

データベースを利用できない環境ではデータをファイルに保存することになります。このSectionではファイルやディレクトリを操作する関数について学習しましょう。

ファイルの読み書き

ファイルを読み込む

file_get_contents 関数は、読み込んだファイルの内容を文字列として変数に格納します。ファイル名だけでなく、URLを引数に指定して内容を取得することもできます。例を実行する場合は、「test.txt」ファイルを作成しておきましょう。ファイルには半角英数字を記入して保存しておきます。例では、ファイル名(test.txt)を変数$filenameに格納します❶。if文の条件式で、is_readable 関数により引数として指定したファイル名が読み込み可能かどうかチェックしています❷。読み込める場合は、条件式はTRUEとなりfile_get_contents 関数に指定したファイルを読み込み❸、$contentsに内容を格納し❹、print文で表示します❺。読み込めない場合は、「読み込めません」と表示されます。

$変数 = file_get_contents(" ファイル名または URL");

file_get_contents.php

```
$filename = "test.txt";
if(is_readable($filename))
{
    $contents = file_get_contents($filename);
    print $contents;
}else{
    print $filename . " は読み込めません。";
}
```

❶ ファイル名をここに格納して、
❷ is_readable ()で読み込み可能かチェックして、
❸ ここで指定したファイルを読み込みます。
❹ $contentsに内容を格納し、
❺ print文で表示します。

In detail 詳解　file関数

読み込んだファイルの内容を1行ごとに「配列」に取得したいときは file 関数を使用します。使用方法は file_get_contents 関数と同じです。

ファイルにデータを書き込む

file_put_contents関数は fopen、fwrite、fcloseの機能があります。$filenameにファイル名を❶、$contentsに値を格納し❷、file_put_contents関数に指定して❸、ファイルに書き込みます。ファイルがないときは作成され、同名ファイルがあるときは上書きされます。Mac、Linuxではファイルやディレクトリの権限を適切に設定してください。

file_put_contents(" ファイル名 ", $変数);

file_put_contents.php

```
$filename = "test.txt";
$contents = "abcdefghijklmn";
file_put_contents($filename, $contents);
print "書き込みました。";
```

❶ $filenameにファイル名を格納して、
❷ $contentsに文字列を格納します。
❸ ここに$filenameと$contentsを指定して書き込みます。

Point ≫≫要点 — 文字コードを変換する

コンピュータ上で日本語を表わす文字コードには、UTF-8 や SJIS（シフト JIS）、EUC-JP、JIS などがあります。PHP のインストール後の設定時に、文字コードを適切に設定しておけば、ブラウザと Web サーバ間の文字コードの違いは自動的に変換されてデータの処理や表示が行われますが、PHP ファイルとは異なった文字コードで保存されているファイルなどから値を読み込むと文字化けが起こることがあります。

文字コード変換には mb_convert_encoding 関数を利用します。$ 変数に格納した文字列の文字コードを指定した文字コードに変換することができます。右コードでは UTF-8 から SJIS へ変換してファイルに書き込んでいます。SJIS に対応したエディタで確認してください。

mb_convert_encoding.php

```
$filename = "test.txt";
$contents = "あいうえおかきくけこ";
$contents = mb_convert_encoding($contents, "SJIS", "UTF-8");
file_put_contents($filename, $contents);
print "書き込みました。";
```

Point ≫≫要点 — ファイルの権限の変更

Windows では問題ありませんが、Mac と Linux はプログラムからファイルを書き換えたり削除するときに権限が適切に設定されていないと「Permission denied」というエラーが表示されます。ファイルのユーザと Apache を実行するユーザが違うために発生するエラーです。ここでは書き込み権限を追加して対応します。ファイルが存在するときはファイルに書き込み権限を追加します。ファイルが存在せず自動で生成するときはファイルを生成するディレクトリに書き込み権限を追加します。本書で利用した Mac の場合で説明します。はじめにターミナルを表示してファイルのあるディレクトリまで移動して、chmod コマンド で書き込み権限を追加します。「/Applications/XAMPP/xamppfiles/htdocs/sample/Section31/test.txt」に書き込む場合を考えます。

ファイルが存在するとき

```
> cd /Applications/XAMPP/xamppfiles/htdocs/sample/
Section31
> sudo chmod 646 test.txt
```

ファイルが存在せず、自動でファイルを生成する場合

```
> cd /Applications/XAMPP/xamppfiles/htdocs/sample
> sudo chmod 757 ./Section31
```

自動生成されたファイルは Apache を実行するユーザ名（Mac では Daemon）になるため、プログラムからの書き込みはできますが、エディタなどで編集はできません。

In detail ≫≫詳解 — fopen、fread、fwrite、fclose 関数

テキストファイルをプログラムで読み込む方法は他に fopen、fread、fwrite、fclose など一連の関数があります。file_get_contents や file_put_contents と違う点はファイルポインタを利用する点と画像ファイルなどバイナリファイルが扱える点です。fopen 関数にファイルオープン時のモードをオプション欄に指定してファイルポインタを開きます。オプションには、「r（読み込み専用）」「w（書き込み専用）」「a（追記専用）」などがあります。ファイルポインタを通して fread（読み込み）や fwrite（書き込み）を実行し、処理が終わったら fclose でファイルポインタを閉じます。

```
$ファイルポインタ = fopen ("ファイル名または URL", "オプション");
fwrite ($ファイルポインタ , "書き込みデータ");
fclose ($ファイルポインタ );
```

Next ►

ファイルの操作

ファイルを削除する

ファイルを削除するにはunlink 関数を使用します。unlink 関数にファイル名を指定して実行すると、ファイルが削除され、正常に削除できると変数にTRUE が格納されます。例では、はじめに $filename にファイル名を格納します❶。次にif文の中の関数が実行されます。is_file 関数でファイルの存在を確認して❷、ファイルが存在すれば TRUE になります。次に、unlink 関数に $filename を指定してファイルを削除します❸。正常に削除できたら TRUE になります。「&&」により、両方の条件式が TRUE のときに if文のブロック内の処理を実行します。ファイルが正常に削除されると、「削除しました」と表示されます❹。なお、Mac や Linux 上でファイルを削除する場合は、ファイルとディレクトリに適切な権限を設定する必要があります。

$変数 = unlink(" ファイル名 ");

unlink.php

```
$filename = "test.txt";          ❶ $filenameにファイル名を格納して、
if(is_file($filename) && unlink($filename))
{                                ❸ unlink 関数でファイルを削除します。
    print $filename . "を削除しました。";
}else{                           ❹ ここで「削除しました」と表示されます。
    print $filename . "は削除できません。";
}
```

❷ is_file 関数でファイルの存在を確認して、

ファイルをコピーする

ファイルをコピーするにはcopy関数を使用します。コピーに成功したら TRUE を、失敗すると FALSE を返します。if文にcopy関数を記述して、コピー元ファイル名と❶、コピー先ファイル名❷を指定します。コピーに成功したら「コピーに成功しました。」❸、失敗したら、「コピーできませんでした。」と表示されます❹。なお、コピー先ファイルが既に存在する場合は上書きされるので注意が必要です。なお、Mac や Linux 上でファイルをコピーする場合はディレクトリに適切な権限を設定する必要があります。

copy (コピー元ファイル名 , コピー先ファイル名);

❶ ここにコピー元を指定して、

copy.php

❷ ここにコピー先を指定します。

```
if ( copy( "test.txt", "test.bak" ) )
{
    print "コピーに成功しました。";        ❸ 成功するとここを、
} else {
    print "コピーできませんでした。";
}
```

❹ 失敗するとここを表示します。

In detail ▶▶詳解 **ディレクトリの中のファイルを一覧表示するには**

ディレクトリの中のファイルをすべて表示するには glob 関数と foreach を利用します。例では実行する PHP ファイルのあるディレクトリ内のファイルをすべて表示できます。glob 関数は引数に指定したパターン（ここでは「*」）に合ったファイル名を取得して、foreach で繰り返し表示します。パターン「*」はすべてのファイル名にマッチします。テキストファイルだけ表示する場合はパターンを「*.txt」とします。

glob.php

```
foreach (glob("*") as $filename) {
    print $filename . "<br>\n";
}
```

ディレクトリの操作

ディレクトリを作成する

ディレクトリを作成するにはmkdir関数を使用します。この関数は作成に成功するとTRUEを、失敗するとFALSEを返します。結果は、$変数に格納することができます。引数としてパス名とモードを指定しますが、このモードはディレクトリの権限のことで、モードを省略すると「0777」というもっとも緩やかな権限が設定されます。例では、$dirnameにディレクトリのパス名を格納しています❶。is_dir関数は、指定したパス名がディレクトリとして存在する場合TRUEを返しますが、ディレクトリが存在しないときにTRUEになるように「!」により反転します❷。mkdir関数によりディレクトリが作成されたらTRUEとなり❸、「作成しました」とメッセージが表示されます❹。なお、MacやLinux上でディレクトリを作成する場合はディレクトリに適切な権限を設定する必要があります。

$変数 = mkdir(" パス名 ", モード);

mkdir.php

❶ $dirnameにディレクトリのパス名を格納して、

```
$dirname = "temp";
if(!is_dir($dirname) && mkdir($dirname))
{
    print $dirname . "を作成しました。";
}else{
    print $dirname . "は作成できません。";
}
```

❸ mkdir 関数によりディレクトリを作成して、

❹ 「作成しました」とメッセージが表示されます。

❷ is_dir 関数でディレクトリとして存在するか確認します。

Caution ≫詳解 ディレクトリの権限

ディレクトリの通常の権限（モード）は「0755（8進数）」です。頭の0は、PHPで8進数を表すときに追加するものです。次の「7」は読み込み、書き込み、実行が可能という意味です。読み込みは4、書き込みは2、実行は1と決められていて、この権限を加算すると7になります。後の二つの「5」は読み込み4と実行1を加算しています。最初の7はファイルやディレクトリの所有者の権限です。あとの5はグループ、その他のユーザの権限となります。mkdirでモードを指定しないと「0777」という権限が設定されます。誰でもディレクトリ内にファイルを書き込めるためとても危険な設定ということがわかります。モードはchmod関数を使っていつでも変更できます。一般的に読み込むだけのファイルは「0644」、通常ディレクトリは「0755」とします。

ディレクトリを削除する

ディレクトリを削除するにはrmdir関数を使用します。削除するときには、ディレクトリ内にファイルなどがない空の状態にして、引数にディレクトリ名を指定します❶。なお、MacやLinux上でディレクトリを削除する場合は対象ディレクトリに適切な権限を設定する必要があります。

rmdir(ディレクトリ名)

rmdir.php

```
rmdir("temp");
```

❶ ここにディレクトリ名を指定します。

In detail ≫詳解 パス情報の取得

pathinfo関数を使うとパス名からディレクト名やファイル名、拡張子を取得することができます。pathinfo関数に、パス名を指定すると、連想配列にして値を返します。キー「dirname」にはディレクトリ名、キー「basename」にはファイル名、キー「extension」には拡張子が格納されます。_FILE_ は、実行中のファイル名が入ります。

pathinfo.php

```php
<?php
$pathname = pathinfo(_FILE_);
print $pathname['dirname']   . "<br>";
print $pathname['basename']  . "<br>";
print $pathname['extension'] . "<br>";
?>
```

Section 31

ファイルの操作

109

Chapter 3
Section 32 | **HTTPヘッダー**

HTTPヘッダーを操作するには

Webブラウザでホームページを閲覧するとき、WebサーバとWebブラウザの間では、見えないところで、各種情報をやり取りしています。この情報はHTTPヘッダーという部分に書かれています。

HTTPヘッダーとは

リクエストヘッダーとは

WebサーバとWebブラウザはHTTP（Hypertext Transfer Protocol）というプロトコル（通信のための手順）を使ってお互いにメッセージを交換しています。例えば、ページを閲覧するときには、ブラウザからWebサーバに対して「リクエスト」（要求）が送信されます。「リクエスト」はメソッド、ヘッダー、データで構成された文字列です。リクエストメソッドでページを表示するなどの要求をし、リクエストヘッダーにブラウザの情報などが含まれて送信されます。ブラウザの種類やOSの情報を含む「User-Agent」、どのページからのリクエストなのかを示す「Referer」はプログラムによく利用されます。

レスポンスヘッダーとは

Webサーバでは「リクエスト」のメソッドを受けて処理を実行します。次に、ステータスコードをブラウザへ送信します。ステータスコードは処理の結果を3桁の数字で返します。次に、「レスポンス」（返事）がブラウザへ送信されます。レスポンスは、ヘッダー、データで構成されています。レスポンスヘッダーの例としては、「HTTP/1.1 200 OK」や「Server: Apache」などがあります。

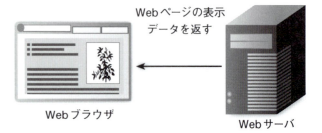

レスポンスヘッダーを送信する

リクエストヘッダーを直接操作する場面は少ないですが、レスポンスヘッダーに関しては、CSV形式ファイルをダウンロードさせる処理に特別なヘッダーを出力することがあります。例では、$downloadfileにファイル名を格納します❶。このファイル名は1つめのheader 関数と、2つめのheader 関数に記述します❷。読み込み用のファイル名「test.data」をfile_get_contents 関数に指定して❸、$resultにファイルの内容を格納し❹、print文でダウンロードファイル内に書き込みます❺。「test.data」をPHPファイルと同じディレクトリに置いてPHPファイルを表示させると画面に表示はなく、代わりにダウンロード画面が表示され、ファイルを「data.csv」としてダウンロードすることができます。なお、header 関数を実行する前にprint文やHTMLタグがあるとエラーになったり、ダウンロードファイルに文字が書き込まれたりします。

```
header(" レスポンスヘッダー ");
```

header.php

```php
<?php
$downloadfile = "data.csv";
header("Content-Disposition: attachment;
filename=$downloadfile");
header("Content-type: application/octet-stream;
name=$downloadfile");
$result = file_get_contents("test.data");
print $result;
?>
```

❶ ダウンロードに使うファイル名を格納して、

❷ このheader 関数に$downloadfileを指定します。

❸「test.data」をここに指定して、

❹ $resultにファイルの内容を格納し、

❺ print文でダウンロードファイル内に書き込みます。

In detail ≫詳細 | Hypertext Transfer Protocol

レスポンスヘッダーの記述方法など、HTTP の詳細については「Hypertext Transfer Protocol – HTTP/1.1」(http://www. w3.org/Protocol /rfc2616/ rfc2616-sec14.html) を参照してください。

Point ≫要点 | サーバサイドとクライアントサイド

PHP からレスポンスヘッダを操作することが多いのは、PHP がサーバで動作するプログラムだからです。このようなプログラム言語を「サーバサイド・スクリプト」と呼びます。一方、クライアント (ブラウザなど) で動作する「クライアントサイド・スクリプト」があります。最近の Web サイトには必須の言語が JavaScript です。ページを切り替えずに画面を更新するようなときに JavaScript の XMLHttpRequest オブジェクトでリクエストヘッダを操作します。

リダイレクト

あるページから別のページ (または別のサイトのページ) に自動的に移動することをリダイレクトといいます。レスポンスヘッダーとして「Location: URL」をブラウザに対して送信するとこのリダイレクトを実現できます。指定するURLは、相対パスではなく、http:// から始まる絶対パスにする必要があります❶。header 関数によって別のページに移動するため、「exit」で終了します❷。

location.php

```php
<?php
header("Location: https://book.mynavi.jp/");
exit;
?>
```

❶ 絶対パスを指定して、

❷ exitで終了します。

Chapter 3

PHPの組み込み関数

Section 33 メール送信

メールを送信するには

閲覧者がお問い合わせページで入力した内容をメールで受け取りたい場合や、Web上で実行された処理結果をメールで受け取りたい場合にメール関数を使います。

メール送信に関する設定

Mac、Linuxの場合

MacやLinuxにはPostfixというMTA（Message Transfer Agent）が標準でインストール済みです。本書ではPostfixとGoogleのメールアカウントを利用してPHPからメール送信できるようにします。右のコマンドを順番に実行してください。Macの場合はsudoを付けてコマンドを実行します。まず、postfixを起動します❶。次にviでmain.cfを編集します❷。コードのとおりmain.cfの最後に追加してください❸。さらに「vi /etc/postfix/sasl_passwd」実行して❹、コードのとおりgmailのアカウントとパスワードを記します❺。postmapコマンド実行します❻。最後に設定を反映させます❼。これでメールが送信できるはずです。postfixはLinuxでは常に起動されています。Macでは「sudo launchctl load /System/Library/LaunchDaemons/org.postfix.master.plist」を実行すると自動実行できます。動作しないときは、php,iniのsendmail_pathに「/usr/sbin/sendmail -t -i」が設定されていることを確認してください。

Mac：
$ postfix start ——————————— ❶postfixを起動します。
$ vi /private/etc/postfix/main.cf

Linux： ❷ viでmain.cfを編集します。
$ vi /etc/postfix/main.cf —————

以降 Mac、Linux 共通：
// 以下 6 行を main.cf の最後に追加します。
relayhost=smtp.gmail.com:587 —— ❸ ここをmain.cfの最後に追加します。
smtp_sasl_auth_enable=yes
smtp_sasl_password_maps=hash:/etc/postfix/sasl_passwd
smtp_sasl_security_options=noanonymous
smtp_sasl_mechanism_filter=plain
smtp_use_tls=yes
smtp_tls_security_level=encrypt
tls_random_source=dev:/dev/urandom

$ vi /etc/postfix/sasl_passwd ——— ❹ viでsasl_passwdを編集します。

// 以下を sasl_passwd に登録します。
smtp.gmail.com:587 あなたのアカウント @gmail.com: あなたのパスワード ———— ❺ gmailのアカウントとパスワードを記します。

$ postmap /etc/postfix/sasl_passwd

// 設定を反映させます。 ❻ postmapコマンド実行します。
$ postfix reload ———— ❼ 最後に設定を反映させます。
または
$ postfix restart

Windowsの場合

メール送信した内容をファイルに保存できるという初心者には安全な機能があります。php.iniのsendmail_pathに「"C:¥xampp¥mailtodisk¥mailtodisk.exe"」を設定してApacheを再起動すると、メール送信した内容がすべて「C:¥xampp¥mailoutput」に保存されます。付属のMercury/32で実際に送信できますが、設定が初心者には難しいため本書では割愛します。

112

メールの送信

1 メールを送信する

メールを送信するためのPHPの関数には mail 関数がありますが、半角英数字を使うことを前提に設計されているため日本語（マルチバイト文字列）を扱う場合、文字化け等の障害が発生することがあります。マルチバイト対応の mb_send_mail 関数を利用すると文字コードをほとんど意識せずに利用できます。この関数のヘッダーおよびメッセージ等自動的にエンコードしてメールを送信します。実行するときは、引数に宛先❶、件名❷、本文❸、追加ヘッダー❹を指定します。この関数は送信が成功するとTRUE、失敗するとFALSEを返します。

❶ ここに宛先を、　❸ ここに本文を、

mb_send_mail(宛先 , 件名 , 本文 , 追加のヘッダー);

❷ ここに件名を、　❹ 追加ヘッダーを指定します。

2 追加のヘッダーを指定する

宛先のアドレス❺、件名❻、本文❼はすべて変数に格納します。「追加のヘッダー」には、メールの差出人などのヘッダーを指定します❽。差出人のヘッダーは「From:」で始まり、半角スペースが1つ入ってメールアドレスを記述します。これを指定しないとメールの差出人として「root@local host」のようにサーバに設定されているアドレスが指定されます。

❺ ここに宛先を格納します。　❻ ここに件名を格納します。

```
$to      = "xxxx@xxxxxxx";
$subject = "テスト送信";
$message = "ただいまメールのテスト中です。";
$add_header = "From: xxxx@xxxxxxx¥r¥nCc: xxxx@xxxxxxx";
```

❼ ここに本文を格納します。

❽ ここに追加ヘッダーを格納します。

In detail
≫ 詳解

「"」と「'」

「"From: xxxx@xxxxxxx¥r¥nCc: xxxx@xxxxxxx"」　を「'From: xxxx@xxxxxxx¥r¥nCc: xxxx@xxxxxxx'」とすると、「¥r¥n」が改行コードではなく文字そのものとして扱われるため正常に動作しません。

---

3 送信する

mb_send_mail 関数に引数として各変数を指定します❾。mb_send_mail 関数が実行されると、送信が成功した場合はTRUEと評価されるため、if文のブロック内のコードが実行され、「メールを送信しました。」と表示されます❿。なお、このテストをするときには必ず自分のアドレスに対して送信するようにしてください。

mb_send_mail.php

```
$to      = "xxxx@xxxxxxx";
$subject = "テスト送信";
$message = "ただいまメールのテスト中です。";
$add_header = "From: xxxx@xxxxxxx¥r¥nCc: xxxx@xxxxxxx";
if(mb_send_mail($to, $subject, $message, $add_header))
{
        print "メールを送信しました。";
}else{
        print "メール送信に失敗しました。";
}
```

❾ ここに各変数を引数を指定して、

❿「メールを送信しました。」と表示されます。

Section 34 正規表現

正規表現を利用するには

PHPでは、Perlと同じように正規表現を記述することができます。ここでは、正規表現の意味とその使い方について簡単に学習します。

正規表現の記述

1 正規表現とは

正規表現は「数字のパターン」や「半角英字のパターン」などを、「メタキャラクタ」という特別な意味を持たせた記号を組み合わせて表現することができます。Webアプリケーションなどで、入力値として数字のみを期待しているところにそれ以外の文字が入力されないようにチェックする場合、正規表現の「数字のパターン」を使ってチェックします。複雑な処理になってしまうところを正規表現を使うと簡単に記述することができます。

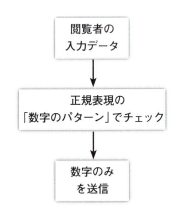

2 正規表現を使用する

正規表現は検索や置換処理に使用します。preg_matchとmb_ereg_matchは文字パターンにマッチ（一致）したものを探すための関数です。preg_matchはPerl互換の正規表現を使用できます。mb_ereg_matchは日本語などのマルチバイト文字列対応です。ここでは、preg_matchを使って解説します。preg_match関数は、引数にチェックする文字列と❶、正規表現を指定して実行します❷。

❶ 引数にチェックする文字列と、

preg_match (正規表現パターン , 文字列);

❷ ここに正規表現を指定して実行します。

3 if文で使う

preg_match 関数は、正規表現のパターンにマッチすると「1」を、マッチしない場合は「0」を返し、エラー発生のときにはFALSEを返します。条件式が「1」の場合、TRUEと同じようにif文のブロック内のコードが実行されます❶。条件式が「0」のときは、FALSEと同じようにelse文内のコードが実行されます❷。

```
if(preg_match( 正規表現パターン , 文字列 )
{
        // マッチした場合の処理
}else{
        // マッチしなかった場合の処理
}
```

❶ マッチしたらここを実行します。

❷ マッチしなかった場合はここを実行します。

4 半角数字をチェックする

では、実際に半角数字をチェックしましょう。はじめに、$numberに半角数字を格納しておきます❸。次に、半角数字にマッチ（一致）するパターンを正規表現で作成します。半角数字1文字のパターンは「[0123456789]」のようになります。これは「-」を使って「[0-9]」とすることができます。これで0から9までの半角数字1文字を表現できました。複数の数字にマッチさせるには「+」という文字を付けて、「[0-9]+」とすることで数字にマッチします。preg_match ()には「"/[0-9]+/"」として、チェックする文字列と一緒に指定します❹。このコードの場合、if文の条件式は「1」が返り、TRUEとなって「数字です！」が表示されます❺。

preg_match1.php

```
$number = "123456";
if(preg_match("/[0-9]+/", $number))
{
        print "数字です！";
}else{
        print "数字以外の文字です。";
}
```

❸ $numberに半角数字を格納して、

❹ ここに正規表現パターンと文字列を指定します。

❺ 「数字です！」と表示されます。

In detail >>詳解 mb_ereg_replace と preg_replace

preg_replace 関数は、正規表現を使った置換処理を行うことができます。正規表現の指定のときに「/ 正規表現 /」のようにPerl形式で指定します。mb_ereg_replace 関数は、マルチバイト（ひらがなや漢字などの全角文字）を扱えるようにしたものです。以下、preg_replace 関数の例ですが、他の関数も引数の指定順は同じです。

```
$ 変数 = preg_replace( 正規表現 , 置換後の文字 , 置換対象文字列 );
```

例：
```
$html = "HTML タグの入った文字列が格納されています。";
$str = preg_replace("/<br>/", "", $html);
```

上記のコードでは
 タグが削除されます。

In detail >>詳解 マッチした文字列の参照

マッチした文字列を参照したいときは「"/([0-9]+)/"」のように正規表現を（）で囲みます。3つ目の引数に配列 $matches を指定すると、$matches[0] に文字列全体が、$matches[1] に1番目にマッチした文字列が $matches[2] に2番目にマッチした文字列が格納されます。例えば、コードのようなパターンで数字の先頭2文字だけを参照したい場合、$matches[1] を参照します。

preg_match2.php

```
$number = "123456";
if(preg_match("/([0-9][0-9])([0-9]+)/", $number, $matches))
{
        print $matches[0]; // 123456 が格納される
        print "<br>";
        print $matches[1]; // 12 が格納される
        print "<br>";
        print $matches[2]; // 3456 が格納される }
```

練習問題

3-1 substr 関数を使って、「TEL:03-0000-0000（代表）」の電話番号部分だけを切り取って変数 $tel に格納してください。

3-2 array_pop 関数を使って配列 $data の末尾に格納されたデータを変数 $last に格納してください。

3-3 time 関数と date 関数を使って、現時点から24時間後の年月日時分秒を表示してください。

Chapter 4
WebでのPHP

Section 35
フォームで送信されたテキストを取得するには　［テキストの送信］　118

Section 36
複数行のテキストを取得するには　［複数行テキスト］　122

Section 37
hidden タグのデータを取得するには　［hidden タグ］　124

Section 38
送信ボタンのデータを取得するには　［送信ボタン］　126

Section 39
チェックボックスのデータを取得するには　［チェックボックス］　130

Section 40
ラジオボタンのデータを取得するには　［ラジオボタン］　132

Section 41
プルダウンメニューのデータを取得するには　［プルダウンメニュー］　134

Section 42
リストボックスのデータを取得するには　［リストボックス］　136

Section 43
クッキーを取得するには　［クッキー］　138

Section 44
セッションを管理するには　［セッション管理］　140

Section 45
ファイルをアップロードするには　［ファイルアップロード］　146

Section 46
画像を縮小するには　［画像縮小］　150

Section 47
メールを受信するには　［メール受信］　152

Section 48
外部コマンドを実行するには　［外部コマンドの実行］　156

練習問題　160

Chapter 4
Section 35 | テキストの送信

フォームで送信されたテキストを取得するには

このChapterではWebアプリケーションでよく利用するPHPの技術について解説します。ここでは、テキスト（文字列）をフォームから送信して、データを画面に表示してみましょう。

テキストの送信

1 テキストを送信する仕組み

WebサーバとクライアントソフトWebブラウザなど）は、HTTPヘッダー（Section 32参照）を使ってメッセージを見えないところでやりとりしています。ブラウザから送信されるデータはこのヘッダ情報（リクエストヘッダー）に格納されてWebサーバに届きます❶。リクエストヘッダーは、文字列で構成されており、各々のデータを取得する方法がPHPに用意されています。

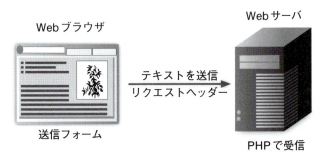

❶ リクエストヘッダーにデータは格納されます。

2 GETとPOST

WebブラウザからWebサーバにデータを送信する方法には「GET」と「POST」という方法（リクエストメソッド）があります。お問い合わせ用のフォームやアンケートの申し込みフォーム、掲示板の投稿フォームなどのように、送信ボタンをクリックしてデータを送信する場合、「POST」メソッドを使用します❷。「POST」はテキストだけでなく画像などのバイナリファイルを送信することができます。一方、検索エンジンの検索結果によく見られる長いURLのように、リンク部分にデータを付加して送信するときは「GET」メソッドを利用します❸。「GET」に関してはSectionの終わりのコラムで詳しく解説します。これ以降は「POST」を中心に解説します。

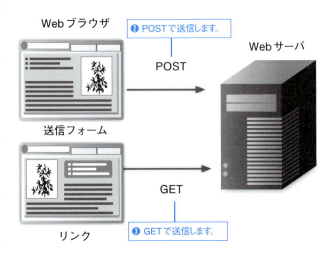

❷ POSTで送信します。
❸ GETで送信します。

送信フォームの作成

1 構成

データを送信するためのページはHTMLで「form.html」❶を作成し、テキストデータを受信して表示する機能をPHPファイル「view.php」❷に実装します。

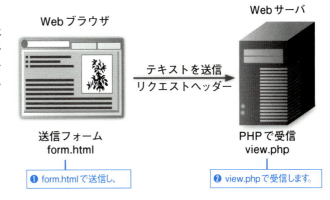

❶ form.htmlで送信し、
❷ view.phpで受信します。

2 フォームを作る

データをPOSTメソッドで送信するにはHTMLの<form>タグを使います❸。「method」属性に「post」を設定して❹、「action」属性に「view.php」❺を指定しています。view.phpはWebサーバ上でデータを受信して、画面に結果を表示する機能を持たせます。<input>タグの「type」属性に「text」を指定して❻、1行の文字列を送信できる入力欄を表示します。この入力欄のname属性には "onamae" と設定されています。このonamaeは、入力されたデータを取得するときに利用します。次に、<input>タグの「type」属性に「submit」を指定して送信ボタンを表示します❼。ボタンに表示する「送信」をvalue属性に設定します。このファイルはform.htmlとして保存します。form.htmlの文字コードはPHPファイルと同じUTF-8で保存します。本書で作成するファイルは特に説明がないかぎりUTF-8で保存します。

form.html

```html
<!DOCTYPE html>
<html lang="ja">
<head>
<meta charset="UTF-8">
<title> テキスト送信のテスト </title>
</head>
<body>
<div style="font-size:18px;"> テキスト送信のテスト </div>
<form name="form1" method="post" action="view.php">
名前：<br>
<input type="text" name="onamae"><br>
<input type="submit" value=" 送　信 ">
</form>
</body>
</html>
```

❸ <form>タグを使い、
❹ ここにpostを設定して、
❺ ここにview.phpを指定します。
❻ ここにtextを、
❼ ここにsubmitを設定します。

Caution 送信データのチェック

このChapterで学習するコードはPHPの基礎を学ぶという趣旨のため実際に公開するときに必要な入力データのチェックをしていません。例えば、名前欄にHTMLタグを入力するとそのまま表示されてしまいます。サンプルプログラムのように送信したデータが次の画面ですぐに表示される場合は、htmlspecialcharsでHTMLタグを無効化します。ここでは説明しませんが常に入力データのチェックを気にかけるようにしてください。

In detail METAタグ

上のform.html 5行目はMETAタグ（メタタグ）と呼ばれるものです。最新のHTML5形式で書かれていて、ここでは文字コードがUTF-8で保存されたファイルだとわかります。HTMLがまだよくわからない方は書籍や検索エンジンで意味を確認するようにしてください。

Next▶

テキストデータの受け取り

1 グローバル変数 $_POST

データが送信されるとview.phpの中に記述されたコードが実行されます。view.phpでは、受信したテキストデータをグローバル変数（Section 27参照）から取得できます。POSTメソッドで送信されたデータは$_POSTに、GETメソッドでは$_GETにデータが格納されています。$_REQUESTは、GETやPOST、クッキーのデータが混在するため必要性が無い限り利用しないようにしましょう。

（表）グローバル変数

変数	意味
$_GET	GETメソッドで送信されたデータを格納
$_POST	POSTメソッドで送信されたデータを格納
$_REQUEST	GETおよびPOSTメソッドで送信されたデータ、およびクッキー（Section 43参照）に保存されたデータを格納

Point POSTとGETの使い分け

GETメソッドではURLにキーとデータを繋げて送信するため、大容量のデータ送信には向いていません。URLがブラウザのアドレス欄に表示されるためデータの秘匿にも向いていません。HTML文書内のリンクにはGETを使用します。会員登録画面やWebページからメールを送信するときなど秘密にしたいデータはPOSTメソッドで送信しましょう。さらに「HTTPS」という方式で暗号化してデータを送信することで安全性を向上させます。また、画像ファイルや動画ファイルなど大容量のデータ送信もPOSTを利用します。

2 送信データを取り出す

データを参照するには、入力欄の<INPUT>タグのname属性を$_POSTのキーにして指定します。この場合、form.htmlの中で入力欄のname属性は「onamae」と設定されているので、$_POST["onamae"]とすることで送信されたデータを参照することができます❶。PHPファイルはview.phpと名前を付けて文字コードをUTF-8、改行コードをLFに指定して保存します。

view.php

```
<!DOCTYPE html>
<html lang="ja">
<head>
<title>PHPのテスト</title>
</head>
<body>

<?php
print $_POST["onamae"] . "さん、こんにちは！";
?>

</body>
</html>
```

❶ ここでデータを参照します。

実行結果

1 form.htmlを表示する

form.htmlとview.phpをApacheのDocumentRoot（Section 05参照）に設置してください。本書の解説どおりに設定してあればWebブラウザで「http://localhost/form.html」を表示させると、図のように画面が表示されます。任意の「名前」を入力して❶、[送信]をクリックします❷。

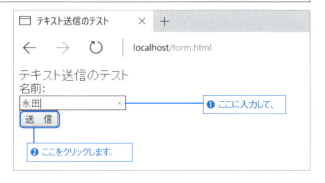

2 view.phpで確認する

［送信］がクリックされるとデータが送信されview.phpが起動します。内部のHTMLはそのまま表示され、PHPのコード部分はプログラムとして実行されて、図のように入力した名前が次の画面に表示されます❸。

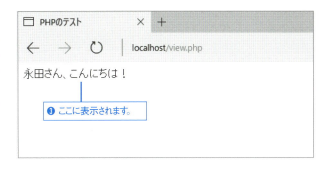

❸ ここに表示されます。

In detail GETで送信するには

●URLにキーとデータを追加する

Webページをブラウザから閲覧するときにはリクエストメソッドとして「GET」が送信されています。このときURLに決められた形式でデータを付加すると、POSTと同じようにデータをWebサーバへ送信することができます。POSTのときのようにどこかにメソッドを指定する必要はなく、URLの最後に「?」を付けて❶、キーとデータの組を「=」でつなぐだけです❷。複数のデータを送信する場合は「&」を使ってキーとデータを追加していきます。送信できるデータの量は、Webサーバーによって違いますが、あまり大きくないため、容量が大きい場合はPOSTを使用するようにします。

URL？キー＝データ＆キー＝データ＆キー＝データ

http://localhost/view.php?onamae=Nagata?gender=male

❶ ?を付けて。　　❷ =でキーとデータをつなげます。

●データの受け取り

受信したデータをPHPスクリプト内で参照するには$GETを使い、$_GET["onamae"]、$_GET["gender"]などとします。

●エンコード

「?」以降の文字はURLに使える文字だけが使用できます。半角英字と「;」「/」「?」「:」「@」「&」「=」「+」「$」「,」「-」「_」「.」「!」「~」「*」「'」「(」「)」「%」です。マルチバイト文字（漢字など）をデータに指定すると文字化けすることがあるので、マルチバイト文字を符号化（エンコード）します❸。POSTではこの操作が自動的に行われていたため意識する必要がありませんでした。

```
<a href=
"http://localhost/view.php?onamae=%B1%CA%C5%C4">
クリック </a>
```

❸ マルチバイト文字はエンコードします。

●rawurlencode関数

上記のようなエンコード処理はrawurlencode関数を使うと簡単に処理できます。rawurlencodeの引数に符号化したい文字列を指定すると、符号化した文字列が返され、ここでは$onamaeに格納されます❹。「<?=$onamae?>」の部分は「<?php print $onamae; ?>」と同じ意味です（Section 09参照）。

```
<?php
$onamae = rawurlencode(" 永田 ");
?>
```

❹ rawurlencode関数で簡単に処理できます。

```
<a href=
"http://localhost/view.php?onamae=<?=$onamae?>">
クリック </a>
```

121

Chapter 4

Section **36** | Chapter 4 複数行テキスト

複数行のテキストを取得するには

改行を含めた文字列を複数行送信する方法について学習しましょう。受け取ったデータには改行が含まれているので、入力イメージどおりに改行させて表示させます。

Web での PHP

複数行のテキスト送信

1 送信フォームを作成する

長い文章を送信する場合には <textarea> タグを使います。前の Section で作成した form.html に <textarea> タグを追加します❶。name 属性に「honbun」を指定し❷、cols 属性に「30」❸、rows 属性に「5」を記述します❹。cols と rows で入力欄の広さを設定しています。最後に、</textarea> で閉じる必要があります❺。

form.html

```html
<!DOCTYPE html>
<html lang="ja">
<head>
<meta charset="UTF-8">
<title> テキスト送信のテスト </title>
</head>

<body>
<div style="font-size:14px"> テキスト送信のテスト </div>
<form name="form1" method="post" action="view.php">
名前：<br>
<input type="text" name="onamae">
<br>
本文：<br>
<textarea name="honbun" cols="30" rows="5"></textarea>
<br>
<input type="submit" value=" 送　信 ">
</form>
</body>
</html>
```

❶ <textarea>タグを追加します。

❷ ここに「honbun」を指定し、

❸ ここに「30」、

❹ ここに「5」を記述して、

❺ </textarea>で閉じます。

2 複数行の文字列を受け取る

前の Section で作成した view.php に、<textarea> タグで送信するデータを表示するためのコードを追加します。データは POST メソッドで送信され、<textarea> タグの name 属性が honbun なので、$_POST["honbun"] に格納されます❻。print 文で内容を出力することで表示できます。

print $_POST["honbun"];

❻ ここに格納されます。

3
タグを追加する

HTML内では
タグがないと改行されません。送信された文字列内に改行があってもWebブラウザは改行せずにつながった一続きの文章として表示してしまいます。nl2br関数（Section 28参照）を使うと、図のように、文章の中の改行の前に、
タグを追加することができ、入力イメージどおりに表示することができます。

```
あいうえお（改行）         あいうえお<br>（改行）
かきくけこ（改行）  変換→  かきくけこ<br>（改行）
さしすせそ（改行）         さしすせそ<br>（改行）
```

4 nl2br関数を追加する

nl2br関数の引数に$_POST["honbun"]を指定します❶。
タグを追加した文字列が返されるので、printで出力します。

view.php

```
<!DOCTYPE html>
<html lang="ja">
<head>
<title>PHPのテスト</title>
</head>
<body>
<?php
print $_POST["onamae"] . "さんからのメッセージ";
print "<br><br>";
print "本文：<br>";
print nl2br($_POST["honbun"], false);
?>
</body>
</html>
```

❶ 引数に$_POST["honbun"]を指定します。

実行結果

前のSectionと同じようにform.htmlとview.phpを設置して、Webブラウザで表示します。各入力欄に文字列を入力して［送信］をクリックすると、view.phpが起動され、入力されたとおりに改行して画面に表示されます❶。

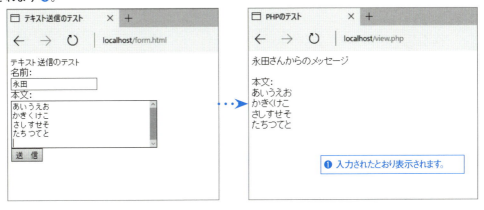

❶ 入力されたとおり表示されます。

Chapter 4

WebでのPHP

Chapter 4
Section 37 | hiddenタグ

hiddenタグのデータを取得するには

hiddenタグは、入力欄とは別にデータを見えないようにして画面内に埋め込むことができるため、表示中の
ページから次のページへとデータを持ち回ることができます。

隠しデータの送信

1 データを隠す

HTMLの<input>タグのtype属性に
「hidden」(隠す)を設定すると❶、デー
タをページ上に表示しないで送信する
ことができます。このタグを使用する
ことで、データを閲覧者から隠して次の
ページに送信することができます。こ
のようなタグをここではhiddenタグと
呼ぶことにします。name属性には受
取り時に使うキーを設定して❷、データ
はvalue属性に設定できます❸。

❶ ここにhiddenを設定します。　❷ ここにname属性を設定します。

```
<input  type="hidden" name=" キー "
value=" データ ">
```

❸ ここにvalue属性を設定します。

2 hiddenタグを追加する

前のSectionのform.htmlにhiddenタ
グを追加しましょう。このhiddenタ
グにはユーザーIDを設定することに
します。<input>タグのtype属性に
hiddenを設定して❹、name属性には
受取り時に使うキー「user_id」を設定
します❺。データはvalue属性に「0001」
と設定します❻。
なお、次の手順で作成するconfirm.php
に入力データを送信するため、formタ
グのaction属性には「confirm.php」と
記述します❼。

form.html

```
<body>
<div style="font-size:14px"> テキスト送信のテスト </div>
<form name="form1" method="post" action="confirm.php">
名前：<br>
<input type="text" name="onamae"><br>
本文：<br>
<textarea name="honbun" cols="30" rows="5"></textarea><br>
<input type="submit" value=" 送　信 ">
<input type="hidden" name="user_id" value="0001">
</form>
</body>
```

❼ ここに送信先ファイルを記述します。

❺ ここに「user_id」を設定します。

❹ ここにhiddenを設定します。　❻ ここに「0001」を設定します。

124

3 データを持ち回る

form.htmlで送信したデータを確認画面confirm.phpで受け取ります。受け取るデータは名前と本文、ユーザーIDです。POSTメソッドで送信されたものなのですべて$_POSTで受け取ります。ユーザーIDの場合は$_POST["user_id"]としてデータを参照できます❽。confirm.phpで受け取ったデータを次のview.phpに送信するためには、送信したいデータをhiddenタグのvalue属性に設定します。$_POST["user_id"]の値をこの位置に出力するために「value="<?=$_POST["user_id"]?>"」のように「<?=?>」を使って囲みます❾。name属性と$_POST変数のキー名が同じになるようにします。

confirm.php

```
<!DOCTYPE html>
<html lang="ja">
<head>
<title>PHPのテスト</title>
</head>
<body>
確認画面
<form name="form1" method="post" action="view.php">
<?php
print "名前：";
print $_POST["onamae"];
print "<br><br>";
print "本文：<br>";
print nl2br($_POST["honbun"], false);
?>
<br>
<input type="submit" value="確　認">
<input type="hidden" name="onamae"
          value="<?=$_POST["onamae"]?>">
<input type="hidden" name="honbun"
          value="<?=$_POST["honbun"]?>">
<input type="hidden" name="user_id"
          value="<?=$_POST["user_id"]?>">
</form>
</body>
</html>
```

❾ 「<?=」と「?>」で囲みます。

❽ $_POST["user_id"]として参照します。

実行結果

前のSectionと同じようにform.htmlとconfirm.php、Section 36のview.phpを設置して、form.htmlにアクセスして各入力欄に文字列を入力して［送信］をクリックすると、confirm.phpが起動され、確認画面が表示されます❶。ソースコードを見ると（Microsoft Edgeでは右上の［…］をクリックして［F12開発者ツール］をクリックします）hiddenタグに送信されたデータが設定されていることがわかります❷。

❶ 入力されたとおり表示されます。

❷ hiddenタグにデータが設定されています。

Chapter 4

Section 38 | 送信ボタン

送信ボタンのデータを取得するには

送信ボタンが2つ以上ある場合、どちらがクリックされたのかを知りたいことがあります。ここではどの送信ボタンがクリックされたのかをボタンに設定されたname属性で判断します。

送信ボタンの追加

送信ボタンは、<input>タグのtype属性に「submit」を設定します。value属性に設定した文字列がWebページ上でボタンの名称として表示されます。同じ<form>タグの中に送信ボタンを2個以上設定する場合は、name属性を追加して、任意のキーを設定します。Section 37で作成したconfirm.phpにボタンを追加します。元からあった［確　認］送信ボタンのname属性にconfirmを設定します❶。新しく追加した［戻　る］送信ボタンのname属性にbackを設定します❷。

confirm.php

```
<!DOCTYPE html>
<html lang="ja">
<head>
<title>PHP のテスト </title>
</head>
<body>
確認画面
<form name="form1" method="post" action="view.php">
<?php
print " 名前：";
print $_POST["onamae"];
print "<br><br>";
print " 本文：<br>";
print nl2br($_POST["honbun"], false);
?>
<br>
<input type="submit" value=" 確　認 " name="confirm">
<input type="submit" value=" 戻　る " name="back">
<input type="hidden" name="user_id"
        value="<?=$_POST["user_id"]?>">
<input type="hidden" name="onamae"
        value="<?=$_POST["onamae"]?>">
<input type="hidden" name="honbun"
        value="<?=$_POST["honbun"]?>">
</form>
</body>
</html>
```

❶ ここに「confirm」を設定します。

❷ ここに「back」を設定します。

126

条件分岐

1 条件文を埋め込む

if文を使い、条件に応じて表示画面を変更しましょう。条件分岐することで1つのPHPファイルに複数の画面を組み込むことができます。HTMLコードをそのまま記述できるように、条件文を「開始タグ」と「終了タグ」で細かく区切ります❶。これによりデザインされた画面のHTMLをそのまま貼り付けられるのでとても便利です。

❶「開始タグ」と「終了タグ」で細かく区切ります。

```php
<?php
if ( 条件式 ){
?>
```

「確認」ボタンがクリックされた場合の画面
または処理

```php
<?php
}elseif( 次の条件式 ){
?>
```

「戻る」ボタンがクリックされた場合の画面
または処理

```php
<?php
}else{
?>
```

どちらにも合致しない場合の画面
または処理

```php
<?php
}
?>
```

Caution
≫注意

inputタグのname属性

name属性に設定する文字列の中に半角のピリオド「.」やスペース「 」が含まれている場合、どちらもアンダースコア「_」に変換されてしまいます。例えば、<input name="mail.honbun">のように送信されたデータは、$_POST["mail_honbun"]で取得できます。また、inputタグのname属性には日本語全角文字を設定できます。inputタグのonamaeを「名前」とすると、$_POST[" 名前 "]でデータを受信できます。

Next▶

Section 38

送信ボタン

2 クリックされたボタンを判断する

例えば［確　認］がクリックされるとその<input>タグに設定されているname属性「confirm」をキーとして、value属性「送　信」が送信されるので、$_POST["confirm"]としてデータを参照できます❷。ここでisset関数を条件判断に利用します❸。isset関数は、引数に指定した変数に値がセットされているかどうかを検査し、値があればTRUEを、ないときはFALSEを返します。この返り値を条件式で利用して処理を分岐させることができます。

3 ［戻　る］をクリックする

［戻　る］がクリックされると、form.htmlに戻らずに、form.htmlと同じ画面を表示します。違いは各入力欄に入力したデータが再度表示されるように、<input>タグではvalue属性に、「<?=$_POST["onamae"]?>」を設定しています❹。<textarea>タグの場合は、value属性は使わずに<textarea>と</textarea>との間に、「<?=$_POST["honbun"]?>」を記述して表示しています❺。

view.php

```php
<?php
if ( isset($_POST["confirm"]) ) {
?>
<?php
// 確認ボタンが押されたとき
print $_POST["onamae"] . " さんからのメッセージ ";
print "<br><br>";
print " 本文：<br>";
print nl2br($_POST["honbun"], false);
?>
<?php
} elseif ( isset($_POST["back"]) ) {
// 戻るボタンが押されたとき
?>
<div style="font-size:14px"> テキスト送信のテスト </div>
<form name="form1" method="post" action="confirm.php">
名前：<br>
<input type="text" name="onamae"
          value="<?=$_POST["onamae"]?>">
<br>
本文：<br>
<textarea name="honbun" cols="30" rows="5">
          <?=$_POST["honbun"]?></textarea>
<br>
<input type="submit" value=" 送　信 ">
<input type="hidden" name="user_id"
          value="<?=$_POST["user_id"]?>">
</form>
<?php
} else {
// 上記条件以外のとき
?>
エラーです。<br>
<a href="form.html">form.html</a> からアクセスしてください。
<?php
}
?>
</body>
</html>
```

❷ $_POST["confirm"]としてデータを参照して、

❸ isset 関数で変数の値を検査します。

❹ <input>タグではここに送信データを設定します。

❺ <textarea>タグではここに送信データを設定します。

実行結果

実行確認する

Section 37のform.htmlと、このSectionで作成したconfirm.php、view.phpをApacheのDocumentRoot（Section 05参照）に設置して、Webブラウザからform.htmlにアクセスします。各入力欄に文字列を入力して［送　信］をクリックすると、confirm.phpが起動され、［確　認］と［戻　る］の送信ボタンが表示されます。ここでは［戻　る］をクリックして❶、再度入力画面を表示しています。入力画面には、はじめに入力したデータがあらかじめ表示されています❷。「http://localhost/view.php」と直接確認すると送信ボタンがクリックされていないので「エラーです。」と表示されます。

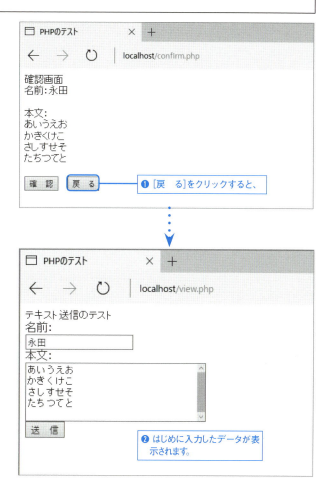

❶［戻　る］をクリックすると、

❷ はじめに入力したデータが表示されます。

In detail ＞＞詳細　JavaScriptによる［戻る］ボタン

このSectionで説明したPHPを使った方法ではなく、JavaScriptを使用すれば簡単にリンク元ページ（ひとつ前のページ）に移動できます。このボタンをどこでもいいのでview.phpに設置すればブラウザの履歴を利用して前の画面に戻ります。

```
<input type="button" value="戻　る"
       onClick="history.back()">
```

type属性はbuttonです。これがsubmitだとformに設定したPHPプログラムに対してデータを送信しますが、buttonの場合はボタンを表示するだけの働きです。onClick以降はJavaScriptというブラウザ上で動作するプログラムです。PHPはサーバ上で動作するプログラムです。PHPを利用するとサーバ資源を消費するため、近年はブラウザ上の画面操作や処理をJavaScriptで行うことが増えています。

Point ＞＞要点　環境変数を使ったページ振り分け

ブラウザごとに保持する「Mozilla/5.0 (Windows NT 10.0; Win64; x64) AppleWebKit/537.36 (KHTML, like Gecko) Chrome/51.0.2704.79 Safari/537.36 Edge/14.14393」のようなユーザーエージェント情報を利用することで、携帯電話でアクセスした場合とパソコンからアクセスした場合のページを自動的に振り分けることができます。ユーザーエージェント情報は、環境変数$_SERVER["HTTP_USER_AGENT"]を使用します。

Chapter 4

Section **39**

Chapter 4

チェックボックス

チェックボックスのデータを取得するには

Webでの PHP

チェックボックスは、アンケートの趣味の項目のように、複数の選択肢を同時に選ばせたいときに利用します。

チェックボックスの追加

1 name属性に配列を指定する

▼ <input> タグの type 属性に「checkbox」を指定すると、チェックボックスが表示されます。チェックボックスの値を受け取るときには配列で受け取ると後の処理が簡単になります。右のチェックボックスのように、name 属性に配列を表す [ ] をキー名と一緒に設定して❶、データ1とデータ2にチェックを付けて送信すると、$_POST[" キー "][0]に「データ1」が、$_POST[" キー "][1]に「データ2」が格納されます。

2 チェックボックスを追加する

▼ チェックボックスは、チェックされた選択肢だけ、その value 属性が $_POST に格納されて送信されます。ここでは、チェックボックスの name 属性に hobby[ ] が指定されているため❷、$_POST["hobby"][0]から順番にチェックされたデータが格納されて view.php に渡されます。

❶ ここにキー [ ]を指定して送信します。

```
<input type="checkbox" name=" キー []"
value=" データ 1"> データ 1
<input type="checkbox" name=" キー []"
value=" データ 2"> データ 2
```

form.html

```
<!DOCTYPE html>
<html lang="ja">
<head>
<meta charset="UTF-8">
<title> テキスト送信のテスト </title>
</head>
<body>
<div style="font-size:14px"> テキスト送信のテスト </div>
<form name="form1" method="post" action="view.php">
私の趣味：<br>
<input type="checkbox" name="hobby[]" value=" スポーツ ">
スポーツ <br>
<input type="checkbox" name="hobby[]" value=" 映画鑑賞 ">
映画鑑賞 <br>
<input type="checkbox" name="hobby[]" value=" 読書 ">
読書 <br>
<br>
<input type="submit" value=" 送　信 ">
</form>
</body>
</html>
```

❷ ここにhobby[ ]を指定して送信します。

130

データの受け取り

1 チェックボックスのデータを受け取る

「isset($_POST["hobby"])」で、$_POST["hobby"]に値がセットされているかどうかを検査します❶。値がセットされていたら、implode 関数（Section 28 参照）を使い❷、値と値の間に「と」を含んだ文字列にして❸、$hobby に格納します。例えば、スポーツと映画鑑賞が選ばれた場合、「スポーツと映画鑑賞」という文字列が $hobby に格納されます。最後に print 文で「私の趣味はスポーツと映画鑑賞です。」と表示されます。送信データがないとき「私の趣味はありません」と表示されます❹。

view.php

```
<!DOCTYPE html>
<html lang="ja">
<head>
<title>PHP のテスト</title>
</head>
<body>
<?php
if(isset($_POST["hobby"])){
    $hobby  = implode(' と ', $_POST["hobby"]);
    print " 私の趣味は ";
    print $hobby;
    print " です。 ";
}else{
    print " 私の趣味はありません。 ";
}
?>
</body>
</html>
```

❶ この条件式で値をチェックします。
❷ implode 関数を使い、
❸ 値と値の間に「と」を含んだ文字列にします。
❹ データがないときはここを表示します。

2 チェックボックスが選択されない場合

趣味が 1 つも選択されないときに $_POST["hobby"] には何もデータがないため、isset 関数で検査すると FALSE になります。else ブロックの処理が実行され、「私の趣味はありません。」と表示されます❹。

In detail 詳細　配列のチェック方法

配列かどうかをチェックするには is_array 関数を利用します。さらに count 関数で配列の個数を確認します。if 文内を左から右にチェックしていきすべて TRUE だと if ブロックの処理を実行します。

```
if(isset($_POST["hobby"])
        && is_array($_POST["hobby"])
        && count($_POST["hobby"]) >= 1)
{ // 処理 }
```

実行結果

この Section で作成した form.html と view.php を Apache の DocumentRoot（Section 05 参照）に設置して、Web ブラウザから form.html にアクセスします。趣味を選択して❶、[送　信] をクリックすると❷、view.php が起動され結果が表示されます❸。

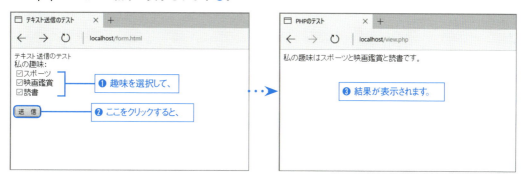

❶ 趣味を選択して、
❷ ここをクリックすると、
❸ 結果が表示されます。

Section 39　チェックボックス

Chapter 4

Web での PHP

Chapter 4
Section **40** | **ラジオボタン**

ラジオボタンのデータを取得するには

ラジオボタンは、1つの設問に解答が1つだけ存在するときに利用します。例えば、性別や星座など1つだけ
を選ぶようなときに利用します。

ラジオボタン

1 ラジオボタンを追加する

ラジオボタンは、<input> タグの type
属性に「radio」を設定して使用しま
す ❶。各選択肢の name 属性には、す
べて同じキーを設定することでラジオ
ボタンのグループ化ができ ❷、グルー
プから1つだけ選択するという操作が
可能になります。

❶ ここにradioを設定します。

```
<input type="radio" name=" キー " value=" データ 1">
<input type="radio" name=" キー " value=" データ 2">

// 上のラジオボタンとは別のグループ

<input type="radio" name=" キー 2" value=" データ 2">
<input type="radio" name=" キー 2" value=" データ 2">
```

❷ グループごとに同じname属性を付けます。

2 性別を選択する

ラジオボタンで性別を選択します。
<input> タグの type 属性に radio を指
定して ❸、name 属性に「gender」を
❹、value 属性に「男」❺ を設定します。
同じようにして、value 属性に「女」を
設定したラジオボタンを用意します
❻。name 属性に同じキー（ここでは
gender）を設定することでラジオボタ
ンをグループ化します。

❸ ここにradioを指定して、

form.html

```
<!DOCTYPE html>
<html lang="ja">
<head>
<meta charset="UTF-8">
<title> テキスト送信のテスト </title>
</head>

<body>
<div style="font-size:14px"> テキスト送信のテスト </div>
<form name="form1" method="post" action="view.php">

性別：<br>
<input type="radio" name="gender" value=" 男 "> 男 <br>
<input type="radio" name="gender" value=" 女 "> 女 <br>
<br>
<input type="submit" value=" 送　信 ">

</form>
</body>
</html>
```

❹ ここに「gender」を
設定して、

❺ ここに「男」を設定します。

❻ ここには「女」を設定します。

132

データの受け取り

1 ラジオボタンのデータを受け取る

ラジオボタンのname属性に「gender」が設定されているため、データを参照するには、$_POST["gender"]と、genderをキーとして指定します❶。$_POST["gender"]にはvalue属性に設定されていた「男」または「女」が格納されます。

$_POST["gender"] ―❶ キーを指定して参照します。

2 入力値の有無をチェックする

閲覧者に確実に選択肢を選んでもらいたいときは、ラジオボタンが選択されたかどうかを確認するとよいでしょう。「if(isset($_POST["gender"]) && ($_POST["gender"] == "男" || $_POST["gender"] == "女"))」として❷、変数内のデータを確認しています。この条件式では、はじめに、isset関数で$_POST["gender"]に値があるかどうか確認した後、格納されている値が「男」または「女」の場合だけ性別が表示され❸、それ以外は「性別を選んでください。」とメッセージが表示されます❹。

view.php

```
<!DOCTYPE html>
<html lang="ja">
<head>
<title>PHP のテスト </title>
</head>
<body>

<?php   ❷ この条件式により、

if(isset($_POST["gender"]) && ($_POST["gender"] == " 男 " ||
$_POST["gender"] == " 女 ") ){
    print " 性別： <br>";           ❸ ここで性別を表示して、
    print $_POST["gender"];
}else{
    print " 性別を選んでください。<br>";
}                ❹ ここでメッセージを表示します。
?>

</body>
</html>
```

実行結果

このSectionで作成したform.htmlとview.phpをApacheのDocumentRootに設置して、Webブラウザからform.htmlにアクセスします。性別を選択して❶、[送 信]をクリックすると❷、view.phpが起動され結果が表示されます❸。

Chapter 4

Section **41** Chapter 4

プルダウンメニュー

プルダウンメニューのデータを取得するには

プルダウンメニューは、選択候補の一覧をプルダウン形式で表示できます。都道府県などのように候補が多数あるときに表示をコンパクトにできて便利です。

プルダウンメニュー

1 プルダウンメニューを追加する

▼ プルダウンメニューには、<select> タグを使います❶。<select> タグと</select> タグの間に囲んだ<option> タグが選択肢になります❷。選択肢はいくつでも設定できますが、表示は1行のみ、選択できる項目も1項目のみになります。送信されるのは<option> タグのvalue属性に設定されたデータです。ここでは、各都道府県名をvalue属性に指定しています❸。<option>と</option>の間には画面に表示する選択肢を設定します。

❷ この<option>タグが選択肢です。

❸ ここに県名を指定します。

form.html

```
<!DOCTYPE html>
<html lang="ja">
<head>
<meta charset="UTF-8">
<title> テキスト送信のテスト </title>
</head>

<body>
<div style="font-size:14px"> テキスト送信のテスト </div>
<form name="form1" method="post" action="view.php">

都道府県：
<select name="ken">
    <option value="" selected>----- 都道府県を選んでください -----</option>
    <option value=" 北海道 "> 北海道 </option>
                〜 中略 〜
    <option value=" 茨城県 "> 茨城県 </option>
    <option value=" 栃木県 "> 栃木県 </option>
    <option value=" 群馬県 "> 群馬県 </option>
    <option value=" 埼玉県 "> 埼玉県 </option>
    <option value=" 千葉県 "> 千葉県 </option>
    <option value=" 東京都 "> 東京都 </option>
    <option value=" 神奈川県 "> 神奈川県 </option>
                〜 中略 〜
    <option value=" 沖縄県 "> 沖縄県 </option>
</select><br>
<br>
<input type="submit" value=" 送　信 ">

</form>
</body>
</html>
```

❶ <select> タグを指定して、

プルダウンメニューのデータ

1 プルダウンメニューのデータを受け取る

データの参照は、<select>タグのname属性で行います。form.htmlの<select>タグのname属性には「ken」が指定しあるので、$_POST["ken"]とすることで❶、送信されたデータを参照できます。If文の条件式「$_POST["ken"] != ""」により❷、データがあれば「print $_POST["ken"];」で県名を表示します❸。

view.php

```
<!DOCTYPE html>
<html lang="ja">
<head>
<title>PHPのテスト</title>
</head>
<body>
<?php
if( $_POST["ken"] != "" ){
    print " 都道府県：<br>";
    print $_POST["ken"];
}else{
    print " 都道府県を選んでください。<br>";
}
?>
</body>
</html>
```

❶ $_POST["ken"]でデータを参照します。
❷ この条件式により、
❸ データがあれば県名を表示し、
❹ データがなければメッセージを表示します。

2 選択しないまま送信する

プルダウンメニューから県名を選択しないで送信した場合は、$_POST["ken"]に何もデータがないため「都道府県を選んでください。」とメッセージを表示します❹。

Point　プルダウンメニューでデータを送信しない

都道府県を選択しないまま送信すると、表示されている「----- 都道府県を選んでください -----」が$_POST["ken"]に格納されます。form.htmlでは、value属性に「""」を設定して、データが何も送信されないようにします。

form.htmlの一部

```
<option value="" selected>----- 都道府県を選んでください -----</option>
```

実行結果

このSectionで作成したform.htmlとview.phpをApacheのDocumentRootに設置して、Webブラウザからform.htmlにアクセスします。都道府県を選択して❶、[送　信]をクリックすると❷、view.phpが起動され結果が表示されます❸。

Section 41 プルダウンメニュー

135

Chapter 4

Web での PHP

Chapter 4
Section 42　リストボックス

リストボックスのデータを取得するには

リストボックスでは選択肢を選ぶための表示幅を大きくしたり選択するときに2件以上の項目を選択することができます。

リストボックス

1 size属性とmultiple

リストボックスは、プルダウンメニューと同じように<select>タグと<option>タグを使います。プルダウンメニューとの違いは、選択肢を表示する表示幅を任意に設定できるところと、選択肢を同時に複数選べるところです。表示幅は、size属性に設定します❶。複数選択できるようオプションの「multiple」を指定します❷。リストボックスから送信されたデータを受け取るには、チェックボックスの値を受け取るときと同じように配列で受け取ります。name属性に配列を表す[ ]をキー名と一緒に設定して❸、データ1とデータ2を選択して送信すると、$_POST["キー"][0]に「データ1」が、$_POST["キー"][1]に「データ2」が格納されます。

2 リストボックスを追加する

リストボックスは、選択された選択肢のvalue属性だけが$_POSTに格納されて送信されます。ここでは、リストボックスのname属性にhobby[ ]が指定されているため❹、$_POST["hobby"][0]から順番にチェックされたデータが格納されてview.phpに渡されます。size属性には「5」を指定して❺、選択肢が一度に5項目表示されるようにします。複数選択できるように「multiple」オプションを記述します❻。

❸ 配列として受け取るため[ ]をキー名と一緒に設定します。

```
<select name=" キー []" size=" サイズ " multiple>
    <option value=" データ 1">データ 1</option>
    <option value=" データ 2">データ 2</option>
</select>
```

❶ ここにsize属性を指定します。　❷ ここに「multiple」と記述します。

form.html

```
<!DOCTYPE html>
<html lang="ja">
<head>
<meta charset="UTF-8">
<title> テキスト送信のテスト </title>
</head>
<body>
<div style="font-size:14px"> テキスト送信のテスト </div>
<form name="form1" method="post" action="view.php">
  私の趣味：<br>
  <select name="hobby[]" size="5" multiple>
    <option value=" 読書 "> 読書 </option>
    <option value=" 映画鑑賞 "> 映画鑑賞 </option>
    <option value=" 英会話 "> 英会話 </option>
    <option value=" 音楽鑑賞 "> 音楽鑑賞 </option>
    <option value=" カラオケ "> カラオケ </option>
    <option value=" ガーデニング "> ガーデニング </option>
    <option value=" 写真 "> 写真 </option>
    <option value=" ドライブ "> ドライブ </option>
    <option value=" ゴルフ "> ゴルフ </option>
    <option value=" サーフィン "> サーフィン </option>
    <option value=" ジョギング "> ジョギング </option>
    <option value=" 旅行 "> 旅行 </option>
    <option value=" 釣り "> 釣り </option>
    <option value=" 料理 "> 料理 </option>
  </select>
  <br>
```

❹ ここにhobby[ ]を記述して、

❻ ここに「multiple」と記述します。

❺ ここに「5」を指定します。

136

```
<br>
 <input type="submit" value=" 送　信 ">
</form>
</body>
</html>
```

Section 42

リストボックス

データの受け取り

1 リストボックスの データを受け取る

「isset($_POST["hobby"])」 で、$_ POST["hobby"] に値がセットされているかどうかを検査します❶。値がセットされていたら、foreach文（Section 21参照）を使い送信されたデータを $hobby に格納して、print文で表示します❷。

view.php

```
<!DOCTYPE html>
<html lang="ja">
<head>
<title>PHP のテスト </title>
</head>
<body>

<?php
if(isset($_POST["hobby"])){
    print " 私の趣味は以下のとおりです。<br><br>";
    foreach($_POST["hobby"] as $hobby)
    {                       ❶ foreachを使い、
        print $hobby;       ❷ ここで表示します。
        print "<br>";
    }
}else{
    print " 私の趣味はありません。 ";
}
?>

</body>
</html>
```

実行結果

1 送信する

この Section で作成した form.html と view. php を Apache の DocumentRoot に 設 置して、Webブラウザから form.html にアクセスします。次に、趣味の項目をリストボックスから選択して❶、[送 信] をクリックします❷。複数選択するには Ctrl キー（Mac は Alt キー）を押しながらクリックしてください。

```
テキスト送信のテスト
私の趣味:
┌──────────┐
│読書      │
│映画鑑賞   │       ❶ ここを選択して、
│英会話    │
│音楽鑑賞   │
│カラオケ   │
└──────────┘
┌────┐
│送　信│              ❷ ここをクリックします。
└────┘
```

2 結果を確認する

データが送信されると、view.php が起動されて、結果が表示されます❸。

```
私の趣味は以下のとおりです。

読書
英会話
カラオケ
            ❸ 結果が表示されます。
```

137

Section 43 クッキー

クッキーを取得するには

クッキーを利用すると掲示板などで一度入力したメールアドレスを、2回目の閲覧時に自動的に表示させることができます。これはクッキーによりパソコン内にデータが残されるためです。

クッキーの操作

クッキーの仕組み

クッキー（HTTP Cookies）を使うと「あなたの訪問は3回めです」と表示させたり、通信販売サイトで「商品の閲覧履歴」を表示させたりできます。簡単に説明すると、クッキーとはパソコン内に保存されたテキストファイルのことです。例えば、ブラウザで1回目に閲覧したときにWebサーバから送信されたレスポンスヘッダーにクッキー情報が格納されていると、ブラウザがその情報をテキストファイルとして保存します。2回目の閲覧時にブラウザは閲覧中のサイトに関連したクッキー（テキストファイル）があると、その内容をリクエストヘッダーに含めてWebサーバへ送信します。保存されたデータを利用することで前述の機能を実現します。

In detail ≫詳解　クッキーに関する資料

クッキーに関する詳細はPHPのマニュアルおよび以下のURLで確認できます。
Netscapeのクッキーに関する仕様（英文）
http://curl.haxx.se/rfc/cookie_spec.html
RFC 2965（英文）
http://www.ietf.org/rfc/rfc2965.txt
RFC 6265（英文）
http://www.ietf.org/rfc/rfc6265.txt

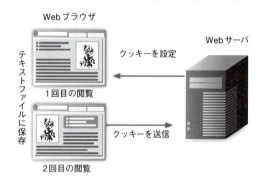

クッキーのセット

1 クッキーをセットする

PHPでは、setcookie関数を使ってデータをクッキーに保存します❶。「キー」❷と「値」❸、「クッキーの有効期限」❹の順に引数を指定します。set cookie関数は、ヘッダー情報を出力するため、これより前にprint文で文字を出力すると正常に動作しないので注意が必要です。なお、クッキーに設定されたデータは$_COOKIE["キー"]とすることで「値」を参照することができます。

`setcookie(" キー "," 値 ", クッキーの有効期限 );`

❶ setcookie 関数の引数として、　❷ キーと、　❸ 値、　❹ 有効期限を指定します。

Point ≫要点　クッキーの有効期限について

有効期限にはUNIXタイムスタンプ（西暦1970年1月1日からの秒数）で設定します。time関数では西暦1970年1月1日から実行したときの日時までの秒数を取得できるので、time関数に有効にしたい期限を秒数で加算します。有効期限を設定しない場合はブラウザを閉じるときが有効期限になります。「time()+60＊60＊24＊30」とすると有効期限が30日間になります。

2 データを取得する

実際のコードで説明します。$count をはじめに「1」で初期化しています ❶。クッキー情報があると$_COOKIE["count"]にデータが入っているため、$count に$_COOKIE["count"]の内容が格納されます ❷。「$count++」により1だけ加算します ❸。setcookie 関数には、キーを「count」、値に$count、有効期限に10秒後を設定します ❹。クッキー情報がないときには、$count には「1」が格納されているので、「if ($count == 1)」により ❺、「クッキー情報はありません。」と表示されます ❻。$count が「2」以上のときは「<?=$count?>回目」で表示されます ❼。

cookie.php

```php
<?php
$count = 1;          ❶ $count に「1」を格納して、
if (isset($_COOKIE["count"])) {      ❷ $count に$_COOKIE
        $count = $_COOKIE["count"];      ["count"]の内容を格納
        $count++;                          して、
}                    ❸ ここで1だけ加算して、
setcookie("count", $count, time() + 10 );
?>
<!DOCTYPE html>      ❹ 有効期限に10秒後を設定します。
<html lang="ja">
<head>
<meta charset="UTF-8">
<title> クッキーのテスト </title>
</head>
<body>
クッキーのテスト <br>
<br>
<?php
if ($count == 1) {       ❺ この条件式により
?>
はじめての訪問です。<br>       ❻ クッキー情報がないとき
<br>                          はここが表示され、
クッキー情報はありません。<br>
このページをリロードしてください。<br>


<?php
} else {
?>                   ❼ 「2」以上のときはここが表示されます。

あなたの訪問は <?=$count?> 回目です。<br>
<br>
10 秒以内にリロードするとカウントアップします。

<?php
}
?>

</body>
</html>
```

実行結果

この Section で作成した cookie.php を Apache の DocumentRoot に設置して、Web ブラウザから cookie.php にアクセスすると「はじめての訪問です。」とメッセージが表示されます。表示画面をリロードすると、「あなたの訪問は 2 回目です。」と表示されます。有効期限が 10 秒なので、10 秒以内にリロードすると訪問回数が増えていきます。

139

Chapter 4
Section 44 | セッション管理

セッションを管理するには

セッション(session)とは、Webサイトに対するアクセス数の単位のことです。このSectionではセッション変数を使って、ページを移動してもデータを保持する方法を学習します。

セッション管理の仕組み

1 セッション管理の必要性

閲覧者がサイト内で行なう一連の操作を1セッションと数えます。閲覧したページ数には関係なく、ある程度時間が経った後に次の操作をすると新しいセッションとして数えます。1セッションの間、ページを表示するたびにWebブラウザはWebサーバに接続し、HTTPプロトコルによりリクエストヘッダーとレスポンスヘッダーをやりとりして、ページが表示されたら切断します。このように、Webサーバに接続したままではないため、表示中のページから次のページに移動したときに、前のページの情報を参照したり保持したりする必要が出てきます。例えば、ショッピングサイトの買い物カゴや会員ごとに違う内容を表示させたいときなどにセッション管理を利用して、同一のユーザーが閲覧していることを確認して情報を複数ページで持ちまわることができます。

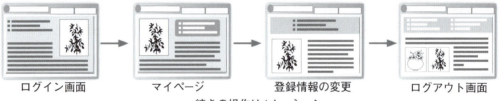

ログイン画面　マイページ　登録情報の変更　ログアウト画面
一続きの操作は1セッション

2 セッションの仕組み

PHPのセッション管理では、閲覧したユーザーごとに「セッションID」を発行します。このセッションIDはクッキーに保存したり、あるいはURLに付加されます。セッション管理の機能を利用して、データを保存した場合、セッションIDごとに保存用のファイルがphp.iniのsession.save_pathに設定されたディレクトリに保存されます。ページから別のページへ移動したら、セッションIDをクッキーやURLに付加した文字列から受け取り、そのセッションIDを利用して、保存したデータを参照することができます。

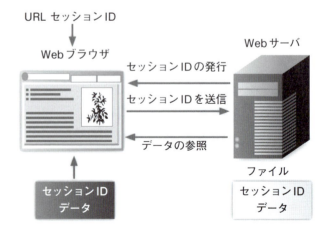

140

PHPでセッションを管理する

1 session_start 関数

PHPでは、スーパーグローバル変数$_SESSION（以降、セッション変数と呼びます）に情報を格納することで簡単にセッション管理機能を利用することができます。セッションIDの発行、取得等は自動的に行われプログラミング時に意識する必要はありません。ただし、$_SESSIONを利用する前にsession_start関数でセッションの開始を宣言する必要があります。session_start 関数が実行されると❶、新たにセッションを開始するか、セッションIDを取得して、現在のセッションを復帰します。

```
session_start();
```
❶ セッションを開始します。

2 セッション変数の操作

セッション変数にデータを格納するには、$_POSTなどの配列と同じように「キー」❷と「値」❸を記述します。セッション変数から指定した「キー」の登録を削除したいときはunset関数の引数に$_SESSION["キー"]を指定して削除します❹。

❷ ここにキーを、 ❸ ここに値を記述します。

```
$_SESSION[" キー "]    = " 値 ";

unset($_SESSION[" キー "]);
```
❹ セッションからキーの登録を削除します。

3 セッションの終了

セッション変数をすべて削除する場合、$_SESSION = []; または $_SESSION = array(); として空の配列で初期化します。これらを実行すると登録中のセッション変数をすべて削除します❺。有効期限を設定して終了させることもできます。インストールした状態ではphp.iniのsession.cache_expireに180分と設定されています。操作後、セッションに関連する画面にアクセスせずに有効期限を過ぎるとセッションが破棄され、再度操作する場合は、新たなセッションIDが発行されます。なお、有効期限はsession_cache_expire関数でも分単位で設定できます❻。有効期限を待たずにセッションIDおよびデータを廃棄するには、session_destroy関数を使用します❼。

```
$_SESSION = [];
session_cache_expire(60);
session_destroy();
```
❺ セッション変数をすべて削除します。
❻ 有効期限を設定します。
❼ セッションを破棄します。

In detail 詳解 SID

SIDはセッションに関係する特別な「定数」（Section 12 参照）です。SIDには「セッション名＝セッションID」のような形式でデータが格納されていて、下記のコードのようにして、セッションIDをURLに付加することができます。

```
<a href="page2.php?<?=SID?>">Next Page</a>
```

本書の設定どおりであれば、相対リンクに対しては、上記のようなSIDを利用しなくても自動的にセッションIDが付加されます。なお、この機能を有効にするにはphp.iniの中のsession.use_trans_sidを「On」に設定します。

Next ▶

セッションを使ったカウンタ

Section 43のcookie.phpの内容を変更して、セッション変数で動作するようにします。session_start関数でセッションを開始して❶、「if (isset($_SESSION ["count"]))」で、データが格納されているかどうかチェックします❷。データが格納されている場合は、$_SESSION ["count"]の内容を$countに格納して❸、「$count++」で1だけ加算します❹。加算した$countの内容を、$_SESSION ["count"]に戻します❺。これで、ページをリロードするたびにカウントします。

session.php

```php
<?php
session_start();
$count = 1;
if (isset($_SESSION["count"])) {
        $count = $_SESSION["count"];
        $count++;
}
$_SESSION["count"] = $count;
?>
<!DOCTYPE html>
<html lang="ja">
<head>
<meta charset="UTF-8">
<title>セッション変数のテスト</title>
</head>
<body>
セッション変数のテスト <br>
<br>
<?php
if ($count == 1) {
?>
はじめての訪問です。<br>
<br>
セッション変数にデータがありません。<br>
このページをリロードしてください。<br>
<?php
} else {
?>
あなたの訪問は <?=$count?> 回目です。<br>
<?php
}
?>
</body>
</html>
```

❶ ここでセッションを開始して、

❷ ここでデータが格納されているかチェックします。

❹ ここで1だけ加算します。

❺ $countの内容を$_SESSION["count"]に戻します。

❸ $_SESSION["count"]の内容を$countに格納して、

実行結果

このSectionで作成したsession.phpをApacheのDocumentRootに設置して、Webブラウザからsession.phpにアクセスすると「はじめての訪問です。」とメッセージが表示されます。リロードするたびに回数が増えます❶。

```
セッション変数のテスト        ×   +  ∨
←  →  ○  |  localhost/session.php
セッション変数のテスト
あなたの訪問は2回目です。
```

❶ この回数が増えます。

データの持ち回り

Section 44

セッション管理

1 セッション変数に修正する

Section 37のform.htmlはそのまま使用して、Section 38で作成したconfirm. php、view.phpのhiddenタグ部分をセッション変数を利用したものに修正します。これにより、ブラウザからソースを直接見られてもデータを見ることができなくなり安全性が向上します。はじめにセッションの開始を宣言して❶、POSTメソッドで送信されてきたデータを同じキーのセッション変数に格納しています❷。$_POST["user_id"]だけ、内容があるかどうか確認して、格納しています。これは、form.htmlから戻る場合は$_POST["user_id"]が存在しますが、view.phpからconfirm.phpへ移動する場合は、$_POST["user_id"]が存在しないため、存在しないものを格納しているというエラーが発生するためです。

confirm.php

```php
<?php
session_start();
$_SESSION["onamae"]  = $_POST["onamae"];
$_SESSION["honbun"]  = $_POST["honbun"];
if(isset($_POST["user_id"])){
    $_SESSION["user_id"] = $_POST["user_id"];
}
?>
<!DOCTYPE html>
<html lang="ja">
<head>
<title>PHP のテスト </title>
</head>
<body>
確認画面
<form name="form1" method="post" action="view.php">
<?php
print " 名前：";
print $_POST["onamae"];
print "<br><br>";
print " 本文：<br>";
print nl2br($_POST["honbun"], false);
?>
<br>
<input type="submit" value=" 確　認 " name="confirm">
<input type="submit" value=" 戻　る " name="back">
</form>
</body>
</html>
```

❶ セッション開始を宣言して、

❷ ここでセッション変数に格納しています。

In detail ≫詳解 **セッションの削除**

セッション変数のデータは、サーバのハードディスク（またはメモリ内）にセッションIDごとに保管されています。この情報にアクセスするにはユーザの身分証明書としてのセッションIDが合致することが必要です。セッションIDはユーザのブラウザのクッキー内に書き込まれています。クッキーが有効である限りセッション変数を利用してデータを取り出せます。会員制のシステムでは、ログアウト処理や退会処理の最後にセッション変数を完全に削除します。セッション変数の削除、クッキー内のセッションIDの削除、サーバ側のセッション情報の削除と一連の削除処理を実行する必要があります。

```
$_SESSION = array();
```

最初に、保持しているユーザの情報（セッション変数）を削除します。次にsetcookie関数でクッキーに残されたセッションIDを削除します。最後にサーバ側の該当セッションIDに関する情報を削除します。

```
session_destroy();
```

クッキーの削除は、以下のように行います。まず、ini_get("session.use_cookies") でクッキーの使用の有無を確認します。使用している場合、session_get_cookie_params 関数で現在のクッキーに関する設定を $params に取り出します。次に、setcookie 関数で、現在のセッションの有効期限を「time() - 42000」と過去の時間を設定して削除します。time 関数は現在の時刻を返します。その時間から 42000 秒マイナスして過去の時間を設定しています。42000 に意味はなく過去であればこの数値はいくつでも動作します。

```php
if (ini_get("session.use_cookies")) {
    $params = session_get_cookie_params();
    setcookie(session_name(), '', time() - 42000,
        $params["path"], $params["domain"],
        $params["secure"], $params["httponly"]
    );
}
```

Next▶

Chapter 4 Web での PHP

2 セッション変数を参照する

view.php では、[確 認]または[戻 る]のどちらのボタンがクリックされたかを判断して処理を行います。はじめにセッションの開始を宣言します❸。送信ボタンのクリックで送信されたデータ以外は、この時点ですべてのデータがセッション変数に格納されているため、例えば、$_POST["onamae"]から$_SESSION ["onamae"]に変更します❹。セッション変数の状況を見るために「print_r($_SESSION);」で内容を表示させています❺。なお、ここで解説したスクリプトをWeb上に公開する場合は、$_POST や $_SESSION のデータを print 関数で画面に表示する直前に htmlspecialchars 関数で HTML タグを無効化してください。

view.php

```php
<?php
session_start();      ❸ セッション開始を宣言して、
?>
<!DOCTYPE html>
<html lang="ja">
<head>
<title>PHP のテスト </title>
</head>
<body>
<?php
if ( isset($_POST["confirm"]) ) {
?>
<?php
// 確認ボタンが押されたとき
print $_SESSION["onamae"] . " さんからのメッセージ ";
print "<br><br>";      ❹ $_SESSION のデータを参照します。
print " 本文：<br>";
print nl2br($_SESSION["honbun"], false);
?>
<br>
<br>
<a href="form.html"> もう一度試すにはここをクリック </a>
<hr>
<pre>
<?php print_r($_SESSION); ?>
</pre>
<hr>      ❺ ここでセッション変数の内容を表示します。
<?php
} elseif ( isset($_POST["back"]) ) {
// 戻るボタンが押されたとき
?>
<div style="font-size:14px"> テキスト送信のテスト </div>
<form name="form1" method="post" action="confirm.php">
名前：<br>
<input type="text" name="onamae" value="<?=$_SESSION["onamae"]?>">
<br>
本文：<br>
<textarea name="honbun" cols="30" rows="5"><?=$_SESSION["honbun"]?></textarea>
<br>
<input type="submit" value=" 送　信 ">
</form>
<?php
} else {
```

144

```
// 上記条件以外のとき
?>

エラーです。<br>
<a href="form.html">form.html</a> からアクセスしてください。

<?php
}
?>

</body>
</html>
```

Caution 送信データのチェック

ここで紹介しているコードは紙数の都合で、送信されたデータの安全性のチェックや関連する処理を行っていません。送信データのチェックにはいろいろな方法があります。HTML5 (https://www.w3.org/TR/html5/) では input タグの type 属性に例えば「email」と設定するとメールアドレス以外の文字列は送信ボタンをクリックしたときにメッセージを表示してくれます。ただし、この機能はブラウザにより動作しないことがあります。ブラウザ上で動作する JavaScript は画面操作中に入力値をチェックできます。サーバとのやりとりの時間が無いため操作性は向上しますが、ブラウザ側で JavaScript をオフにすると機能しません。
最終的にサーバ上の PHP で十分にチェックをして安全性を高めるようにします。

実行結果

Section 37 の form.html とこの Section で作成した confirm.php、view.php を Apache の DocumentRoot に設置します。Web ブラウザから form.html にアクセスし、名前と本文を入力して [送信] をクリック。確認画面で [確認] をクリックすると、セッション変数がすべて表示されます❶。

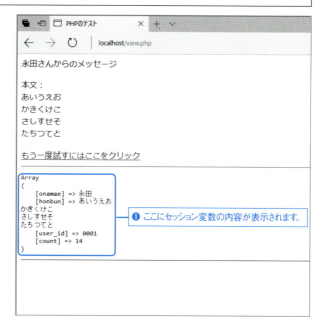

❶ ここにセッション変数の内容が表示されます。

Chapter 4

Section 45 ファイルアップロード

ファイルをアップロードするには

ファイルをアップロードしてパソコン上からWebサーバにファイルを転送することができます。ここでは画像を転送して画面に表示させます。

ファイルの転送

1 送信フォームの作成

ファイルを送信するには、`<form>` タグの enctype 属性に「multipart/form-data」を指定する必要があります ❶。hidden タグの MAX_FILE_SIZE（ファイルの最大サイズ）の value 属性には「1000000」と記述しています ❷。この設定により容量が 1MByte 以内のファイルのみ送信が可能です。なお、このタグは次で説明する「`<input type="file">`」より前に置く必要があります。ファイルを送信するには `<input>` タグの type 属性に「file」を指定します ❸。ここでは、name 属性に「uploadfile」と記述しています ❹。ファイルの説明を name 属性「comment」として同時に送信します ❺。

form.html

```html
<!DOCTYPE html>
<html lang="ja">
<head>
<meta charset="UTF-8">
<title> ファイルアップロードのテスト </title>
</head>
<body>
<div style="font-size:14 px">ファイルアップロードのテスト </div>
<form name="form1" method="post" action="view.php"
enctype="multipart/form-data">
  <input type="hidden" name="MAX_FILE_SIZE"
value="1000000">
  画像：<input type="file" name="uploadfile"><br>
  説明：<input type="text" name="comment"><br><br>
<input type="submit" value="ファイルアップロード ">
</form>
</body>
</html>
```

❶ ここ にmultipart/form-dataを指定します。

❷ MAX_FILE_SIZEは、「1000000」と記述します。

❹ ここに「uploadfile」と記述します。

❺ ここを「comment」として送信します。

❸ ここに「file」を指定して、

2 ファイルを受け取る

ファイルがアップロードされると、一時的な名前を付けられて保存されます。ただし、何も処理をしないままリクエスト処理（送信）が終わるとその時点でファイルは削除されてしまうので、削除される前に移動する必要があります。$_FILES を使うと表のようにファイル操作に必要な各種情報を取得できます。表は name 属性「uploadfile」で送信した場合の変数一覧です。

（表）$_FILES で取得できるデータ

変数	格納されているデータ
$_FILES["uploadfile"]["name"]	アップロードファイル名
$_FILES["uploadfile"]["type"]	ファイルの MIME 型
$_FILES["uploadfile"]["size"]	ファイルのサイズ（Byte 単位）
$_FILES["uploadfile"]["tmp_name"]	一時的に付けられたファイル名
$_FILES["uploadfile"]["error"]	エラーコード

3 ファイルを移動する

$file_dirはファイルの移動先を設定します❶。Windowsの場合は、「'」で囲まれた文字列の最後の「¥」は「¥¥」とします❷。「¥'」となると「'」で閉じていないことと同じになり、PHPの構文エラーになります。MacまたはLinuxの場合は、$file_dirのコメントを外して利用してください。$file_pathには、$file_dirとファイル名を格納します❸。実際の名前は$_FILES["upload file"]["name"]にあります❹。次にmove_uploaded_file関数を使って移動します❺。「move_uploaded_file(一時ファイル名,移動先のファイル名)」のように引数を設定して、「一時ファイル名」をチェックして「移動先のファイル名」にファイルを移動します。一時ファイルは削除され、move_uploaded_file関数はTRUEを返し、ifブロックの中の処理を実行します❻。

view.php

```php
<!DOCTYPE html>
<html lang="ja">
<head>
<title>PHP のテスト </title>
</head>
<body>
<?php
$file_dir = 'C:¥xampp¥htdocs¥image¥¥';// Windows
//$file_dir = '/Applications/XAMPP/xamppfiles/htdocs/
image/'; // Mac
//$file_dir = '/opt/lampp/htdocs/image/';// Linux
$file_path = $file_dir . $_FILES["uploadfile"]["name"];
if (move_uploaded_file($_FILES["uploadfile"]["tmp_name"],
$file_path)) {
$img_dir = "/image/";
$img_path = $img_dir. $_FILES["uploadfile"]["name"];
$size = getimagesize($file_path);
?>
ファイルアップロードを完了しました。<br>
<img src="<?=$img_path?>" <?=$size[3]?>>><br>
<strong><?=$_POST["comment"]?></strong><br>
<?php
} else {
?>
正常にアップロード処理されませんでした。<br>
<?php
}
?>
</body>
</html>
```

❶ ここにはファイルの移動先を格納します。

❷ ここはエスケープして「¥¥」とします。

❹ ここには実際の名前が格納されています。

❺ この関数でファイルを移動します。

❻ 正常に移動したらここが実行されます。

❸ ここに移動先のパスを格納します。

Next▶

4 画像を表示する

$img_dirは、WebサーバのDocument Rootから見たファイルの移動先パスを格納します❼。$img_pathには、$img_dirとファイル名を格納します❽。getimagesize()は指定した画像の情報を配列$sizeで返します❾。$size[3]には、画像の大きさが「width="xx" height="xx"」形式で格納されています。正常に移動できたら、<img>タグのsrc属性に$img_pathを、画像サイズとして$size[3]を記述して画像を表示します❿。ファイル名に日本語が使われていると動作しないことがあります。半角英数字で名前を付けてアップロードしてください。

view.php

```php
<!DOCTYPE html>
<html lang="ja">
<head>
<title>PHP のテスト </title>
</head>
<body>
<?php
$file_dir  = 'C:\xampp\htdocs\image\\';// Windows
//$file_dir  = '/Applications/XAMPP/xamppfiles/htdocs/
image/'; // Mac
//$file_dir  = '/opt/lampp/htdocs/image/';// Linux

$file_path = $file_dir . $_FILES["uploadfile"]["name"];
if (move_uploaded_file($_FILES["uploadfile"]["tmp_name"],
$file_path)) {
$img_dir   = "/image/";           ❼ ここに画像ファイルの移動
                                     先パスを格納します。
$img_path  = $img_dir. $_FILES["uploadfile"]["name"];
$size = getimagesize($file_path);     ❾ アップロードした画像の
?>  ❿ 画像を表示できるよう設定します。   情報を取得します。
ファイルアップロードを完了しました。<br>
<img src="<?=$img_path?>" <?=$size[3]?>><br>
<strong><?=$_POST["comment"]?></strong><br>
<?php
} else {
?>
正常にアップロード処理されませんでした。<br>
<?php
}
?>
</body>
</html>
```

❽ ここに $img_dir とファイル名を格納します。

Caution
>> 注意

ファイルアップロードに関する設定

ファイルアップロードが意図どおりに処理されない場合は、php.ini で設定する以下のパラメータを確認してください。

ディレクティブ	意味
file_uploads	アップロードを有効にする。「1」で送信可
upload_tmp_dir	一時ファイルの保存先。「NULL」はシステム標準ディレクトリ
upload_max_filesize	最大サイズ。「2M」Byte が標準設定。大容量の場合は増やす。
post_max_size	upload_max_filesize より大きく設定する。
memory_limit	post_max_size より大きく設定する。「-1」で無制限。

Point
>> 要点

画像ファイルのチェック

この Section のスクリプトではアップロードされたファイルを何もチェックせずに処理しています。誰でもアクセスできる Web ページから画像ファイルをアップロードするような場合は、画像以外のファイルがアップされる可能性があるため、画像ファイルだということを必ず確認しましょう。ファイルが画像かどうかを確認するには、finfo_file 関数（http://php.net/manual/ja/function.finfo-file.php）を利用します。finfo_file 関数を使うと目的のファイルの MIME タイプを知ることができます。GIF 形式の場合は「image/gif」、JPEG 形式は「image/jpeg」、PNG 形式は「image/png」です。取得した MIME タイプを利用して条件文を使って振り分けることができます。

実行結果

実行する前に、$file_dirに設定したアップロードファイルの保存ディレクトリを作成します。MacとLinuxの場合はディレクトリに書き込み権限を設定します（Section 31参照）。このSectionで作成したform.htmlとview.phpをApacheのDocumentRootに設置して、Webブラウザからform.htmlにアクセスします。画像を指定して❶、説明を入力し❷、［ファイルアップロード］ボタンをクリックします❸。正常に画像が送信されるとview.phpが起動して画像と説明を表示します❹。

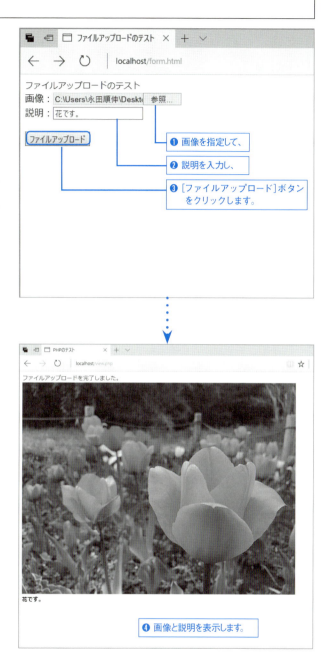

Chapter 4
Section 46

画像縮小

画像を縮小するには

アップロードした画像（JPEG形式）を閲覧しやすいように縮小しましょう。PHPで画像を操作するにはGDと呼ばれるライブラリが必要です。

GD Graphics Library

PHPには標準でGDがインストールされます。GDとはグラフィックをPHPのプログラムで描くためのライブラリです。GDを使うと、画像を自動生成したり、読み込んだ画像に文字を書き込んだりできます。画像には線を引いたり、円を描いたりできます。画像に文字を入れたり、画像を重ね合わせることで、例えば折れ線グラフや円グラフを作成できます。さらに、PHPの機能を活かしてGDを利用するとサムネイルを自動で生成したり、大量の画像のファイルサイズを一括変更したりできます。

GD公式サイト　https://libgd.github.io/

画像の縮小

1 変数の設定

送信フォームはSection 45で作成したform.htmlをそのまま利用します。Section 45のview.phpを修正して、アップロードしたJPEG形式の画像が一定の横幅に、縮小拡大されるようにします。一定にする横幅は$resizeXに「150」ピクセルと指定しています❶。$thumbnail_nameには縮小後のファイル名を格納します❷。

view.php

```
<!DOCTYPE html>
<html lang="ja">
<head>
<title>PHP のテスト </title>
</head>
<body>
<?php
$resizeX    = 150;
$thumbnail_name = "tumbnail.jpg";
$file_dir  = 'C:\xampp\htdocs\image\\';// Windows
//$file_dir  = '/Applications/XAMPP/xamppfiles/htdocs/image/'; // Mac
```

❶$resizeXに横幅を、

❷ここに縮小後のファイル名を設定。

2 JPEG形式をチェックする

次にmb_strpos関数で$_FILES['uploadfile']['type']に「jpeg」という文字列が含まれているか確認します❸。文字があればJPEG形式と判断し、画像を拡大縮小します。imagecreatefromjpeg関数は、指定したファイルを読み込み、$gdimg_inに画像を表すイメージIDを格納します❹。次にimagesx関数で画像の横幅を❺、imagesyでは縦幅を❻、それぞれ$ixと$iyに格納します。

3 画像を拡大縮小する

「$oy = ($ox * $iy) / $ix;」は、拡大縮小後の画像縦幅を計算します❼。imagecreatetruecolor関数で指定の横幅と縦幅のイメージIDを作成し❽、$gdimg_outに格納して、imagecopyresized関数で複製とサイズ変更を行います❾。imagejpeg関数でリサイズしてファイルに出力し❿、imagedestroy関数で利用したメモリを開放します⓫。

実行結果

Section 45のform.htmlと修正したview.phpをDocumentRootに設置してform.htmlにアクセスします。JPEG形式の画像を送信すると画像が縮小表示されます❶。

```
//$file_dir  = '/opt/lampp/htdocs/image/';// Linux
$file_path = $file_dir . $_FILES["uploadfile"]["name"];
$thumbnail_file_path = $file_dir . $thumbnail_name;

if (move_uploaded_file($_FILES["uploadfile"]["tmp_name"], $file_path)) {
                              ❹ ここでファイルを読み込みイメージIDを格納します。
  $img_dir   = "/image/";
  $img_path  = $img_dir. $_FILES["uploadfile"]["name"];
  $thumbnail_img_path = $img_dir . $thumbnail_name;
     ❸ ここでファイルの画像形式をチェックして、
  if ( mb_strpos($_FILES['uploadfile']['type'], 'jpeg') ) {
    $gdimg_in = imagecreatefromjpeg($file_path);
    $ix = imagesx($gdimg_in); $iy = imagesy($gdimg_in);
                     ❺ ここで画像の横幅を    ❻ ここで縦幅を取得します。
    $ox = $resizeX;         ❼ ここで拡大縮小後の縦幅を計算します。
    $oy = ($ox * $iy) / $ix;   ❽ ここで変更後のイメージIDを作成します。
    $gdimg_out = imagecreatetruecolor($ox, $oy);
    imagecopyresized($gdimg_out, $gdimg_in, 0, 0, 0, 0,
$ox, $oy, $ix, $iy);    ❾ ここで画像の複製とサイズ変更を行います。
    imagejpeg($gdimg_out, $thumbnail_file_path);
                    ❿ ここで画像をファイルに保存します。
    imagedestroy($gdimg_in); imagedestroy($gdimg_out);
    $size    = getimagesize($file_path);
    $size2   = getimagesize($thumbnail_file_path);
?>         ⓫ ここで画像にメモリを開放します。
ファイルアップロードを完了しました。<br>
<img src="<?=$img_path?>" <?=$size[3]?>>
<img src="<?=$thumbnail_img_path?>" <?=$size2[3]?>>
<br>
<strong><?=$_POST["comment"]?></strong><br>
<?php
  } else {
    print "JPEG形式の画像をアップロードしてください。<br>";
  }
} else {
  print " 正常にアップロード処理されませんでした。<br>";
}
?>
</body>
</html>
```

❶ ここに縮小画像が表示されます。

Section 46 画像縮小

Chapter 4

Chapter 4
Webでの PHP

Chapter 4
Section 47 | メール受信

メールを受信するには

Webページからメールサーバにアクセスしてメールを受信してみましょう。メールを受信するにはPHPに
imapを組み込む必要があります。

imapの組み込み（Windows）

1 MacとLinux版のXAMPPをインストールした場合、imapは標準でインストール済みです。本書で確認したバージョンではWindowsのみ設定が必要でした。Windowsでimapを有効にするには、php.iniの「;extension=imap」から「;」を取って修正します **❶**。

893 行目

;extension=imap

↓

extension=imap

❶ imapを有効にします。

2 php.ini を保存したら、Apache を再起動します（Section 05 参照）。<?php phpinfo（）?>（Section 09 参照）を書き込んだ PHP ファイルにブラウザからアクセスして、imap が利用できるようになったことを確認します **❷**。

imap	
IMAP c-Client Version	2007f
SSL Support	enabled

json	
json support	enabled
json version	1.5.0

libxml	
libXML support	active
libXML Compiled Version	2.9.4
libXML Loaded Version	20904
libXML streams	enabled

mbstring	
Multibyte Support	enabled
Multibyte string engine	libmbfl
HTTP input encoding translation	enabled
libmbfl version	1.3.2
oniguruma version	5.9.6

mbstring extension makes use of "streamable kanji code filter and converter", which is distributed under the GNU Lesser General Public License version 2.1.

Multibyte (japanese) regex support	enabled
Multibyte regex (oniguruma) version	5.9.6

Directive	Local Value	Master Value

❷ imapが組み込まれました。

Term 用語 IMAPとは

imap を有効にすることにより、PHP から IMAP を利用したメール受信ができます。IMAP とは Internet Message Access Protocol の略で、メールサーバからメールを受信するためのプロトコルのことです。

152

imapの組み込み（Linux）

1 imapの利用

PHPからimapを利用する場合、普段使っているメールクライアントのようにID、パスワード、メールサーバを指定して接続します。

最近は安全面の問題がありメールサーバに接続する方法も多様化しています。

2 imap_関数による接続方法

次の手順からimapを利用してメールサーバに接続してメールの件名一覧を表示するプログラムを解説します。サンプルでは接続にimap_open関数を使用します。接続はPOP3と呼ばれるメール受信用のプロトコルを使ったものです。IDやパスワード、メールサーバを正しく設定しても受信できないときは接続方法が違っている可能性があります。

一般的な例です。POP3 110番ポートに接続します。

$mbox = imap_open ("{yourmailserver:110/pop3}INBOX", "user_id", "password");

筆者が構築したIMAPサーバに143番ポートで接続するにはこのようにしました。

$mbox = imap_open("{yourmailserver:143/imap/novalidate-cert}INBOX", "user_id", "password");

Googleのメールアカウントへ接続するにはimap.gmail.comの993番ポートに接続します。

$mbox = imap_open("{imap.gmail.com:993/imap/novalidate-cert/ssl}INBOX", "user_id", "password");

もし、接続できないときはPHPマニュアル http://php.net/manual/ja/function.imap-open.php を参照して別の接続方法を試してください。

Term ≫≫用語　**IMAPとPOP**

通常のメールソフトはPOP（Post Office Protocol）を利用していて、メールを一括してダウンロードしますが、IMAPでは、件名と差出人を確認して、受信するかどうか決めることができます。このSectionでは、件名と差出人を表示しただけですが、IMAPの機能を利用することで、件名をクリックして本文を表示することができます。詳細に関しては、PHPのマニュアル等を参照してください。

Next▶

メールの受信

1 メールサーバに接続する

メールサーバに接続するには、接続するメールサーバ名とユーザー名、パスワードをimap_open関数に指定します❶。imap_open関数の前の「@」は、エラーメッセージを無効にして、Noticeなどで表示が乱れないようにします❷。「110」は接続ポート番号、「pop3」サーバーに接続します。「INBOX」はユーザーの個人メールボックスを意味します。接続が成功すると$mailboxにIMAPストリームが格納されます。imap_check関数はメールボックスの情報をオブジェクトとして返します❸。オブジェクトの意味に関しては次のChapterで解説します。オブジェクトを$mailsに格納して、「$mails->Nmsgs」と記述すると、メールボックス内のメッセージ数を参照できます。$countにメッセージ数を格納して❹、「if ($count >= 1)」によりメッセージが1通以上あればブロック内の処理を実施します❺。

maillist.php

```php
<!DOCTYPE html>
<html lang="ja">
<head>
<meta charset="UTF-8">
<title>PHP のテスト </title>
</head>
<body>
メール受信：
<?php
$username = "xxxxxxxx";
$password = "xxxxxxxx";
$mailserver = "xxxxxxxx";

// POP3 サーバ
$mailbox = @imap_open("{" . $mailserver . ":110/pop3}
INBOX", $username, $password);

// IMAP サーバ
// $mailbox = @imap_open("{" . $mailserver . ":143/imap/
novalidate-cert}INBOX", $username, $password);

// Gmail サーバ
// $mailbox = imap_open("{" . $mailserver . ":993/imap/ssl}
INBOX", $username, $password);


if ($mailbox) {
    $mails = imap_check($mailbox);
    $count = $mails->Nmsgs;
    if ($count >= 1){
?>
メールは <?=$count?> 件あります。<br>
<table border=1>
<tr><td>No</td><td> 件名 </td><td> 日付 </td><td> 差出人 </td><td> サイズ </td></tr>
<?php
    for ($num = 1; $num <= $count; $num++){
        $head = imap_header($mailbox, $num);
        $body = imap_body($mailbox, $num, FT_INTERNAL);
?>      <tr>
            <td><?=$num?></td>
            <td nowrap><?=htmlspecialchars(mb_decode_
mimeheader($head->subject), ENT_QUOTES)?></td>
            <td nowrap><?=$head->date?></td>
            <td nowrap><?=htmlspecialchars(mb_decode_
mimeheader($head->fromaddress), ENT_QUOTES)?></td>
            <td nowrap><?=$head->Size?></td>
        </tr>
```

❶ ここでメールサーバに接続します。

❷ ここでエラーメッセージを無効にします。

❸ ここでメールボックスの情報を返して、

❹ メッセージ数を$countに格納します。

❺ メッセージが1通以上のときに以下を処理します。

❻ for文でメッセージの数だけ繰り返します。

❼ これはメールの件名や日付の情報を返します。

❽ $head->subjectで件名を参照して、

❾ mb_decode_mimeheader関数でデコードします。

❿ $head->dateは日付を、

⓫ $head->Sizeはサイズを参照できます。

2 ヘッダーをリストする

次に、for文で$count（メッセージ数）だけ繰り返し処理します❻。imap_header関数は、メールの件名や日付などの情報を格納したオブジェクトを返します❼。$headにオブジェクトを格納して、$head->subjectとすることで件名を参照できます❽。メールの件名はMIMEエンコード（暗号化）されているのでmb_decode_mimeheader関数で件名をデコード（復号化）します❾。htmlspecialchars関数（Section 28参照）で件名に含まれているHTMLタグを無効化します。次に、$head->dateとして日付を❿、$head->Sizeとしてサイズを参照します⓫。メッセージ数だけ処理をしたら、最後にimap_close関数でIMAPストリームを閉じます⓬。

```php
<?php
    }
?>
</table>
<?php
    }else{
?>
        新着メールはありません。<br>
<?php
    }

    imap_close($mailbox);
} else {
?>
        ユーザー名またはパスワードが間違っています。
<?php
}
?>
</body>
</html>
```

⓬ imap_close()でIMAPストリームを閉じます。

In detail ≫詳解　接続ポートとは

インターネット上ではIPアドレスがネットワーク上の住所になります。通常、ひとつのIPアドレスから複数のコンピュータと同時に通信するために、ポートと呼ばれる番号を使用します。POP3サーバーと通信するためには110番ポート、FTPサーバーと接続するには21番ポート、Webサーバーは80番ポートと決められています。IPアドレスとポートを組み合わせたものを「ソケット」と呼び、実際のデータの送受信はソケット単位で行われます。

Caution ≫注意　Googleへの接続

このSectionで解説したスクリプトを使ってGoogleに接続した場合、メールの一覧は正しく取得できますが、以下のようなエラーが表示されました。
「Notice: Unknown: Can't connect to gmail-imap.l.google.com,993: Refused (errflg=1) in Unknown on line 0」
Googleのセキュリティ対策の影響だと思い、いろいろ試しましたが対処方法が見つかりませんでした。

実行結果

このSectionで作成したmaillist.phpをApacheのDocumentRootに設置して、Webブラウザからアクセスします。しばらく待つと設定したメールサーバーに接続して、受信メールの一覧が表示されます❶。

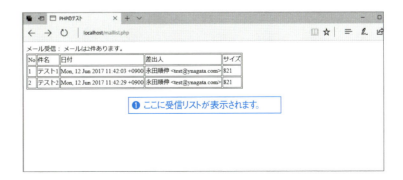

❶ ここに受信リストが表示されます。

Section 48 外部コマンドの実行

外部コマンドを実行するには

PHPからシステムに内蔵のコマンドを実行することができます。コマンドの実行にはsystem関数とexec関数などを使用します。

execの実行

1 外部コマンドを実行する

exec関数を利用すると、システムの持つコマンドを実行できます。exec関数は❶、コマンドを実行すると最後の1行だけを文字列として返します。ここでは、Windowsのコマンドプロンプトから実行する「dir」（ファイル一覧の表示）を実行します❷。（Mac、Linuxで実行するときはlsコマンドになります）実行結果の最後の一行のみが変数$resultに格納されます❸。Windowsの場合、出力された結果がシフトJISのため、mb_convert_encoding関数でシフトJISからUTF-8にエンコードしています。

exec.php

```
<?php
$result = exec("dir");
print mb_convert_encoding($result, "UTF-8", "SJIS");

// Mac、Linux
$result = exec("ls");
print $result;
?>
```

❶ この関数で、
❷ dirを実行すると、
❸ 最後の1行だけを受け取ります。

2 実行結果

コードを記述したファイルをApacheのDocumentRootに設置して、Webブラウザからアクセスします。実行したフォルダ内で「dir」を実行した結果の最後の1行のみが表示されます❹。

❹ 最後の1行のみが表示されます。

In detail 詳解 　外部コマンド

ここで解説している外部コマンドとは、コマンドライン（コマンドプロンプトやターミナル）から実行できるプログラムのことです。Windowsではdir（ファイル一覧）、ren（ファイル名の変更）、「date /T」（現在日付の表示）などがあります。Mac、Linuxではls、mv、dateが対応します。

systemの実行

1 実行結果を受け取る

system関数は、実行時にその結果をすべてデータとして出力します。さらに、返値を受け取る変数には結果データの最後の1行のみ格納されます。system関数に「ls」(Windowsはdir)を指定して実行すると、PHPファイルを実行しているディレクトリ内のファイル名が出力されます。system関数の結果を$filesに格納して❶、print文で出力します❷。本書で、確認した環境では、system関数を実行した時点で1回、print文で1回、ファイル名を出力しました。

system1.php

```
<?php
//$files = system("dir"); // Windows
$files = system("ls"); // Mac、Linux    ❶ ここにデータを格納して、
print "<br>";
print $files;                            ❷ ここでデータが出力されます。
?>
```

2 実行する

コードを記述したファイルをApacheのDocumentRootに設置して、Webブラウザからアクセスします。PHPファイルを実行したディレクトリ内のファイル名が表示されます❸。

❸ ファイル名が出力されます。

「`」の実行

1 結果を受け取る

backtick演算子は、exec関数やsystem関数とは違い、コマンド実行結果をすべて変数に代入します。実行したいコマンドを「`」で囲みます❶。「`」は「'」(シングルクォート)とは違うので注意してください。「/bin/ls -l /etc」はLinuxなどのコマンドで、「/etc」ディレクトリ内のファイルの一覧を表示するというコマンドです❷。結果は$lsに格納されて、print文で表示されます❸。

backtick.php

```
<!DOCTYPE html>
<html lang="ja">
<head>
<title>PHPのテスト</title>
</head>
<body>     ❶ 「`」で、
<pre><?php
$ls = `/bin/ls -l /etc`;    ❷ このコマンドを囲み、
print $ls;                  ❸ 結果をここで表示します。
?></pre>
</body>
</html>
```

2 実行結果

コードを記述したファイルをApache
のDocumentRootに設置して、Webブ
ラウザからアクセスします。「/etc」内
のファイル一覧が表示されます❹。

```
合計 1756
-rw-r--r--   1 root     root     30459 Feb  6  2004 ▌php.ini▌
drwxr-xr-x   3 root     root      4096 Aug 12  2002 CORBA
-rw-r--r--   1 root     root      2467 Nov 24  2003 DIR_COLORS
drwxr-xr-x   4 root     root      4096 Jan 26  2004 FreeWnn
-rw-r--r--   1 root     root         7 Jan 26  2004 HOSTNAME
-rw-r--r--   1 root     root        42 Jan 27  2004 MACHINE.SID
drwxr-xr-x  17 root     root      4096 Jul 23 19:07 X11
-rw-r--r--   1 root     root        47 Jan 15 01:43 adjtime
lrwxrwxrwx   1 root     root        15 Jan 26  2004 aliases -> postfix/aliases
lrwxrwxrwx   1 root     root        18 Jan 26  2004 aliases.db -> postfix/aliases.db
drwxr-xr-x   2 root     root      4096 Oct  6  2002 alternatives
-rw-r--r--   1 root     root       370 Apr  9  2001 anacrontab
drwxr-xr-x   2 root     root      4096 Jan 16 03:21 apt
-rw-------   1 root     root         1 Jan 24  2002 at.deny
-rw-r--r--   1 root     root       210 Jan 30  2002 auto.master
-rw-r--r--   1 root     root       574 Jan 30  2002 auto.misc
-rw-r--r--   1 root     root       512 Oct  9  2002 bashrc
-rw-r--r--   1 root     root       432 Feb 10  2004 blkid.tab
drwxr-xr-x   3 root     root      4096 Apr  8  2003 codepages
drwxr-xr-x   2 root     root      4096 Sep  4  2001 cron.d
drwxr-xr-x   2 root     root      4096 Jul 23 19:09 cron.daily
drwxr-xr-x   2 root     root      4096 Apr  9  2001 cron.hourly
drwxr-xr-x   2 root     root      4096 Apr  9  2001 cron.monthly
drwxr-xr-x   2 root     root      4096 Jan 26  2001 cron.weekly
-rw-r--r--   1 root     root       255 Apr  9  2001 crontab
```

❹ ファイル一覧が表示されます。

コマンドラインでPHPを実行する

1 PHPの位置

毎日データを保存する作業のように決
まった時間にプログラムを動作させたい
ときに、コマンドラインからPHPファイ
ルを実行することがあります。レンタ
ルサーバで作業するときの例を説明しま
す。PHPファイルを起動するにはPHP
コマンドのフルパスが必要です。SSH
が利用できれば「which」コマンドで探せ
ます❶。レンタルサーバ会社によって
はPHPコマンドのフルパスをマニュア
ルで公開しているところがあります。

❶ whichコマンドで探します。

```
$ which php
/usr/bin/php
```

2 PHPファイルを実行する

PHPコマンドのフルパスがわかった
ら、コマンドラインから実行したいプ
ログラムを実際に起動してみます。こ
こでは起動するプログラムをtest.php
とします。「/usr/bin/php /path/test.
php」のように実行して意図した出力が
表示されることを確認します。pathの
部分は実際のパスを記述します。前の
項目のbacktick演算子を利用して`/usr/
bin/php test.php`を記述したファイルを
auto.phpとします。backtick演算子を利
用するとtest.phpの結果を受け取って❷、

auto.php

❷ ここで結果を受け取って、

❸ ここで別のプログラムを実行します。

```
$result = `/usr/bin/php /path/test.php`;
if($result){
        `/usr/bin/php /path/test1.php`;
}else{
        `/usr/bin/php /path/test2.php`;
}
```

さらに別のPHPファイルを起動するような複雑な作業を記述できます❸。このauto.phpを定時実行処理と
してCRONコマンドで設定します。CRONの詳細は書籍やインターネットで検索してください。

Section 48

外部コマンドの実行

In detail ≫詳解　バックグラウンドでの実行

ファイルの一覧表示は一瞬で終わるのであまり気になりませんが、時間のかかる処理（大量のメール配信など）を実行させるとその処理が完了するまで、接続状態が続いて、Web ブラウザで他の操作をすることができなくなります。場合によっては Web サーバに設定された接続時間より長すぎるために処理の完了を待たずに接続が切られてしまうこともあります。Linux では、バックグラウンド（裏で動作する）で処理をさせることができるので、この機能を使い、長い処理でもすぐにブラウザを開放することができます。実際にコマンドが動作するスクリプトとそれを起動する PHP ファイルの 2 種類を使用します。ここではコマンドが書き込まれているファイルを「test.sh」とし、PHP ファイルを「system.php」とします。PHP 側のコードは次のようになります。

system2.php

```
<?
  system("/bin/sh /home/nagata/test.sh > /dev/null &");
  print " 完了！ ";
?>
```

system.php のメインの処理が起動されると system コマンドによって、test.sh が実行されます。コマンド部分の最後の「> /dev/null &」が大切なところです。「>」はリダイレクトで出力先を変更します。「/dev/null」に出力されるものはすべて捨てられます。「&」はバックグラウンドで実行するという意味です。Web ブラウザはこの記述により出力をすべて捨て、バックグラウンドで処理を行い続けます。この結果、メイン処理（system.php）の実行は終了しても、バックグラウンド処理は完了するまで続けられます。

Caution ≫注意　セキュリティについて

コマンドの引数などに、フォームから閲覧者に入力させたデータを使うような処理では安全性に注意しなければなりません。「;」を使うと複数のコマンドを続けることができるため、実際のコマンドに続けて、ファイルを削除したりパスワードを覗くことのできるコマンドを簡単に実行できます。「;」のようなコマンドを実行するシェルにとって意味がある文字列は、escapeshellcmd 関数でエスケープ（無効化）して使用しましょう。

$$ \$ 変数 = escapeshellcmd(\$ 文字列); $$

のように使用します。
Windows 版で、実際に試したところ、与えられた引数の中に「#」「&」「;」「'」「¥」「"」「|」「*」「?」「~」「<」「>」「^」「(」「)」「[」「]」「{」「}」「$」のような文字列があるとすべて削除されます。escapeshellcmd と似た機能を持つ関数に escapeshellarg があります。こちらは引数として与えられた文字列を「"」で囲み、文字列内に「"」があるときは削除して、安全な単一の引数としてコマンドへ渡します。

In detail ≫詳解　環境による違い

この Section で解説したコマンド類は、実行する環境（OS）により結果が変わってきます。例えば、出力結果に不要な文字が追加されて表示されたり、途中の文字が化けることがあります。使用する場合は出力を抑制したり、必要なデータ部分だけを取得するなどの工夫が必要です。

159

練習問題

4-1
POSTメソッドで送信した以下のタグのデータを$_POSTを使って表示するコードを記述してください。

```
<input type="text" name="address" >
```

4-2
セッションを開始して、セッション変数の中からキーが「name」のデータを表示してください。

4-3
このHTMLタグで送信したファイルの名前を表示してください。

```
<form name="form1" method="post" action="view.php"
enctype="multipart/form-data">
  <input type="hidden" name="MAX_FILE_SIZE" value="100000">
  画像：
  <input type="file" name="upfile">
  <br>
<input type="submit" value=" ファイルアップロード ">
</form>
```

Chapter 5
クラスとオブジェクト

Section 49
クラスを作成するには　　　　　　　　　　　　［クラス］　　　　　　　162

Section 50
インスタンスを生成するには　　　　　　　　　［インスタンス］　　　　164

Section 51
メソッドを利用するには　　　　　　　　　　　［メソッド］　　　　　　166

Section 52
クラスから新しいクラスを作るには　　　　　　［継承とトレイト］　　　168

Section 53
クラスを設計するには　　　　　　　　　　　　［クラスとオブジェクト］　172

Section 54
デザインパターンを利用するには　　　　　　　［クラスを利用する］　　176

練習問題　　　　　　　　　　　　　　　　　　　　　　　　　　　　180

Section 49 クラス

クラスを作成するには

このChapterでは、クラスの基礎から始めて、簡単な応用ができるまでを学習します。ここでは、オブジェクト指向について理解した後にクラスについて学習します。

オブジェクト指向の意味

1 オブジェクト指向を知る

オブジェクト指向でソフトウェアを開発する場合、その対象を具体的なモノになぞらえて考えます。目の前のパソコンやスマートフォンなど具体的なモノがオブジェクトです。一方、概念的で手に触れられないモノも、それが具体的であればオブジェクトです。例えば、あなたの明日の予定やさっき思いついた考えもオブジェクトです。オブジェクト指向では、このような考え方に基づいて対象を分析設計していきます。

2 処理と関数

PHPによるプログラミングは、ページ中心にコードを記述できるため、ともすると、1つのファイルにたくさんの処理を記述しがちになります。小さなプログラムのうちはそれでも支障ありませんが、ページ数が多くなると、同じ処理をコピーしてあちこちに記述することになります。コピーした箇所を変更することになったら大変です。コピー箇所すべてを修正しなければなりません。PHPではfunction文を使って関数を作成することでこのような処理をまとめて部品のようにして使うことができます。

3 オブジェクト指向の必要性

さらにページ数が増え、関数も多くなり、大規模になるとどうでしょう。関数の名前の付け方に困るようになったり、各関数共通の変数（データ）の持ちまわしも大変になります。そこで、オブジェクト指向の登場です。オブジェクト指向では、大規模なシステムをオブジェクトで分割します。オブジェクトは「処理」と「データ」がセットになったもので、Section 51で説明するカプセル化や情報隠蔽により、保守性の高いコードを記述することができます。さらに、オブジェクト内部にデータを持つことで、自律した動作ができ、オブジェクト間では互いにメッセージをやり取りして協調した動作が行えます。

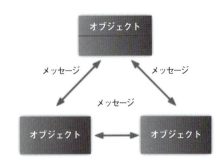

クラスの作成

1 クラスと抽象化

学校に通学している「人」をオブジェクトとすると、通学する人の集合は「生徒」という名前の付いた「クラス」(class) と考えることができます。このように「人」を分析して「生徒」という名前を付けることを抽象化といいます。「生徒」「パソコン」「スマートフォン」のような一般名詞を付けることはどれも抽象化していることになります。このことから「クラス」とは、同じような「オブジェクト」をひとまとめにして「抽象化」(名前を付けた)したものと言えます。実際にオブジェクト指向でプログラミングするときには、この「クラス」を使って記述します。

2 クラスの内部

クラスの内部には「処理」と「データ」を定義します。オブジェクト指向では、処理のことを「メソッド」、内部のデータのことをメンバーと呼びます。実際にクラスがコンピュータのメモリ上に読み込まれると図のようになると考えることができます。

メンバー（内部データ）
メソッド1（処理1）
メソッド2（処理2）
メソッド3（処理3）

3 クラスを作成する

PHPでクラスを定義するには、「class」キーワードを使用して❶、その後にクラス名を付けます。クラス名にはPHPの予約語以外の名前を使用することができます。次に「{」「}」の間にメンバーやメソッドを定義しましょう。メンバーは変数で❷、メソッドは関数と同じことがわかります❸。PHPでは、メンバーやメソッドは「public」「private」「protected」などの定義をしなければなりません。ここでは、「public」でそれぞれを定義しています。これらの意味に関してはSection 51で詳しく解説します。

```php
<?php

class クラス名          ❶ ここでクラスを宣言して、
{

    public $ 変数 = " 文字列 ";   ❷ ここでメンバーを、

    public function 関数名 ()
    {
                          ❸ ここでメソッドを定義します。

        // 処理を記述します。

    }

}
?>
```

Point ≫要点   予約語

予約語とは変数や関数名、クラス名などに使えない文字列のことです。例えば、foreach や function などの PHP にとって意味のあるキーワードや、$_POST など特別な変数名などがあります。PHP の予約語の詳細については PHP のマニュアルを参照してください。

URL http://www.php.net/manual/ja/reserved.php

163

Chapter 5
Section 50 | インスタンス

インスタンスを生成するには

前のSectionで学習したクラスだけでは処理を行うことはできません。処理を実行するにはクラスを実体化して生成されるインスタンスを使用します。

インスタンスの生成

1 実体化とは

オブジェクトを抽象化したものがクラスでした。クラスを実際に利用して処理を行うには、実体化してインスタンス（例という意味がある）を生成します。例えば会員データを扱うクラスが名前や職業、年齢をメンバー（Section 49参照）として持っているとします。クラスそのものはそれらを定義しているテンプレート（型紙）のようなものなので、実際に利用するには、クラスを実体化（コピー）してインスタンスを作成します。例えば、「名前：○○、職業：会社員、年齢：30歳」のように実際に扱うデータを持たせます。違った名前や職業、年齢を持たせることで、1つのクラスから複数のインスタンスを生成することができます。

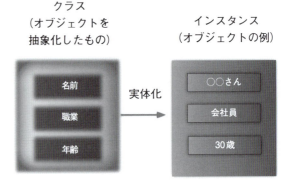

2 クラスを作成する

クラス「User」を作成してみましょう。クラス「User」では、メンバー変数「$name」をpublicで宣言して、文字列を格納して❶、メソッド「print_hello ()」も同じくpublicで宣言します❷。publicに関しては次のSectionで学習します。メソッドの中でメンバー変数にアクセスするには特別な変数「$this」を使用します。$thisはインスタンス自身のことを表し「$this->name」とすることで変数の内容を参照できます❸。このときnameの前に「$」がないことに注意してください。

```
<?php
class User {            ❶ $nameに文字列を格納して、

    public $name    = ' 永田 ';

    public function print_hello () {   ❷ print_hello ()を定義します。

        print $this->name;   ❸ ここで$nameを参照しています。

        print " さん、こんにちは！<br>";

    }

}
?>
```

164

3 newキーワード

手順2のクラスを実行するには、オブジェクトを抽象化したクラスに対して「new」キーワードを使って❹、オブジェクトの例（インスタンス）を作成します。作成されたオブジェクトは、オブジェクト変数に格納されます。クラスに定義されているメソッドにアクセスするためにはこのオブジェクト変数を利用します。

オブジェクト変数 = new クラス ();

❹ ここにnewを記述します。

4 インスタンスを作成する

インスタンスを作成する場所はクラスの前でも後ろでもかまいません。$userにはクラス「User」のインスタンスを格納するために❺、newキーワードを「User()」の前に記述します❻。Userの「()」は付けなくても動作します。インスタンスを作成するときに引数を渡したい場合、この「()」の中に指定します。

```php
<?php
                    ❻ new 演算子をここに記述します。
$user = new User();
                    ❺ ここにインスタンスを格納して、
class User {

    public $name        = ' 永田 ';

    public function print_hello() {

        print $this->name;

        print " さん、こんにちは！ <br>";

    }

}
?>
```

In detail ≫詳解　クラスの読み込み方

1つのクラスは、1つのファイルに定義して、ファイル名もクラス名と同じにすると、クラスを定義したファイルがひと目でわかります。定義したファイルは通常の PHP ファイルと同じように xxxx.php の形式で保存します。クラス User を定義したファイルを user.php として保存した場合、クラス User を使用するには、「include_once」など PHP ファイルを読み込むための関数 (Section 23 参照) を使用します。

```php
include_once("user.php");
```

「include_once」は必ず、コードの先頭に記述する必要があります。もし、クラスを定義したファイルを読み込む前に new キーワードを使った処理を行ってしまうとエラーが表示されます。

Caution ≫注意　クラスと開始終了タグ

クラスを定義するときに開始タグと終了タグを複数使うとエラーになることがあります。以下のコードでは、クラス定義の途中にタグが含まれているため、エラーが表示され、動作しません。

```php
<?php
class User {
?>

<?php
    public $name        = ' 永田 ';
    public function print_hello() {
        print $this->name;
        print " さん、こんにちは！ <br>";
    }
}
?>
```

Chapter 5
Section 51 | メソッド

メソッドを利用するには

前のセクションではインスタンス（オブジェクトの例）を生成してオブジェクト変数に格納しました。ここでは、その変数を利用して、クラス内に定義されているメソッドを実行します。

メソッドとオブジェクト変数

1 オブジェクト変数の機能

クラスから生成されたインスタンスはオブジェクト変数に格納されます。この変数を使ってクラスの各メソッドにアクセスできます。オブジェクト指向の考え方では内部のデータ（メンバー変数）の変更はメソッドを使い行うことになっています。このように、決められた手続き以外は内部データにアクセスできない仕組みを「カプセル化」または「情報隠蔽」などと呼びます。

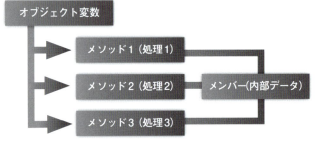

❶ ここに「->」を付けます。

2 メソッド実行の構文

メソッドを実行するにはオブジェクト変数に「->」を付けて❶、クラス内部に定義されているメソッド名（ファンクション名）を指定することで、クラスのメソッドを実行できます。

オブジェクト変数 -> メソッド ();

view.php

```
<!DOCTYPE html>
<html lang="ja">
<head>
<meta charset="UTF-8">
<title> クラスのテスト </title>
</head>
<body>
<div style="font-size:14px"> クラスのテスト </div>
<br><br>
<?php
$newuser = new User();
$newuser->print_hello();
class User {
   public $name      = ' 永田 ';
   public function print_hello() {
      print $this->name;
      print " さん、こんにちは！<br>";
   }
}
?>
</body>
</html>
```

❷ ここにインスタンスを格納して、

❸ ここで実行します。

3 メソッドを実行する

クラスのインスタンスを $newuser に格納して❷、クラス User 内部で定義した print_hello() を、「$newuser->print_hello()」のようにして実行します❸。実行されると、$this->name により、$name に格納された文字列が参照、表示されます。したがって、右のコードを実行すると「永田さん、こんにちは！」と表示されます。

アクセス制限のキーワード

Section 51

メソッド

1 アクセスを制限する

public、private、protectedをメンバーやメソッドに指定すると、クラス外部からの参照や実行を制限できます。PHP4で使用したvarは、publicと同じ意味に扱われます。publicはクラス外部から参照できます。privateはクラス内部からのみ参照できます。protectedはクラス内部とそのクラスから「継承」(Section 52参照) されたクラスのみから参照できます。指定範囲外からメンバー変数やメソッドにアクセスするとエラーになり動作が止まります。

public	外部から参照できる。
private	変数を宣言したクラス内のみ参照できる。
protected	変数を宣言したクラスと継承されたクラスから参照できる。

2 外部からアクセスする

変数を2つ定義しただけのTestクラスを作成しました。$str1はpublicで❶、$str2はprivateで宣言しています❷。クラスを実行できるように$testにインスタンスを格納して、「$test->str1」として変数の値を参照しています。「$test->str1」では「公開」という文字を表示しますが❸、privateで宣言した$str2を「$test->str2」として参照すると「Fatal error: Cannot access private property」とエラーが表示されます❹。メンバー変数はこれらの宣言をしないとエラーになります。

private1.php

```php
<?php
class Test {
    public  $str1    = '公開';        ❶ ここはpublic宣言して、
    private $str2    = '秘密';        ❷ ここはprivate宣言します。
}

$test = new Test();
print $test->str1;                    ❸ ここで「公開」を表示しますが、
print "<br>";
print $test->str2;   ❹ ここでエラーになります。
print "<br>";
?>
```

private2.php

```php
<?php
class Test
{
    public   function TestPublic() {
            print "公開 <br>";
    }
                        ❺ これはpublicとして扱われます。
    function TestNothing(){
            print "宣言なし <br>";
    }

    private   function TestPrivate() {
            print "秘密 <br>";
    }

}

$test = new Test();
$test->TestPublic();
$test->TestNothing();
$test->TestPrivate();   ❻ ここだけエラーになります。
?>
```

3 メソッドを制限する

メソッドもメンバーと同じように「public」「private」「protected」によりアクセスを制限できます。メンバー変数の場合は、必ずこの中のどれかを宣言しないとエラーになりますが、メソッドの場合、「public」「private」「protected」の内どれも宣言されていない場合は、「public」として扱われます。コードではTestNothing () がpublicとして扱われます❺。このため「$test->TestPrivate()」として実行した処理だけエラーになり❻、他の2つのメソッドは実行されます。

167

Chapter 5
Section 52 継承とトレイト

クラスから新しいクラスを作るには

クラスを継承することで機能を受け継いだ新しいクラスを簡単に作成できます。また、継承するときに、必要なメソッドだけを上書きして新しい機能として利用することができます。

クラスの継承

1 継承とは

インヘリタンス（継承）とは、クラスを定義するときに他のクラスの内部データ（メンバー）や手続き（メソッド）を引き継いで新たにクラスを作成できる機能です。オブジェクト指向では、継承されるクラスをスーパークラス、継承するクラスをサブクラスと呼びます。機能を受け継いでいるため、スーパークラスにあるメンバー変数やメソッドは改めて定義しなくても利用できます。サブクラス内で、スーパークラスにある同じメソッド名を定義するとオーバーライド（上書き）することができます。継承やオーバーライドを利用することで、コーディングの削減やバグ混入を未然に防ぐことができます。また、クラス同士の関係を明確にでき、階層化することができます。

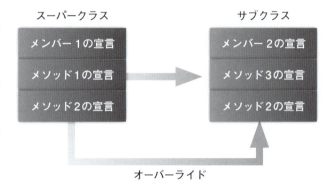

2 クラスを継承する

クラスを継承するには「extends」キーワードを使用します。新しいクラス名（サブクラス）の後にextendsを記述して❶、継承するクラス名（スーパークラス）をその後に続けます❷。

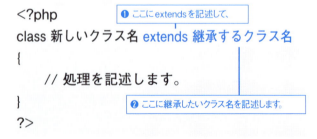

Point 要点 「protected」
protected宣言されたメンバー変数とメソッドは、スーパークラスと継承されたサブクラスからのみアクセスできます。

Caution 注意 多重継承はできない
複数のクラスをスーパークラスとして継承を行うことを多重継承といいますが、PHPでは、この多重継承を行うことはできません。継承できるクラスは1つだけです。

3 メソッドを上書きする

メソッドを上書き（オーバーライド）するにはスーパークラスのメソッドと同じ名前のクラスをサブクラス内で定義します。変数も同じものを定義することで上書きできます。まず、クラスUserの$nameをprivateで宣言して、NULL（Section 12参照）を格納しています❸。次に、クラスGuestを新たに作成します。extendsを記述して❹、クラスUserからメンバー変数やメソッドを継承します❺。$nameにはゲストを格納して❻、print_hello()内では、「さん、はじめまして」と表示します❼。

view.php

```
<!DOCTYPE html>
<html lang="ja">
<head>
<meta charset="UTF-8">
<title> クラスのテスト </title>
</head>
<body>
<div style="font-size:14px"> クラスのテスト </div>
<br><br>
<?php
class User {
    private $name      = NULL;
    public function print_hello() {
        print $this->name;
        print " さん、こんにちは！<br>";
    }
}

class Guest extends User {
    private $name      = " ゲスト ";
    public function print_hello() {
        print $this->name;
        print " さん、はじめまして！ <br>";
    }
}

$newuser = new Guest();
$newuser->print_hello();
?>
</body>
</html>
```

❸ この$nameにNULLを格納します。

❹ extendsを記述して、

❺ クラスUserから継承します。

❼ 「さん、はじめまして」と表示します。

❻ この$nameには「ゲスト」を格納して、

---

finalキーワード

1 オーバーライドや継承を禁止する

finalキーワードをメソッドに対して指定すると❶、メソッドをオーバーライド（上書き）できなくなります。finalキーワードをクラスに指定すると❷、クラスの継承を禁止できます。extendsキーワードを使ってfinalキーワードを指定したクラスの継承やメソッドのオーバーライドをするとエラーメッセージが表示され動作しなくなります。

final.php

```
<?php
class Test {
    final public function test_method() {
        // 処理が記述されます。
    }
}
```

❶ ここにfinalを指定します。

```
final class Test2 {
    public function test2_method() {
        // 処理が記述されます。
    }
}
?>
```

❷ ここにもfinal を指定します。

169

トレイトとは

1 トレイトとは

トレイトとはコードを再利用するための仕組みです。クラスの「継承」とは違う方法で機能（メソッド）やメンバー変数（プロパティ）をクラスに追加できます。クラスのようにインスタンスを作成することはできませんが、いくつかの機能をまとめてクラスを多重に継承したときのような使い勝手を実現します。トレイトを利用してメソッドをクラスに組み込んだときに、同じ名称のメソッドが存在した場合は、優先順位の高いメソッドにオーバライド（動作を上書き）されます。クラスのメソッドが最優先で次にトレイトのメソッド、継承したメソッドと続きます。

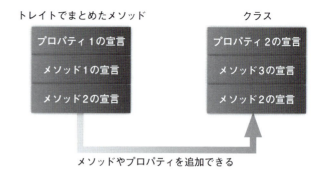

2 トレイトの宣言

トレイトを宣言するには「class」と同じように「trait」に続けて❶、トレイトの名称を宣言します❷。トレイト内部に追加したいメソッドを function で宣言します❸。public や private などのアクセス制限のキーワードは同じように利用できます❹。

```
trait トレイト名 {
    public function トレイトのメソッド1() {
        処理 ...
    }

    private function トレイトのメソッド2() {
        処理 ...
    }
}
```

❶ ここに trait を記して、
❷ ここにトレイトの名称を、
❸ ここにメソッドを記します。
❹ アクセス制限は同じように利用できます。

3 トレイトの追加

トレイトで宣言したメソッドを利用するにはクラス内部で「use」を使ってトレイト名を指定します❺。トレイトが複数宣言されている場合は、同じように「use」を使って「,」（カンマ）で区切って複数組み込めます❻。

```
class クラス名1(){
    use トレイト名;
}

class クラス名2(){
    use トレイト名1, トレイト名2;
}
```

❺ ここにトレイト名を指定します。
❻ ここに複数指定します。

4 トレイトのテスト

PHPのクラスの継承は1つだけですが、トレイトを使えばいくつでもメソッドを追加できます。ここでは、「trait SayMorning」とトレイトを宣言して❼、「class Guset」内で「use SayMorning;」としてトレイトを組み込みます❽。「$newuser->print_morning();」として❾、Guestクラスには存在しないメソッドを実行できます。

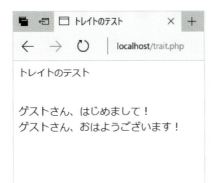

trait.php

```php
<!DOCTYPE html>
<html lang="ja">
<head>
<meta charset="UTF-8">
<title> トレイトのテスト </title>
</head>
<body>
<div style="font-size:14px"> トレイトのテスト </div>
<br><br>
<?php
class User {
    private $name    = NULL;
    public function print_hello() {
        print $this->name;
        print " さん、こんにちは！ <br>";
    }
}

trait SayMorning {
    public function print_morning() {
        print $this->name;
        print " さん、おはようございます！ <br>";
    }
}

class Guset extends User {
    use SayMorning;
    private $name    = " ゲスト ";
    public function print_hello() {
        print $this->name;
        print " さん、はじめまして！ <br>";
    }
}

$newuser = new Guset();
$newuser->print_hello();
$newuser->print_morning();
?>
</body>
</html>
```

❼ ここでトレイトを宣言して、
❽ ここで組み込みます。
❾ ここに実行処理を記述します。

In detail 別のトレイトの組み込み

クラス内部からトレイトを組み込むようにトレイト内部から「use」で指定して別のトレイトを組み込めます。

```
trait Greeting{
    use SayMorning, SayAfternoo, SayNight;
```

Chapter 5
クラスとオブジェクト

Chapter 5
Section **53**

クラスとオブジェクト

クラスを設計するには

このSectionでは、会員制サイトでの操作を分析して、簡単な会員クラスを設計します。クラスに必要なデータやメソッドをどう実装するか確認してください。

クラスの抽出

1 シナリオの分析

クラスを設計するときに、実際の業務では、ユースケース図を書いたり、シナリオを分析してクラスを抽出（発見）する作業を行います。本書では会員制のサイトを作成するという目的に沿って簡易なシナリオを作成してみました。このシナリオからどのような情報や処理が必要か考えて、クラスを設計してみましょう。

シナリオ：

○○さんは、サイトを訪れてそこの会員になり、会員専用のコンテンツを利用したくて会員登録します。
会員になるには氏名とメールアドレスと自分で決めたパスワードが必要です。
登録が完了すると登録完了メールが届きます。
ログイン画面から設定したメールアドレスとパスワードでログインすると
会員専用画面が表示されます。

2 操作の書き出し

シナリオから会員制サイトの操作を簡条書きで書き出してみます。

会員制サイトの操作：

❶ ユーザは必要な情報を入力して会員として登録します。
❷ 登録完了メールが届きます。
❸ 会員はログイン画面からログインします。
❹ 会員は会員のみが閲覧できるコンテンツを閲覧できます。

3 必要な情報

会員登録に必要な情報を考えながら書き出すと右例のようになります。
はじめから完璧なものを作ろうとするとプログラミング自体が難しくなります。不足した情報や処理は後で追加するつもりで気楽に進めましょう。

例：

会員の名前、メールアドレス、パスワード、住所など

4 必要な処理

ユーザはどのような操作をするか、そのとき何が必要か想像しながら処理を書き出します。

例：

会員情報の登録、登録完了メールの送信、会員情報の編集、パスワードの再発行、退会処理

日本語でクラスを書く

Section 53

クラスとオブジェクト

1 シナリオの分析

日本語でクラスを書いてしまいましょう。よく眺めてみると名前は、姓と名に分けられます❶。住所は、郵便番号、都道府県、市区町村、番地、建物などに分割できます。住所は別のクラスにしましょう❷。連絡先として電話番号が必要な気がします。クラスをもっと細かく分けることもできますがここではクラスは2つだけにします。会員クラスには会員番号を追加しましょう。住所クラスにも同じ会員番号を追加することで二つのクラスがつながります❸。このように分析しながら必要なクラスを作成します。クラスはなるべく小さくつくるのが良いと言われています。

日本語で書いたクラス：

```
会員クラス {
  名前 ;
  住所 ;              ❶ 名前は姓と名に、
  メールアドレス ;
  パスワード ;
}
```

↓ 分析してさらにクラスを抽出

```
会員クラス {          ❷ 住所は別のクラスに分割しました。
  会員番号 ;
  姓 ;
  名 ;
  メールアドレス ;
  パスワード ;
}
```

```
住所クラス {
  会員番号 ;          ❸ こことここに会員番号を追加してつなぎます。
  郵便番号 ;
  都道府県 ;
  市区町村 ;
  番地 ;
  建物 ;
  電話番号 ;
}
```

2 処理を追加する

説明を簡単にするために会員クラスだけに集中します。さて、クラスはデータ（情報）とメソッド（処理）を組み合わせたものです。前の手順で会員クラスにデータを追加できたので、次にメソッドを追加します。必要な操作を考えたときに書き出した「会員情報の登録、登録完了メールの送信、会員情報の編集、パスワードの再発行、退会処理」を追加します。なんとなくクラスができてきたようです。

日本語で書いたクラス2：

```
会員クラス {
  会員番号 ;
  姓 ;
  名 ;
  メールアドレス ;
  パスワード ;

  会員情報の登録 (){

  }

  登録完了メールの送信 (){

  }

  会員情報の編集 (){

  }

  パスワードの再発行 (){

  }

  退会処理 (){

  }
}
```

Next▶

Chapter 5
クラスとオブジェクト

3 PHPの記法で書き直す

日本語を英語にしてみましょう。データはクラスの内部で処理したいのでアクセス制限キーワードの「private」を指定して❹外部からアクセスできないようにします。メソッドはすべてクラスの外から実行したいので「public」にします❺。各メソッドはよく眺めてみるといろいろと不足しているものに気付きます。会員情報の登録といっても、どこに登録するのか、登録するときの画面はどうやって表示するのか、登録データの安全性をどのようにチェックするのか、などなど。このような疑問や思いつきはTODOリストとしてコード内に記しておくと安心です。これらメソッド内の処理や不足分はChapter 9で実装します。

memberclass1.php

```php
class Member {
    private $id;
    private $lastname;
    private $firstname;
    private $email;
    private $password;

    // 会員情報の登録
    public function regist(){

    }

    // 登録完了メールの送信
    public function registMail(){

    }

    // 会員情報の編集
    public function edit(){

    }

    // パスワードの再発行
    public function resendPassword(){

    }

    // 退会処理
    public function delete(){

    }
}
```

❹ ここはprivateにしてアクセスを制限します。

❺ ここはpublicにして外部からアクセスできるようにします。

Grammar ≫文法
クラス内の定数

クラスの中でも、値を変更できない「定数」を定義できます。define関数の代わりに「const」キーワードを使って❶「const 定数名 = 値;」のようにします。変数に付く「$」は不要です。クラス内で参照する場合は「self」キーワードと「::」演算子を使って「self::定数名」とします❷。インスタンスを表す「$this」は使用せず、クラス自身を表す「self」を使用します。

const.php

```php
<?php
class Member{
    const AdultAge = 20;

    function printAdultAge(){
        print self::AdultAge;
    }
}

?>
```

❶ constを指定して定数を宣言します。

❷ selfにより定数を参照します。

---

4 アクセサー

クラス内のprivate変数にアクセスするためのメソッド（アクセサー）を追加しましょう。ここではひとつのデータに対して、「データを設定する」メソッドと「データを取得する」メソッドを追加します。データを設定するメソッドには「set」+「変数名」のようにします❻。

memberclass2.php

```php
class Member {
    private $id;
    private $lastname;
    private $firstname;
    private $email;
    private $password;

    public function setId(int $id) {
        $this->id = $id;
```

❻ このメソッドでデータを設定して、

174

データを取得するメソッドは「get」+「変数名」とします❼。あまりアクセサーが多いとわかりづらくなると言われていますが、ここでは、学習のためのわかりやすさを優先して、すべての変数に対して実装します。

```php
}
                                    ❼ このメソッドでデータを取得します。
    public function getId() {
        return $this->id;
    }

    public function setLastname($lastname) {
        $this->lastname = $lastname;
    }

    public function getLastname() {
        return $this->lastname;
    }

    public function setFirstname($firstname) {
        $this->firstname = $firstname;
    }

    public function getFirstname() {
        return $this->firstname;
    }

    public function setEmail($email) {
        $this->email = $email;
    }

    public function getEmail() {
        return $this->email;
    }

    public function setPassword($password) {
        $this->password = $password;
    }

    public function getPassword() {
        return $this->password;
    }

    // 以下省略
```

5 データの設定と取得

Memberクラスを使って実際にデータを設定してみましょう。newキーワードによりMemberクラスのインスタンスを生成します❽。クラスという設計図から $member という実際にメモリ上で動作するオブジェクトを作成しました。setId メソッドに「1」を引数に与えて会員番号を設定します。姓、名、メールアドレス、パスワードもそれぞれのメソッドで設定します❾。getId メソッドで ID を取得して表示します。その他の変数も同じようにデータを取得して表示します❿。

setget.php

```php
<?php
class Member {
// 内容省略                ❽ ここでインスタン     ❾ ここにデータ
}                             スを作成して、         を設定して、

$member = new Member;
$member->setId("1");
$member->setLastname(' あなたの姓 ');
$member->setFirstname(' あなたの名 ');
$member->setEmail(' あなたのメールアドレス ');
$member->setPassword(' パスワード ');

print $member->getId()        . "<br>";
print $member->getLastname()  . "<br>";    ❿ ここでデー
print $member->getFirstname() . "<br>";       タを取得・表
print $member->getEmail()     . "<br>";       示します。
print $member->getPassword()  . "<br>";
?>
```

Next▶

| Chapter 5

Chapter 5
クラスとオブジェクト

Chapter 5
Section 54 | **クラスを利用する**

デザインパターンを利用するには

プログラマにより何度も繰り返し考え出されたプログラム設計ノウハウに名前を付けて整理、カタログ化したものをデザインパターンと呼びます。このSectionでは、振る舞いに関するパターンの中からiteratorを解説します。

デザインパターン

デザインパターンとは

GoF (Gang of Four)と呼ばれる著者たちが書いた本の中でデザインパターンという用語が紹介されました。デザインパターンとはそこで取り上げられたソフトウェア開発で再利用できる23種類の設計パターンをいいます。それぞれ、オブジェクトの生成に関するパターン、構造に関するパターン、振る舞いに関するパターンに分類されています。これらデザインパターンを覚えれば簡単にプログラムが組めるというものではありませんが、デザインパターンにはオブジェクト指向の重要なポイントが含まれているためデザインパターンを学ぶことでオブジェクト指向についての理解が深まるはずです。

Iteratorパターン

本書では初心者にも比較的わかりやすいIteratorパターンを解説します。イテレータ (Iterator) は、反復子と訳されるように、オブジェクトに対する繰り返し処理に適用するデザインパターンです。繰り返す対象は配列ですが、その中身を意識することなく各要素に順番にアクセスする方法を提供します。Iteratorパターンの利点は、データを保持するクラスに変更を加えないで、反復処理で必要なデータを取得できるところです。foreachのループ内にデータを選ぶ処理を記述しないため見通しのいいプログラムになります。

Standard PHP Library

PHPではインターフェースを実装することでイテレータを定義できます。PHP5から追加されたSPL (Standard PHP Library)にIteratorパターンを実装するのに必要なインターフェースとクラスがあります。インターフェースとは内容を記述しないでメソッドの外観だけを定義するものです。クラスにインターフェースを組み込むと定義されたメソッドをすべて実装しないとエラーになります。Iteratorパターンのインターフェースは IteratorとIteratorAggregate があります。Iteratorは反復処理に利用するメソッドをすべて実装する必要がありますが、IteratorAggregate は getIterator メソッドのみ実装が必要です。次の手順でこのIteratorAggregate を実装します。

Membersクラスの作成

1 インターフェースの組み込み

前のSectionで作成したMemberクラスのインスタンス1つが1人分の会員名簿ということになります。会員一覧を表示するには複数のインスタンスを一度に保持する必要があり、ここではMembers（複数形です）クラスを作成してその機能を実装します。「implements」キーワードの後に組み込むインターフェース名「IteratorAggregate」を続けて宣言します ❶。

❶ ここにインターフェースを組み込みます。

membersclass.php

```php
<?php
class Members implements IteratorAggregate{

    private $members = [];

    public function add(Member $member){
        $this->members[] = $member;
    }
    public function getIterator() {
        return new ArrayIterator($this->members);
    }

}
?>
```

❷ 配列を初期化します。

❸ 引数の型をここで限定して、

❹ ここでMemberクラスのオブジェクトを配列に格納します。

❺ ここにメソッドをオーバーライドします。

❻ ArrayIteratorクラスのオブジェクトを返します。

2 プロパティ

「private」はクラスの中だけで参照するものです。$membersは角括弧により配列の初期化を行っています ❷。配列$membersにオブジェクト形式の会員情報を蓄積します。

3 addメソッド

addメソッドを使って会員情報をこのMembersクラスに追加します。このため、addメソッドはMemberクラスのオブジェクト$memberを引数にとります。()の中のMemberはタイプヒンティングと呼ばれるものです。引数の型をここで限定します ❸。addメソッドの中の$this->membersは、配列$membersをメソッドの中で参照しています。インスタンス自身を表す「$this」と「->」を使って$this->membersで配列を表します。ここにMemberクラスのオブジェクト変数$memberを追加します ❹。

4 getIteratorメソッド

getIteratorメソッドはIteratoraAggregateインターフェース内に定義されている抽象メソッドをオーバーライド（上書き）したものです ❺。抽象メソッドは、オーバライドして同じ名称のメソッドを実装しないとエラーになるため、実際に動作するgetIteratorメソッドをここに定義しています。newキーワードでインスタンスを生成しているArrayIteratorはSPL内に組み込まれているイテレータ関連のクラスです。return文によりArrayIteratorクラスのオブジェクトを返します ❻。このオブジェクトがイテレータ（繰り返し処理ができるオブジェクト）です。foreach文を利用して繰り返し処理を行うことができます。

Next►

Memberクラスの修正

1 コンストラクタ

前ページで作成したMemberクラスでインスタンスを生成するときに同時に値を設定できるように、コンストラクタを追加しましょう。コンストラクタとは、インスタンスが生成されるときに最初に実行される処理を記述した特別のメソッドです。「_」アンダーバーを2個先頭に付けた「__construct」メソッドという決まった名称を利用します❶。このメソッドの「()」内に引数を指定して❷、インスタンスを作成するときに引数を指定するとコンストラクタへ値を渡せます。引数と引数は「,」カンマで区切っています。

2 データの追加

会員情報の、会員番号、姓、名、メールアドレス、パスワードを「set」+「変数名」のメソッドでオブジェクト内部のそれぞれの変数に格納します❸。

memberclass.php

```php
<?php
class Member {
    private $id;
    private $lastname;
    private $firstname;
    private $email;
    private $password;

    function __construct($id, $lastname, $firstname, $email,
$password) {
        $this->setId($id);
        $this->setLastname($lastname);
        $this->setFirstname($firstname);
        $this->setEmail($email);
        $this->setPassword($password);
    }

// 以下省略
```

❶ ここにコンストラクタを実装します。

❷ ここに引数を設定します。

❸ ここで会員情報を格納します。

Grammar　**デストラクタ**
≫ 文法

コンストラクタはインスタンス生成時に内部の処理を実行しますが、デストラクタは、インスタンスの消滅時に処理を実行します。「__destruct」という名称でメソッドを定義します。例えば、あるオブジェクトを参照するオブジェクト変数がひとつもなくなったときやスクリプトの終了時に実行されます。

```php
function __destruct() {
    // 処理を記述します。
}
```

178

一覧の表示

1 ダミーデータの追加

require_once文によりPHPファイルを読み込み実行できます。ここではMemberクラスの書き込まれたmemberclass.phpとMembersクラスを記されたmembersclass.phpを読み込んでいます❶。「new Member」でMemberクラスのインスタンスを生成しています❷。このときに引数に値を指定して、Memberクラスのコンストラクタに値を渡しています❸。数値はそのまま、文字列は「""」で囲んでいます。引数と引数の間は「,」カンマで区切っています。引数の数は、コンストラクタで設定した引数の数と同じにする必要があります。$member1はMemberクラスのオブジェクトです❹。$member2から$member5も同じです。

2 会員データを追加

Membersクラスに会員データを集積するために、Membersクラスに実装したaddメソッドを使用します。$member1から$member5までをこのメソッドでMembersクラス内部の配列に格納しています❺。

3 イテレータ

getIteratorメソッドによりイテレータ（走査可能な配列やオブジェクト）を取得します❻。foreach文には配列やオブジェクトを反復処理する機能があります❼。Memberクラスの「get」+「変数名」のメソッドで各値を取得してprint文で表示します❽。「. " "」はデータの間にスペースを追加しています。最後に「. "<br>"」としてブラウザ上で改行するようにしています。準備ができたら、iterator.phpと同じディレクトリにmemberclass.php、membersclass.phpファイルを置いて、iterator.phpを実行します。ルートディレクトリに設置した場合はhttp://localhost/iterator.phpとすると設定した会員一覧が表示されます。

iterator.php

```php
<?php
// 関連ファイルを読み込みます。
require_once 'memberclass.php';
require_once 'membersclass.php';

// ダミーの会員データを作成
$member1 = new Member(1, " 姓１", " 名１", "email1@example.com", "password1");
$member2 = new Member(2, " 姓２", " 名２", "email2@example.com", "password2");
$member3 = new Member(3, " 姓３", " 名３", "email3@example.com", "password3");
$member4 = new Member(4, " 姓４", " 名４", "email4@example.com", "password4");
$member5 = new Member(5, " 姓５", " 名５", "email5@example.com", "password5");

// Members クラスに会員データを追加
$members = new Members;
$members->add($member1);
$members->add($member2);
$members->add($member3);
$members->add($member4);
$members->add($member5);

// getIterator によりイテレータを取得
$iterator = $members->getIterator();

// ループ処理
foreach($iterator as $member){
    print $member->getId()        . " ";
    print $member->getLastname()  . " ";
    print $member->getFirstname() . " ";
    print $member->getEmail()     . " ";
    print $member->getPassword()  . "<br>";
}
?>
```

❶ require_once文で別ファイルを読み込みます。

❷ ここでMemberクラスのインスタンスを生成して、

❸ ここでMemberクラスのコンストラクタに値を渡します。

❹ Memberクラスのオブジェクトです。

❺ addメソッドで会員データを配列に格納します。

❻ ここでイテレータを取得します。

❼ foreach文で反復処理します。

❽ ここで会員データを表示します。

179

練習問題

5-1 Boardという名称の掲示板クラスを作成しましょう。件名「$subject」、名前「$name」、内容「$contents」という変数をpublicで宣言して、適当な文字列を設定します。メソッド「dispArtcile()」をpublicで宣言してください。メソッドの内容はprint文で表示します。

5-2 問題5-1で作成したBoardクラスを実行して内容を表示してください。インスタンスを格納する変数は$boardとします。

5-3 問題5-2で作成した、Boardクラスを継承してNewBoardクラスを作成して実行してください。下記変数のみ変更します。

```
public $subject  = " 新しい掲示板です。";
```

5-4 掲示板でユーザがどのような操作をするか想像して必要なメソッドをNewBoardに追加してください。アクセス制限はpublicにして、メソッドの内容は必要ないです。

```
例：

投稿 submitArticle
修正 editArticle
削除 deleteArticle
```

Chapter 6
データベースの準備

Section 55
データベースとは　　　　　　　　　　　　　［データベース］　　　　　　　182

Section 56
MySQL に接続するには　　　　　　　　　　［MySQL に接続］　　　　　　184

Section 57
MySQL を設定するには　　　　　　　　　　［MySQL の設定］　　　　　　190

Section 58
データベースを作成するには　　　　　　　　［データベースの作成］　　　　192

Section 59
ユーザーの作成と権限設定　　　　　　　　　［ユーザーと権限］　　　　　　194

練習問題　　　　　　　　　　　　　　　　　　　　　　　　　　　　196

Chapter 6

Section **55** | データベース

データベースとは

データベースは会員システムには無くてはならいものです。このSectionではデータを保存するデータベースについて解説します。

データベースとは

データの保存場所

これまで解説してきたサンプルコード内に氏名や住所のようなデータを書き込んでプログラムを実行すると、実行中はデータを処理できますが、プログラムが終了するとデータは消えてしまいます。消える理由はこうです。PHPスクリプトはメモリという場所に読み込まれて実行されます。データはプログラム実行時はメモリ内部に存在できますが、プログラムが終了するとメモリから一緒に消えてしまいます。プログラムが終了する前にデータを別の場所に置くことができればプログラムが終了してもデータは残ります。すぐに思いつくのはテキストファイルに保存することです。テキストファイルに保存する場合、1種類のデータファイルだけなら簡単ですが、会員の日記や会員から会員へのメールなどいくつものデータファイルが増えてくると操作が難しくなりますし、別のプログラムからこれらテキストファイルにアクセスするとなるとかなり面倒なことになります。データベースはそれらの問題を一挙に解決できるものです。

データベース

本書で取り扱うデータベース(databaseまたはDB)は、RDBMS(relational database management system)と呼ばれるものです。RDBMSを簡単に説明するとデータを表形式で保存してあり、各表ごとの関係も保存できるものです。データベースにデータを保存しておくとデータの種類が増えてきても、決まった手順でデータの保存、検索、更新、削除処理ができます。このようなデータベースは、PHPプログラムなどとは別に独立して動作しているため、他のプログラムから同じデータベースにアクセスしてデータを処理できます。データベースのデータを操作するにはデータベースに対してSQL文を発行します。

Term ≫用語 | **スキーマ**

スキーマとはデータベースの構造のことをいい、RDBMSでは、表に含まれるデータの型や長さ、他の表との関連づけをいいます。

Term ≫用語 | **CRUD**

データベースに必要な4つの機能を「CRUD(クラッド)」といいます。Create(作成)、Read(読み出し)、Update(更新)、Delete(削除)の頭文字を組み合わせたものです。

182

PHPと連携できるデータベース

データベースの種類

PHPからデータベースに接続するには、PHP側にデータベースにアクセスするための関数やメソッドなどが用意されている必要があります。本書ではPHPと最も親和度が高いMySQL互換のMariaDBを解説します。

(表) データベースの種類

データベース名	説明
MySQL (MariaDB)	世界で最も利用されているデータベース。高速で動作し、使いやすい。ストレージエンジンを変更できる。
PostgreSQL	MySQLと同様に人気の高いデータベース。オープンソースのオブジェクト系データベース管理システム (ORDBMS)。
SQLite	サーバとしてではなくライブラリとして動作。軽量でコンパクトPHPにバンドルされている。
Oracle	世界初の商用RDBMSを発表した米国オラクル社のデータベース (ORDBMS)。高価で難しいという印象がある。
Microsoft SQL Server	マイクロソフト社のRDBMS。無償版もあり。
Microsoft Access	Microsoft Officeにバンドルされているwindows向けRDBMS。
DB2	リレーショナルデータベースの概念を世界で初めて提唱したIBM社の商用ORDBMS。

MySQLとMariaDB

MySQL

MySQLは、国内はもとより世界中で利用されているデータベースです。現在はオラクルが所有し、オープンソースとして開発が続けられています。MySQLはデータベースを保存する形式を選択できるところが特徴で、MyISAM形式は速度が要求される処理に適していますし、現在の標準であるInnoDBはMyISAMになかったトランザクション処理に対応しています。このように業務に応じて選択できる点、高速であるということ、PHPなどサポート言語が多く使いやすいことなどから世界で最も利用されているデータベースとなっています。レンタルサーバで付属しているデータベースとしてもMySQLが多く、リレーショナルデータベース学習の第一歩には適切な選択だと思います。

MariaDB

MariaDBは、MySQLの生みの親Michael "Monty" Widenius氏が立ち上げたプロジェクトで開発が続けられているデータベースです。MySQLやMariaDBの名称は彼の娘たちの名前が由来です。最初の娘の名前が「My」、次の娘の名前が「Maria」でした。MySQLが企業に買収されたのをきっかけにMariaDBは生まれました。MariaDBはフリーでオープンソースであることや、MySQLに対する高い互換性から、Linux系のOSが標準でサポートするデータベースがMySQLからMariaDBに変更されました。XAMPPの管理画面はMySQLと表示されていますが内部はMariaDBが動作しています。本書では読者が混乱しないようにMySQLとして解説します。

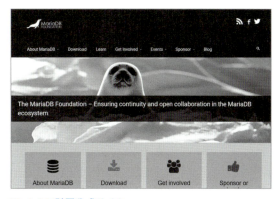

MariaDB 財団公式サイト
URL https://mariadb.org

Next ▶

Chapter 6 Section 56 MySQLに接続

MySQLに接続するには

MySQL互換のMariaDBにターミナルやコマンドプロンプトから接続する手順を解説します。なお、MySQLとMariaDBの操作にほとんど違いがないためこのSection以降はMySQLとして解説します。

MySQLサーバへの接続

1 MySQLを起動する

MySQLはサーバとして動作します。サーバは常にコンピュータ上で動作して、クライアントからの要求に応えて処理を行います。まず、MySQLサーバを起動しましょう。XAMPPのインストールや設定のしかたによってはすでに起動しているかもしれません。

●Windows：
XAMPP Control Panelを起動して（Section 02参照）、Apacheの下にある「MySQL」を探します。背景が緑色の場合は稼働中です。稼働中の場合、右側のボタンは［Stop］と表示されています。稼働していない場合は［Start］をクリックしてしばらく待つとMySQLの背景が緑色になり起動します。

Windowsで起動

●Mac：
XAMPP Control Panelを起動して（Section 03参照）、［Manage Servers］を選択します。一番上に［MySQL Database］があります。左のインジケータが緑だと起動中です。インジケータが赤でstatusが「Stopped」だとMySQLサーバは停止しているので、［MySQL Database］を選択して右側の［Start］ボタンをクリックします。左側のインジケーターが赤から黄になり緑になると起動に成功です。

Macで起動

●Linux：
Apacheの起動と同じようにターミナルから操作します（Section 04参照）。「/opt/lampp/lampp start」とするだけでApacheとMySQL、ProFTPDは起動します。全体を再起動したいときは「/opt/lampp/lampp restart」です。MySQL単独を起動、停止するには「/opt/lampp/lampp startmysql」「/opt/lampp/lampp stopmysql」とします。「/opt/lampp/xampp オプション」でも動作するようです。

Linuxで起動

2 MySQLへ接続する

サーバに接続するにはクライアントソフトが必要です。MySQL サーバに接続するにも MySQL クライアントを利用します。ここではコマンドライン・クライアントと呼ばれる mysql コマンドラインツールを利用して接続します。なお、PHP には内部に MySQL クライアントが組み込まれています。コマンドプロンプトまたはターミナルを起動して OS 別にコマンドを入力して Enter キーで実行してください。mysql コマンドラインツールが起動します。接続すると右　のように「mysql>」プロンプトが表示され待機状態になります。これで MySQL サーバへ接続できました。

● Windows：
画面左下の検索欄へ「コマンドプロンプト」と入力するとコマンドプロンプトへのリンクが表示されます。ここをクリックして起動します。または、左下隅のスタートボタンを押して［Windowsシステムツール］→［コマンドプロンプト］でも同じように起動できます。コマンドプロンプトで次のコマンドを実行します。
C:¥xampp¥mysql¥bin¥mysql

● Mac：
Launchpad の「その他」の中にある「ターミナル」アイコンをクリックしてターミナルを起動します。
/Applications/XAMPP/xamppfiles/bin/mysql

● Linux：
実行するときは root 権限で操作します。
/opt/lampp/bin/mysql

mysql コマンドを起動しましたが、操作画面には MariaDB の文字が見えます。

Windows で接続

Mac で接続

Linux で mysql コマンドラインツールに接続した場合

```
[root@localhost ~]# /opt/lampp/bin/mysql
Welcome to the MariaDB monitor.  Commands end with ; or \g.
Your MariaDB connection id is 3
Server version: 10.1.21-MariaDB Source distribution

Copyright (c) 2000, 2016, Oracle, MariaDB Corporation Ab
and others.

Type 'help;' or '\h' for help. Type '\c' to clear the current input statement.

MariaDB [(none)]>
```

3 MySQLサーバから切断する

[MySQLサーバから切断するには、「MariaDB [(none)]>」プロンプトに「exit」または「quit」、「\q」、「¥q」と命令を入力してEnterキーを押すとmysqlコマンドラインツールが終了して切断できます。mysqlコマンドラインツールのその他の命令については「help」または「\h」、「¥h」で表示できます。

mysql コマンドラインツールでサーバーから切断する場合

```
MariaDB [(none)]> exit
```

Point ▶▶要点　マニュアル

MariaDB に関する情報は以下の URL で確認できます。
https://mariadb.com/kb/en/（英語）
https://mariadb.com/kb/ja/mariadb/（一部日本語）
一方、MySQL に関してはこちらの URL です。
https://dev.mysql.com/doc/refman/5.6/ja/（日本語）
基本的な部分はあまり相違がないのでこちらにひととおり目を通しておくと MariaDB を理解しやすくなると思います。

管理者用のパスワード設定

1 管理者として接続する

MySQL サーバで操作する場合、すべての操作が可能な「root」という管理者権限を持った特別のユーザーで接続できます。ただし、インストールした状態のままでは「root」にパスワードが設定されていません。セキュリティの面で危険ですのでここでパスワードを設定します。root のパスワード設定には同じく mysql コマンドラインツールを利用します。OS ごとに mysql までのパスが違いますが、説明がわかりにくくなるのでそれぞれのパスを省略して解説します。右のコマンドのように「-u」に続けて MySQL に設定されているユーザー名を入力します❶。「mysql -u root -p」と入力して MySQL サーバに接続してください。最後の「-p」はパスワードを使用するという意味です。「Enter password:」と表示されたら何も入力せず Enter キーのみを押します❷。パスワードが設定されていないので先ほどと同じ画面が表示されるはずです。

オプションの指定：

mysql -u ユーザー名 -p

❶ ここにユーザー名を指定します。

```
> mysql -u root -p
Enter password:
```

❷ ここで Enter キーのみ押します。

実際に入力する OS 別のコマンド
Windows:

```
C:¥xampp¥mysql¥bin¥mysql -u root -p
```

Mac:

```
/Applications/XAMPP/xamppfiles/bin/mysql -u root -p
```

Linux:

```
/opt/lampp/bin/mysql -u root -p
```

2 パスワードを設定するSQL

MySQLに既に登録されているユーザに対してパスワードを割り当てるには「SET PASSWORD」ステートメントをmysqlコマンドラインツールから実行します❸。書式は右のとおりです。MySQLサーバではログインするユーザを「ユーザ@ホスト名」のようにホスト名とセットにして管理しています❹。ホスト名の代わりにIPアドレスで指定することもあります。どの端末（パソコンやサーバ）からMySQLサーバに接続するか考えて設定します。ステートメントの最後は「;（セミコロン）」で終わります❺。

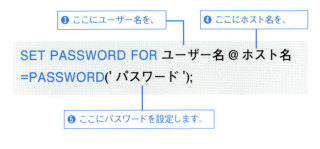

Term ホスト名

ネットワークに接続された機器にわかりやすく名前を付けたものがホスト名です。いま操作しているパソコンまたはサーバはlocalhostといいます。

3 パスワードを設定する

mysqlコマンドラインツールを起動してrootで接続して、右のコードのとおり入力してください。ユーザの指定は「root@localhost」とします。rootはMySQLサーバが動作しているlocalhostから接続することを意味します。このとき「password」には、任意のパスワードを記述します❻。「Query OK」と表示されたら、「root」にパスワードが設定されました。「quit」と入力してmysqlコマンドラインツールを終了します❼。入力したパスワードは忘れないようにしてください。

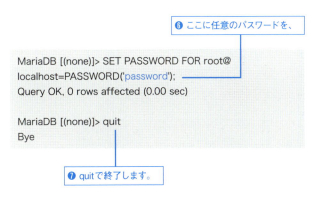

Chapter 6

データベースの準備

4 パスワードを使って 接続する

再度 mysql コマンドラインツールを root で起動します。それではパスワードを入力して接続してみましょう。「Enter password:」に続けて前の手順で設定したパスワードを入力します ❽。 Enter キーを押すと MySQL サーバに接続できます ❾。

> ❽ ここでパスワードを入力します。

```
$ mysql -u root -p
Enter password:
Welcome to the MariaDB monitor.  Commands end with ; or \g.

省略
```

> ❾ mysqlに接続できます。

匿名ユーザーの削除

1 データベースを選択する

root にパスワードを設定しても、ユーザーを指定せず「mysql」だけで実行すると問題なく接続できてしまいます。これはユーザー名が空っぽの匿名ユーザーが設定されているためです。安全度を高めるためこれらユーザーも削除しましょう。このような匿名ユーザーにはパスワードが設定されていないため、パスワードを設定していないユーザーも含めて一括して削除します。削除には 2 つの命令が必要です。はじめに、「use」ステートメントでアクセスするデータベースを選びます ❶。次に「delete」文で「user テーブルの中で password 欄が空になっているデータをすべて削除する」を実行します ❷。「delete」からはじまる削除のための SQL 文については Section 64 で解説します。

> ❶ ここで利用するデータベース名を指定して、

use データベース名;

delete from user where password='';

> ❷ ここで匿名ユーザーを削除します。

188

2 匿名ユーザーを削除する

root 権限で mysql コマンドライン
ツールに接続します。はじめに「use
mysql;」で mysql という名前のデータ
ベース名を選択します ❸。use でデー
タベースを選択せずに SQL 文を実行
すると「ERROR 1046 (3D000): No
database selected」と表示されます。
データベース mysql にはユーザーの権
限情報が含まれています。「Database
changed」と表示されたら、引き続き
「delete」からはじめる SQL 文を入力
してください ❹。「;（セミコロン）」
を忘れずに入力して Enter キーを押す
と「Query OK」が表示されたら削除
成功です。「4 rows affected」で 4 件
削除できたことを示しています。必
ず、管理者 root のパスワードを設定
したあとにこの作業を行ってくださ
い。間違って root を削除してしまう
と XAMPP の再インストールが必要に
なります。

❸ ここで利用するデータベース名を指定して、

```
$ mysql -u root -p
MariaDB [(none)]> use mysql;
Database changed
MariaDB [(none)]> delete from user where password='';
Query OK, 4 rows affected (0.11 sec)
```

❹ ここで匿名ユーザーを削除します。

Point ≫要点　XAMPPのセキュリティ対策

XAMPP のデモページ「http://localhost/xampp」
の左メニューに「セキュリティ」という項目があり
ます。クリックすると「XAMPP セキュリティ」画
面が表示されセキュリティ・ステータス（安全か
どうか）を一覧で表示します。Mac と Linux にはター
ミナルからコマンドを実行して、英文の設問に答
えながらパスワードなどを設定できます。Windows
にはこのツールは付属していません。

Mac：

/Applications/XAMPP/xamppfiles/xampp security

Linux：

/opt/lampp/xampp security

Chapter 6

Section 57 | **MySQLの設定**

MySQLを設定するには

MySQL互換のMariaDBは、オプション・ファイルの中のパラメータを変更して動作環境に合わせた実行時の設定を変更できます。ここでは設定の変更とその反映方法を確認しましょう。

オプション・ファイル

1 my.cnf

MySQLサーバや各コマンドラインツールの起動時のオプションをmy.cnfというファイルで設定できます（Windowsの場合はcnfまたはiniという拡張子）。オプションは、ターミナルやコマンドプロンプトでコマンドを実行するときにも指定できますが、my.cnfであらかじめ設定しておくとあらためて設定する必要がなくなり使いやすくなります。MySQLサーバではメモリーの割り当てを調整（チューニング）して、検索や並べ替え処理において最大限のパフォーマンスが得られるように設定を変更することがあります。

●オプション・ファイルの位置

Windows：

C:\xampp\mysql\bin\my.ini

Mac：

/Applications/XAMPP/xamppfiles/etc/my.cnf

Linux：

/opt/lampp/etc/my.cnf

2 読み込む順番

MySQLサーバは起動するとmy.cnfというファイルを探して内部の設定を読み込みます。探す順番はあらかじめ決まっていて、複数のオプション・ファイルに同じオプションの値があるときは、最後に読み込んだオプションで設定されます。XAMPPでMySQLをインストールした場合は各OSごとに右のディレクトリの順番で読み込みます。MacとLinuxの場合は、etcディレクトリの配下にありますが、利用中のユーザーだけに適用したい場合は、ホームディレクトリ内に「my.cnf」を設置します。オプション・ファイルが複数あると混乱することがあるので、不要なファイルは削除しておくとわかりやすくなります。

●読み込む順番

Windows：

C:\Windows\my.ini
C:\my.ini
C:\xampp\mysql\my.ini
C:\xampp\mysql\bin\my.ini

Mac：

/Applications/XAMPP/xamppfiles/etc/xampp/my.cnf
/Applications/XAMPP/xamppfiles/etc/my.cnf
~/.my.cnf

Linux：

/opt/lampp/etc/xampp/my.cnf
/opt/lampp/etc/my.cnf
~/.my.cnf

190

MySQLの設定変更

1 内容を確認する

MySQLサーバやクライアントツールの起動時の設定を変更するには、テキストエディタやvimなどでオプション・ファイルを編集して行います。my.cnf内部はテキスト形式で書かれています。「#」からはじめる行はすべてコメント行で、動作には影響ありません。設定はセクションごとに設定します。セクションは「[セクション名]」のように記述します。右のmy.cnf内部では、[client]と記述されています❶。これ以降はMySQLサーバを除くMySQLクライアントすべてがこのセクションのオプションを起動時に読み込みます。本書で使用したmysqlコマンドラインツールもこのセクションのオプションを読み込みます。[client]以外に、mysqld（MySQLサーバ）、mysqldump（ダウンロード用ツール）、mysqlなどそれぞれにセクションを設けてオプションを設定できます。

● my.cnfファイルの位置
Windows：
「C:¥xampp¥mysql¥bin¥my.ini」をテキストエディタで編集します。

Mac：
vim /Applications/XAMPP/xamppfiles/etc/my.cnf

Linux：
vim /opt/lampp/etc/my.cnf

● my.cnfの内部

```
～省略～
# The following options will be passed to all MySQL clients
[client]
#password       = your_password
port            = 3306
socket          = /Applications/XAMPP/xamppfiles/var/mysql/mysql.sock
～省略～
```

❶ ここが[client]セクションです。

2 設定を変更する

テキストエディタで表示した設定を変更して動作を変えてみましょう。ここではclientセクションにパスワードを設定します。設定は、「設定名 = 設定値」のように記述します。「#」を行頭から外してrootのパスワード（本書ではpassword）を記述してmy.cnfまたはmy.iniを修正後保存してください❷。

```
[client]
#password       = your_password
          ↓
password        = password
```

❷ ここにパスワードを指定します。

3 変更を確認する

オプション・ファイルの設定はすべてのユーザーに影響します。サーバの設定、クライアントの設定を変更した場合はそれぞれ再起動する必要があります。MySQLサーバを再起動（RESTARTボタンが無い場合は、停止後、再度起動）して（Section 56参照）、mysqlコマンドラインツールをパスワードを指定せずに「mysql -u root」だけで起動します。この設定変更でパスワード無しで起動できます。動作を確認できたら元に戻しておきましょう。元に戻すには「#」をpasswordの行頭に付けてMySQLサーバを再起動します。

Chapter 6

Section **58** | Chapter 6 | データベースの作成

データベースを作成するには

このSectionでは、データを保存するデータベースをコマンドラインツールからSQL文を入力して作成します。併せて、データベースの状況を確認する方法と、不要なデータベースの削除方法を学習します。

データベースの作成

1 CREATE DATABASE文

新規にデータベースを作成するにはmysqlコマンドラインツールからCREATE DATABASE文を使用します。データベース名は最長64バイトです。日本語でも作成できますが思わぬトラブルに遭わないよう半角英数字や記号で作成してください。「CREATE DABATASE」に続けて半角スペース、データベース名と入力します❶。行の最後は「;」と半角で入力します。このようにCREATE DATABASE文を実行すると文字コードが「latin1」、COLLATE「照合順位」が「latin1_swedish_ci」となります。本書では文字コードをUTF-8と決めているため、作成するときにデータベースの文字コードと照合順位も一緒に設定します。本書では文字コードは「utf8」、照合順位は「utf8_general_ci」とします。

CREATE DATABASE データベース名；

❶ ここにデータベース名を記します。

CREATE DATABASE データベース名
CHARACTER SET 文字コード名 COLLATE
照合順位；

2 データベースを作成する

Section 56を参照してmysqlコマンドラインツールをrootで起動します。プロンプト「MariaDB [(none)]>」が表示されたら、右のコードのとおり入力して、Enter キーを押すと新規にデータベースが作成されます。「sampledb」が新しいデータベース名です❷。文字コードに「utf8」と照合順位を「utf8_general_ci」と指定しています❸。「Query OK」と表示されたらデータベース作成に成功です。

❷ ここにデータベース名を記します。

```
MariaDB [(none)]> create database sampledb character set
utf8 collate utf8_general_ci;
Query OK, 1 row affected (0.00 sec)
```

❸ 「utf8」と「utf8_general_ci」と指定します。

3 SHOW DATABASES文

データベースが作成されたか確認するためにはSHOW DATABASES文を利用します❹。SHOW構文を使えば、この他にもテーブル（データを入れる表のようなもの）やカラム（データ一つ一つを入れる場所）、サーバのステータス情報などをMySQLサーバに関する様々な情報を一覧できます。

SHOW DATABASES；

❹ SHOW構文でデータベースの情報を一覧します。

192

4 データベースを確認する

mysqlコマンドラインツールにrootとして接続して、「show databases;」と入力します。最後は「;」を入力します。最後に Enter キーを押すと現在MySQLサーバ内に存在するデータベースが一覧されます。先ほど作成した「sampledb」が表示されました❺。その他のテーブルはMySQLサーバを動作させるのに必要なものとサンプルとして登録されているものがあります。慣れるまでは自分で作成したものだけを操作するようにしてください。

```
MariaDB [(none)]> show databases;
+--------------------+
| Database           |
+--------------------+
| information_schema |
| mysql              |
| performance_schema |
| phpmyadmin         |
| sampledb           |
| test               |
+--------------------+
6 rows in set (0.00 sec)
```

❺ ここにsampledbが表示されました。

データベースの削除

1 DROP DATABASE文

不要なデータベースはDROP DATABASE文で削除できます。データベース内にデータが蓄積されている場合、含まれているデータなども一緒に完全に消えてしまうので操作には注意が必要です。「DROP DATABASE」に続けて半角スペース、データベース名と入力します❶。行末は半角の「;」を入力します。

DROP DATABASE データベース名;

❶ ここに削除するデータベース名を指定します。

2 データベースを削除する

前の手順で作成したデータベースsampledbを削除する場合の手順を示します。ただし、sampledbは、次のChapterで利用しますので、実際に削除してしまった方は前の手順と同じように操作して、再度sampledbを作成しておいてください。さて、削除の方法です。mysqlコマンドラインツールにrootで接続してください。「MariaDB [(none)]>」が表示されたら「drop database sampledb;」と入力して❷、Enter キーを押します。Query OKと表示されます。これでデータベースを削除できました。

❷ ここに削除するデータベース名を指定します。

```
MariaDB [(none)]> drop database sampledb;
Query OK, 0 rows affected (0.00 sec)
```

Term ▶▶詳解 　USE文

mysqlコマンドラインツールにrootで接続した後、sampledbに接続するにはUSE文を利用します。これから目的のデータベースを利用するということをMySQLサーバに伝えます。「USE データベース名;」と入力して Enter キーを押します。「Database changed」でデータベースが切り替わったことがわかります。もし、sampledbに接続先を変えた場合、次のSectionで利用しますので元のmysqlという名前のデータベースに変更してください。「use mysql;」を実行します。

```
MariaDB [(none)]> use sampledb;
Database changed
```

Chapter 6

Section **59** | Chapter 6

ユーザーと権限

ユーザーの作成と権限設定

MySQL互換のMariaDBサーバを操作するためのroot以外の専用のユーザーを作成します。さらに、ユーザの権限の設定方法、ユーザの削除方法を学習します。このユーザーを使ってPHPプログラムから接続することになります。

ユーザーの作成

1 CREATE USER文

rootはMySQLサーバに関する操作全般を行うときの専用のユーザーです。プログラムからrootで接続することもできますが安全性を高めるため別のユーザーを作成します。それでは、ユーザーを作成するCREATE USER文を見てみましょう。ユーザー名❶とホスト名をセットで指定します❷。「IDENTIFIED BY」の後にパスワードを指定します❸。ユーザー名は最大16文字、ホスト名は最大60文字、パスワードは最大41文字です。

通常は、半角英数字や記号を使用し、「'（シングルクォーテーション）」で囲みます。接続できるホストを指定するにはユーザー名に続けて「ユーザー名@ホスト名」とします。それぞれ「'」で囲んで「ユーザー名'@'ホスト名」となります。

> ❶ ここにユーザー名を、　❷ ここにホスト名を、
>
> CREATE USER ' ユーザー名 '@' ホスト名 '
> IDENTIFIED BY ' パスワード ';
>
> ❸ ここにパスワードを指定します。

2 ユーザーを作成する

mysqlコマンドラインツールを起動してrootで接続して操作します。「mysql>」とプロンプトが表示されたら、CREATE USER文を使って新規ユーザーを追加します。「create user」に続けて「sample」というユーザーを指定して❹、ホスト名はlocalhost（操作中のPC）にします❺。ネットワークを介して外部から接続するようなときには

ここにIPアドレスを設定します。本書ではMySQLサーバが動作している同じPCでPHPプログラムを動作させますので、localhostと指定します。最後にパスワードを設定します❻。本書では「password」としました。最後は「;」で終わります。[Enter]キーを押して「Query OK」と表示されたらユーザーの追加に成功です。

> ❹ ここにユーザーを指定して、　❺ ここにホスト名を指定して、
>
> MariaDB [(none)]> create user 'sample'@'localhost'
> identified by 'password';
> Query OK, 0 rows affected (0.17 sec)
>
> ❻ ここにパスワードを指定します。

In Detail
≫≫詳解　**ユーザーの削除**

ユーザーを削除するときはDROP USER文を使用します。いま追加したユーザーを確認するには「MariaDB [(none)]>」に続けて「select User,Host from mysql.user;」と入力して実行すると確認できます。「drop user 'sample'@'localhost';」と、ユーザー

作成と同じようにユーザー名とホスト名のセットを指定します。ユーザー sample を削除した場合は、本書で利用しますので前の手順で再度作成してください。

> MariaDB [(none)]> drop user 'sample'@'localhost';
> Query OK, 0 rows affected (0.04 sec)

3 追加したユーザーで接続する

一旦、mysql コマンドラインツールを終了して、「mysql -u sample -p」とユーザーを sample に変更して MySQL サーバに接続できることを確認してください。プロンプト「MariaDB [(none)]>」が表示されたら「use sampledb;」と先ほど作成したデータベースに変更します。「ERROR 1044 (42000): Access denied for user 'sample'@'localhost' to database 'sampledb'」とエラーが表示され❼、アクセスが拒否されました。ユーザー sample に権限が不足しているためです。

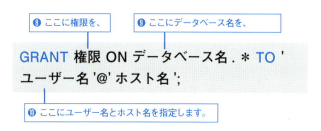

❼ ここにエラーが表示されました。

```
MariaDB [(none)]> use sampledb;
ERROR 1044 (42000): Access denied for user 'sample'@'localhost' to database 'sampledb'
```

4 GRANT文

GRANT文を使うと作成したユーザーに対して、MySQLに接続するための権限を細かく設定できます。データベースだけではなくテーブルやカラム単位で権限を設定できます。GRANT文は、GRANTに続けて直ぐに権限を指定して❽、ONを付けてデータベース名を指定します❾。接続するユーザー名とホスト名のセットを指定します❿。

❽ ここに権限を、　❾ ここにデータベース名を、

GRANT 権限 ON データベース名 . * TO ' ユーザー名 '@' ホスト名 ';

❿ ここにユーザー名とホスト名を指定します。

5 ユーザーにデータベース権限を設定する

mysqlコマンドラインツールにrootとして接続します。前の手順で解説した構文どおりGRANT文を実行しましょう。権限は「ALL PRIVILEGES（すべての特権という意味）」⓫、データベース名は「sampledb.*」⓬、権限を追加するユーザーとホスト名は「'sample'@'localhost'」とします⓭。これでsampleというユーザーがlocalhost（MySQLの動作しているPC）からsampledbに接続してほとんどすべての操作が可能になります。権限を変更したらFLUSH構文を使って内部キャッシュされている権限をクリアして、新しい権限を再度読み込みます。このために最後に「flush privileges;」を実行します⓮。

⓫ ここに権限を、　⓬ ここにデータベース名を、

```
MariaDB [(none)]> grant all privileges ON sampledb.* TO 'sample'@'localhost';
Query OK, 0 rows affected (0.00 sec)

MariaDB [(none)]> flush privileges;
Query OK, 0 rows affected (0.00 sec)
```

⓭ ここにユーザーとホスト名を指定します。

⓮ ここで権限を再ロードします。

6 データベースに接続する

mysqlコマンドツールにrootで接続中の場合は終了してください⓯。「mysql -u sample -p」とユーザsampleでmysqlコマンドラインツールを起動します⓰。プロンプト「MariaDB [(none)]>」が表示されたら「use sampledb;」と入力して⓱、Enterキーを押します。「Database changed」と操作対象のデータベースが切り替わりました⓲。

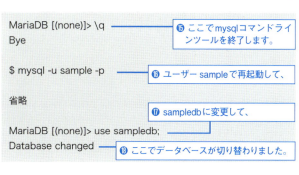

```
MariaDB [(none)]> \q
Bye

$ mysql -u sample -p
省略
MariaDB [(none)]> use sampledb;
Database changed
```

⓯ ここでmysqlコマンドラインツールを終了します。

⓰ ユーザー sampleで再起動して、

⓱ sampledbに変更して、

⓲ ここでデータベースが切り替わりました。

Next ▶

練習問題

6-1 新規のデータベース「memberdb」を作成してください。文字コードは「utf8」照合順位は「utf8_general_ci」です。「MariaDB [(none)]>」プロンプトの次に続けます。

6-2 ユーザーを追加してください。ユーザ名は「user01」、ホスト名は「localhost」、パスワードは「abcdefg」です。「MariaDB [(none)]>」プロンプトの次に続けます。

Chapter 7
データ操作の基本

Section 60
テーブルを作成するには　　　　　　　　　　［テーブル作成］　　　　198

Section 61
データをテーブルに挿入するには　　　　　　［データの挿入］　　　　204

Section 62
データをテーブルから検索するには　　　　　［データの検索］　　　　206

Section 63
データを更新するには　　　　　　　　　　　［データの更新］　　　　208

Section 64
データを削除するには　　　　　　　　　　　［データの削除］　　　　210

練習問題　　　　　　　　　　　　　　　　　　　　　　　　　212

Chapter 7 Section 60 テーブル作成

テーブルを作成するには

MySQL互換のMariaDBの中に「sampledb」という名前のデータベースを作成しました。文字列や数値をデータとして格納するには、データベースの中にテーブルと呼ばれるものを作成する必要があります。

テーブルの作成

1 テーブルの意味

データベースのテーブルを考えるとき、Excelのシートのような1枚の表をイメージするとわかりやすいでしょう。縦横に罫線が入って、項目名が一番上にあるような表です。保存データは項目ごとに、表の「列」にあたるカラム（またはフィールド）に格納されます❶。カラムごとに名前があり、データの型や長さを指定することができます。横に並んだ各カラム（表の「行」にあたる部分）が集まって1件のデータまたは1レコードになります❷。このようなデータベースの構造をスキーマと呼びます。

	名前	住所	年齢	職業
1件め	行			
2件め	列			
3件め				
4件め				
5件め				

❷ レコード
❶ カラムまたはフィールド

2 CREATE TABLE文

テーブルをSQL（次のSectionで解説します）の「CREATE TABLE」文を使って作成しましょう。まず、CREATE TABLE文の構造を確認しておきましょう。「CREATE TABLE テーブル名 ();」というのが基本のスタイルです❸。「()」の中に各カラムの指定を行います❹。カラム名❺は自分で作成します。カラム名から半角スペースで区切って、MySQLで決められているデータ型を設定します❻。プライマリキー（主キー）は❼わかりやすく例えると「通し番号」です。重複がないことが大切です。各カラムとプライマリキーは「,」でつなぎます❽。

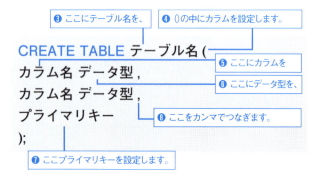

❸ ここにテーブル名を、　❹ ()の中にカラムを設定します。
CREATE TABLE テーブル名 (
カラム名 データ型 ,
カラム名 データ型 ,
プライマリキー
);
❺ ここにカラムを
❻ ここにデータ型を、
❽ ここをカンマでつなぎます。
❼ ここプライマリキーを設定します。

テーブルの作成

1 テーブル名を設定する

左の操作例のように、mysqlコマンドラインツール（Section 56参照）で、ユーザーsampleで接続してください。「MariaDB [(none)]>」プロンプトが表示されたら、「use sampledb;」を実行して、データベースsampledbに接続します。プロンプトが表示されたら「CREATE TABLE」と入力して❶、半角スペース、テーブル名「member」❷、「(」半角の左丸括弧を入力して❸、Enterキーを押します❹。「->」が表示され待機状態になります❺。次の手順に移動して入力を続けます。

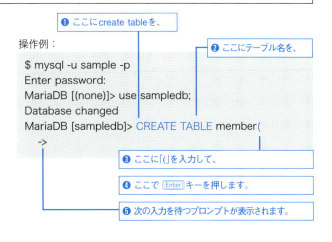

操作例：

```
$ mysql -u sample -p
Enter password:
MariaDB [(none)]> use sampledb;
Database changed
MariaDB [sampledb]> CREATE TABLE member(
    ->
```

❶ ここに create table を、
❷ ここにテーブル名を、
❸ ここに「(」を入力して、
❹ ここで Enter キーを押します。
❺ 次の入力を待つプロンプトが表示されます。

Point データベースを指定して接続する

「mysql -u ユーザ名 -p データベース名」としてデータベースを指定して接続できます。「use データベース名;」を省略してすぐに目的のデータベースにアクセスできます。

In detail データベースで使用可能な文字

テーブル名やカラム、データベースに使える文字は以下のとおりです。日本語を使うと思わぬトラブルの元なので、半角英数字で名前を付けましょう。

使用できる文字：

	バイト	使用可能な文字
データベース	64	「/」「\」「.」以外のディレクトリ名に使用可能な文字
テーブル	64	「/」「.」以外のファイル名に使用可能な文字
カラム	64	すべての文字

Next ▶

2 カラムに整数を設定する

テーブルの中身（カラム名とデータ型）をここで設定します。mysqlコマンドラインツールへ引き続き入力します。いくつか半角スペースを入力して位置を揃えています。カラム名「id」を入力して❻、半角スペースで区切って、データ型「MEDIUMINT UNSIGNED」を入力します❼。半角スペースで区切って「NOT NULL」と❽、「AUTO_INCREMENT」を入力して❾、「,」を入力したら Enter キーを押します。「->」プロンプトが表示され待機状態になります❿。

操作例：

この操作では、memberテーブルに会員番号を設定しています。会員番号のカラム名は「id」とします。カラム名は、半角英小文字、半角数字、「_」（アンダーバー）などの半角記号で付けるといいでしょう。会員番号は1からはじまる整数にしますので、データ型は整数型を使います。整数型を表すINT（またはINTEGER）は、扱える数字の範囲によりTINYINT、SMALLINT、MEDIUMINT、INT、BIGINTの種類があります（表「整数型の数値範囲」参照）。ここでは、MEDIUMINTを選択します。「MEDIUMINT UNSIGNED（符号無し）」とすると「id」カラムには「0〜16777215」までの整数を格納できます。「NOT NULL」は、データ格納時にNULL（何もない）を許可しないということです。必ずNULL以外のデータが必要です。最後の「AUTO_INCREMENT」を指定すると、このテーブルにデータ登録するたびに自動的に連番（登録済みデータの中で最大値＋1）がidカラムに格納されます。AUTO_INCREMENTはテーブル内の1つのカラムに1つだけ設定できます。このカラムには正の整数のみ登録できます。

（表）整数型の数値範囲　　：

整数型	バイト数	数値範囲 符号あり	符号無し
TINYINT	1	-128 〜 127	0 〜 255
SMALLINT	2	-32768 〜 32767	0 〜 65535
MEDIUMINT	3	-8388608 〜 8388607	0 〜 16777215
INT	4	-2147483648 〜 2147483647	0 〜 4294967295
BIGINT	8	-9223372036854775808 〜 9223372036854775807	0 〜 18446744073709551615

3 カラムに文字列型を設定する

次の操作です。カラム名「last_name」を入力して⓫、半角スペースで区切ってください。半角スペースの数はいくつでもかまいません。データ型は「VARCHAR」と入力して⓬、許可する文字数を「(50)」と入力します⓭。行末は「,」を入力して⓮、Enter キーを押します。同じように次の「first_name」も入力します⓯。「,」を入力したら

操作例：

Enter キーを押します。「->」プロンプトが表示され待機状態になります。

この操作の説明です。引き続きmemberテーブルにカラム名「last_name」(会員の姓)と「first_name」(会員の名)を設定します。会員の姓名は文字列なのでデータ型には「文字列型」を指定します。文字列型には「CHAR型」または「VARCHAR型」を設定します。どちらも「CHAR(50)」「VARCHAR(50)」のように格納したい文字列の最大文字数を「()」に指定します。バイト数ではなく文字数になります。(50)の場合は半角文字も全角文字も1文字と数えて最大50文字まで格納できます。CHAR型はデータを格納する箱(カラム)の大きさが固定されています。最大文字数より登録データの文字数が少ない場合は空いた部分を半角スペースで埋めます。一方、VARCHAR型は登録される文字数に合わせて箱(カラム)の大きさが変わります。電話番号のような決まった長さのときはCHAR型にして、人名のように文字数が一定ではないときはVARCHAR型を選びます。

（表）CHAR と VARCHAR の違い：

	入力データ	格納データ	
CHAR(4)	' '	' '	何も入力がなくても半角スペースが文字数だけ登録
	あい	' あい '	不足した文字数を半角スペースで埋めます
	あいうえお	あいうえ	最後の1文字は登録されません
	入力データ	格納データ	
VARCHAR(4)	''	''	
	あい	あい	
	あいうえお	あいうえ	最後の1文字は登録されません

4 プライマリキーを設定する

先の手順に続けて、「PRIMARY KEY(id)」と入力して⑯、Enter キーを押します。「->」プロンプトが表示されたら CREATE TABLE 文の括弧を閉じます。「)」と入力して⑰、SQL文の行末なので「;」を入力して⑱、Enter キーを押すと、「Query OK」と表示されテーブルが作成されことがわかります。

操作例：

MariaDB [sampledb]> CREATE TABLE member (
    -> id   MEDIUMINT UNSIGNED NOT NULL AUTO_INCREMENT,
    -> last_name VARCHAR(50),
    -> first_name VARCHAR(50),
    -> PRIMARY KEY(id)
    ->);
Query OK, 0 rows affected (0.01 sec)

⑯ ここにプライマリーキー制約を設定して、

⑰ ここで「)」を閉じて、

⑱ ここに「;」を入力します。

ここで設定したプライマリキー(主キー)とは、テーブルの中のデータを他と識別するための鍵になるデータのことです。ここではカラム「id」に PRIMARY KEY 制約を設定しました。これはカラムに設定した制限です。カラム内は、他に同じ値がない一意(ユニーク)にする必要があり、NULL 値は登録できなくなります。PRIMARY KEY 制約を設定できるカラムは1つのテーブルに1つだけです。会員番号のように同じものがいくつもあると会員を識別できなくなるようなデータに PRIMARY KEY 制約を設定します。

Next▶

Chapter 7 データ操作の基本

5 テーブルを確認する

テーブルの状況を確認してみましょう。mysql コマンドラインツールに続けて、「show tables;」と入力して、Enter キーを押すと sampledb に存在するテーブルを確認できます ⑲。

操作例：

```
MariaDB [sampledb]> show tables;
+--------------------+
| Tables_in_sampledb |
+--------------------+
| member             |
+--------------------+
1 row in set (0.01 sec)
```

⑲ ここに「show tables;」と入力します。

Point ≫要点 テーブルの削除

テーブルを削除するときは DROP TABLE 文を使用します。「DROP TABLE テーブル名;」を実行すると該当のテーブルを削除できます。

In detail ≫詳解 テーブル作成時にストレージエンジンを指定する

mysql コマンドラインツールから「show engines;」を実行すると MariaDB ／ MySQL サーバがサポートしているストレージエンジンが表示されます。ストレージエンジンとはデータの保存とアクセスを行う機能のことです。MariaDB ／ MySQL はマルチストレージエンジンと呼ばれそれぞれ特徴のあるストレージエンジンを利用できます。データベースごとに設定できますし、テーブルごとにもストレージエンジンを設定できます。本書の方法でインストールした場合、データベースは InnoDB で稼働しています。この状態でテーブルを作成するとテーブルのストレージエンジンも InnoDB となります。テーブル作成時にコードのように「ENGINE=Memory」と利用したいストレージエンジンを指定すると ❶、ストレージエンジンを変更できます。

```
CREATE TABLE member (
    id        MEDIUMINT UNSIGNED NOT NULL AUTO_
INCREMENT,
    last_name  VARCHAR(50),
    first_name VARCHAR(50),
    PRIMARY KEY (id)
) ENGINE=Memory;
```

❶ ここにテーブル型を指定します。

（表）MariaDB ／ MySQL の主なストレージエンジン

種類	説明
InnoDB	MariaDB ／ MySQL のデフォルトのストレージエンジン。トランザクション、外部キー制約、クラッシュリカバリ、行レベルロックが使用できる。MariaDB の InnoDB は、内部では Percona 社が InnoDB を性能強化した XtraDB を利用。互換性のため InnoDB と表示している。
MyISAM	MySQL においてもっとも古いストレージエンジン。高速動作、フルテキスト検索に対応。トランザクションや外部キー制約はない。
Memory	全データを RAM に保存して極めて高速な検索を行う。
MRG_MyISAM	MyISAM テーブルをグループ化。登録件数が大量で動作が鈍くなったときに効果的。

In detail ≫詳解 ファイルで SQL 文を実行

テーブル作成が多数あって、mysql コマンドラインツールで入力するのに時間がかかるときはもっと便利な方法があります。SQL 文（CREATE TABLE 文などのこと）をファイルに保存して、mysql コマンドラインツールからファイルの SQL 文を直接読み込むことができます。読み込む方法には二通りあり mysql に SQL 文を流し込む方法と、接続したあとに読み込む方法があります。SQL 文を work.sql などと名前を付けたファイルに文字コード UTF-8 で保存します。work.sql の場所はフルパス（C:¥ または / から記述したファイルの場所）で指定してください。1 番は mysql コマンドラインツールにシステムのリダイレクト機能を利用して「データベース名 < ファイル名」としています。2 番の「接続後に読み込む方法」では、Windows は「¥.」を、Mac、Linux は「\.」というコマンドを利用します。コマンドの後にファイル名 work.sql を同じようにフルパスで指定して読み込みます。

1. mysql コマンドラインツールに SQL 文を流し込む方法

```
$ mysql -u sample -p sampledb < work.sql
```

2. 接続後に読み込む方法

```
MariaDB [(none)]> use sampledb;
Database changed
MariaDB [sampledb]> show tables;
Empty set (0.03 sec)

MariaDB [sampledb]> \. work.sql
Query OK, 0 rows affected (0.13 sec)

MariaDB [sampledb]> show tables;
+--------------------+
| Tables_in_sampledb |
+--------------------+
| member             |
+--------------------+
1 row in set (0.00 sec)
```

work.sql

```
CREATE TABLE member (
    id          MEDIUMINT UNSIGNED NOT NULL AUTO_
INCREMENT,
    last_name   VARCHAR(50),
    first_name VARCHAR(50),
    PRIMARY KEY (id)
);
```

Chapter 7
Section 61 データの挿入

データをテーブルに挿入するには

前のSectionで作成したテーブルmemberにデータを挿入します。挿入にはSQL文のINSERTを使って行います。

クエリーとSQL

1 クエリーとは

クエリー（query）とは、データベース管理システム（MariaDB／MySQLなど）に対して行われる処理要求を文字列として表したものです。データの挿入や更新、削除などの命令に使用されます。リレーショナルデータベースと呼ばれる本格的なデータベースでは、クエリーの記述にSQLという言語を使います。「CREATE TABLE」はSQLの中の1つです。

2 SQLとは

SQL (Structured Query Language) は「シークェル」と読みます。IBM社が開発したデータベースを操作するための言語で、リレーショナルデータベース上で使用する言語として広く利用されています。データベースにデータを挿入するなどの操作を行うには、このSQLで記述する必要があります。SQLは、リレーショナルデータベースごとに微妙に違う点があったり、記述方法がまったく違ったりすることがありますので、SQLを記述する際は、利用するデータベースのマニュアルを手元に置いて確認するとよいでしょう。

Point ＞＞要点　データベース操作の流れ

コマンドラインクライアントからデータベースを操作するには、以下のようになります。

❶ MariaDB／MySQLにユーザー権限でログイン
　↓
❷ 対象とするデータベースを選択（または、選択した状態でログイン）
　↓
❸ テーブル名を指定して作業

PHPからの操作もこの繰り返しになりますので、頭の中に入れて操作してください。

データの挿入

1
あらかじめ、mysqlコマンドラインツールを起動します（Section 60参照）。ユーザー「sample」でデータベースsampledbの中に作ったテーブル「member」にデータを1件挿入します。

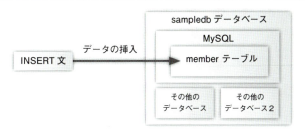

2 テーブル構造を確認する

データを挿入する前にテーブル内の構造を確認しておきましょう。「show fields from member;」とすることで❶、テーブル「member」に設定した構造が表示されます❷。Field欄の「id」は連番です❸。データが入力されるたびに「auto_increment」という指定により、自動的に連番が振られます。「Key」に「PRI」とありますが、これはプライマリキーです。検索のときに重要になります。「last_name」は名字❹、「first_name」は名前を定義しています❺。Type欄に「varchar(50)」とありますが、それぞれ、半角と全角を50文字まで入力できるということです❻。

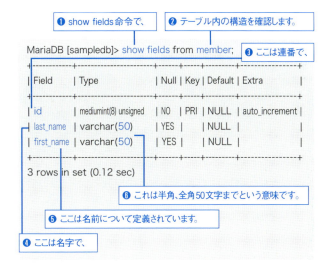

3 INSERT文の発行

memberテーブルに自分の名前を登録してみましょう。テーブルにデータを挿入するにはINSERT文を用います。「INSERT INTO テーブル名」でデータを挿入するテーブルを指定して❼、カラム名の順番に❽、VALUES()の中にデータを並べます❾。カラム名とデータが対応するように注意します。文字列の場合は「'」（シングルクォート）で囲み、データとデータは「,」（カンマ）で区切ります。最後は「;」で終わります。今回作成したテーブルmemberのカラム「id」はデータを入力しなくても自動的に番号が入力されます。コマンドクライアントで実行すると「Query OK, 1 row affected」と表示され、データが挿入されたことがわかります❿。

Section 62 データの検索

データをテーブルから検索するには

テーブルに挿入したデータはSELECT文により検索して表示することができます。検索するデータを絞り込むには、条件文をWHEREで指定します。

データの検索

1 SELECT文

テーブルに挿入されたデータはSELECT文で検索します❶。「*」を指定することで❷、テーブル内に設定されているカラムをすべて表示します。「FROM」のあとにテーブル名を記述して❸、最後は「;」で終わります❹。

2 項目をすべて検索する

カラムをすべて検索してみましょう。コマンドラインクライアントを起動して、「MariaDB [sampledb]>」プロンプトから「SELECT * FROM member;」と入力して実行すると❺、前のSectionで入力したデータが表示されます❻。図は見やすいように整形してあります。データが表示されなかったりエラー表示された場合は、「show tables;」で確認してください。memberテーブルがあれば、データが挿入されていないので、前のSectionを参考にもう一度データを挿入してください。memberテーブルが表示されないときは、データベースsampledbを対象にしているかどうか確認してください。「use sampledb;」とすれば変更できます。手順を戻って再度操作しなおしてみてください。

条件の指定

1 データを準備する

条件検索用にデータを追加します。「DROP TABLE テーブル名」でテーブルと格納中のデータを削除して、「CREATE TABLE」でテーブルを作成します。Section 60で作成したテーブルに年齢の「age TINYINT UNSIGNED,」を追加します❶。TINYINTを指定すると-128から127まで使用できます。これに「UNSIGNED」を加えることで、0から255までの数値を「age」カラムに格納できます❷。範囲を超えて数値を格納するとエラーになります。なお、テストデータは手入力せず、右のINSERT文のようにまとめてファイルに保存すると便利です。例えば、「$ mysql -u sample -p sampledb < work.sql」または「MariaDB [sampledb]>> \. work.sql」のようにしてSQLを実行してください（Section 60参照）。

work.sql

```
DROP TABLE member;
CREATE TABLE member (
id       MEDIUMINT UNSIGNED NOT NULL AUTO_INCREMENT,
   last_name  VARCHAR(50),
   first_name VARCHAR(50),
   age       TINYINT UNSIGNED,
   PRIMARY KEY (id)
);
INSERT  INTO member (last_name, first_name, age)
VALUES(' 田中',' 一郎 ', 21);
INSERT  INTO member (last_name, first_name, age)
VALUES(' 山田',' 二郎 ', 18);
INSERT  INTO member (last_name, ' 三郎 ', age)
VALUES(' 林', ' 三郎 ', 35);
INSERT  INTO member (last_name, first_name, age)
VALUES(' 鈴木',' 四郎 ', 10);
INSERT  INTO member (last_name, first_name, age)
VALUES(' 佐藤',' 五郎 ', 28);
```

❶ ここにageを定義します。

❷ ここでageを挿入します。

2 WHERE句

新しいテーブルmemberとそのデータの挿入が済んだら、条件を設定して検索します。検索するデータの数を絞るには、WHERE句を使います❸。WHEREのあとに条件を指定するための式を追加します❹。

❸ ここにWHEREを記述し、

SELECT ＊ FROM member WHERE 条件式 ;

❹ ここに条件式を記述します。

3 条件を設定して検索する

前の手順のSELECT文では、保存されているデータが10万件あれば、10万件すべてを表示させてしまいますが、WHERE句で条件を指定することで任意のデータのみを選ぶことができます。また、ここでは、WHEREに続けて❺、「age > 20」とすることで❻、ageが20を越えるデータのみを検索表示します❼。

❺ WHEREに続けて、

```
MariaDB [sampledb]> SELECT ＊ FROM member WHERE age > 20;
```

id	last_name	first_name	age
1	田中	一郎	21
3	林	三郎	35
5	佐藤	五郎	28

3 rows in set (0.05 sec)

```
MariaDB [sampledb]>
```

❻「age > 20」の条件式により、

❼ ageの値が20を越えるデータが検索されます。

Caution ≫注意　データの文字化け

Windwosの場合、コマンドプロンプトからUTF-8のファイルを読み込むと文字化けすることがあります。読み込み時に文字コードを指定する方法とコマンドプロンプトをUTF-8対応に設定する方法があります。
●文字コードを指定する方法：
「mysql -u sample -p --default-character-set=utf8 sampledb < work.sql」と文字コードを指定します。
●コマンドプロンプトをUTF-8対応に設定：
Windowsのコマンドプロンプトの文字コードを確認するには「chcp」コマンドを使用します。コマンドプロンプトで「chcp」と入力してEnterキーを押すと数字が表示されます。「932」と表示されたら「Shift-JIS」に設定されています。UTF-8を対象とするにはコマンドプロンプトで「chcp 65001」と入力してEnterキーを押してください。

Section 62

データの検索

207

Chapter 7

Chapter 7
Section 63

データの更新

データ操作の基本

データを更新するには

SELECT文でデータを検索できたら、次に、UPDATE文を学習しましょう。UPDATE文はINSERT文で挿入したデータを新しいデータに更新することができます。

データの更新

1 UPDATE文

更新には UPDATE 文を使用します。UPDATE 文は登録済みデータを指定した値に書き換えることができます。変更したいテーブルの名前を「UPDATE テーブル名」として指定して ❶、「SET」に続く「カラム名 = "更新データ"」で、対象のカラムに格納されているデータを更新データで上書きします ❷。

❶ ここでテーブル名を指定して、

UPDATE テーブル名
SET カラム名 = "更新データ";

❷ ここで更新するデータを記述します。

2 条件なしの更新

手順1の構文で更新した場合、SETで指定されたカラム名に格納されている表内のすべてのデータが指定した値で更新されます。例えば、「UPDATE テーブルA SET 年齢 = 20;」とすると、年齢すべてが「20」に変更されてしまいます。目的のレコードだけを更新するには、WHERE句で条件を指定します。これで、条件に該当するデータのみを更新できます。

テーブル A

名前	住所	年齢	職業
		20	
		20	
		20	
		20	
		20	

条件式がないとすべて同じ値に

テーブル A

名前	住所	年齢	職業
		20	

条件式があるところだけ更新

条件を指定した更新

1 データを確認する

前のSectionで登録したデータを使って、データの更新をします。対象のデータがない場合は前のSectionを参照してデータを登録しておきます。それでは、更新する前に、「member」テーブルに登録されているデータを確認しましょう。「SELECT *」とすると表に定義されているカラムすべてが出力されました。任意のカラムだけを出力するには「SELECT」に続けて表示したいカラム名を記述します。複数ある場合は、「,」で追加することができます。ここでは、「id, last_name, age」として❶、連番と名字と年齢を表示しています❷。

❶ ここで表示したいカラムを指定すると、

```
MariaDB [sampledb]> SELECT id, last_name, age FROM member;
```

id	last_name	age
1	田中	21
2	山田	18
3	林	35
4	鈴木	10
5	佐藤	28

5 rows in set (0.06 sec)

❷ 連番と名字と年齢を表示しています。

2 更新する

手順1で確認したid「4」番の「鈴木」さんの年齢が間違っていたので、「10」から「20」に更新します。特定のデータだけを更新するには、UPDATE文に「WHERE条件式」を追加します。「UPDATE member」として対象のテーブルを指定して❸、「SET age = 20」として年齢を20に変更します❹。WHERE句には「鈴木」さんのデータを特定するための条件式「id = 4」を記述します❺。なお、idの値もageの値も数値として定義されているので「"」で囲む必要はありません。完成したらmysqlから実行しましょう。

❸ ここで対象のテーブルを指定して、　❹ ここで年齢を20に変更します。

```
MariaDB [sampledb]> UPDATE member SET age = 20 WHERE id = 4;
Query OK, 1 row affected (0.06 sec)
Rows matched: 1  Changed: 1  Warnings: 0
```

❺ ここにデータを特定するための条件式を記述します。

3 更新を確認する

データ更新の結果を確認します。手順1と同じSELECT文を実行してみましょう。「鈴木」さんのデータのみ「20」に更新されていれば成功です❻。

```
MariaDB [sampledb]> SELECT id, last_name, age FROM member;
```

id	last_name	age
1	田中	21
2	山田	18
3	林	35
4	鈴木	20
5	佐藤	28

❻ ここが「20」に更新されました。

5 rows in set (0.00 sec)

Chapter 7

Section **64** | **データの削除**

データを削除するには

ここまで、データの挿入、検索、更新と学習してきました。最後に、不要になったデータを削除するための
DELETE文を学習します。

データの削除

1 DELETE文

▼

更新にはDELETE文を使用します。
DELETE文は登録済みデータをレコード
単位で（1件のデータすべて）削除するこ
とができます。削除したいデータのある
テーブルの名前を「DELETE FROM テー
ブル名」として指定します ❶。「FROM」
となっているところに注意してください。

DELETE FROM テーブル名；

❶ ここでテーブル名を指定します。

2 条件なしの削除

▼

手順1の構文で削除した場合、表内のす
べてのデータが削除されます。例えば
「DELETE FROM　テーブルA;」とする
と、テーブルAの中でデータはすべて削
除され表の中は何もない状態になりま
す。目的のレコード1件だけを削除する
には、UPDATE文と同じようにWHERE
句で条件を指定します。これで、条件に
該当するレコードのみを削除できます。

テーブル A

名前	住所	年齢	職業
条件式がないとすべて削除			

テーブル A

名前	住所	年齢	職業

条件式によりこの行だけ削除

条件を指定したデータ削除

1 データをソートする

Section 61で更新したデータを使って削除処理を行います。対象のデータがない場合はSection 60と61を参照してデータを登録・更新しておきます。それでは、削除する前に、「member」テーブルに登録されているデータを確認しましょう。Section 61で作成したSELECT文に「ORDER BY age」を追加して実行します❶。これにより指定されたカラムが昇順にソート（並べ替え）されます❷。昇順とは逆の、降順にソートするには「ORDER BY age DESC」とします。

```
MariaDB [sampledb]> SELECT id, last_name, age FROM member
ORDER BY age;
```

❶ ここでソートを指定すると、

id	last_name	age
2	山田	18
4	鈴木	20
1	田中	21
5	佐藤	28
3	林	35

❷ ageに対して昇順で表示されます。

5 rows in set (0.00 sec)

2 削除する

手順1で確認したデータからageが「20」以下のレコードをすべて削除します。結果として、ageが「18」と「20」を含む2件のデータが削除されることになります。特定のレコードだけを削除するには、DELETE文に「WHERE 条件式」を追加します。「DELETE FROM member」として対象のテーブルを指定します❸。WHERE句にはageが「20」以下のレコードを特定するための条件式「age <= 20」を記述します❹。

❸ ここで対象のテーブルを指定して、

```
MariaDB [sampledb]> DELETE FROM member WHERE age <= 20;
Query OK, 2 rows affected (0.03 sec)
```

❹ ここにレコードを特定するための条件式を記述します。

3 削除を確認する

レコード削除の結果を確認します。手順1と同じSELECT文を実行してみましょう。ageが「20」以下の2件のデータが削除されれば成功です❺。

```
MariaDB [sampledb]> SELECT id, last_name, age FROM
member ORDER BY age;
```

id	last_name	age
1	田中	21
5	佐藤	28
3	林	35

❺ 2件削除されました。

3 rows in set (0.00 sec)

In detail ≫詳解　1件だけ削除する

「LIMIT」を使用すると検索や削除などのときに処理を実行する件数を制限することができます。SELECT文の場合、「LIMIT 1」とすることで昇順で並べたデータの1件めだけを検索結果として取得できます。削除の場合も「LIMIT」を利用できます。例えば、20歳以下の人の中で一番年齢の低い人、1人分のレコードを削除するのも、このSectionで学習したDELETE文に「LIMIT 1」を追加するだけです。

```
SELECT id, last_name, age FROM member ORDER BY age
LIMIT 1;

DELETE FROM member WHERE age <= 20 ORDER BY age
LIMIT 1;
```

Section 64

データの削除

211

練習問題

7-1
テーブル「goods」を作成する「CREATE TABLE」文を作成してください。テーブルの内容は下のとおりに定義します。priceのINTは11桁の数値です。

```
id   INT UNSIGNED NOT NULL AUTO_INCREMENT
goods_name  VARCHAR(100)
price  INT(11)
PRIMARY KEY (id)
```

7-2
問題7-1で作成したテーブルにデータを登録するためのクエリーをSQLで記述してください。goods_nameには「自動車」、priceには「1000000」を格納します。

7-3
問題7-1で登録したデータを検索してください。

Chapter 8

PHP からデータベースを操作する

Section 65
データベースに接続するには　　　　　　　　　　［データベース接続］　　　　214

Section 66
PDO を利用するには　　　　　　　　　　　　　　［PDO］　　　　　　　　　218

Section 67
SQL 文を発行するには　　　　　　　　　　　　　［SQL 文］　　　　　　　224

Section 68
登録画面からデータを挿入するには　　　　　　　［データ挿入］　　　　　228

Section 69
データを検索して表示するには　　　　　　　　　［検索結果の表示］　　　232

Section 70
データを更新するには　　　　　　　　　　　　　［更新］　　　　　　　　236

Section 71
データを削除するには　　　　　　　　　　　　　［削除］　　　　　　　　240

Section 72
機能を連携するには　　　　　　　　　　　　　　［各処理の連携］　　　　242

練習問題　　　　　　　　　　　　　　　　　　　　　　　　　　　　　　248

Chapter 8
Section 65 | データベース接続

データベースに接続するには

このChapterでは、PHPのプログラム上からデータベースに接続して前のChapterで学習した挿入や検索、更新、削除などの操作を行います。まずは、PHPから接続する3つの方法を学習しましょう。

MySQLの接続API

本書で利用しているXAMPPにはデータベースとしてMySQL互換のMariaDBが付属しています。MariaDBの操作方法はMySQLとほとんど同じためこのChapterではすべてMySQLとして解説しています。PHPのプログラム内からデータベースに接続するにはPHPで用意されたAPI（Application Programming Interface）を利用します。APIとは、PHPからMySQLへ接続するために決められた窓口のようなものです。PHPにはMySQLに接続できるAPIが3つあります。mysql関数とこれを改良したmysqliそしてPDOです。mysqlは関数ですが、mysqliとPDOはオブジェクトを生成してメソッドにより操作します。形式や呼び出し方が違うだけでMySQLに接続する手順は同じです。これまでmysqlコマンドラインツールで操作したことを思い出しながら下の図をご覧ください。このSectionではMySQLサーバへの接続とデータベースの選択、MySQLサーバからの切断を学習します。

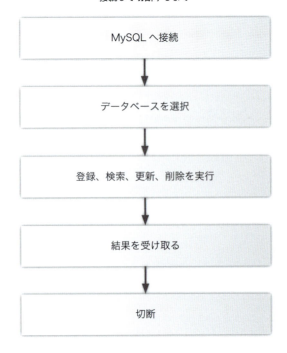

接続して切断するまで

mysql関数による接続（旧）

MySQL用関数で接続する

mysql 関数は PHP5 まで利用されていました。PHP7 では削除され利用できませんが、関数形式でわかりやすいためこの関数から説明します。現在稼働中の PHP プログラムの中には、まだこの関数で MySQL に接続しているところがあるかもしれません。それではコードを見てください。PHP からデータベースに接続するには、使用するデータベース専用の関数を使用します。PHP5 までは「mysql_connect」という接続用の関数があり❶、引数に「ホスト名、ユーザー名、パスワード」を指定して❷、MySQL サーバに接続できます。接続が成功したら、MySQL リンク ID が変数に格納されます❸。mysql_select_db 関数にデータベース名を指定して、利用するデータベースを決めます❹。データベースでの操作が終わったら「mysql_close」に MySQL リンク ID を引数に指定して実行すると、データベースとの接続を切断できます❺。「or die」は、接続できなかったらメッセージ「接続できません。」を出力して終了するという意味です。die 関数は exit とまったく同じ機能です。

この関数は PHP5 では動作しますが、PHP7 で動作させると画面のように「Call to undefined function mysql_connect()」と表示されます。これは mysql_connect 関数が PHP7 には無いためです。

dbtest1.php

```
<?php
$con = mysql_connect('localhost', 'sample', 'password')
    or die(' 接続できません。 ');
print 'mysql 関数で接続に成功しました。';
mysql_select_db('sampledb');

// ここでデータベース関連の処理を行います。

mysql_close($con);
?>
```

❶ mysql_connect関数に、
❷ ホスト名、ユーザー名、パスワードを指定して、
❸ ここにMySQLリンクIDを格納して、
❹ 利用するデータベースを決めて、
❺ mysql_close関数で切断します。

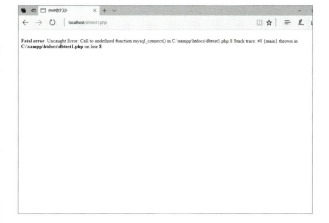

mysqliクラスによる接続

MySQL用関数で接続する

mysqli はオブジェクト指向型と関数形式の 2 通りの記述形式があります。ここではオブジェクト指向による接続方法を解説します。MySQL サーバに接続するには、mysqli クラスから new 演算子を使ってオブジェクトを生成します❶。オブジェクト生成時に、引数として、ホスト名、ユーザー名、パスワード、データベース名を指定します❷。mysql 関数ではデータベース名を指定できませんでしたが、mysqli では接続時に指定できます。オブジェクトが生成されて $mysqli に格納されます❸。これで接続完了です。コードにはありませんが、select_db メソッドを利用して別のデータベースに変更できます。各処理が終わったら、close メソッドで MySQL サーバから切断します❹。

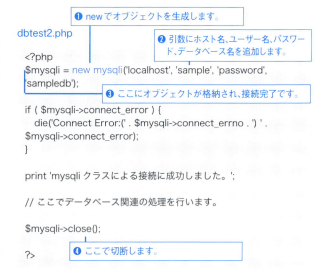

dbtest2.php

```
<?php
$mysqli = new mysqli('localhost', 'sample', 'password', 'sampledb');

if ( $mysqli->connect_error ) {
    die('Connect Error:(' . $mysqli->connect_errno . ') ' . $mysqli->connect_error);
}

print 'mysqli クラスによる接続に成功しました。';

// ここでデータベース関連の処理を行います。

$mysqli->close();
?>
```

❶ new でオブジェクトを生成します。
❷ 引数にホスト名、ユーザー名、パスワード、データベース名を追加します。
❸ ここにオブジェクトが格納され、接続完了です。
❹ ここで切断します。

PDOによる接続

1 DSNの意味

PDOはPHPに標準でインストールされているC言語で開発された拡張モジュールです。PDOの詳細については次のSectionで解説します。安全性の面から本書ではPDOクラスを利用してMySQLへ接続します。接続方法はmysqliクラスと同じで、オブジェクトを生成するときに接続を完了します。new演算子を使ってPDOクラスからオブジェクトを生成します。このとき引数にDSNを指定します。ここでいうDSN (Data Source Name: データソースネーム) とは、接続のための情報を決まった順序に組み立てた文字列のことです。はじめに、DSN接頭辞としてデータベースの種類を指定します❶。半角の「:(コロン)」を使って接頭辞とその他の項目を区切ります❷。ホスト名❸を指定します。接頭辞以外の項目同士の区切りは「;(セミコロン)」❹です。次にデータベース名❺、そして文字コード❻を指定してDSNの完成です。この他にも、MySQLが利用するポート番号やUnixソケットの位置を指定できます。

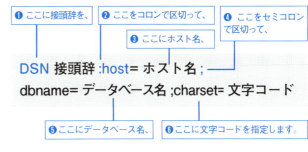

2 MySQLサーバに接続する

PDOクラスからnew演算子❼を使ってオブジェクトを生成します。引数にはDSN❽、ユーザー名❾、パスワード❿を指定します。間違いがなければ$pdoにオブジェクトを格納して接続を完了します⓫。切断はオブジェクトを格納した変数にnull値(何もない)を設定するだけです⓬。切断処理が無い場合はプログラムの終了と同時に切断されます。接続に失敗したときは、PDOがエラーを発生しますので「try catch」構文で捕捉します。詳細は次のSectionで解説します。

```
// PDO による接続
$変数 = new PDO ( DSN, ユーザー名, パスワード );
```

dbtest3.php
```
<?php
$pdo = new PDO('mysql:host=localhost;dbname=sampledb;charset=utf8',
'sample','password');
print 'PDO クラスによる接続に成功しました。';
// ここでデータベース関連の処理を行います。

$pdo = null;

?>
```

Next▶

Chapter 8
Section 66 PDO

PDOを利用するには

PDOはMySQLだけでなく様々なデータベースに接続するための手段を提供するものです。前のSceitonで学習したPDOによる接続で学習したことを発展させてさらに詳しくPDOの操作を解説します。

PDO

1 PDOとは

PDO（PHP Data Object）とは、PHPからデータベースに接続してさまざまな処理をするための機能（メソッド）をまとめたクラスです。mysql関数やmysqliクラスは、MySQLサーバのみ対象としていますが、このPDOは、ドライバ（データベースを制御する機能）を切り替えることで、MySQLだけではなく、PostgreSQL、SQLiteなど複数のデータベースを操作できます。このような機能の集まりをデータベース抽象化レイヤと呼びます。データベースに接続するときの手順や情報など同じところをわかりやすくまとめて（抽象化）、PHPとデータベースの間（レイヤ：層）で働きます。PDOの利点のひとつとして、別の種類のデータベースに変わってもほとんどプログラムに変更を加えずに利用できるという点が上げられます。

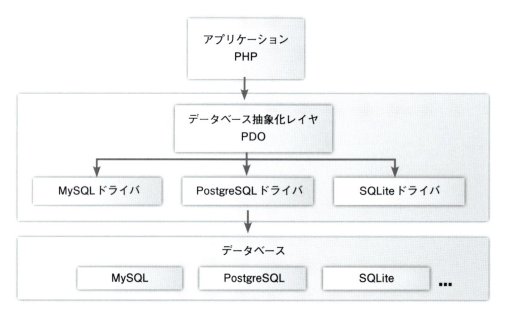

2 PDOで接続

それでは、PDOによる各データベースへの接続を比較してみましょう。MySQLサーバへの接続は前のSectionで学習したとおりです。PostgreSQLの接頭辞は「pgsql」です。DSNの構成で違う点は、ユーザー名とパスワードをDSNに含めることができる点と文字コードの設定ができないという点です。次にSQLiteです。PHP7ではSQLite3というバージョンが標準で利用できます。SQLiteは、サーバが動作するわけではなくファイルをデータベースとして操作します。SQLiteの接頭辞は「sqlite」です。データベースファイルまでの絶対パスを指定します。ユーザー名やパスワードはありません。3つの接続方法を比べるとDSNの構成が違うことがわかります。なお、オブジェクトを格納する変数は$pdoにしていますが$pdoである必要はありません。$dbhでも、$objでもかまいません。

```
// MySQL に接続と切断
$pdo = new PDO('mysql:host=localhost;dbname=sampledb;charset=utf8', 'sample','password');
$pdo = null;

// PostgreSQL に接続
$pdo = new PDO('pgsql:host=localhost dbname=sampledb', 'sample','password');
$pdo = null;

// SQLite に接続
$pdo = new PDO('sqlite: データベースファイルまでの絶対パス ');
$pdo = null;
```

3つのハンドラ

1 データベースハンドラ

PDOによりデータベースに接続するときには、これまで見てきたようにnew演算子でPDOクラスからオブジェクトを生成します。このオブジェクトを「データベースハンドラ」または「データベースハンドル」と呼びます。「ハンドラ」とは、いつもは待機していて必要なときに起動されるプログラムのことです。似たような言葉にイベントハンドラ、割り込みハンドラなどがあります。データベースハンドラには、まるで車のハンドルのようにデータベースを操作するための各種メソッドが定義されています。データベースハンドラはPDOクラスとして定義され表のようにデータベースを操作するためのメソッドが定義されています。PDOクラスの詳細は http://www.php.net/manual/ja/class.pdo.php で確認できます。

（表）PDO クラスのメソッド

メソッド名	説明
__construct	PDO インスタンスを生成するときに実行され、データベースへ接続します。
beginTransaction	トランザクションを開始します。
commit	トランザクションをコミットします。
errorCode	データベースハンドラに関連する SQLSTATE と呼ばれるエラーコード取得します。
errorInfo	データベースハンドラに関連するエラー情報を取得します。
exec	SQL 文（ステートメント）を実行して、検索結果や更新したときの行数を返します。
getAttribute	データベース接続の属性を取得します。
getAvailableDrivers	利用可能な PDO ドライバの配列を返します。接続できるデータベースがわかります。
inTransaction	現在の処理がトランザクション内かどうかを調べます。
lastInsertId	最後に挿入された行の ID またはシーケンス値を返します。
prepare	SQL 文を実行する準備を行い、ステートメントハンドラを返します。
query	これだけで SQL 文を実行して、結果を PDOStatement オブジェクトとして返します。
quote	SQL 文から DB 処理に関する特別な意味を無効にします。
rollBack	トランザクションをロールバックします。
setAttribute	属性を設定します。

219

ステートメントハンドラ

1 ステートメントハンドラ

PDOを操作する上で重要なものにステートメントハンドラがあります。PDOStatement クラスを利用してSQL（ステートメント：文章）を操作します。プリペアドステートメント（SQL文のテンプレート）のバインド（結びつけ）機能や検索結果をフェッチ（取り出し）する機能があります。詳細は次のSection以降で必要に応じて解説します。

（表）PDOStatement のメソッド

メソッド名	説明
bindColumn	取得したデータ配列内のカラムと指定した変数を結びつけ（バインド）ます
bindParam	SQL 実行前に値を入れる場所を確保しておき、その場所と参照した値を結びつけます
bindValue	SQL 実行前に値を入れる場所を確保しておき、その場所と確定した値を結びつけます
closeCursor	連続して SQL を実行するときに現在の接続を解放して、再実行できるようにします
columnCount	取得したデータの中のカラム（表の縦方向に並ぶ列）数を返します
debugDumpParams	デバッグ用。プリペアドステートメントに含まれる情報を出力します
errorCode	ステートメントハンドラに関連する QLSTATE と呼ばれるエラーコード取得します
errorInfo	ステートメントハンドラに関連するエラー情報を取得します
execute	プリペアドステートメント（SQL 文のテンプレート）を実行します
fetch	検索結果から 1 行を取得します
fetchAll	検索結果からすべてのデータを取得します
fetchColumn	検索結果からカラム（表の縦方向に並ぶ列）ごとの値を返します
fetchObject	次の行を取得しそれをオブジェクトとして返します
getAttribute	属性を取得します
getColumnMeta	検索結果のカラムに対するメタデータ（カラムに関連する情報）を返します
nextRowset	複数の行セットを返すステートメントハンドラで次の行セットに移動します
rowCount	SQL 文を実行して検索結果や更新・削除された行数を返します
setAttribute	属性を設定します
setFetchMode	ステートメントハンドラの標準のフェッチモード（取り出す方法）を設定します

2 エラーハンドラ

データベースに接続できなかったり、発行したSQLが間違っていた場合にエラーが発生します。このエラーを検知して、プログラムを正常な状態に復帰する処理をエラーハンドリング（または例外処理）といい、このような操作を担当する機能を「エラーハンドラ」と呼びます。PDO は PDOException クラスがその機能を担います。発生したエラーに関する情報は、PDO クラスの errorInfo メソッドあるいは PDOStatement クラスの errorInfo メソッドで取得します。

属性の変更

1 PDOクラスの属性の設定

PDOクラスのsetAttributeメソッドを使用するとMySQLサーバに接続するときにデータベースハンドラの属性を設定できます。ここではMySQLのエラー情報を取得するための属性とプリペアドステートメントに関する属性を設定します。設定方法は、PDOで接続後に、setAttributeメソッドに属性名❶と属性値❷を設定して実行します。

PDO のオブジェクト変数 ->setAttribute(
属性名 , 属性値);

❷ ここに属性値を設定します。

❶ ここに属性名を、

2 エラー属性の設定

エラー情報を取得するモードをこの属性名「PDO::ATTR_ERRMODE」に設定します。この属性に設定できる値は右図の3つです。何も設定しないとPDO::ERRMODE_SILENTが有効になりエラーが発生しても何も表示しません。接続時のエラーを検知してメッセージを表示できるように「PDO::ATTR_ERRMODE」に❸、「PDO::ERRMODE_EXCEPTION」❹という値を設定します。この値を設定することで「例外を投げる」ことができます。異常事態（例外）を通知する（投げる）ことで異常発生を捕捉して適切に処理できます。実際にエラーを検知する方法はあとで解説します。

（表）エラー属性の設定に設定できる値：

PDO::ERRMODE_SILENT	エラーコードのみを設定します。
PDO::ERRMODE_WARNING	E_WARNING を発生させます。
PDO::ERRMODE_EXCEPTION	例外を投げます。

```
$pdo = new PDO('mysql:host=localhost;dbname=sampledb;charset=utf8', 'sample','password');
$pdo->setAttribute(PDO::ATTR_ERRMODE,
PDO::ERRMODE_EXCEPTION);
```

❸ ここにエラー属性を

❹ ここに属性値を設定します。

3 プリペアドステートメントを利用する

プリペアドステートメント（SQL文のテンプレート）は速度と安全性を向上させる重要な仕組みです。ドライバ（データベースを制御する機能）によってはこれに対応していないものがあり、エミュレート（代替機能の利用）するかしないかを決めるための設定が「PDO::ATTR_EMULATE_PREPARES」です。何も設定しないとデフォルトで「true」が設定されエミュレート機能によりSQL文を処理します。ここでは、プリペアドステートメントを正しく利用できるように「PDO::ATTR_EMULATE_PREPARES」に❺、「false」❻を設定します。安全にSQLを実行するためにセキュリティ対策に習熟するまではこの設定を利用してください。

```
$pdo = new PDO('mysql:host=localhost;dbname=sampledb;charset=utf8', 'sample','password');
$pdo->setAttribute(PDO::ATTR_ERRMODE, PDO::ERRMODE_EXCEPTION);
$pdo->setAttribute(PDO::ATTR_EMULATE_PREPARES, false);
```

❺ ここにプリペアドステートメントに関する属性を、

❻ ここに属性値falseを設定します。

Next▶

接続エラーの表示

1 try-catch構文

PDOによりデータベースへ接続して操作しているときに発生する異常（エラー）をtry-catch構文を使って捕捉できます。ここでは接続エラーを検知してエラー内容を表示しますが、try-catch構文は特にトランザクション処理（Section 68参照）で真価を発揮します。この機能は「例外処理」と呼ばれ、エラーが発生すると現在の正常な処理を中断して別の処理を実行します。具体的に動作を見ていきましょう。エラーが発生する可能性のある処理をtryの後に続く中括弧{}の中（tryブロック）に記述します❶。エラーが発生しなければtryブロックだけ実行されます。tryブロックでエラーが発生すると、例外（クラス）をthrow（投げる）して❷、それをcatchブロックで捕捉します❸。catchの()内には捕捉する例外クラスとそのオブジェクトを格納する変数を指定します❹。この変数を利用してcatchブロック内でエラー表示などの処理を実行します❺。ここでthrowできるものはExceptionクラスかそのサブクラスのオブジェクトです。

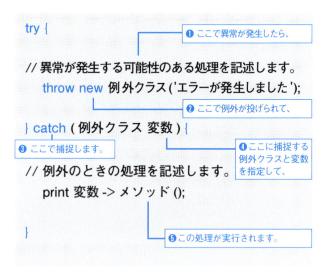

In detail 詳解 例外をキャッチできるThrowableインターフェース

PHP7からThrowableインターフェースが追加され、これを基本部品としてErrorクラスが追加されました。文法エラーの捕捉はErrorクラスでできるようになりました。さらに、既存のExceptionクラスにもThrowableが組み込まれました。インターフェースを実装したクラスは、インターフェースに定義されたメソッドを実装しなければなりません。このためErrorもExceptionもThrowableに定義された同じメソッドを利用できるようになりました。ErrorにもExceptionにも多数のサブクラスがありますが同じようにメソッドを利用できます。このSectionで学習するPDOExceptionはExceptionのサブクラスのRuntimeExceptionを継承（拡張）して作られています。

Grammar 文法 finaly

try-catch構文にfinalyブロックを追加できます。try-catch構文の中で例外が投げられた（エラーが発生した）かどうかに関係なく、finalyブロックの中の処理3は実行されます。

```
try {
        処理1;
} catch (Exception $e) {
        処理2;
} finally {
        処理3;
}
```

2 接続エラーを表示する

これまでに学習したことを確認しながら、接続エラーを表示する機能を作成します。tryブロックに接続処理を記述します❻。このときエラーを発生させるため「samplee」と間違ったユーザー名を設定しています❼。PDOによる接続時のエラーは、PDO内部からPDOExceptionがthrowされますのでtryブロック内にthrowするための記述は必要ありません。catch()には捕捉するPDOException❽とオブジェクトを格納する変数$Exceptionを指定します❾。dieはexitと同じでプログラムを停止して引数のメッセージを表示します。PDOExceptionクラスのgetMessageメソッドによりエラーメッセージを取得して表示します❿。「接続エラー」とスクリプト内で用意した文言が表示され⓫、エラー表示がコントロールされていることがわかります。

dbtest4.php

```
<html>
<head><title>PHP TEST</title></head>
<body>
<?php

try {
    $pdo = new PDO('mysql:host=localhost;dbname=sampledb;charset=utf8', 'samplee','password');
    $pdo->setAttribute(PDO::ATTR_ERRMODE,
                      PDO::ERRMODE_EXCEPTION);
    $pdo->setAttribute(PDO::ATTR_EMULATE_PREPARES, false);
    print " 接続しました ";
} catch(PDOException $Exception) {
    die(' 接続エラー :' . $Exception->getMessage());
}

?>

</body>
</html>
```

❻ ここに接続処理を記述します。
❼ このユーザー名は誤りです。
❽ ここに例外クラスを、
❾ ここにオブジェクトを格納する変数を指定します。
❿ ここのメソッドでエラーメッセージを取得します。

⓫ 接続エラーと表示されます。

Next▶

Chapter 8
Section 67 | SQL 文

SQL 文を発行するには

このSectionでは、Webページ上からデータベースを操作するための準備として、SQL文をPHP内から発行して結果を画面に表示するまでの手順と、SQL文の組み立て方について学習します。

送信データとSQL文

1 データベースを操作して結果を表示するまで

Webページからデータベースを操作する手順を説明します。通常、Webページから PHP を起動するには、Chapter 4 で学習したように、フォームコントロールのボタンを押下して PHP ファイルにデータを送信する方法（POST）と、リンクにパラメータを付けて PHP ファイルにデータを送信する方法（GET）があります。送信されたデータは、PHP のスーパーグローバル変数（Section 35 参照）「$_POST」、「$_GET」から受け取ることができます。データベース操作に必要なデータを受け取ったら、SQL 文をデータを使って組み立て、DB クラスを使って SQL を発行して結果を受け取ります。結果を表示できるように整形したり HTML タグを追加して Web ページとして表示したりします。

Webページからデータベースを操作する手順

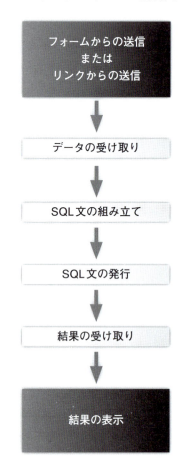

2 SQL文作成に必要なデータ

データを受け取るとそれを使ってデータベースの操作に合わせてSQL文を作成します。データベース上の操作には、Chapter 7で学習したように挿入、検索、更新、削除などがありますが、どの操作を行うにも表のように必要なデータがあります。例えばデータを挿入するには、挿入するデータとどのカラムに挿入するのかを示すデータの両方が必要です。検索の場合は検索キーワードを使った条件文が必要になります。

操作	必要なデータ
挿入	データとカラム位置
検索	検索条件に使用するデータ
更新	更新後のデータとその条件
削除	削除条件に使用するデータ

In detail ≫詳解 SQLによるデータベースの操作

挿入、検索、更新、削除以外に、集計（カウント、合計、平均、最大、最小）のための操作があります。SQLにはこれらを処理するための集計関数があり、「group by」などの文と組み合わせて、集計結果を計算することができます。SQLに関しては1冊の本になるほど内容があるため本書ですべて触れることができません。SQLをうまく記述することで、後に続く処理のプログラミングを簡単に済ませることができます。良書が多数出版されていますのでぜひ手元に1冊置いて学習してください。

変数の無いSQL文の組み立て方

1 ヒアドキュメント構文

SQL文は変数に格納します。SQL文が短い場合は、簡単に変数に格納するだけでいいのですが、処理によってはSQL文がかなり長いものになることがあります。このようなときは、ヒアドキュメント構文を使うと見やすく間違いが少ない記述ができます。ヒアドキュメントは、「<<<EOS」を記述して❶、改行してSQL文を記述して❷、「EOS;」で終わる変数の格納方法です❸。この「EOS」には意味はなく任意の文字列を付けることができます。ただし、英数字と「_」アンダーバーのみで、数字から始まる文字はエラーになります。はじめの「<<<」と「EOS」の間は空けません。最後のEOSのあとは「;」のみで、「EOS;」のあとに半角スペースなど文字列があるとエラーになります。「EOS;」の前にもタブやスペースがあってはいけません。なお、PHP上で発行するSQL文の最後は「;」（セミコロン）で終わる必要はありません。

```
$sql = <<<EOS          ❶ ここに<<<EOSを記述して、
    INSERT  INTO member
        (
        last_name,
        first_name,
        age
        )                    ❷ ここにSQL文を
    VALUES                      記述して、
        (
            '田中',
            '一郎',
            21
        )
EOS;                    ❸ EOS;で終わります。
```

Next ▶

2 変数のあるSQL文の組み立て方

右のコードはデータを登録するときのINSERT文です。1番の「値が直接記述されているSQL文」はターミナルやコマンドプロンプトから入力するときのように記述すれば正しく安全に動作します。一方、会員登録フォームでユーザーがデータを送信するような場合は、外部から送信されたデータをSQLに組み込む必要があります。残念ながら現在のインターネット環境では頻繁に攻撃目的のデータが送信されています。また、偶然に誤動作を起こすデータが送信されることも考えられます。安全にSQLを実行するためには、攻撃に利用される「SQLとして意味のある文字（「'」など）」を無効化する必要があります。

1. 適切な記述法
   値が直接記述されている SQL 文

```
$sql = "INSERT  INTO member (last_name, first_name, age)
 VALUES ( ' 田中 ', ' 一郎 ', 21 )";
```

2. 危険な記述方法
   値がグローバル変数で記述されている SQL 文

```
$sql = "INSERT  INTO member (last_name, first_name, age)
 VALUES ( '" . $_POST['last_name'] . "', '" . $_POST['first_
name'] . "', " . $_POST['age'] . " )";
```

プリペアドステートメント

1 プレースホルダを利用して組み立てる

安全にSQLを実行するためにプリペアドステートメントという機能を利用します。SQLに組み込まれた値を最も安全に処理します。同じSQLを繰り返す場合はパフォーマンスの最適化も望めます。プリペアドステートメントは、SQL文のテンプレートを先に準備（prepare）して、値とSQL部分を明確に分けることで安全を担保します。

SQL文と外部の値を区別できるように、値の部分にプレースホルダと呼ばれる識別子を置きます。プレースホルダには2種類あり「:名前」形式の名前付きプレースホルダと「?」プレースホルダから選択できます。それではコードを見てみましょう。外部から届くデータの部分（グローバル変数）をプレースホルダを利用して置き換えています。名前付きプレースホルダは、「:」とカラム名「last_name」を組み合わせて「:last_name」としています❶。他のカラムも同じように指定します。「?」プレースホルダは、値の部分に「?」を指定するだけです❷。

1.「:名前」を使う場合

```
$sql = "INSERT  INTO member (last_name, first_name, age)
 VALUES ( :last_name, :first_name, :age )";
```

❶ ここが名前付きプレースホルダです

2.「?」を使う場合

```
$sql = "INSERT  INTO member (last_name, first_name, age)
 VALUES ( ?, ?, ? )";
```

❷ ここが「?」プレースホルダです

2 値を結びつける

prepareメソッドで前の手順で作成したSQLを引数に設定して実行するとSQLを解析してキャッシュします。同じSQLを実行するときに速度が改善されるのは、2度目以降はこのキャッシュを利用するためです。次にSQLの各々のプレースホルダと値をバインド（結びつける）します。利用できるメソッドは2つあります。bindValueとbindParamです。ここでは動作がわかりやすいbindValueと名前付きプレースホルダを利用します。$pdoにPDOクラスのオブジェクトが格納されているとします。prepareメソッドで$sqlに格納されたSQL文を解析します❸。返り値としてステートメントハンドラ（PDOStatement クラスのオブジェクト）が返り$stmhに格納されます❹。PDOStatementクラスのbindValueメソッドを利用して❺、第1引数にプレースホルダに使った名前を❻、第2引数に外部から送信された値を指定します❼。bindValueメソッドの中の識別子「:last_name」は「'」で囲っています。準備ができたらPDOStatementクラスのexecuteメソッドでSQL文を実行します❽。「?」プレースホルダの場合は「?」に対応する部分に数字を順番に記述します。次のSectionから登録、検索、更新、削除についてそれぞれさらに詳しく学習します。

dbtest5.php

```
// 1. 名前付きプレースホルダ

$sql = "INSERT  INTO member (last_name, first_name, age)
 VALUES ( :last_name, :first_name, :age )";
$stmh = $pdo->prepare($sql);
$stmh->bindValue(':last_name',
          $_POST['last_name']);
$stmh->bindValue(':first_name',
          $_POST['first_name']);
$stmh->bindValue(': age',
          $_POST['age']);
$stmh->execute();
```

❸ ここで prepare メソッドを実行して、

❹ ここにステートメントハンドラを格納して、

❺ このメソッドで、

❻ プレースホルダと、

❼ 外部からの値を結びつけます。

❽ 準備ができたのでSQL文を実行します。

```
//2. 「?」プレースホルダ

$sql = "INSERT  INTO member (last_name, first_name, age)
 VALUES ( ?, ?, ?)";
$stmh = $pdo->prepare($sql);
$stmh->bindValue( 1, $_POST['last_name']);
$stmh->bindValue( 2, $_POST['first_name']);
$stmh->bindValue( 3, $_POST['age']);
$stmh->execute();
// 解説のためのコードです。動作しません。
```

Section 67

SQL文

Chapter 8

Section **68** データ挿入

登録画面からデータを挿入するには

前のSectionで処理の概要がわかったら、このSectionでは、登録画面（送信フォーム）からデータを入力して、テーブルにそのデータを挿入しましょう。

送信フォームの作成

1 テーブル構造を確認する

送信フォームは、対象になるテーブル構造に合わせる必要があるため、作成前にテーブル構造の確認を行う必要があります。ここでは、Section 60 〜 62 で作成したテーブル member に対してデータを挿入します。mysql コマンドラインツールを起動して確認してみましょう（Section 56 参照）。「（OS 別のパス）mysql -u sample -p sampledb」として、mysql コマンドラインツールを起動したら「MariaDB [sampledb]>」に続けて、「show fields from member;」を実行すると、テーブルの構造を表示します。ここで何も表示されない場合は、テーブルがありませんので、Section 60 〜 62 を参考にテーブルを作成してください。テーブルを削除して再作成したいときには「DROP TABLE member;」を実行してください。

MariaDB [sampledb]> show fields from member;

Field	Type	Nul	Key	Default	Extra
id	mediumint(8) unsigned	NO	PRI	NULL	auto_increment
last_name	varchar(50)	YES		NULL	
first_name	varchar(50)	YES		NULL	
age	tinyint(3) unsigned	YES		NULL	

4 rows in set (0.01 sec)

対象にするテーブル定義：

```
DROP TABLE member;
CREATE TABLE member (
    id  MEDIUMINT UNSIGNED NOT NULL AUTO_INCREMENT,
    last_name  VARCHAR(50),
    first_name VARCHAR(50),
    age        TINYINT UNSIGNED,
    PRIMARY KEY (id)
);
```

テーブルに挿入されているデータ：

```
INSERT  INTO member (last_name, first_name, age)
VALUES(' 田中 ',' 一郎 ', 21);
INSERT  INTO member (last_name, first_name, age)
VALUES(' 山田 ',' 二郎 ', 18);
INSERT  INTO member (last_name, first_name, age)
VALUES(' 林 ', ' 三郎 ', 35);
INSERT  INTO member (last_name, first_name, age)
VALUES(' 鈴木 ',' 四郎 ', 20);
INSERT  INTO member (last_name, first_name, age)
VALUES(' 佐藤 ',' 五郎 ', 28);
```

Point ≫要点 OS別 接続コマンド

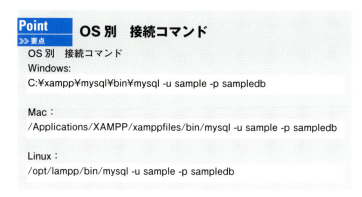

2 フォームを作る

ここでテストに使用するファイルは2つあります。form.htmlでデータを入力してformメソッドでview.phpへ送信します。view.phpではスーパーグローバル変数「$_POST」からデータを受け取ります。form.htmlから作成しましょう。<form>タグのmethod属性には「post」❶、action属性には「view.php」を記述します❷。入力欄は<form>タグと</form>タグの間に3個の<input type="text">を置きます。姓を入力する<input>タグのname属性に「last_name」を記述します❸。同様に、名前を入れる欄には「first_name」❹、年齢には「age」を記述します❺。ブラウザで表示して確認しましょう❻。

form.html

```
<!DOCTYPE html>
<html lang="ja">
<head>
<meta charset="UTF-8">
<title>PHPのテスト</title>
</head>
<body>
<div style="font-size:14px">PHPのテスト</div>

<form name="form1" method="post" action="view.php">
氏：<br>
<input type="text" name="last_name">
<br>
名：<br>
<input type="text" name="first_name">
<br>
年齢：<br>
<input type="text" name="age">
<br>
<input type="submit" value="送　信">
</form>

</body>
</html>
```

❶ ここにpostを記述して、
❷ ここにview.phpを記述します。
❸ ここにlast_nameを、
❹ ここにfirst_nameを、
❺ ここにageを記述します。

❻ 登録画面が表示されます

Next▶

Chapter 8 PHPからデータベースを操作する

データ挿入

1 データベースに接続する

接続はPDOを利用します。Section 66で学習した接続方法とほとんど同じです。違いはDSN（データソースネーム：接続情報文字列）を変数にして組み立てているところです❶。「"（ダブルクォーテーション）」で囲んでいるのでその中の変数は実行するときに文字列に展開されます。tryブロック内でデータベースに接続して❷、try-catch構文が利用できるようにエラーモードを設定しています❸。さらに、プリペアドステートメントを利用できるようにエミュレート機能をfalseにしています❹。

view.php

```php
<!DOCTYPE html>
<html lang="ja">
<head>
<title>PHP のテスト </title>
</head>
<body>
<?php
$db_user = "sample";        // ユーザー名
$db_pass = "password";      // パスワード
$db_host = "localhost";     // ホスト名
$db_name = "sampledb";      // データベース名
$db_type = "mysql";         // データベースの種類
```
❶ ここでDSNを組み立てて、
```php
$dsn = "$db_type:host=$db_host;dbname=$db_name;charset=utf8";
```
❸ ここでエラーモードを設定して、

❷ ここでデータベースに接続します。
```php
try {
    $pdo = new PDO($dsn, $db_user,$db_pass);
    $pdo->setAttribute(PDO::ATTR_ERRMODE,
            PDO::ERRMODE_EXCEPTION);
    $pdo->setAttribute(PDO::ATTR_EMULATE_PREPARES, false);
    print " 接続しました ... <br>";
} catch(PDOException $Exception) {
    die(' エラー :' . $Exception->getMessage());
}
// 手順 2 へ続く
```
❹ ここでプリペアドステートメントを利用できるようにします。

2 トランザクション処理

MySQLサーバに接続後、tryブロック内でデータを挿入する処理を実行します。トランザクション処理とbindValueに第3引数を設定している点が新しい機能です。トランザクションとは複数の処理を1つの処理としてまとめたものです。トランザクション開始とともに処理を実行して❺、トランザクション終了てデータの変更を確定します❻。トランザクション内部のSQL文の実行は、他のユーザーの操作の影響を受けずに実施できます。例えば複数のユーザーが同時にボタンを押して同じデータを更新したときに最初にボタンを押したユーザーの更新処理中は他のユーザーの更新処理をブロックします。さらに、一連の処理のどこかでエラーが発生したときはロールバック処理でデータを元の状態に戻して終了します❼。手順3のコードを確認しましょう。beginTransactionメソッドを実行して、トランザクションを開始します❽。SQLを実行後にcommitメソッドで変更を確定します❾。もし、トランザクション処理中でエラーが発生した場合はcatchブロック内のrollBackメソッドにより元の状態に戻って終了します❿。

トランザクション開始 ── ❺ ここでトランザクションを開始して、

登録処理 1
登録処理 2
更新処理
削除処理
トランザクション終了 ──

❻ ここで変更を確定します。

// もし、エラーが発生したら
ロールバック処理 ────── ❼ ここで元の状態に戻します。

なお、トランザクション処理が利用できるストレージエンジンは、MariaDBではInnoDBとSEQUENCEだけです。本書の方法でインストールした場合はInnoDBで稼働しています。

view.php

```
// 手順1から続く
try {
    $pdo->beginTransaction();
    $sql = "INSERT  INTO member (last_name, first_name, age) VALUES ( :last_name, :first_name, :age )";
    $stmh = $pdo->prepare($sql);
    $stmh->bindValue(':last_name',
        $_POST['last_name'], PDO::PARAM_STR );
    $stmh->bindValue(':first_name',
        $_POST['first_name'], PDO::PARAM_STR );
    $stmh->bindValue(':age',
        $_POST['age'], PDO::PARAM_INT );
    $stmh->execute();
    $pdo->commit();
    print " データを " . $stmh->rowCount() . " 件、挿入しました。<br>";
} catch (PDOException $Exception) {
  $pdo->rollBack();
  print " エラー：" . $Exception->getMessage();
}


?>
</body>
</html>
```

❽ トランザクションを開始します。
❾ 変更を確定します。
❿ 元の状態に戻します。
⓫ これはデータ型が文字列を、
⓬ これは数値を示しています。
⓭ このメソッドで登録件数を返します。

3 データ型を設定する

bindValueメソッドの3番目の引数の「PDO::PARAM_STR」はデータ型と呼ばれるものです。バインド（結びつけ）する値が文字列または数値の別を明示することでSQLインジェクションに対する安全性を高めています。「PDO::PARAM_STR」は文字列を⓫、「PDO::PARAM_INT」は数値⓬を意味します。

（表）定義済み定数：

PDO::PARAM_BOOL	ブール値を表します
PDO::PARAM_NULL	SQLのNULLを表します
PDO::PARAM_INT	SQLのINTEGER型を表します
PDO::PARAM_STR	SQLのCHAR型、VARCHAR型などの文字列型を表します

4 実行確認する

PDOStatementクラスのrowCountメソッドは、SQLを実行した結果件数を返り値として取得できます。ここでは登録件数を返します⓭。form.htmlとview.phpが完成したらApacheのDocumentRoot（Section 05参照）に設置してください。ApacheとMySQLは起動した状態で、「http://localhost/form.html」にWebブラウザでアクセスして、自分の名前や年齢などをフォームから送信してください。「データを1件、挿入しました。」と表示されたら成功です。挿入データの確認は次のSectionで行います。

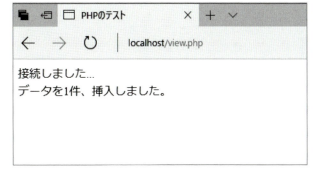

Chapter 8

Section **69** Chapter 8

検索結果の表示

データを検索して表示するには

前のSectionで挿入したデータを検索して表示します。フォームから検索キーを送信して、SELECT文を生成します。結果は複数件表示できるようにテーブルで表示します。

送信フォームの作成

1 テーブルの確認

ここでは、検索キーを送信するフォーム search.html とデータを受け取り検索処理のあとに結果を一覧表示する list.php を作成します。はじめに、search.html を作成しましょう。どのような検索キーが必要になるか、再度、mysql コマンドラインツールを起動して確認してみましょう（Section 60 〜 62 参照）。検索に使用するキーは、last_name と first_name にします。入力欄は 1 カ所作成し、last_name と first_name を 1 つの入力欄で同時に検索します。

MariaDB [sampledb]> show fields from member;

Field	Type	Null	Key	Default	Extra
id	mediumint(8) unsigned	NO	PRI	NULL	auto_increment
last_name	varchar(50)	YES		NULL	
first_name	varchar(50)	YES		NULL	
age	tinyint(3) unsigned	YES		NULL	

4 rows in set (0.00 sec)

2 検索フォームを作る

検索用のフォームといっても、送信するだけのフォームとの機能的な違いはありません。search.html に検索キーを入力してPOSTメソッドで list.php へ送信します。list.php ではデータ挿入のときと同じように、スーパーグローバル変数「$_POST」からデータを受け取ります。<form> タグの method 属性には「post」❶、action 属性には「list.php」を記述します❷。入力欄は <form> タグと </form> タグの間に <input type="text" name="name"> を置きます。name 属性には「search_key」と記述します❸。

search.html

```html
<!DOCTYPE html>
<html lang="ja">
<head>
<meta charset="UTF-8">
<title>PHP のテスト </title>
</head>
<body>
<div style="font-size:14px">PHP のテスト </div>

<form name="form1" method="post" action="list.php">
名前：<br>
<input type="text" name="search_key">
<br>
<input type="submit" value=" 検索する ">
</form>

</body>
</html>
```

❶ ここにpostを、

❷ ここにlist.phpを、

❸ ここにsearch_keyと記述します。

232

データ検索

1 データベースに接続する

データベースへの接続は前のSectionの view.phpと同じです。接続はPDOを 利用します。DSN（データソースネーム： 接続情報文字列）を変数にして組み立 てます❶。「"（ダブルクォーテーション）」 で囲んでいる変数は実行するときに文 字列に展開されます。tryブロック内で データベースに接続して❷、try-catch 構文が利用できるようにエラーモード を設定しています❸。さらに、プリペ アドステートメントを利用できるよう にエミュレート機能をfalseにしていま す❹。

list.php

```html
<!DOCTYPE html>
<html lang="ja">
<head>
<title>PHP のテスト </title>
</head>
<body>
<?php
$db_user = "sample";       // ユーザー名
$db_pass = "password";     // パスワード
$db_host = "localhost";    // ホスト名
$db_name = "sampledb";     // データベース名
$db_type = "mysql";        // データベースの種類
```

> ❶ ここでDSNを組み立てて、

```php
$dsn = "$db_type:host=$db_host;dbname=$db_name;charset=utf8";
```

> ❷ ここでデータベースに接続します。

```php
try {
  $pdo = new PDO($dsn, $db_user,$db_pass);
  $pdo->setAttribute(PDO::ATTR_ERRMODE,
PDO::ERRMODE_EXCEPTION);
  $pdo->setAttribute(PDO::ATTR_EMULATE_PREPARES, false);
  print " 接続しました ... <br>";
} catch(PDOException $Exception) {
  die(' エラー :' . $Exception->getMessage());
}
```

> ❸ ここでエラー モードを設定して、

> ❹ ここでプリペアドステートメントを利用できるようにします。

```php
// 手順 2 へ続く
```

2 検索用SQLの実行

$_POST['search_key']のデータを$search_ keyに格納します❺。前後を「%」で挟んで います。文字列を結合する演算子の「.」ピ リオドに注意してください。「%」はSQL では「0文字以上の任意の文字列」を意味し ます。「%検索キー %」とすると中間一致 検索❻を実行できます。%を使う検索の ときは条件文に「=」ではなく「like」を使用 します。「WHERE 条件1 OR 条件2」は、 条件1または条件2に一致していれば検索 できるという意味です。WHERE句の意味 は、last_nameまたはfirst_nameに$search_ keyが含まれていると検索される❼、とな ります。PDOStatementクラスのrowCount メソッドは、SQLを実行した結果件数を返 り値として$countへ格納します❽。ここ では検索件数を返します❾。

```php
// 手順 1 から続く
```

> ❺ 検索キーをここに格納します。

```php
// POST されたデータを受け取ります。
$search_key = '%' . $_POST['search_key'] . '%';
```

> ❻ ここで中間一致検索になります。

```php
try {
  $sql= "SELECT * FROM member WHERE last_name  like
:last_name OR first_name  like :first_name ";
  $stmh = $pdo->prepare($sql);
  $stmh->bindValue(':last_name',  $search_key, PDO::PARAM_
STR );
  $stmh->bindValue(':first_name', $search_key, PDO::PARAM_
STR );
  $stmh->execute();
  $count = $stmh->rowCount();
  print " 検索結果は " . $count . " 件です。 <br>";
} catch (PDOException $Exception) {
  print " エラー : " . $Exception->getMessage();
}

// 手順 3 へ続く
```

> ❼ 姓、名に検索キーが あれば検索されます。

> ❽ 処理した件数を返して、

> ❾ ここで表示します。

（表）% の使い方：

検索キー %	前方一致
% 検索キー %	中間一致
% 検索キー	後方一致

Section 69

検索結果の表示

Next▶

233

Chapter 8

PHPからデータベースを操作する

3 HTMLタグの無効化

ここからは、検索結果の表示処理です。if文で$countの件数をチェックして0件の場合は「検索結果がありません」と表示します❿。1件以上ある場合は、else文の中のTABLEタグを表示します⓫。データ部分はwhile文で検索件数だけ表形式の行を繰り返し表示します⓬。PHPの開始タグ「<?php」と終了タグ「?>」が細かく入ってPHPプログラムとHTMLタグを区分けして表示しています。変数すべてにhtmlspecialchars関数を設定しています⓭。こうすることで変数内に含まれる可能性のあるHTMLタグを無効化します。結果としてクロスサイトスクリプティングという攻撃を回避できます。

```php
// 手順 2 から続く
if($count < 1){
        print " 検索結果がありません。<br>";
}else{
?>
<table border="1">
<tbody>
<tr><th> 番号 </th><th> 氏 </th><th> 名 </th><th> 年齢 </th></tr>
<?php
  while ($row = $stmh->fetch(PDO::FETCH_ASSOC)) {
?>
<tr>
<td><?=htmlspecialchars($row['id'], ENT_QUOTES)?></td>
<td><?=htmlspecialchars($row['last_name'], ENT_
QUOTES)?></td>
<td><?=htmlspecialchars($row['first_name'], ENT_
QUOTES)?></td>
<td><?=htmlspecialchars($row['age'], ENT_QUOTES)?></td>
</tr>
<?php
}
?>
</tbody></table>
<?php
}
?>
</body>
</html>
```

❿ 0件のときはメッセージを表示して、

⓫ それ以外はTABLEタグを表示します。

⓬ 検索件数だけ行を表示します。

⓭ htmlspecialchars関数により安全性を高めます。

234

実行結果

このSectionで作成したsearch.htmlとlist.phpをApacheのDocumentRootに設置して、Webブラウザからsearch.htmlにアクセスします。search.htmlから例えば「田中」と入力して❶、[検索する]をクリックすると❷、list.phpが起動され、結果を表示します❸。「郎」で検索すると5件すべてが表示されます。

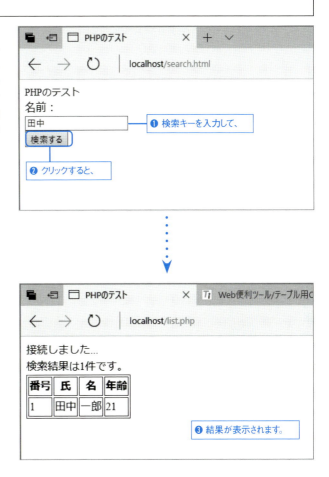

Chapter 8

PHPからデータベースを操作する

Chapter 8
Section 70 | 更新

データを更新するには

入力したデータを更新します。更新処理をフォームで行うには、データをフォームに読み込むための処理とデータを更新するための処理が必要です。

更新フォームの作成

1 データベース接続機能を分離する

▼ 更新にはデータを修正するPHPファイルと送信データによりデータベースを更新するPHPファイルが必要です。どちらもデータベースに接続します。同じ接続処理を2つのファイルに記述するより、関数やクラスとして別ファイルにまとめておくと便利です。ここでは分かりやすさを優先して別のファイルに関数で接続機能を作成します。コードをご覧ください。関数名は db_connect です ❶。内容はこれまでに解説したデータベース接続と同じです。「接続中 ...」という表示は不要なので削除しました。関数の最後に return 文でデータベースハンドラの $pdo を返り値として設定しています ❷。

MYDB.php

```php
<?php

function db_connect(){          // ❶ ここに関数db_connectを定義して、
    $db_user = "sample";        // ユーザー名
    $db_pass = "password";      // パスワード
    $db_host = "localhost";     // ホスト名
    $db_name = "sampledb";      // データベース名
    $db_type = "mysql";         // データベースの種類

    $dsn = "$db_type:host=$db_host;dbname=$db_name;charset=utf8";

    try {
        $pdo = new PDO($dsn, $db_user,$db_pass);
        $pdo->setAttribute(PDO::ATTR_ERRMODE,
PDO::ERRMODE_EXCEPTION);
        $pdo->setAttribute(PDO::ATTR_EMULATE_PREPARES,
false);
    } catch(PDOException $Exception) {
        die(' エラー :' . $Exception->getMessage());
    }
    return $pdo;          // ❷ ここからデータベースハンドラを返します。
}
?>
```

Point ≫要点 **SQL文の間違い**

実行したSQL文に間違いがありエラーが発生しても原因がわからないことがあります。SQL文を「print $sql;」などと追加して再度実行してみましょう。SQL文の内容が表示されるので間違いがないかどうか確認してくださ

い。文字の場合「'」で囲まれているかどうか、条件文で「=」を使うべきところにPHPと同じ「==」を使っていないかどうか、「,」が不要なところにないかなどに注意してください。

236

2 更新データを取得する

ここではセッション変数（Section 44 参照）を使うため、ページの先頭で session_start関数を実行します❸。セッション変数によるデータの受け渡しを行うためです。require_once関数により、前の手順で作成したMYDB.phpを読み込んで❹、db_connect関数を実行してデータベースに接続したら❺、データベースハンドラを$pdoに格納します❻。ここで更新するデータの番号を「$id = 1;」として登録しておきます❼。セッション変数 $_SESSION['id']にも同じ$idの値を格納して次のページで利用します❽。SELECT文では、idが$idと同じデータ、すなわち「1」番のデータを検索します❾。executeメソッドでSQL文を実行したら、検索件数をrowCountメソッドで取得して、$countに格納します❿。

updateform.php

```php
<?php
session_start();
?>                    ❸ ここでセッションを開始して、
<!DOCTYPE html>
<html lang="ja">
<head>
<title>PHP のテスト </title>
</head>
<body>


<?php
require_once("MYDB.php");    ❹ ここで接続用ファイルを読み込んで、
$pdo = db_connect();         ❺ ここでデータベース接続関数を実行します。
                             ❻ ここにデータベースハンドラを格納します。
// ここを変更すると更新対象が変わります。
$id        = 1;              ❼ ここに更新用IDを設定して、
$_SESSION['id'] = $id;       ❽ ここでセッション変数にIDを設定して、
try {
  $sql= "SELECT * FROM member WHERE id = :id ";
  $stmh = $pdo->prepare($sql);      ❾ 検索条件を指定して、
  $stmh->bindValue(':id',  $id, PDO::PARAM_INT );
  $stmh->execute();
  $count = $stmh->rowCount();  ❿ 検索件数をここに格納します。


} catch (PDOException $Exception) {
  print " エラー：" . $Exception->getMessage();
}
// 手順 3 へ続く
```

Point ユニーク
>> 要点

idを条件として利用しているのは、idに同じものがなく確実に1件だけだからです。このようなデータをユニークと呼びます。

Next ►

3 更新データを表示する

$countを確認して1より少ない（0件）ときは、「更新データがありません」とメッセージが表示されます⓫。1件以上検索できたときだけ検索結果を表示します⓬。検索したデータはステートメントハンドラ（PDOStatementクラス）のfetchメソッドで取得できます⓭。引数の「PDO::FETCH_ASSOC」⓮はカラム名を利用した連想配列でデータを受け取るよう指示するものです。何も指定しないと連想配列形式と数字がインデックスになった配列が重複してデータが返るためこのようにしています。取得した連想配列は$rowに格納されます⓯。PHPコードの範囲から外に出て、HTMLとして表示するHTMLタグが続きます。<form>タグのaction属性に「update.php」を記述します⓰。このフォームから送信するとデータはupdate.phpに送られます。画面の「番号」はデータを操作するときのキーとなりますので入力欄は使用せず番号だけを表示します⓱。「氏」には、last_nameを表示するのでinputタグのname属性にlast_name、value属性にhtmlspecialcharsでタグを無効化して$row['last_name']を設定します⓲。その他のデータも同じように記述して、<input type="submit">形式の更新ボタンを設置します⓳。

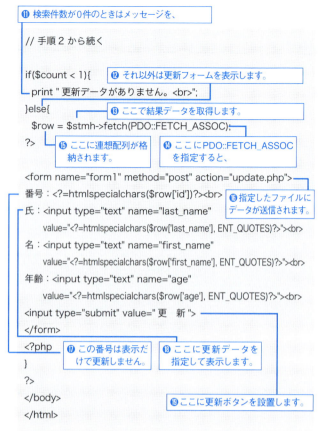

データ更新

1 データを更新する

データ更新処理を行うupdate.phpを作成します。updateform.phpでセッション変数に格納したデータを利用するため、このページの先頭でもsession_start関数を実行します❶。データベース接続はこれまでと同様です。更新データのキーとなるidをセッション変数$_SESSION['id']から$idに格納します❷。更新処理もトランザクションとして処理します。beginTransactionメソッドで処理を開始します❸。失敗したときはcatchブロックのrollBackメソッドで元に戻して終了するので安心です❹。UPDATE文を名前付きプレースフォルダを指定して組み立てます❺。更新するデータを特定するためにSQL文の条件文であるWHERE句に「id = :id」を記述します❻。prepareメソッドを実行して❼、受信した$_POSTデータに格納されている氏名と年齢をbindValueメソッドでプレースフォルダに結びつけます❽。$idも同様です。executeメソッドでSQLを実行すると更新され❾、commitメソッドで確定します❿。ステートメントハンドラのrowCountメソッドにより更新で影響を受けたデータの件数を表示します⓫。最後にセッション変数$_SESSIONにarray()を指定して初期化して⓬、session_destroyで破棄します⓭。

2 実行確認する

このSectionで作成したupdateform.php、MYDB.php、update.phpをApacheのDocumentRootに設置して、Webブラウザからupdateform.phpにアクセスします。idが1の「田中」さんのデータが表示されるので、データを変更して［更新］をクリックすると、「データを1件、更新しました。」と表示されます。何も変更せずに［更新］をクリックすると「データを0件、更新しました。」と表示されます。既存のデータとまったく同じデータで更新した場合、MySQLは更新処理を行わないためです。

update.php

```php
<?php session_start();?>
<!DOCTYPE html>
<html lang="ja">
<head>
<title>PHPのテスト</title>
</head>
<body>
<?php
require_once("MYDB.php");
$pdo = db_connect();

// セッション変数から受け取ります。
$id  = $_SESSION['id'];

try {
  $pdo->beginTransaction();
  $sql = "UPDATE  member
      SET
        last_name  = :last_name,
        first_name = :first_name,
        age        = :age
      WHERE id = :id";
  $stmh = $pdo->prepare($sql);
  $stmh->bindValue(':last_name',
          $_POST['last_name'],  PDO::PARAM_STR );
  $stmh->bindValue(':first_name',
          $_POST['first_name'], PDO::PARAM_STR );
  $stmh->bindValue(':age',
          $_POST['age'],        PDO::PARAM_INT );
  $stmh->bindValue(':id',
          $id,                  PDO::PARAM_INT );
  $stmh->execute();
  $pdo->commit();
  print "データを " . $stmh->rowCount() . " 件、更新しました。
<br>";
} catch (PDOException $Exception) {
  $pdo->rollBack();
  print "エラー：" . $Exception->getMessage();
}

// セッション変数を全て解除する
$_SESSION = array();

// 最終的に、セッションを破壊する
session_destroy();
?>
</body>
</html>
```

❶ ここでセッションを開始して、

❷ セッション変数から$idにデータを格納します。

❸ トランザクションを開始して、

❹ エラーのときはこのメソッドで元に戻して終了します。

❺ 名前付きプレースフォルダを使ってSQLを組み立て、

❻ 更新するデータの条件を指定します。

❼ プリペアドステートメントの準備をして、

❽ bindValueメソッドでプレースフォルダに結びつけます。

❾ ここで実行すると更新され、

❿ ここで確定します。

⓫ ここに更新件数を表示します。

⓬ ここでセッション変数を初期化して、

⓭ ここで破棄します。

Chapter 8

Section **71** Chapter 8 | 削除

データを削除するには

このSectionでは、データの削除処理を行います。削除は、リンクをクリックしてデータ番号と動作モードを送信して行います。

削除画面の作成

1 リンクの作成

どのデータを削除するかリンクをクリックして決めることにします。リンクを表示するページを delete.html とします。リンクがクリックされるとリンクに付加したパラメータが送信されます。これは、スーパーグローバル変数 $_GET (Section 35 参照)で受け取ることにします。削除処理後、結果を一覧で表示します。リンクはコードのように作成します。「?」以下に「キー＝データ」の形式記述します。追加する場合は「&」を挟み同じ形式で追加していきます。この action は動作モードで ❶、id は削除するデータの番号です ❷。送信されたデータは $_GET['action']、$_GET['id'] から受け取ることができます。

2 削除画面を作る

削除画面は通常のリンクを番号順に記述します。前の手順で考えたリンクをデータの数だけ作成します ❸。

In detail
>> 詳解 | 番号

id は MySQL により自動的に番号が挿入されるように「auto_increment」が指定されます。データが挿入されるたびに、「番号の最大値+1」が計算されて番号が挿入されます。このため、データが削除されると、削除した番号は利用されることなく欠番になります。

---

❶ これは動作モードで、

```
<a href="list.php?action=delete&id= 数字
"> 数字 </a>
```

❷ ここは削除する番号を記述します。

delete.html

```html
<!DOCTYPE html>
<html lang="ja">
<head>
<meta charset="UTF-8">
<title> データ削除のテスト </title>
</head>
<body>
削除番号をクリックしてください。
<table border="1">
<tbody>
<tr><th> 番号 </th></tr>
<tr><td><a href="list.php?action=delete&id=1">[1]</a></td></tr>
<tr><td><a href="list.php?action=delete&id=2">[2]</a></td></tr>
<tr><td><a href="list.php?action=delete&id=3">[3]</a></td></tr>
<tr><td><a href="list.php?action=delete&id=4">[4]</a></td></tr>
<tr><td><a href="list.php?action=delete&id=5">[5]</a></td></tr>
<tr><td><a href="list.php?action=delete&id=6">[6]</a></td></tr>
</tbody>
</table>
</body>
</html>
```

❸ ここにリンクを記述します。

240

データ削除

1 データを削除する

Section 70 と同じようにデータベースへの接続処理を MYDB.php から読み込んだ db_connect 関数で実行します。if 文で指定した条件のときにだけ削除処理を行います。はじめに、「isset($_GET['action'])」で値の存在をチェックしています。次に「$_GET['action'] == 'delete'」は action が delete のとき、「$_GET['id'] > 0」は番号が 1 以上のときという意味になります。すべての条件が true のときに削除処理を行います ❶。削除処理もトランザクションとして処理します。beginTransaction メソッドで処理を開始します ❷。失敗したときは catch ブロックの rollBack メソッドで元に戻して終了します。削除番号の $_GET['id'] を $id に格納します ❸。DELETE 文を名前付きプレースフォルダを指定して組み立てます ❹。削除するデータは $id だけなので SQL 文の条件文である WHERE 句に「id = :id」を記述します ❺。prepare メソッドを実行して ❻、$id とを bindValue メソッドでプレースフォルダ「:id」に結びつけます ❼。execute メソッドで SQL を実行すると削除され ❽、commit メソッドで確定します ❾。ステートメントハンドラの rowCount メソッドにより削除で影響を受けたデータの件数を表示します ❿。

list.php

```php
<!DOCTYPE html>
<html lang="ja">
<head>
<title>PHP のテスト </title>
</head>
<body>
<?php
require_once("MYDB.php");
$pdo = db_connect();
```

❶ すべての条件がtrueのときに削除します。

```php
if(isset($_GET['action']) && $_GET['action'] == 'delete' &&
$_GET['id'] > 0 ){
    try {
        $pdo->beginTransaction();
        $id = $_GET['id'];
        $sql = "DELETE FROM member WHERE id = :id";
        $stmh = $pdo->prepare($sql);
        $stmh->bindValue(':id', $id, PDO::PARAM_INT );
        $stmh->execute();
        $pdo->commit();
        print "データを " . $stmh->rowCount() . " 件、削除しました。<br>";
    } catch (PDOException $Exception) {
        $pdo->rollBack();
        print "エラー：" . $Exception->getMessage();
    }
}
```
〜 省略 〜

❷ トランザクションを開始して、
❸ ここに削除番号を格納します。
❹ ここでDELETE文を組み立てて、
❺ ここに削除条件を指定します。
❻ プリペアドステートメントを準備して、
❼ bindValue メソッドで値を結びつけて、
❽ ここで削除されて、
❾ ここで確定します。
❿ ここに削除件数を表示します。

2 検索する

削除後のデータを検索するには検索条件の無い SELECT 文を指定して全データを検索します ⓫。これはデータが 5 件だけということがわかっているためであり、大量に検索されるときは LIMIT 句で制限することが必要です。SQL に変数が含まれていないため PDO クラスの query メソッドで SQL を実行しています ⓬。残りの部分は Section 69 の list.php と同じです。delete.html と list.php が完成したら、ファイルを設置して動作を確認してください。

```php
// 一部抜粋
try {
    $sql= "SELECT * FROM member ";
    $stmh = $pdo->query($sql);
    $count = $stmh->rowCount();
~ 中略 ~
    while ($row = $stmh->fetch(PDO::FETCH_ASSOC)) {
~ 中略 ~
<td><?=htmlspecialchars($row['id'], ENT_QUOTES)?></td>
<td><?=htmlspecialchars($row['last_name'], ENT_QUOTES)?></td>
<td><?=htmlspecialchars($row['first_name'], ENT_QUOTES)?></td>
<td><?=htmlspecialchars($row['age'], ENT_QUOTES)?></td>
~ 中略 ~
```

⓫ ここに検索条件の無いSELECT文を指定しています。
⓬ ここでSQLを実行します。

Section 71

削除

241

Chapter 8

Section **72** 各処理の連携

機能を連携するには

ここまで、挿入、検索、更新、削除機能を作成しました。このSectionでは機能をまとめてlist.phpを中心に動作するように機能の移動・修正をします。

list.phpの修正

1 各ファイルの機能

挿入、検索、更新、削除とPHPからSQLを実行する方法を学びました。最後のSectionではこれらの4つの機能を連携して動作するように機能を追加します。下の表のようにこれまでに利用した4つのファイルを利用します。list.phpに検索、挿入、更新、削除の機能を追加します。form.htmlとupdateform.phpは連携用の簡単な修正を施します。MYDB.phpはそのまま利用します。ソースコードが長くなってきますので、これまでに繰り返し説明した機能はここでは省いて、必要なソースコードだけを掲載して解説します。省略された部分は該当の各Sectionで確認してください。list.php内部に機能が4つあるため処理のモードをactionで判断しています。検索のみsearch_keyに値があるかどうかで判断しています。

（表）ファイル名とその機能：

ファイル名	機能
list.php	検索、挿入、更新、削除
form.html	登録画面
updateform.php	更新用フォーム
MYDB.php	データベース接続関数

（表）list.php 内部で処理を分岐する条件：

操作名	$_GET['action']	$_POST['action']
挿入	—	insert
更新	—	update
削除	delete	—
検索	—	search_key に値がある

2 検索フォームの追加

更新時にセッション変数を使うため、ページの先頭で session_start 関数を実行します ❶。操作している画面がどの機能かわかるように画面の上部に見出しを表示します ❷。次に、「新規登録」というリンクを作成して form.html へ遷移するようにします ❸。list.php には検索できるよう検索用の入力欄と「検索する」ボタンを追加します ❹。$_GET['action'] に値があり、かつその値が「delete」のときに削除処理を実行します ❺。

list.php

```php
<?php
session_start();
?>
<!DOCTYPE html>
<html lang="ja">
<head>
<title>PHP のテスト </title>
</head>
<body>
<hr>
会員名簿一覧
<hr>
[ <a href="form.html"> 新規登録 </a>]
<br>
```

❶ セッションを開始します。

❷ ここに見出しを表示します。

❸ ここに新規登録へのリンクを追加します。

242

> ❹ 検索フォームをここに表示します。

```php
<form name="form1" method="post" action="list.php">
名前：<input type="text" name="search_key"><input
type="submit" value=" 検索する ">
</form>
<?php
require_once("MYDB.php");
$pdo = db_connect();
// 削除処理
if(isset($_GET['action']) && $_GET['action'] == 'delete'
&& $_GET['id'] > 0 ){
    try {
        $pdo->beginTransaction();
        $id = $_GET['id'];
        $sql = "DELETE FROM member WHERE id = :id";
        $stmh = $pdo->prepare($sql);
        $stmh->bindValue(':id', $id, PDO::PARAM_INT );
        $stmh->execute();
        $pdo->commit();
        print " データを " . $stmh->rowCount() . " 件、削除
しました。<br>";
    } catch (PDOException $Exception) {
        $pdo->rollBack();
        print " エラー：" . $Exception->getMessage();
    }
}
// 挿入処理
if(isset($_POST['action']) && $_POST['action'] ==
'insert'){
    try {
        $pdo->beginTransaction();
        $sql = "INSERT  INTO member (last_name, first_
name, age) VALUES ( :last_name, :first_name, :age )";
        $stmh = $pdo->prepare($sql);
        $stmh->bindValue(':last_name', $_POST['last_
name'],  PDO::PARAM_STR );
        $stmh->bindValue(':first_name', $_POST['first_
name'], PDO::PARAM_STR );
        $stmh->bindValue(':age',        $_POST['age'],
PDO::PARAM_INT );
        $stmh->execute();
        $pdo->commit();
        print " データを " . $stmh->rowCount() . " 件、挿入
しました。<br>";
    } catch (PDOException $Exception) {
        $pdo->rollBack();
        print " エラー：" . $Exception->getMessage();
    }
}

// 次の手順に続く
```

> ❺ $_GET['action'] がdelete のとき削除します。

> ❻$_POST['action']がinsertのとき挿入処理を実行します。

3 ▼ **挿入処理の追加**

$_POST['action']に値があり、かつその値が「insert」のときにこの処理を実施します❻。

Section 72

各処理の連携

Next►

243

4 更新処理を追加する

if文で条件を設定して、$_POST['action']
に値があり、かつその値が「update」の
ときにこの処理を実施します ❼。更新
処理で使ったセッション変数をunset関
数で破棄します ❽。

```php
// 前の手順から続く

// 更新処理
if(isset($_POST['action']) && $_POST['action'] == 'update'){
    // セッション変数より id を受け取ります
    $id = $_SESSION['id'];

    try {
        $pdo->beginTransaction();
        $sql = "UPDATE  member
                SET
                    last_name  = :last_name,
                    first_name = :first_name,
                    age        = :age
                WHERE id = :id";
        $stmh = $pdo->prepare($sql);
        $stmh->bindValue(':last_name',
            $_POST['last_name'],  PDO::PARAM_STR );
        $stmh->bindValue(':first_name',
            $_POST['first_name'], PDO::PARAM_STR );
        $stmh->bindValue(':age',
            $_POST['age'],        PDO::PARAM_INT );
        $stmh->bindValue(':id',
            $id,                  PDO::PARAM_INT );
        $stmh->execute();
        $pdo->commit();
        print " データを " . $stmh->rowCount() . " 件、更新しました。<br>";

    } catch (PDOException $Exception) {
        $pdo->rollBack();
        print " エラー : " . $Exception->getMessage();
    }
    // 使用したセッション変数を削除する
    unset($_SESSION['id']);
}

// 次の手順に続く
```

> ❼ $_POST['action']にupdate
> があると更新します。

> ❽ 使用したセッション変数をこ
> こで破棄します。

5 リンクを追加する

まず、更新フォームに遷移するためのリンクを追加します。1番のデータを更新する場合は「http://localhost/updateform.php?id=1」にアクセスすればよいです。Aタグを利用して<a href=updateform.php?id=<?=htmlspecialchars($row['id'])?>>更　新</a>とすると上記URLを設定できます❾。同じように削除用リンクを追加します。<a href=list.php?action=delete&id=<?=htmlspecialchars($row['id'])?>>削除</a>とします❿。list.phpに対して、action（動作モード）をdeleteにして、idの番号を送信します。どちらも$_GETでデータを受け取ることができます。

```php
// 前の手順から続く
// 検索および現在の全データを表示します
try {
  if(isset($_POST['search_key']) && $_POST['search_key'] != ""){
    $search_key = '%' . $_POST['search_key'] . '%';
    $sql= "SELECT * FROM member WHERE last_name  like
:last_name OR first_name  like :first_name ";
    $stmh = $pdo->prepare($sql);
    $stmh->bindValue(':last_name',  $search_key, PDO::PARAM_STR );
    $stmh->bindValue(':first_name', $search_key, PDO::PARAM_STR );
    $stmh->execute();
  }else{
    $sql = "SELECT * FROM member ";
    $stmh = $pdo->query($sql);
  }
  $count = $stmh->rowCount();
  print " 検索結果は " . $count . " 件です。 <br>";

} catch (PDOException $Exception) {
  print " エラー：" . $Exception->getMessage();
}


if($count < 1){
          print " 検索結果がありません。 <br>";
}else{
?>

<table border="1">
<tbody>
<tr><th> 番号 </th><th> 氏 </th><th> 名 </th><th> 年齢 </th><th> </th><th> </th></tr>
<?php
  while ($row = $stmh->fetch(PDO::FETCH_ASSOC)) {
?>
<tr>
<td><?=htmlspecialchars($row['id'], ENT_QUOTES)?></td>
<td><?=htmlspecialchars($row['last_name'], ENT_QUOTES)?></td>
<td><?=htmlspecialchars($row['first_name'], ENT_QUOTES)?></td>
<td><?=htmlspecialchars($row['age'], ENT_QUOTES)?></td>
<td><a href=updateform.php?id=<?=htmlspecialchars($row['id'], ENT_QUOTES)?>> 更新 </a></td>
<td><a href=list.php?action=delete&id=<?=htmlspecialchars($row['id'], ENT_QUOTES)?>> 削除 </a></td>
</tr>
<?php
}
?>
</tbody></table>

<?php
}
?>

</body>
</html>
```

❾ ここに更新用のリンクを追加します。

❿ ここに削除用のリンクを追加します。

Next ►

Chapter 8

PHPからデータベースを操作する

その他のファイルの修正

1 form.htmlの修正

データを新規登録するときに使用する Section 68のform.htmlを修正します。はじめに、list.phpに戻るためのリンクを設置します ❶。次に、<form>タグのaction属性にlist.phpを指定します ❷。最後に<input type="hidden">タグを使ってname属性「action」、value属性「insert」とします ❸。list.phpではこのinsertを検知して、挿入処理を実行します。

form.html

```html
<!DOCTYPE html>
<html lang="ja">
<head>
<meta charset="UTF-8">
<title>PHP のテスト </title>
</head>
<body>
<div style="font-size:14px">PHP のテスト </div>

<hr>
新規登録画面
<hr>
[ <a href="list.php"> 戻る </a>]<br>

<form name="form1" method="post" action="list.php">
氏 : <br>
<input type="text" name="last_name">
<br>
名 : <br>
<input type="text" name="first_name">
<br>
年齢 : <br>
<input type="text" name="age">
<br>
<input type="hidden" name="action" value="insert">
<input type="submit" value=" 送  信 ">
</form>

</body>
</html>
```

❶ ここにlist.phpへのリンクを追加して、

❷ ここにlist.phpを指定して、

❸ ここにinsertと記述します。

2 updateform.phpの修正

データを更新するときに使用した Section 70のupdateform.phpを修正します。はじめに、list.phpに戻るためのリンクを設置します ❹。次に、if文で条件を設定して ❺、$_GET['id']に値があり、かつ、値が0を越えるときに処理を続行して、idがないときはメッセージを表示して実行を停止します ❻。<form>タグのaction属性にlist.phpを指定します ❼。最後に<input type="hidden">タグを使ってname属性「action」、value属性「update」とします ❽。list.phpではこのupdateを検知して、更新処理を実行します。

updateform.php

```php
<?php
session_start();
?>
<!DOCTYPE html>
<html lang="ja">
<head>
<title>PHP のテスト </title>
</head>
<body>
<hr>
更新画面
<hr>
[ <a href="list.php"> 戻る </a>]
<br>

<?php
require_once("MYDB.php");
$pdo = db_connect();

if(isset($_GET['id']) && $_GET['id'] > 0){
    $id      = $_GET['id'];
    $_SESSION['id'] = $id;
}else{
    exit(' パラメータが不正です。 ');
}
```

❹ list.phpに戻るためのリンクを設置して、

❺ if文で条件を設置して、

❻ idがないときはここで停止します。

246

Section 72

各処理の連携

```
～ 中略 ～
```
❼ ここに list.php を設定して、

```php
<form name="form1" method="post" action="list.php">
番号：<?=htmlspecialchars($row['id'], ENT_
QUOTES)?><br>
氏：<input type="text" name="last_name"
        value="<?=htmlspecialchars
        ($row['last_name'], ENT_QUOTES)?>"><br>
名：<input type="text" name="first_name"
        value="<?=htmlspecialchars
        ($row['first_name'], ENT_QUOTES)?>"><br>
年齢：<input type="text" name="age"
        value="<?=htmlspecialchars
        ($row['age'], ENT_QUOTES)?>"><br>
<input type="hidden" name="action" value="update">
<input type="submit" value=" 更　新 ">
</form>
<?php
}
?>
</body>
</html>
```
❽ ここに update と記述します。

実行結果

list.php、MYDB.php、form.html と updateform. php を Apache の DocumentRoot（Section 05参照）に設置してください。Web ブラウザで「http://localhost/list.php」にアクセスして一覧から ❶、検索 ❷、新規登録 ❸、更新 ❹、削除の機能 ❺ を確認してください。

❶ 一覧から、

PHPのテスト ＋ ∨

localhost/list.php

会員名簿一覧

[新規登録] ── ❸ 新規登録、

名前：　　　　　　　 検索する ── ❷ 検索、

検索結果は5件です。

番号	氏	名	年齢		
1	田中	一郎	21	更新	削除
2	山田	二郎	18	更新	削除
3	林	三郎	35	更新	削除
4	鈴木	四郎	10	更新	削除
5	佐藤	五郎	28	更新	削除

❹ 更新、　　❺ 削除の機能が操作できます。

練習問題

8-1
以下の各項目を変数に格納して、PDOで接続するときのDSN（データベース接続文字列）を作成してください。DSNは$dsnに格納します。

ユーザー名「user」
パスワード「f3u6mi」
ホスト名「localhost」
データベース名「mydb」
データベースタイプ「mysql」

8-2
上の問題の変数とDSNを利用して、new PDOとしてデータベースへ接続してください。

8-3
本書で解説したmemberテーブルに以下のデータを登録するSQL文を作成してください。SQL文はprepareメソッドとexecuteメソッドを利用したプリペアドステートメントにします。

last_name に「中村」
first_name に「六郎」
age に「42」と登録します。

Chapter 9

PHP と MySQL で作る会員管理システム
— 会員機能

Section 73
会員のみに画面を表示するには　　　　　　　　［会員画面の表示］　　　　　250

Section 74
アクセス制限するには　　　　　　　　　　　　［アクセス制限］　　　　　　252

Section 75
会員管理システムの構成　　　　　　　　　　　［会員管理の構成］　　　　　260

Section 76
テーブルを設計するには　　　　　　　　　　　［テーブルの設計］　　　　　262

Section 77
設定と機能確認　　　　　　　　　　　　　　　［設定と機能確認］　　　　　264

Section 78
Smarty を利用するには　　　　　　　　　　　［テンプレートエンジン］　　268

Section 79
HTML_QuickForm2 で入力チェックするには　［入力チェック］　　　　　　272

Section 80
認証機能を実装するには　　　　　　　　　　　［認証］　　　　　　　　　　276

Section 81
制御構造を作るには　　　　　　　　　　　　　［制御構造］　　　　　　　　286

Section 82
会員情報を登録するには　　　　　　　　　　　［会員情報の登録］　　　　　290

Section 83
メールを使って本人を確認するには　　　　　　［メールによる確認］　　　　300

Section 84
会員情報を更新するには　　　　　　　　　　　［会員情報の更新］　　　　　306

Section 85
会員情報を削除するには　　　　　　　　　　　［会員情報の削除］　　　　　312

練習問題　　　　　　　　　　　　　　　　　　　　　　　　　　　　　　　314

249

Chapter 9
Section 73 | 会員画面の表示

会員のみに画面を表示するには

このChapterではアクセスを制限する方法を順を追って学び会員管理機能を実装します。このSectionでは認証と認可の違いについて学び、アクセスを制限する方法を概観します。

隠したいファイル

1 閲覧を制限するには

インターネット上にWebサイトを公開するということは誰でも、見せたくない人も閲覧できるということです。Chapter 8で作成したようなプログラム一式を、レンタルサーバに設置すると誰でも内容を閲覧できます。ある特定の人にだけ特定のページを見て欲しいときにはどのような方法があるでしょうか。見せたい人以外は閲覧を制限できればいいのです。もっとも簡単な方法はアクセス先のPHPファイル名を誰も思いつかないような名称にすることです。閲覧して欲しい人にだけこのURLを教えれば目的は達成できます。ただし、見せたいファイルがたくさんあると複雑なファイル名を覚えるのが大変になります。さらに、このURLが誰かに知られると望まない人にまで見られてしまいます。そこで、閲覧できる人をあらかじめ決めておいて、アクセス時に何らかの方法で特定できる方法があります。認証と認可というこれらの技術を利用して見せたい人だけに見せたいページを公開できます。

2 認証と認可

「認証：Authentication」とは何でしょう？簡単に言うと「本人を確認する」ことです。Webサイトの認証は通常、ユーザーIDとパスワードを使って本人が正規の利用者であるかどうかを確認します。これに似たことばに「認可：Authorization」というものがあります。認可は、認証により本人であることを確認されたユーザーが特定のページなど（Resource：資源）にアクセスできるよう権限を制御することです。認証により本人を確認して、認可によりファイルにアクセスできます。同じように認証しても認可によりアクセスできるコンテンツを変えることができます。

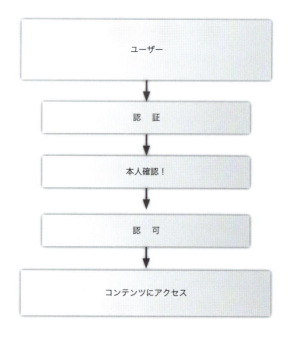

3 Apacheの機能を使って制限

アクセスを制限する方法にApache（Webサーバ）の機能を使って制限・許可する方法と認証する方法があります。ひとつは、IPアドレスを元にアクセスを許可・制限する方法です。ユーザーがWebサーバにアクセスするときは、それぞれのPCやタブレット、スマートフォンを判別するための番号（IPアドレス）が割り振られています。このIPアドレスを元に制限・許可を行います。ディレクトリ内をガッチリと守りたいときはIPアドレスによる制限は非常に有効です。もうひとつは、HTTP（Hypertext Transfer Protocol）に用意された認証方式であるBasic認証とDigest認証です。手順2の認証と認可を同時に実現します。ログイン画面はブラウザにより違います。プログラマーが変更することはできません。あらかじめ設定したユーザーIDとパスワードにより本人を特定します。これらの設定はどちらもディレクトリに対して設定するものです。一度許可したり、認証して閲覧できると、そのディレクトリにあるファイルやサブディレクトリの中のファイルすべてを閲覧できてしまいます。設定は比較的簡単に行えるので開発環境でスタッフのみアクセスしたいときなどIPアドレスによる制限とBasic認証またはDigest認証を組み合わせて利用することがあります。

●IPアドレスによる制限

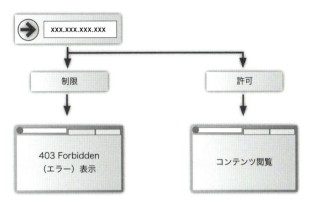

●Basic認証、Digest認証による認証機能

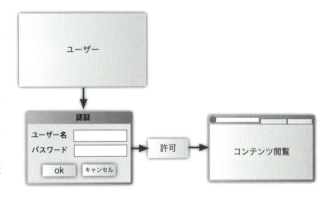

PHPの機能を使って制限

1 PHPの機能を使って制限

PHPとMariaDB／MySQLデータベースを利用した認証機能では、認証情報をすべてデータベースに保存しています。ユーザーがアクセスを制限したページを閲覧しようとするとPHPのセッション機能を使って認証済みかどうかを確認します。認証されていないユーザーだとわかった時点でユーザーはログイン画面に遷移します。ログイン画面は、通常の画面に組み込む等、自由に作成できます。ここで、登録済みのユーザーはIDとパスワードで本人を確認して認証します。認証済みかどうかが簡単にわかるため、認証したユーザーと未登録のユーザーのコンテンツを分けて表示できます。ディレクトリ単位で制限をかけるBasic認証やDigest認証と比べると、ユーザーが操作しやすい会員機能を作成できます。

2 Webサービスによる制限

利用するWebサイトが増えてくるとIDとパスワードを覚えておくのがだんだんとむずかしくなります。現在では、Webサービス認証と呼ばれる認証方式が増えています。例えば、GoogleやFacebook、twitterなどのすでに会員となっている場合、登録済みのIDとパスワードを利用して別のサービスの会員になることができます。このような仕組みは「OAuth」と呼ばれ、アクセストークンというキーを利用してコンテンツを閲覧できるようにします。PHPにも組み込みのクラスがあり利用できます。PHPとMariaDB／MySQLの認証機能が実装できるようになったら次の目標として挑戦するといいでしょう。本書ではApacheの機能を使った制限とPHPの機能を使った認証機能を次のSectionから学習します。

Chapter 9
Section 74 アクセス制限

アクセス制限するには

管理画面へのアクセスを制限するには、Webサーバの機能を使ってIPアドレスで制限する方法と、Apache（Webサーバ）に搭載されているBasic認証で制限する方法、IDとパスワードをプログラム内部に設定してアクセスを制限する方法の3通りの方法があります。

特定のIPアドレスだけ許可する

1 .htaccessを作成する

IPアドレスを元に制限・許可を行う方法を解説します。IPアドレスの制限・許可の条件はApache（Webサーバ）を設定するファイルに記述します。httpd.confでも同じように設定できますが、ここではレンタルサーバで使用する頻度の高い.htaccessファイルに設定します。Apacheを設定したときに.htaccessを有効にしています。設定がまだの場合は、Section 05を確認してください。.htaccessファイルを、ドキュメントルート（Section 05参照）に作成します。

● OS別ドキュメントルート

Windows：

　C:¥xampp¥htdocs

Mac：

　/Applications/XAMPP/xamppfiles/htdocs

Linux：

　/opt/lampp/htdocs

2 Orderディレクティブの追加

エディタで.htaccessファイルを編集します。「Order」と入力してください❶。Orderの後には半角スペースを空けて❷、「Deny,Allow」と入力して❸、Enterキーを押します。「Deny,Allow」は、間に半角スペースを入れずこのとおりに入力してください。Denyは拒否、Allowは許可です。Orderディレクティブはこのデと Allowが評価される順番を指定するためのものです。ここではDenyディレクティブがAllowディレクティブの前に評価されます。DenyディレクティブとAllowディレクティブについては次の手順で説明します。

.htaccess
Order Deny,Allow

❶ ここにOrderを入力して、
❷ ここに半角スペースを入力して、
❸ ここに評価順を指定します。

Term 用語　ディレクティブ

ディレクティブとは、Apacheの動作を設定する指示文という意味です。プログラムのコマンドのようなものです。

3 Denyディレクティブの追加

次の行に「Deny」と入力して❹、半角スペースを入力します❺。続けて、「from」を入力して、fromの後にも半角スペースを空けて、ここではIPアドレスではなく「all」と入力します。Denyディレクティブにallを指定することですべてのPCなどの端末から接続できなくなります❻。ドキュメントルートに.htaccessファイルを保存して、アクセス用にtest.php（空のファイル）を作成してファイルを.htaccessファイルと同じディレクトリに保存します。この状態でブラウザから「http://localhost/test.php」にアクセスすると「Access forbidden!」や「Error 403」などと画面に表示されアクセスできません。もし、記述に誤りがある場合は、「Server error!」や「Error 500」などと表示されるので内容を確認してください。

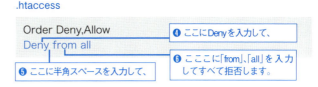

4 Allowディレクティブの追加

これまでの設定によりすべてのIPアドレスを拒否して制限しました。次に、Allowディレクティブで、アクセスを許可するIPアドレスを指定します。「Allow」と入力します❼。半角スペースを入力して❽、「from」を入力します❾。fromの後に同じく半角スペースを入力して❿、許可するIPアドレスを入力します⓫。IPアドレスはIPv4とIPv6の形式があります。ここではIPv4形式の「xxx.xxx.xxx.xxx」(xには数字が入る)を入力します。インターネットにアクセスするときはプロバイダーや携帯会社から割り振られたIPアドレスによりWebサイトを閲覧します。Deny行とAllow行を入れ替えても問題ありませんが、Orderディレクティブの「Deny,Allow」を「Allow,Deny」に入れ替えると評価の順番が変わり⓬、最後に評価される「Deny from all」によりすべて拒否されます⓭。

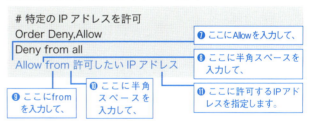

Next▶

253

5 特定のIPアドレスだけ制限する

特定のIPアドレスだけを制限するにはOrderディレクティブでAllow（許可）を先に評価します❶。「Allow from all」で先にすべてを許可して❷、その後に拒否するIPアドレスを指定します。IPアドレスを右の例のように連続すると複数のIPアドレスをアクセス拒否できます❸。fromの後にはIPアドレス以外にドメイン名（ynagata.comのような形式）も設定できます。詳細は「https://httpd.apache.org/docs/2.4/ja/」を参照してください。

.htaccess

```
Order Allow,Deny
Allow from all
Deny from IPアドレス1
Deny from IPアドレス2
Deny from IPアドレス3
```

❶ ここで評価順を設定して、
❷ ここですべてを許可して、
❸ ここに拒否IPアドレスを指定します。複数のIPアドレスを拒否できます。

In detail 詳解　自分のIPアドレス

自分のPCがどのようなIPアドレスでインターネットに接続しているかを知りたいときはレンタルサーバなどに「print $_SERVER['REMOTE_ADDR'];」と記述したPHPファイル（サンプルプログラム：ipcheck.php）を設置して閲覧すると表示されます。自宅で複数のPCを無線LANなどで接続している場合はLAN内の各PCにIPアドレスが割り振られています。インターネット上のIPアドレスと違うものです。LAN内でIPアドレスによる制限を試す場合は、別のPCからXAMPPの動作しているPCにアクセスします。LAN内のPCのIPアドレスは、OSごとに表示する画面がありますのでOSのマニュアルを参照してください。ターミナルやコマンドプロンプトからコマンドを実行して確認する場合は、Windowsは「ipconfig」、MacとLinuxは「ifconfig」を実行すると一覧が表示されて確認できます。詳細は各コマンドのマニュアルを参照してください。

Basic認証を活用する

1 認証の仕組み

Apacheの持つBasic認証を利用すると、ユーザーIDとパスワードを知っているユーザーだけにページ閲覧を許可することができます。Basic認証とは、HTTPプロトコルで定義された認証プロトコルを使用するもので、認証を必要とするURLにアクセスがあると、「WWW-Authenticate: Basic realm="任意の文字列"」というレスポンスヘッダーがWebサーバからWebブラウザへ送られます。Webブラウザは認証ダイアログを表示して、ユーザーがユーザーIDとパスワードを入力するまで待機状態になります。

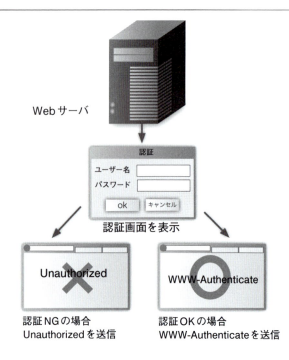

2 認証する

制限されたエリア（ディレクトリ）にあるファイルにアクセスすると認証画面が表示されます。Microsoft Edgeでは右図のような画面が表示されます。認証するにはあらかじめ設定しておいたユーザー名❶とパスワード❷を入力して[OK]ボタンをクリックします❸。ユーザーID（Microsoft Edgeの認証画面ではユーザー名）とパスワードが入力されて送信されると、Webサーバでは、正しいユーザーIDとパスワードであるかをチェックして、正しい場合は、そのページを表示します。認証されなかった場合は、「HTTP/1.0 401 Unauthorized」というレスポンスヘッダーがWebブラウザに送信されます。

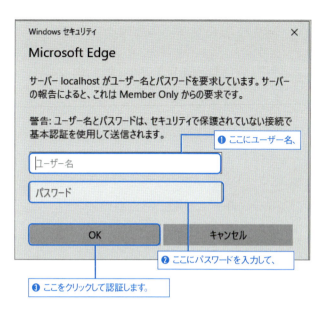

Basic認証の手順

1 .htaccessファイルの設定

.htaccessを前のSectionと同じようにドキュメントルートに準備します。右のコードを入力してください。「AuthType Basic」では、ユーザ認証の種類を「Basic」認証に設定しています❶。次の「AuthName "Member Only"」の「Member Only」がログイン画面に表示されます❷。引数に半角スペースが入る場合はこのように「"（ダブルクォーテーション）」で囲みます❸。「AuthUserFile .htpasswd」では、ユーザーIDとパスワードの一覧が記録されたファイルのパスを設定します❹。絶対パスまたはServerRootからの相対パスで設定できます。「Require valid-user」は「認証されたユーザーすべてにディレクトリへのアクセスを許可する」という意味です❺。

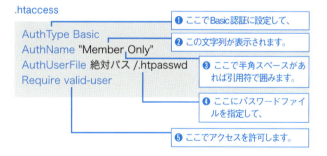

Next▶

2 パスワードファイルの作成

パスワードファイルはhtpasswdというコマンドを利用して作成します。「htpasswd -c」とすると新規にファイルが作成され、ユーザーIDとパスワードが追加されます。「htpasswd」とオプションなしだと指定したファイルにユーザーIDとパスワードを追加します。「htpasswd -D」とするとファイル内のユーザーを削除します。
「htpasswd -c フィル名 ユーザー ID」として実行すると❻、パスワード入力のためのプロンプト「New password:」が表示されるのでここにパスワードを入力します❼。ユーザーIDとパスワードは半角英数字記号にします。[Enter]キーを押すと、さらに「Re-type new password:」と表示されます。再度同じパスワードを入力して❽、「Adding password for user ユーザー ID」と表示されたらファイルが作成されます❾。

3 認証の確認

ドキュメントルートにtest.php（サンプルコード参照）を置きます。同じディレクトリ内に.htaccessと.htpasswdがあるはずです。ブラウザからhttp://localhost/test.phpを閲覧するとログイン画面が表示されるので、ユーザIDとパスワードを入力して送信します。Webサーバは、正しいユーザIDとパスワードであるかをチェックして、正しい場合は、そのページを表示します。認証されなかった場合は、「HTTP/1.0 401 Unauthorized」というレスポンスヘッダーがWebブラウザに送信されます。もし、何度正しくパスワードを設定しても認証されない場合はhtpasswdコマンドのバグの可能性があります。htpasswdのバグを回避するには、「htpasswd -b パスワードファイル名 ユーザー ID パスワード」のようにパスワードを直接指定してパスワードファイルを作成してください。

パスワードファイル新規作成：

htpasswd -c パスワードファイル名 ユーザー ID

ユーザー追加：

htpasswd パスワードファイル名 ユーザー ID

ユーザー削除：

htpasswd -D パスワードファイル名 ユーザー ID

OS別コマンド例。各コマンドは1行で入力してください。
Windows：

C:¥xampp¥apache¥bin¥htpasswd -c
C:¥xampp¥htdocs¥.htpasswd sample

Mac：

/Applications/XAMPP/xamppfiles/bin/htpasswd -c
/Applications/XAMPP/xamppfiles/htdocs/.htpasswd sample

Linux：

/opt/lampp/bin/htpasswd -c
/opt/lampp/htdocs/.htpasswd sample

操作例

htpasswd -c .htpasswd ユーザー ID
New password: ********
Re-type new password: ********
Adding password for user ユーザー ID

❻ ここで、新規作成として実行して、
❼ ここにパスワードを入力して、
❽ ここに同じパスワードを入力して、
❾ ここでファイルが作成されたことがわかります。

In detail 詳解　Basic認証の期限

Basic認証では一度認証されるとブラウザを閉じない限り、その後は認証なしで閲覧できます。ブラウザを閉じると再度認証画面が表示されます。

In detail 詳解　パスワードファイルの名前と場所

パスワードファイル名はOS別コマンド例のとおりファイル名を「.htpasswd」として.htaccessのあるドキュメントルートに作成してください。名称が「.ht」ではじまるファイルにアクセスすると、httpd.conf内の設定「Require all denied」により、エラーメッセージが表示されアクセスできません。さらに安全にするには.htpasswdをドキュメントルートの外、Webブラウザではアクセスできないディレクトリに保管してください。

プログラム内部のIDとパスワードで認証を行う

1 認証画面を表示する

IDとパスワードをプログラム内部に設定してアクセスを制限します。Basic認証の仕組みを利用して動作を確認できます。PHPのheader関数（Section 32参照）を活用するとBasic認証のログイン画面を表示できます。この機能を利用して簡単な認証システムをPHPで作成します。下のコードは、認証画面を表示するだけの機能しかありません。header関数に「WWW-Authenticate」と「HTTP/1.0 401 Unauthorized」というメッセージを設定して送信すると認証画面が表示されます。realm属性の「Member Only」が画面に表示されます❶。

auth_test1.php

```
header("WWW-Authenticate: Basic realm=\"Member Only\"");
header("HTTP/1.0 401 Unauthorized");
```

❶ この文字が認証画面に表示されます。

2 ユーザー名とパスワードを受け取る

認証画面に入力されたユーザーIDとパスワードはそれぞれ、$_SERVER['PHP_AUTH_USER']と$_SERVER['PHP_AUTH_PW']に格納されます。if文の中でempty関数を使って$_SERVER['PHP_AUTH_USER']または$_SERVER['PHP_AUTH_PW']が空かどうかでチェックします❷。emptyは空のときにtrueを、そうでないときはfalseを返します。どちらか一方でも値が無い場合は、header関数によって認証画面が表示されます❸。認証画面から、任意の文字列をユーザーIDとパスワードとして送信すると、elseブロックが実行され、画面に入力した文字列が表示されます。

auth_test2.php

```
<?php
if( empty($_SERVER['PHP_AUTH_USER']) || empty($_SERVER['PHP_AUTH_PW']) ){
    header("WWW-Authenticate: Basic realm=¥"Sample¥"");
    header("HTTP/1.0 401 Unauthorized");

}else{
    print $_SERVER['PHP_AUTH_USER'] . "<BR>";
    print $_SERVER['PHP_AUTH_PW'];
}
?>
```

❷ ユーザーIDをここでチェックします。

❸ ここでユーザーIDとパスワードを表示します。

Point realm属性の「"」

realm属性は「"」（ダブルクォーテーション）で囲む必要があります。Webサーバーとブラウザ間のやり取り上の決まりです。header関数の引数も同じ「"」で囲んでいるため、realm属性の「"」は、このまま実行するとPHPの動作条件によりエラーになります。これはrealm属性の「"」がheader関数の引数の終わりだとPHPに誤認識されるためです。ここでは「¥」または「\」でエスケープ（機能を無効に）して、「"」が文字列として使用できるようにします。

Windows：

```
header("WWW-Authenticate: Basic realm=¥"Sample¥"");
```

Mac、Linux：

```
header("WWW-Authenticate: Basic realm=\"Sample\"");
```

Next ▶

Chapter 9
PHPとMySQLで作る会員管理システム —会員機能

3 認証する

手順2のコードのelse文の中にユーザーIDとパスワードが一致したときの処理と一致しないときの処理を追加しました。認証画面の［キャンセル］がクリックされると、「キャンセルされました。」と表示されます❹。もし、$_SERVER['PHP_AUTH_USER']に値があると、「if($_SERVER['PHP_AUTH_USER'] == "sample" && $_SERVER['PHP_AUTH_PW'] == "password")」の条件式で❺、ユーザーIDが「sample」、パスワードが「password」と入力された場合だけその後に続く認証済み画面が表示されます❻。どちらかが違うと、「ユーザーID、またはパスワードが違います。」と表示されます❼。

basic_auth.php

```php
<?php
if( empty($_SERVER['PHP_AUTH_USER']) || empty($_SERVER['PHP_AUTH_PW']) ){
    header("WWW-Authenticate: Basic realm=\"Member Only\"");
    header("HTTP/1.0 401 Unauthorized");
?>
<!DOCTYPE html>
<html lang="ja">
<head>
<meta charset="UTF-8">
<title>Basic 認証のテスト </title>
</head>
<body>
Basic 認証のテスト <br>
<br>
キャンセルされました。
</body>
</html>
```

❹ キャンセルするとここが表示されます。

```php
<?php
} else {
    if($_SERVER['PHP_AUTH_USER'] == "sample" && $_SERVER['PHP_AUTH_PW'] == "password") {
?>
<!DOCTYPE html>
<html lang="ja">
<head>
<meta charset="UTF-8">
<title>Basic 認証のテスト </title>
</head>
<body>
Basic 認証のテスト <br>
<br>
こんにちは、<?=$_SERVER['PHP_AUTH_USER']?> さん。

</body>
</html>
<?php
    } else {
?>
<!DOCTYPE html>
<html lang="ja">
<head>
<meta charset="UTF-8">
<title>Basic 認証のテスト </title>
</head>
<body>
Basic 認証のテスト <br>
<br>

ユーザ ID、またはパスワードが違います。
```

❺ この条件式でユーザー IDとパスワードを判断して、

❻ 保護された画面が表示されます。

❼ このメッセージを表示します。

258

```
</body>
</html>
<?php
    }
}
// ～ 以下省略 ～
```

実行結果

1 認証画面を表示する

このSectionで作成したbasic_auth.phpをApacheのDocumentRootに設置して、Webブラウザからbasic_auth.phpにアクセスすると認証画面が表示されます❶。

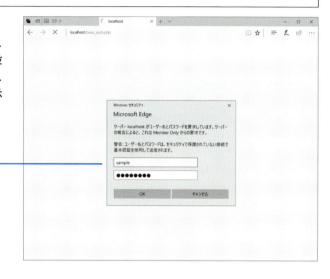

❶ 認証画面が表示されます。

2 画面を表示する

ユーザー名に「sample」、パスワードに「password」と入力して[OK]をクリックすると、「こんにちは、sampleさん。」とユーザー名に入力した文字列が表示されます❷。

❷ ここにメッセージが表示されます。

Chapter 9
Section 75 | 会員管理の構成

会員管理システムの構成

IDとパスワードをデータベースに登録して認証する会員機能を作成していきます。このSectionで全体の構成を検討しましょう。

システムの概要

1 開発方針

このChapterの目標は認証機能により制限されたページを作成することです。小規模のWebアプリケーションですが、自分なりの開発方針と必要となる機能を決めておくと作業が進めやすくなります。ここでは、ソースコードの見通しを良くして作成していきたいと思います。そのために、Chapter 5で学習したクラスを利用します。PHPで利用できるクラス関連の機能はいろいろありますが、初心者にわかりやすいようにクラスを機能の分割と継承のみを利用して、コードの見通しをよくします。関数だけで構成するより少ないコード数で機能の追加ができます。登録画面などで利用する入力フォームはPearサイトのHTML_QuickForm2にsmarty用のクラスを追加したものを利用します。入力チェックが簡単に実装できます。一覧画面のページ切り替えには、同じくPagerを利用します。テンプレート式にしたいので、テンプレートエンジンのSmarty3を利用します。セキュリティに関しては必要なところで説明を盛り込むつもりです。

会員管理システム　会員画面

2 会員機能の概要

はじめに、閲覧者は、ゲストとしてWebページを表示して、登録フォームにより会員登録を行います。登録した直後、閲覧者のメールアドレス宛てに本人を確認するための確認メールが送信されます。メールで送られたURLにアクセスすると、登録が完了します。登録が完了すると、IDとパスワードによりログインして、会員専用のページを表示させます。会員専用ページから、登録した情報を修正および削除（退会処理）できます。

会員機能　画面遷移

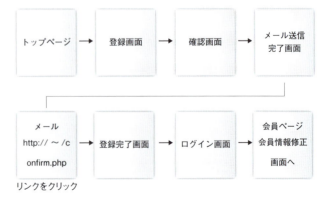

3 管理機能の概要

メールで情報の修正や退会処理を求められることがあるため会員システムには管理機能が必要になります。管理者は専用のページから、登録、検索、修正、削除の各操作を行えるようにします。管理者も共通のログインシステムを利用してログインできます。ただし、IDやパスワードはデータベースに直接登録します。安全性を高めるためには.htaccessファイルを利用して自分のIPアドレスのみをアクセスできるようにしておくといいでしょう。

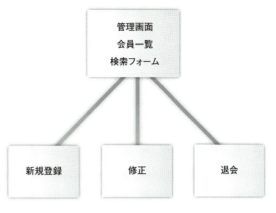

管理機能 画面遷移

4 クラスの分割方法

Webアプリケーションを開発するときによく聞くことばにMVCと呼ばれる設計技法があります。MVCとはモデル (Model)、ビュー (View)、コントローラ (Controller) のそれぞれの頭文字です。Modelは、中心になる要素となりデータベースに接続してデータを処理します。ViewはModelのデータをHTMLに組み立ててクライアントに返します。Controllerはクライアントから入力されたデータを受け取ってModelとViewを制御します。クラスを機能ごとにまとめるときにこの考え方で分割すると見通しの良いわかりやすいプログラムになります。本書で説明するMVCの構成は下図のとおりです。会員情報をデータベースに登録するときにmemberテーブルを利用する場合、MemberModel、MemberControllerを作成します。Smartyを利用しますのでViewクラスは作成しません。MemberModelにはデータベースとのやり取りをすべて含めます。MemberControllerでは、グローバル変数やセッション変数を参照して処理や画面を振り分けます。

本書 Web アプリケーションの MVC 構成

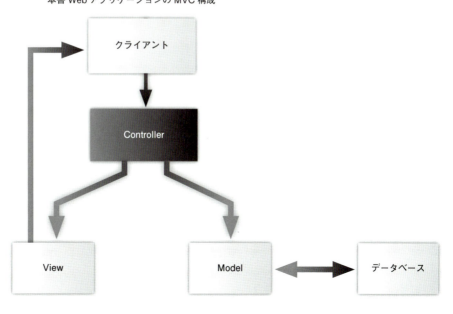

Chapter 9

Section 76 | テーブルの設計

テーブルを設計するには

Section 75で確認した会員システムの機能を実現するために必要なデータを検討して、データを正規化してテーブル定義を行います。

テーブル定義

1 機能に必要なデータ

複雑なシステムの場合は、ER図と呼ばれる図を使って概念設計から始めますが、ここで作成するシステムは単純なものなので、簡単に必要なデータを検討して直接SQLとして記述します。Section 75で確認した機能を実現するためにはどのようなデータが必要になるか考えてみましょう。少なくともログインの用のユーザーネームやパスワードを格納する会員情報テーブルが必要になります。本人確認に使う仮登録テーブルも必要です。これは会員情報テーブルのデータに本人確認済みかどうかを示すフラグを追加したテーブルにします。住所に使う都道府県は、県名テーブルを作成して、県名idを会員情報テーブルや仮登録テーブルに格納します。

（表）作成するテーブル

会員情報テーブル	名前、ユーザーネームやパスワードなど会員情報を格納
仮登録テーブル	会員情報テーブルに確認済みフラッグを追加したもの
県名テーブル	都道府県名を格納

Point ≫≫要点 **正規化**

テーブルに格納するデータを決定するときにデータの正規化を行う必要があります。正規化とは1件のレコードの中に同じカラム（フィールド）が含まれないようにテーブルの構造を決定することです。あわせて、適切にテーブルを分割して、記憶容量やプログラミングなどの効率を考える必要があります。例えば、年齢は誕生日から求められるため、年齢のカラムは不要です。会員情報テーブルは、会員数が多くなった場合は、ログインに利用するユーザーネームとパスワードは分割して別のテーブルにするとログイン時の検索が早くなります。このように正規化されたデータのことを正規形と呼びます。処理効率を考えてあえて冗長なデータを残すこともあります。これは非正規化といいます。

2 リレーショナルデータベース

MariaDB ／ MySQLは、複数のテーブルをリレーション（関係）と呼ばれる関係で相互に連結してデータを操作することができるリレーショナルデータベースです。主キーと呼ばれる番号を別のテーブルのレコードに持たせることでこのつながりを実現します。こうすることで、同じデータは、1つのテーブルにだけ格納すればよく、記憶容量の無駄を省けます。新たな機能を追加するために会員のデータを追加したいときも、新規テーブルに会員番号を追加するだけで相互に連結できます。

追加テーブル

番号	1
項目1	✕✕✕✕✕
項目2	✕✕✕✕✕
〜	〜

会員情報テーブル

番号	1
住所	2
〜	〜

県名テーブル

1	北海道
2	青森県
3	岩手県
4	宮城県
〜	〜
46	鹿児島県
47	沖縄県

詳細設計

1 会員情報テーブル

会員登録には、右図のように会員情報テーブル（member）を使用します。主キーは、ユーザーIDです❶。この主キーが同じものや主キーがないレコードは登録できません。次に、ログインのためのユーザーネームです。ここでは、重複せず、覚えやすいメールアドレスを利用します❷。メールアドレスは、カラム「username」に格納します。後述するAuth（認証）クラスでこのカラム名と次のパスワード「password」❸を利用します。次の誕生日は「20050314」の形式で文字列として格納します❹。住所は県名だけを❺、登録日、退会日にはDATETIME型と呼ばれる日付を扱うデータ形式で保存します❻。最後に「id」が主キーとなるように定義を行います❼。INSERT文でテストデータを挿入します❽。データ中の「$2y$10$jUa?」は、「pass」という文字列をcrypt関数で暗号化したものです。なお、コードの先頭の「DROP TABLE IF EXISTS member;」は、重複したテーブルが存在したら削除するSQL文です。

2 県名テーブル

県名テーブル（ken）は、idと県名だけのテーブルで、idを主キーとして定義します❾。テーブルに47の県名を登録しておき❿、会員情報テーブルのカラム「ken」にこのidを登録します。

3 仮登録テーブル

新規登録するには、まず仮登録テーブル（premember）にデータを保存しておきます。仮登録テーブルのテーブル定義は会員情報テーブルにlink_ pass（リンク用パスワード）と⓫、reg_ date（登録日時：DATETIME型）を追加したものになります⓬。作成したSQL文はmysqlコマンドラインツールを利用してsampledb内に読み込んで、これら3つのテーブルを作成してください（Section 60参照）。

member.sql

```
DROP TABLE IF EXISTS member;
CREATE TABLE member (
    id        MEDIUMINT UNSIGNED NOT NULL AUTO_INCREMENT,
    username  VARCHAR(50),
    password  VARCHAR(128),
    last_name VARCHAR(50),
    first_name VARCHAR(50),
    birthday  CHAR(8),
    ken       SMALLINT,
    reg_date  DATETIME,
    cancel    DATETIME,
    PRIMARY KEY (id)
);

INSERT  INTO member (username, password, last_name,
first_name, birthday, ken, reg_date, cancel)  VALUES('user',
'$2y$10$jUalP/qDbBFIJFEPfd/W2ewsCIzoGPrbxCaHOdWj
wQFUNRGoKT4DS',  '○田 ', '○夫 ', '20130101','1', now(),
NULL);
```

❶ ここにユーザー IDを、
❷ ここにメールアドレスを、
❸ ここにパスワードを、
❹ ここに誕生日を、
❺ ここに県名を、
❻ ここに日付を定義します。
❼ ここで主キーを定義します。
❽ テスト用データを挿入します。

ken.sql

```
DROP TABLE IF EXISTS ken;
CREATE TABLE ken (
    id    SMALLINT,
    ken   VARCHAR(10),
    PRIMARY KEY (id)
);

INSERT  INTO ken (id, ken) VALUES(  1,' 北海道 ');
              （中略）
IINSERT  INTO ken (id, ken) VALUES( 47,' 沖縄県 ');
```

❾ ここでテーブルを作って、
❿ ここで県名を格納します。

premember.sql

```
DROP TABLE IF EXISTS premember;
CREATE TABLE premember (
    id        MEDIUMINT UNSIGNED NOT NULL AUTO_INCREMENT,
    username  VARCHAR(50),
    password  VARCHAR(128),
    last_name VARCHAR(50),
    first_name VARCHAR(50),
    birthday  CHAR(8),
    ken       SMALLINT,
    link_pass VARCHAR(128),
    reg_date  DATETIME,
    PRIMARY KEY (id)
);
```

⓫ これはリンク用パスワードで、
⓬ これは自動的に時間を登録します。

Section 76
テーブルの設計

263

Chapter 9
Section 77　設定と機能確認

設定と機能確認

サンプルデータをダウンロードして、作成したディレクトリに設置します。設定ファイルを適切に記述して、機能を確認しましょう。

ファイルの設置

1 ファイルの準備

ファイルはhttps://book.mynavi.jp/supportsite/detail/9784839962340.html からダウンロードしてください。Chapter 9と10は同じファイルを使います。ファイルはすべて文字コードUTF-8、改行コードLFで保存されています。

2 DocumentRootに設置する

htdocsはWebサーバーのDocumentRoot（Section 05参照）です。この中に.htaccess、index.php、premember.php、system.phpを格納します。「.htaccess」は空です。必要なときに使えるよう設置のみ行います❶。index.phpは、一般の閲覧者、登録済みの会員がアクセスします❷。premember.phpはメールで送信されたリンクをクリックして行う本人確認処理時にアクセスします❸。system.phpは管理者のみがアクセスします❹。

3 関連ライブラリを設置する

このシステムで使用するファイルはすべて、php_libs以下のディレクトリ内に保管します。はじめに、php_libsディレクトリを作成しましょう❺。作成する場所は、DocumentRoot以外の場所です。ここではhtdocsと同じ階層にphp_libsを設置しました。php_libs以下には2つのディレクトリと設定ファイルinit.phpがあります❻。classにはMVCモデルにより分割したクラスファイルが並びます❼。Auth.phpは認証機能を担当しています。BaseController.phpとBaseModel.phpはそれぞれ基本になる

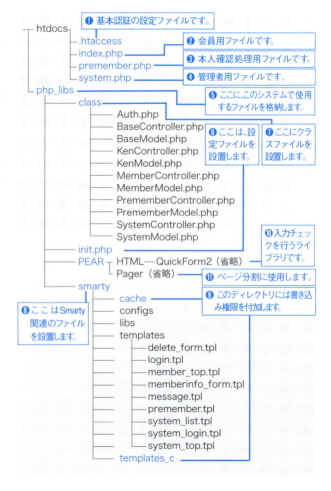

クラスです。その他のクラスはテーブル名と同じ名前を付けてわかりやすく機能を分割して設置しています。Viewを担うテンプレートエンジンはsmartyディレクトリに設置します❽。cashe、configsはこのシステムでは利用しません。libsにはSmartyの実行ファイルを設置します。サンプルデータにはあらかじめ含まれています。最新版をダウンロードする場合は、Section 80を確認してください。templatesに各画面のHTMLとSmartyで解釈するコードが記述されたテンプレートファイルを設置します。templates_cとcacheディレクトリはWebサーバから書き込みできるよう、書き込み権限を付加します❾。HTML_QuickForm2は入力チェックを行うオープンソースのライブラリです❿。Pagerはページ分割に使用します⓫。

設定ファイル

1 設定ファイルの内容

設定ファイルは、会員管理システムの設定をひとまとめにして定義したファイルです。各設定項目をdefine関数を使って定数を作成します。設定ファイルの中の定数名には「_」(アンダーバー)を前に付けて本システムで定義した定数ということがわかるようにします。スクリプト内の複数箇所で同じ定数が使われているようなとき、この設定ファイルで値を変更するだけでスクリプトに手を入れることなく設定や機能を変更できます。

2 設定の意味

設定ファイルの定義と意味を解説します。_DEBUG_MODE❶ を trueにするとSmartyのDebug画面が別画面として表示され、通常画面の下にセッション変数の内容が表示されます。_DB_USERから_DSNまではデータベース関連の設定です❷。_MEMBER_SESSNAMEから_SYSTEM_AUTHINFOはセッション関連の定数です❸。会員用と管理者用を分けています。紙面では掲載していませんがサンプルコードには、PHPのエラー表示に関するerror_reportingをini_set関数で設定しています。E_ALLはすべてのエラーを表示します。開発中はE_ALLを設定して、運用中は「E_ALL & ~E_NOTICE & ~E_STRICT & ~E_DEPRECATED」として、動作に関係ないメッセージを表示しません。詳細はPHPのマニュアルを参照してください。

init.php

```php
<?
                        // 説明のため実際のコードから抜粋

        // デバッグ表示            ❶ これはデバッグ時に使用します。
        define("_DEBUG_MODE", false);

        // データベース接続ユーザー名
        define("_DB_USER", "sample");

❷ ここでデータ    // データベース接続パスワード
  ベース関連     define("_DB_PASS", "password");
  の設定をし
  て、         // データベースホスト名
              define("_DB_HOST", "localhost");

        // データベース名
        define("_DB_NAME", "sampledb");

        // データベースの種類
        define("_DB_TYPE", "mysql");

        // データソースネーム
        define("_DSN", _DB_TYPE . ":host=" . _DB_HOST
        . ";dbname=" . _DB_NAME. ";charset=utf8");

        // 会員用セッション名
        define("_MEMBER_SESSNAME",
        "PHPSESSION_MEMBER");

❸ ここで会員   // 管理者用セッション名
  認証関連の    define("_SYSTEM_SESSNAME", "PHPSESSION_
  設定を行い    SYSTEM");
  ます。
        // 会員用認証情報 保管変数名
        define("_MEMBER_AUTHINFO", "userinfo");

        // 管理者用認証情報 保管変数名
        define("_SYSTEM_AUTHINFO", "systeminfo");

// 手順3へ続く
```

Next▶

3 ディレクトリの設定

「_MEMBER_FLG」と「_SYSTEM_FLG」は、会員用機能を利用するか管理者用機能を設定するためのものです ❹。_PHP_LIBS_DIRには、関連ファイルの設置ディレクトリまでの絶対パスを設定します ❺。この設定の中の_ROOT_DIR は index.php、premember.php、system.phpの位置をそれぞれのファイル内部で定義しています。

_CLASS_DIRは、このシステムの中心となるクラスファイルが格納されます ❻。_SMARTYで始まる定数はテンプレートエンジン Smarty に関連する設定です ❼。これらは Section 80 で詳しく説明します。ディレクトリの位置などを変更する場合は、必ずこれらの設定を変更してください。

ここで定義した定数は、スコープに関係なくどこでも使うことができます。「$」を先頭に付加する必要はありません。一度定義された定数を変更したり、未定義にすることはできません。

```
// 手順2から続く

// 会員用フラグ
define("_MEMBER_FLG", false);

// 管理者フラグ
define("_SYSTEM_FLG", true);

// 関連ファイルを設置するディレクトリ
define( "_PHP_LIBS_DIR", _ROOT_DIR . "../php_libs/");

// クラスファイル
define( "_CLASS_DIR", _PHP_LIBS_DIR . "class/");

// 環境変数
define( "_SCRIPT_NAME", $_SERVER['SCRIPT_NAME']);

// PEAR ファイル設置ディレクトリ
define( "_PEAR_PATH1", _PHP_LIBS_DIR . "PEAR/");
define( "_PEAR_PATH2", _PHP_LIBS_DIR . "PEAR/Pager/");

// Smarty の libs ディレクトリ
define( "_SMARTY_LIBS_DIR",
        _PHP_LIBS_DIR . "smarty/libs/");

// Smarty のテンプレートファイルを保存したディレクトリ
define( "_SMARTY_TEMPLATES_DIR",
        _PHP_LIBS_DIR . "smarty/templates/");

// Smarty のコンパイル用ディレクトリ Web サーバから書き込めるようにします。
define( "_SMARTY_TEMPLATES_C_DIR",
        _PHP_LIBS_DIR . "smarty/templates_c/");

// Smarty の設定ディレクトリ 未使用
define( "_SMARTY_CONFIG_DIR",
        _PHP_LIBS_DIR . "smarty/configs/");

// Smarty のキャッシュディレクトリ Web サーバから書き込めるようにします。
define( "_SMARTY_CACHE_DIR",
        _PHP_LIBS_DIR . "smarty/cache/");

// 手順4へ続く
```

❹ 会員用または管理者用機能を設定するためのフラグです。

❺ 関連ファイルの設置ディレクトリまでの絶対パスです。

❻ クラスファイルのディレクトリです。

❼ Smartyに関する設定です。

Caution ≫注意　ディレクトリ、ファイルの設置場所

ここで解説した設定ファイルやライブラリなどのファイル、テンプレートファイルは、安全面を考えて、Web ブラウザからアクセスできない場所（DocumentRoot 以外）に設置しましょう。

Point ≫要点　PHP ファイルの終了タグ

この Section から、PHP のみのファイルや、最後が PHP のコードで終わるファイルでは PHP の終了タグ「?>」を省略します。終了タグが無くてもプログラムは終了しますし、ファイルの終了タグ以降に不要な空白や改行があると意図しない動作をしてしまうことが多いためです。このような空白や改行は目視では発見しづらく検索することも難しいため最近はファイルの終端の PHP 終了タグは省かれるようになりました。

4 ファイルの読み込み

定数 _PEAR_PATH1 と _PEAR_PATH2 には、HTML_QuickForm2 と Pager を設置したディレクトリを設定しています。そこからファイルを読み込むように ini_set 関数を利用して include_path に _PEAR_PATH1 と _PEAR_PATH2 のディレクトリを追加します。最後に動作に必要なすべてのファイルを読み込みます。HTML/QuickForm2.php は PEAR のライブラリのひとつで❽、送信フォームを制御します。HTML/QuickForm2/Renderer.php は HTML_QuickForm2 と Smarty を関連づけるものです❾。Smarty.class.php は、Smarty の本体です❿。最後にクラスファイルを読み込みます⓫。Base と付いているファイルは先に読み込みます。順番を変えるとエラーになることがあります。

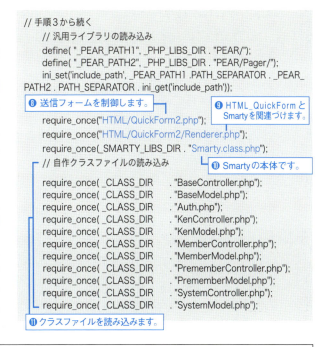

機能の確認

1 index.php にアクセスする

準備ができたらブラウザで「http://localhost/」または、「http://localhost/index.php」にアクセスしましょう。ログイン画面が表示されればインストール成功です❶。もし、エラーが出た場合は、Smarty 関連の2つのディレクトリに書き込み権限が適切に設定されているか確認しましょう。

2 index.php の動作

プログラムの起点になる index.php 内部は簡素です。プログラムのはじめに、index.php が保存されたディレクトリ名を __DIR__ から取得して定数「_ROOT_DIR」に設定します❷。require_once 関数で前の手順で確認した init.php を読み込みます❸。同時に関連ファイルをすべて読み込みます。MemberController のインスタンス $controller を生成して❹、メソッド run を実行し❺、exit 関数でプログラムを終了します❻。system.php と premember.php も内部のコントローラーの名称が変わるだけで後は同じです。

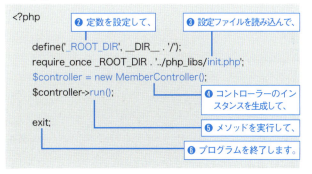

Chapter 9 Section 78 テンプレートエンジン

Smartyを利用するには

このシステムではテンプレートエンジンSmartyを使って画面を表示しています。テンプレートエンジンの意味、Smartyのインストール、使い方を解説します。

テンプレートエンジン

1 デザインとロジックの分離

Chapter 8では、PHPコードをHTMLタグの途中に埋め込み画面表示をコントロールしました。簡単に作成できますが、デザインの修正をする場合、PHPのスクリプト部分を理解してデザインする必要があります。実際の仕事の現場では、デザインはデザイナーが、PHPはプログラマーが担当します。互いに相手に影響せずに自分の作業を進められると作業の効率が上がりますが、HTMLの中に細かくPHPコードが埋め込まれていると分業しにくくなります。テンプレート(型紙)を使うことで、機能を記述したロジック部分とデザイン部分を分離することができます。コードの見通しもよくなり、例えば、複数の画面が必要な処理でも1枚のテンプレートで済ますことができます。

HTMLにPHPコードを埋め込んだファイル

```
<html>
<head>
<title>・</title>
</head>
<body>
<?php・・・・・?>
<form ・  >
  ・
  ・
</form>
<?php・・・・・?>
</body>
</html>
```

デザイン　　分離　　ロジック

テンプレートファイル　　PHPコード

2 テンプレートエンジンの仕組み

テンプレートエンジン(またはテンプレートライブラリ)とは、HTMLと変数を定義したテンプレートファイルを解釈して、画面表示の処理を行うものです。変数の定義の仕方により、PHP自体を利用する方法、HTMLのコメントタグを使用する方法、HTMLタグの属性部分を利用する方法、専用のタグを使用するものなどがあります。Smartyは、専用のデリミタ「{}」を使用して変数の展開、ループなどの制御をテンプレートの中で行います。

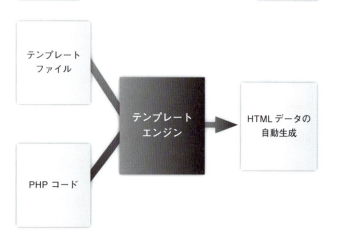

Smartyのインストール

1 Smartyの特徴

テンプレートエンジンの意味を理解したところで、Smartyの特徴について見ていきましょう。Smartyは最初のアクセス時にテンプレートファイルを解釈してPHPとして実行可能なファイルとしてコンパイル（生成）します。結果はsmarty関連を収めたディレクトリの中の「templates_c」に見ることができます。英数字の長い文字列で始まるファイルがそれです。このコンパイルは、次のアクセス時には行われません。テンプレートファイルを解釈する処理が行われない分、次のアクセスから処理が早くなります。テンプレートファイルが変更されると、直後のアクセス時に再度コンパイルが行われます。本書では取り扱いませんが、キャッシュ機能を利用することで、変化のないページはさらに高速に処理できるようになります。

2 Smartyのダウンロード

Smartyをインストールしてみましょう。「Smarty公式サイト」のDownload画面（http://www.smarty.net/download）から❶、「Smarty 3 latest」（最新のSmarty3）を探してください❷。本書では「Smarty 3.1.30」を選びました。v3.1.30.zipとv3.1.30.tar.gzがありますので扱いやすい方をダウンロードしてください❸。本書サンプルデータをダウンロードしてそのまま使用する場合は、このファイルのダウンロードは必要ありません。

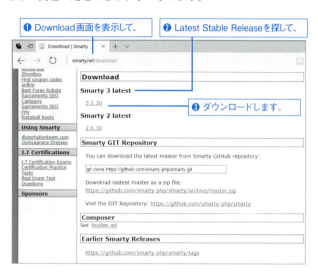

❶ Download画面を表示して、
❷ Latest Stable Releaseを探して、
❸ ダウンロードします。

3 Smartyのインストール

ダウンロードしたファイルはMac、Linuxでは、コマンドを利用して展開できます。ターミナルから「tar xvzf v3.1.30.tar.gz」と実行してください。Windowsの場合は、「v3.1.30.zip」だとエクスプローラで内部のファイルを操作できます。展開したディレクトリ（フォルダ）の中から「libs」をディレクトリごとコピーしてsmarty関連のディレクトリに設置します。次に、ディレクトリを4つ、cache、configs、templates、templates_cを作成します❹。cacheとtemplate_cには、Webサーバーから書き込めるよう書き込み権限を付加します❺。Linuxの場合は「chown apache.apache cache」などとしてWebサーバーを実行するユーザーに変更して、「chmod 770 cache」または「chmod 775 cache」などとしてください。Windowsの場合、特に設定をしなくても動作します。Macの場合は、Linuxと同じようするか、[情報を見る]画面の「共有とアクセス権」で「読み／書き」を適切に設定します。

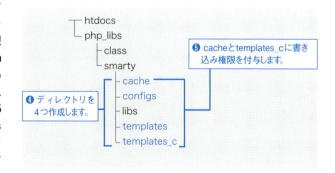

❹ ディレクトリを4つ作成します。
❺ cacheとtemplates_cに書き込み権限を付与します。

Next ▶

4 設置ディレクトリの変更

インストール直後は、Webからアクセスするファイル（index.phpやsystem.php）の直下にtemplate、template_c、config、cacheディレクトリが必要です。セキュリティ上、Webブラウザからアクセスできる位置に、smarty関連ファイルを設置したくないので、任意の位置に変更します。変更するには、smartyのオブジェクトを生成して❻、$smartyから各変数にパスを代入します❼。_SMARTY_TEMPLATES_DIRなどの定数は、init.php（Section 77参照）で設定しています。

testsmarty.php

```
// 一部抜粋
$smarty  = new Smarty;          ❻ オブジェクト変数$smartyを生成して、
$smarty->template_dir = _SMARTY_TEMPLATES_DIR;
$smarty->compile_dir  = _SMARTY_TEMPLATES_C_DIR;
$smarty->config_dir   = _SMARTY_CONFIG_DIR;
$smarty->cache_dir    = _SMARTY_CACHE_DIR;
```

❼ 各変数にパスを代入します。

Smartyの基本

1 assignメソッド

assignメソッドは、テンプレート内で利用する変数に値を割り当てる機能です。はじめの引数にはテンプレート内で表示するキー文字列を記述して❶、次の引数には、そのキーに割り当てる値を記述します❷。

❶ ここにテンプレート内に記述するキー文字列を記述して、

$smarty->assign("title", "PHP のテスト ");

❷ ここに割り当てるデータを記述します。

In detail ▶▶詳解　配列の指定

assignメソッドは、テンプレート内の変数名とデータのセットを指定します。連想配列にこれら変数名とデータをセットにして指定することもできます。

$smarty->assign(array("name" => " 永田 ", "ken" => " 東京 "));

2 displayメソッド

assignメソッドを実行して変数の割り当てが終わると、表示処理を行うdisplayメソッドを実行します。displayメソッドの引数には、専用のデリミタを使った変数を記述したテンプレートファイルを指定します❸。テンプレートファイルの設置位置は「設置ディレクトリの変更」で指定してありますのでファイル名を記述するだけです。displayメソッドが実行されるとテンプレートが表示されます。本書では取り扱いませんが、displayメソッドには、他に、キャッシュIDやコンパイルIDを指定できます。コンパイルIDは、例えば同じテンプレートを別の言語でコンパイルしたいときに利用します。

```
$file = 'login.tpl';
$smarty->display($file);      ❸ ここにファイルを指定して実行します。
```

In detail ▶▶詳解　テンプレートのパス

displayメソッドに指定するテンプレートファイルの指定方法には上記以外に、Smartyのテンプレート設置ディレクトリ（$smarty->template_dirに設置したパス）から相対パスによる指定ができます。テンプレート設置ディレクトリから外れた場所のテンプレートを読み込む場合は、絶対パスの先頭に「file:」を付けます。テンプレートはファイル以外にデータベース、ソケット、LDAPなどからも取得することができます。

```
$smarty->display("system/login.tpl");
$smarty->display("file:/path/to/my/templates/menu.tpl");
$smarty->display("file:C:/export/templates/index.tpl");
```

3 テンプレートの記述

assignメソッドで「title」に「PHPのテスト」という値を割り当てます❹。assignメソッドで割り当てられたものと同じ変数名を、「{$変数名}」のように記述します。画面表示時にこの部分が割り当てられたデータに置き換えられて表示されます❺。基本はこれだけです。ループ処理や変数の修正子については必要に応じて解説します。

PHPファイル内：

$smarty->assign("title", "PHPのテスト");

❹ ここで変数名とデータを割り当てて、

テンプレート内：

{$title}　❺ ここがデータに置き換わります。

4 簡単なコードでテスト

Section 77で設定したSmartyの機能と設定ファイルinit.phpを利用して簡単なコードでSmartyの動作を確認してみましょう。テンプレートには{$title}とだけ記述して、テンプレート設置ディレクトリにtestsmarty.tplとして保存します。右下のコードtestsmarty.phpはSmartyを利用する上での最小限のコードです。assignメソッドで変数名titleにタイトル名を割り当てます❻。testsmarty.tplを$fileに設定して❼、displayメソッドの引数として渡して画面を表示します。testsmarty.phpはDocumentRootに保存します。Webブラウザから「http://localhost/testsmarty.php」にアクセスしてください。「タイトル名」と表示されたら❽、変数名やデータを変えて動作を確認しましょう。例えば、自分の名前を表示する場合は、「$smarty->assign("title", "タイトル名");」の下に「$smarty->assign("name", "自分の名前");」を追加してファイルを保存します。次にテンプレートの「{$title}」の下に「{$name}」を追加して保存します。これで名前が表示されます。

testsmarty.tpl

{$title}

testsmarty.php

```
<?php
define('_ROOT_DIR', __DIR__ . '/');
require_once _ROOT_DIR . '../php_libs/init.php';

$smarty = new Smarty;
$smarty->template_dir = _SMARTY_TEMPLATES_DIR;
$smarty->compile_dir  = _SMARTY_TEMPLATES_C_DIR;
$smarty->config_dir   = _SMARTY_CONFIG_DIR;
$smarty->cache_dir    = _SMARTY_CACHE_DIR;
$smarty->assign("title", " タイトル名 ");

❻ ここにタイトルを記述して、

$file = 'testsmarty.tpl';

$smarty->display($file);　❼ ファイル名としてtestsmarty.tplを指定します。
?>
```

❽ ここに表示されます。

Chapter 9

Section **79** | Chapter 9

入力チェック

HTML_QuickForm2で入力チェックするには

このSectionでは、PEARのHTML_QuickForm2クラスを使った各入力欄の生成および入力チェック、Smartyとの連携について解説します。

HTML_QuickForm2

1 HTML_QuickForm2とは

HTML_QuickForm2 は、テキスト入力欄、プルダウンメニューなどの入力フォームを生成します。各入力欄にはエラーをチェックするための条件を設定して、エラーのときはメッセージを表示します。これらチェックはサーバ側（PHP）だけでなく JavaScript を自動生成することでクライアント（Web ブラウザ）でも行えます。また、すべての入力データが条件を満足すると、確認画面用に入力欄を消してデータのみを表示することができます。

2 関連ファイルを読み込む

HTML_QuickForm2 と Smarty を組み合わせるとテンプレート1枚だけで登録、確認、エラー表示ができます。右ページのtesthqf.phpとtesthqf.tplを作成してSection 77で設置したSmartyを利用して動作を確認します。Section 77の設定ファイルinit.phpを読み込むことで同時にHTML_QuickForm2の関連ファイルも読み込まれます（コードは次ページ）。先に HTML_QuickForm2のクラスを利用可能にして **❶**、次にSmartyと連携するための機能を追加します **❷**（コードは次ページ）。

In detail
≫≫詳解

Chapter9 で使用するライブラリ

Chapter 9 ではオープンソースの PHP 関連ライブラリをいくつか使用しています。このような PHP 関連のライブラリは PEAR (https://pear.php.net) または Packagist (https://packagist.org) などで探せます。本書で用意したサンプルファイルはこれらのライブラリを設置済みですので、ダウンロードしてそのまま学習できるようになっています。PEAR などをダウンロードして設置する場合、ライブラリファイルを PHP 起動時に読み込むように init.php 内で設定しています。ini_get('include_path') で現在の読み込み先を取得して、設置した PEAR のディレクトリ _PEAR_PATH1 と _PEAR_PATH2 を追加して、ini_set 関数で再設定しています。

Section77/php_libs/init.php

```
define( "_PEAR_PATH1", _PHP_LIBS_DIR . "PEAR/");
define( "_PEAR_PATH2", _PHP_LIBS_DIR . "PEAR/Pager/");
ini_set('include_path', _PEAR_PATH1 .PATH_SEPARATOR . _PEAR_
PATH2 . PATH_SEPARATOR . ini_get('include_path'));
```

使用ライブラリ

パッケージ名	バージョン	
HTML_QuickForm2	2.0.2	http://pear.php.net/package/HTML_QuickForm2/
HTML_Common2	2.1.1	http://pear.php.net/package/HTML_Common2/download
PEAR_Exception	1.0.0	http://pear.php.net/package/PEAR_Exception
Pager	2.5.1	http://pear.php.net/package/Pager
Smarty.php	—	http://www.phcomp.co.uk/Tutorials/Web-Techologies/Quickform-Smarty/cat.php?file=Smarty-QuickForm2-Renderer.php

これらのファイルはすべて /phplibs/PEAR 配下に設置。※ HTML_QuickForm2 と Smarty を連携するためのコードが作者のページに掲載されています。このコードを Smarty.php として保存して、HTML/QuickForm2/Renderer/ 配下に設置します。

272

3 入力欄を作成する

HTML_QuickForm2クラスのオブジェクトを$formに格納します❸。$formにはHTML_QuickForm2クラスのメソッドやプロパティが含まれています。このSectionで登場するメソッドは5つです。入力フォームやボタンを追加するaddElementメソッド、入力条件を設定するaddRuleメソッド、入力条件を入力データと比べてチェックするvalidateメソッド、toggleFrozenメソッドは入力欄を消してデータだけを表示します。確認画面に利用できます。最後にSmartyと連携するHTML_QuickForm2_Renderer::registerメソッドです。addElementメソッドは引数を4つ取り、HTMLタグの属性と同じように指定します。type属性は「text」、name属性は「name」、attribute属性には角括弧を使った配列で「size=30」を設定❹、data属性には表示用のlabelに「名前」を設定します。送信ボタンも同様に設定して、type属性は「submit」、name属性は「submit」、ボタンの表示名は「送信」とします❺。

Section77/php_libs/init.php

```
（抜粋）
require_once("HTML/QuickForm2.php");
require_once("HTML/QuickForm2/Renderer.php");
```

❶ HTML_QuickForm2クラスを読み込んで、

❷ Smartyとの連携機能を追加します。

testhqf.php

```php
<?php
define('_ROOT_DIR', __DIR__ . '/');
require_once _ROOT_DIR . '../php_libs/init.php';

$smarty = new Smarty;
$smarty->template_dir = _SMARTY_TEMPLATES_DIR;
$smarty->compile_dir  = _SMARTY_TEMPLATES_C_DIR;
$smarty->config_dir   = _SMARTY_CONFIG_DIR;
$smarty->cache_dir    = _SMARTY_CACHE_DIR;
```

❸ ここでオブジェクトを格納して　　❹ ここで入力欄を設定して、

```php
$form = new HTML_QuickForm2('Form');

$name = $form->addElement('text','name', ['size' => 30],
['label' => ' 名前 ']);
$name->addRule('required', ' 名前を入力してください。', null,
HTML_QuickForm2_Rule::SERVER);

$form->addElement('submit','submit', ['value' => ' 送信 ']);
if ($form->validate()){ $form->toggleFrozen(true);}
// 次の手順へ続く
```

❻ ここに条件を設定して、

❺ ここで送信ボタンを生成します。

❼ 条件を満たしているか確認します。　❽ データのみを表示します。

4 入力ルールを設定する

addRuleメソッドに入力条件を設定します❻。この条件に合致しないデータは入力できません。addRuleメソッドには引数が5つ必要で、条件を定義する入力欄のname属性、エラーメッセージ、次に入力制限の種類、その他の条件（オプション）、チェックする場所となります。入力制限の種類は、ここでは「required（必須項目）」、チェックする場所はSERVER（Webサーバ）に指定します。他にCLIENT（Webブラウザ）を指定できます。$form->validateメソッドでチェックして❼、条件を満たしていれば、$form->toggleFrozenメソッドで入力欄が消え文字列だけが表示されます❽。

5 Smartyと連携する

registerメソッドで、設置したSmarty.php（左ページコラム参照）を読み込んで❾、factoryメソッドでレンダラーオブジェクト$rendererを生成します❿。レンダラーは表示画面を描画する仕組みです。setOptionメソッドで古い形式に対応してエラーを個別に表示できるようにしています⓫。Smartyのassignメソッドで送信フォームのデータを配列に組み込みます⓬。

```php
// 前の手順から続く
HTML_QuickForm2_Renderer::register('smarty','HTML_
QuickForm2_Renderer_Smarty');
$renderer  = HTML_QuickForm2_Renderer::factory('smarty');
$renderer->setOption('old_compat', true);
$renderer->setOption('group_errors', false);
$smarty->assign('form', $form->render($renderer)->toArray());
$file = 'testhqf.tpl';
$smarty->display($file);
```

❾ ここでSmarty.phpを読み込んで、

❿ ここでオブジェクトを生成して、

⓫ ここでレンダラーオブジェクトの設定をして、

⓬ ここでSmartyに組み込みます。

Next ▶

Chapter 9
PHPとMySQLで作る会員管理システム ― 会員機能

6 テンプレートを準備する

次に、テンプレートの解説を行います。addRuleメソッドの引数を、HTML_QuickForm2_Rule::SERVER（PHPでデータをチェック）からHTML_QuickForm2_Rule::CLIENTへ変更すると、JavaScriptを利用してデータをチェックします。ここで利用するHTML_QuickForm2のパッケージ内に用意されているJavaScriptファイルをここで読み込みます⓭。{$form.attributes}には、<form>タグに必要な属性が自動的に生成されます。{$form.name.label}は「名前」、{$form.name.html}はテキスト入力欄⓮、{$form.submit.html}は「送信」ボタン⓯、{$form.name.error}はエラー時のメッセージに置き換わります。最後の{$form.javascript}は、自動生成されたデータチェック用のJavaScriptと置き換わります⓰。Section 78のtestsmarty.phpと同じように、testhqf.phpとtesthqf.tplを設置して動作を確認してください。

testhqf.tpl

⓭ ここはJavaScriptに、

```
<script type="text/javascript" src="js/quickform.js" async></script>
<form {$form.attributes}>
    {$form.hidden}
{if isset($form.name.error) }
    <div style="color: red">{$form.name.error}</div>
{/if}
{$form.name.label}:{$form.name.html}
{$form.submit.html}
</form>
{if isset($form.javascript)}
    {$form.javascript}
{/if}
```

⓮ ここはテキスト入力欄に、

⓯ ここは「送信」ボタンに置き換わります。

⓰ ここでJavaScriptに置き換わります。

Term 用語 **async 属性**

async とは非同期と言う意味です。
HTMLファイルの中でJavaScriptファイルを読み込むと画面表示が遅くなることがあります。このサンプルでは、
<script type="text/javascript" src="js/quickform.js" async></script>
というコードの中でasync属性を追加して、JavaScriptファイルを非同期に読み込んでいます。簡単なサンプルでは違いはわかりませんが表示する画面が複雑になると、非同期に読み込むことでJavaScriptファイルがHTMLタグと同時に読み込まれ表示速度が改善されます。

ログイン画面

1 画面項目の表示設定

Section 77の会員システムにアクセスするとはじめに表示されるのがログイン画面です。ユーザー名とパスワードを入力して認証します。このログイン画面は、MemberController.phpという会員データとその処理をあつかうクラスのscreen_loginメソッドで❶、画面に表示する項目を設定しています。クラス内のコードのため$this->formとありますが、前の項目で説明した$formと同じHTML_QuickForm2のオブジェクトです。ここでは、addElementメソッドを使ってユーザー名と❷、パスワードの入力欄❸、ログインボタンを設定します❹。後のSectionでさらに詳しく解説します。

MemberController.php

❶ screen_loginメソッド内部で、

```
// 一部抜粋
public function screen_login()
{
    $this->form->addElement('text', 'username',
        ['size' => 15, 'maxlength' => 50], [ 'label' => ' ユーザ名 ']);
    $this->form->addElement('password', 'password',
        ['size' => 15, 'maxlength' => 50], [ 'label' => ' パスワード ']);
    $this->form->addElement('submit', 'submit',
        ['value' =>' ログイン ']);
    $this->title = ' ログイン画面 ';
    $this->next_type = 'authenticate';
    $this->file = "login.tpl";
    $this->view_display();
}
```

❷ ユーザー名と、

❸ パスワードの入力欄と、

❹ ログインボタンを設定します。

2 Smartyを使った テンプレートの記述

index.phpにアクセスしたときに表示されるログイン画面のテンプレートlogin.tplを解説します。通常のHTMLタグ内に{}で囲まれた箇所があります。この部分がすべてSmartyのassignメソッドで割り当てられたデータに置き換わります。{$title}はページタイトルを表示します❺。{$form.attributes}はformタグに設定するmethod属性やaction属性に置換されます❻。{$form.username.label}には、「ユーザー名」という文字列❼、{$form.username.html}はユーザー名の入力欄（HTMLのコード）に置き換わります❽。以下、パスワード名❾とパスワード入力欄❿、「ログイン」と表示されたボタン（HTMLのコード）に置き換わります⓫。認証エラーがある場合{$auth_error_mes}にエラーメッセージが表示されます⓬。{$SCRIPT_NAME}は、現在実行中のファイル名（ここではindex.php）に置き換わります。「{$SCRIPT_NAME}?type=regist&action=form」は、「index.php?type=regist&action=form」となり、動作モードtypeがregist（登録モード）、actionがform（フォーム表示）となり、登録フォームへのリンクになります⓭。

login.tpl

```
<!DOCTYPE html>
<html lang="ja">
<head>
<title>{$title}</title>
</head>
<body>
<div style="text-align:center;">
<hr>
<strong>{$title}</strong>          ❺ {$title}はページタイトルを表示して、
<hr>
    <table>
      <tr>                          ❻ formタグに設定するmethod属性
        <td>                           やaction属性に置換されます
            <form {$form.attributes}>
          <table>
            <tr>
              <th> 会員ページ :</th>
            </tr>                     ❼ これは「ユーザー名」に、
            <tr>
              <td><div style="text-align: right">{$form.username.
label}:</div></td>
              <td> {$form.username.html}</td>
            </tr>                ❽ これはユーザー名の入力欄に置き換わります。
            <tr>                 ❾ ここはパスワード名、
              <td><div style="text-align: right">{$form.password.
label}:</div></td>
              <td> {$form.password.html}</td>
            </tr>
            <tr>               ❿ ここはパスワードの入力欄に、
              <td colspan="2" >
                <input type="hidden" name="type" value="{$type}">
                <div style="text-align:center;">{$form.submit.
html}</div>               ⓫ ここは「ログイン」と表示され
                  <br>              たボタンに置き換わります。
                <div style="color:red; font-size: smaller;">
                  {$auth_error_mess} </div></td>
            </tr>            ⓬ ここには認証エラーのメッ
          </table>               セージが表示され、
            </form>


    </td>
    <td>
      <p> 会員の方はログインしてください。</p>
      <p><a href="{$SCRIPT_NAME}?type=regist&action=form">
未登録の方はこちらから登録できます。</a></p>
    </td>
    </tr>
  </table>            ⓭ これは登録フォームへのリンクになります。
</div>
{if ($debug_str)}<pre>{$debug_str}</pre>{/if}
</body>
</html>
```

Section 79

入力チェック

275

Section 80 認証

認証機能を実装するには

これまでに学習したことを発展させてセッションとクッキーを利用したログイン画面を作成します。

認証の意味

1 認証とは

ユーザーネームとパスワードの組み合わせにより、Webアプリケーションなどの機能を操作できる権利、権限があるかどうかを確認する作業を認証といいます。この作業により、閲覧者を識別して、閲覧者ごとに異なる内容をページに表示するなどの処理を行うことができます。

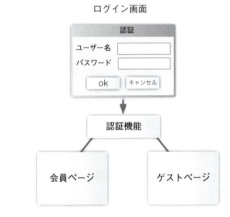

2 ログインするには

ログインするとは、プログラムの内部でログイン画面から入力されたユーザーネームとパスワードが一致することです。ユーザーネームが「user」でパスワードが「pass」だとすると、ログイン画面から送信されたそれらと内部で保持するユーザーネームとパスワードが一致すると認証され会員エリアのページを閲覧できます。Webブラウザの入力欄（HTMLのinputタグ）から送信されたデータはinputタグのname属性を付けてサーバのPHPプログラムに返信されます❶。プログラム内部では同じ名前の$_POST['username']❷と$_POST['password']❸の中に格納されています。コードのように比較してどちらも一致したら認証成功です❹。

ログイン画面　入力欄の例：

```
<input size="15" maxlength="50" name="username" type="text" />
<input size="15" maxlength="50" name="password" type="password" />
```

❶ このデータが送信され、

認証プログラム内の例：

```
if($_POST['username'] == 'user' && $_POST['password'] == 'pass'){
    // 認証処理
}
```

❷ ここでユーザーネームと、
❸ パスワードが、
❹ 一致したら認証成功です。

3 状態を保持するセッション機能

ただし、このままでは次のページへ移ると送信データ（ユーザーネームとパスワード）が消失してしまい、認証されたかどうかわからなくなります。次のページへ認証した証拠（ユーザーネームとパスワードの代わりになるもの）を持って移動できればログイン状態のままページを閲覧できます。この認証した証拠を保持する仕組みとしてPHPのセッション機能を利用します。このセッション機能はクッキーを利用して実現しています。

4 セッションとクッキー

PHPプログラム内部でsession_start関数を実行するとセッションが開始されます。クライアント（Webブラウザ）からこのPHPプログラムにアクセスがあるとサーバ（WebサーバとPHP）からレスポンスが送信されます。レスポンスのヘッダ部分にセッションIDがクッキーの情報として追加されてブラウザへ送信されます。クライアントはヘッダを解釈してPC内部にクッキーをファイルとして保存します。このときクッキーファイルを確認すると「PHPSESSID」と対になって「9naau9sfuiho2j63vnhmrdea17」のような文字列が保存されます。はじめのPHPSESSIDはセッション名です。次の文字列はセッションIDです。ランダムな文字列が自動的に発行されます。併せて、ドメイン名とパスが保存されます。

5 セッションの再開

同じクライアントでクッキーを発行したサイトにアクセスすると、クライアントは、保存したファイルの中からドメイン名とパスが同じクッキーを検索します。存在すればクッキーの内容をサーバに送信します。サーバは、同じセッションIDのファイルがあれば内部の変数を復活します。ログイン成功時にセッション変数にログインした証拠を保存しておくと、次のアクセスのときに認証した証拠として利用できます。

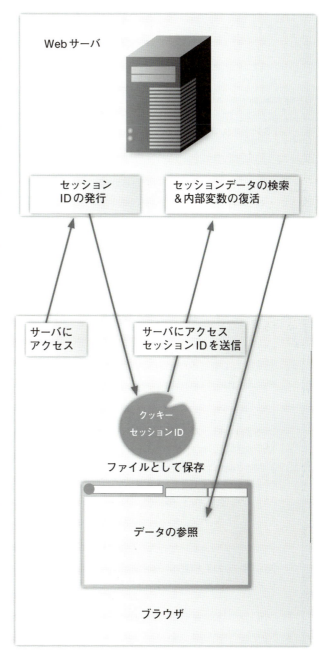

Next▶

ログイン機能の作成

1 機能説明

簡単なコードに認証の仕組みを実装して動作を確認します。下コードのtestauth1.phpを実行すると testlogin.tplを読み込んで、ログイン画面を表示します。ユーザーネーム「user」、パスワード「pass」を入力すると認証され、testauth.tplが読み込まれ会員ページを表示します。ログアウトのリンクをクリックするとログイン画面に戻ります。

2 送信データ

ログインボタンを押したときにtestauth1.phpに対してPOSTメソッドで「username」、「password」、「type」が送信されます。formタグの内側にあるinputタグの内容が送信されたもので内容は$_POST変数で参照できます。例えば「testlogin.tpl」の中で設定される<input type="hidden" name="type" value="authenticate">が送信されると$_POST['type']に「authenticate」が格納されます。会員画面にはログアウト用のリンクがあるだけです（testauth.tpl参照）。これをクリックするとURLのパラメータが送信され$_GET変数で参照できます。「http://localhost/testauth1.php?type=logout」をクリックすると$_GET['type']に「logout」という文字列が格納されプログラム内で参照できます。

3 セッション変数と認証

testauth1.phpは、設定ファイルの読み込みからSmartyの準備まではSection 77、78と同じです。ログインに必要なセッションをsession_start関数を実行して開始します❶。セッションが開始されると$_SESSION変数を利用できます。ログインとログアウトをひとつのPHPファイルだけで実現するためにif文で送信されてきたグローバル変数を確認して動作を分岐しています。$_POST['type']に「authenticate」がありさらに、ユーザーネームとパスワードが一致すれば、認証処理を実行します❷。ここでは、$_SESSION['id']に1を格納して認証した証拠とします❸。一方、$_GET['type']に「logout」という文字列があればログアウトします❹。ログアウトしたときは、$_SESSIONに[]（空の配列）を格納して認証の証拠を削除します❺。

testauth1.php

```php
<?php
define('_ROOT_DIR', __DIR__ . '/');
require_once _ROOT_DIR . '../php_libs/init.php';

$smarty = new Smarty;
$smarty->template_dir = _SMARTY_TEMPLATES_DIR;
$smarty->compile_dir = _SMARTY_TEMPLATES_C_DIR;
$smarty->config_dir = _SMARTY_CONFIG_DIR;
$smarty->cache_dir = _SMARTY_CACHE_DIR;

session_start();

if (!empty($_POST['type']) &&
    $_POST['type'] == 'authenticate' ) {
  // 認証機能
  if( $_POST['username']== 'user'&&
      $_POST['password'] == 'pass' ){
      $_SESSION['id'] = 1;// 数値ならなんでも OK
  }
}else if( !empty($_GET['type']) &&
    $_GET['type'] == 'logout'){
      $_SESSION = [];
}

// 次の手順へ続く
```

❶ ここでセッションを開始して、

❷ ここで認証処理を実行して、

❸ ここに認証した証拠を保存します。

❹ ここでログアウトして、

❺ ここで証拠を削除します。

4 会員画面とログイン画面

次の条件文で認証の証拠があるかどうか確認しています。$_SESSION['id']の中に1以上の数字があるかどうかで判断しています❻。条件文の結果が真の場合は、会員画面が表示されます❼。条件文の結果が偽の（認証できない）場合は、再度ログイン画面が表示されます❽。testauth1.phpにはじめてアクセスしたときも認証の証拠がないためログイン画面が表示されます。

5 ログイン画面の作成

会員画面は簡単な構成です。ログイン画面は、ログインボタンを押したときに動作を分岐するためassignメソッドで「type」に「authenticate」を設定して認証処理に進むようにしています❾。HTML_QuickForm2のaddElementメソッドでusernameとpasswordを設定しています❿。パスワードを設定するaddElementのはじめの「password」で、パスワードが入力されたとき「＊＊＊＊＊」と表示します⓫。あとの「password」は送信時の名前になります。テンプレートはtestlogin.tplとtestauth.tplの2つを使用しています。こちらも会員画面側はシンプルです。testlogin.tplの<form {$form.attributes}>は、formタグに必要なaction属性やmethod属性を設定します⓬。Section 77で設置した環境と同じ場所（DocumentRoot）にtestauth1.phpを設置して、testlogin.tpl、testauth.tplをSmartyのテンプレート設置ディレクトリに設置して動作を確認してください。

```
// 前の手順から続く

        ← ❻ ここで認証の証拠を確認して、

if(!empty($_SESSION) && $_SESSION['id'] >= 1){
    // 認証済み
    $smarty->assign("title", " 会員ページ ");
    $file = 'testauth.tpl';  ← ❼ 真の場合は、会員画面を、

}else{
                        ❽ 偽の場合は、ログイン
                          画面を表示します。
    // 未認証
    $smarty->assign("title", " ゲストページ ");
    $smarty->assign("type", "authenticate");  ← ❾ ここに次の動作
                                                  モードを設定して、
    $file = 'testlogin.tpl';
                        ❿ ここでusernameと
                          passwordを設定して、
    $form = new HTML_QuickForm2('Form');
    $form->addElement('text','username', ['size' => 15,
            'maxlength' => 50], ['label' => ' ユーザー名 ']);
    $form->addElement('password','password', ['size' => 15,
            'maxlength' => 50], ['label' => ' パスワード ']);
    $form->addElement('submit','submit', ['value' => ' ログイン ']);
                        ⓫ ここでパスワード形式にします。
    HTML_QuickForm2_Renderer::register('smarty','HTML_
    QuickForm2_Renderer_Smarty');
    $renderer  = HTML_QuickForm2_Renderer::factory('smarty');
    $renderer->setOption('old_compat', true);
    $renderer->setOption('group_errors', false);
    $smarty->assign('form', $form->render($renderer)-
>toArray());
}
$smarty->display($file);
```

testlogin.tpl ログイン画面

```
{$title}
<form {$form.attributes}>     ← ⓬ formタグに必要な属性を設定します。
{$form.username.label}:<br>
{$form.username.html}<br>
{$form.password.label}:<br>
{$form.password.html}
<input type="hidden" name="type" value="{$type}">
{$form.submit.html}
</form>
```

testauth.tpl 会員画面

```
{$title}

[ <a href="{$SCRIPT_NAME}?type=logout"> ログアウト </a> ]
```

Next ▶

Chapter 9
PHPとMySQLで作る会員管理システム —会員機能

Authクラスの作成

1 Authクラス

セッション変数を使用する処理は、認証という重要な機能を扱うためクラスを作ってそこにまとめましょう。クラスの名前はAuthとします。主なメソッドはセッションを開始するstartメソッドと認証の証拠を確認するcheckメソッド、セッション変数を破壊するlogoutメソッドです。Auth.phpのコード全体はサンプルコードをダウンロードして確認してください。

2 Authクラスの宣言

class Authでクラスを宣言して❶、このクラス内部だけで使用する変数にしたいので、privateとアクセス権を設定します❷。$authnameは内部では$this->authnameとなります。$thisはこのオブジェクト自身を表します。$this->authnameは、クラス内であればどのメソッド内でも参照できます。__constructメソッドはコンストラクタです❸。クラスからオブジェクトを生成するときに一番に実行されますがここでは何も記述していません。必要になったら利用できるようにコンストラクタの記述はそのままにしてあります。メソッドはすべてpublicとアクセス権を設定してどこでもメソッドを実行できるようにします❹。

3 認証情報の格納先

セッション変数はいろいろな用途に利用することがありますが、あらかじめ認証情報を格納する配列名を決めておくと安心です。$_SESSION['userinfo']のように配列名を設定する場合、「userinfo」の部分を取り替えられるようにset_authnameメソッドで内部の変数$authnameに設定して❺、get_authnameメソッドでその変数に設定した名前を取り出せるようにしました❻。これは管理者側でもAuth.phpを利用できるようにするためです。管理者の認証情報は$_SESSION['systeminfo']に格納します。

4 セッション名の指定

セッション名は初期値としてPHPSESSIDと決められていますが、会員側と管理側でセッション名を変えておくと安全性が高められます。set_sessnameメソッドでセッション名を変数に設定して❼、get_sessnameメソッドで変数にセットされた名前を取得できます❽。

Auth.php

```
// 一部抜粋                          ❶ ここでクラスを宣言して、
class Auth {
  // セッションに関する処理
  private $authname; // 認証情報の格納先名
  private $sessname; // セッション名    ❷ ここをprivateとして定義します。
  public function __construct() {
                                      ❸ このコンストラクタは何もありません。
  }
                                      ❹ メソッドはpublicとして定義しています。

  public function set_authname($name){  ❺ ここで配列名を変数に設定して、
    $this->authname = $name;
  }

  public function get_authname(){       ❻ ここで変数から取り出します。
    return $this->authname;
  }

  public function set_sessname($name){  ❼ ここでセッション名を変数に設定して、
    $this->sessname = $name;
  }

  public function get_sessname(){       ❽ ここで変数から取り出します。
    return $this->sessname;
  }
}
```

280

5 セッション開始

startメソッドによりセッションを開始します。はじめに、PHPの組み込み関数session_statusでセッションの状態を確認しています❾。これはセッションがアクティブの状態でsession_start関数を実行するとエラーが表示されるためです。セッションがアクティブな場合、session_start関数を実行せずにもとに戻ります❿。次に、$this->sessnameにセッション名が格納されていたら⓫、session_name関数の引数に$this->sessnameを指定してセッション名を変更します⓬。セッション名の変更はセッション開始の前にする必要があります。

6 認証情報の確認

checkメソッドは、認証情報の一部を取り出して認証していることを確認しています。$_SESSION[$this->get_authname()]のget_authnameメソッドは、set_authnameで設定された配列名を取得して名前を設定しています⓭。$_SESSION[$this->get_authname()]が、$_SESSION['userinfo']となる場合、$_SESSION[$this->get_authname()]['id']は、$_SESSION['userinfo']['id']となります。このセッション変数に1以上の数値があればtrueが返ります⓮。$_SESSION['userinfo']['id']は会員IDです。本書で作成する会員システムの会員IDはデータベースに登録するたびに増えていくユニーク（他に同じものがない）なものなので認証の証拠として利用しています。

7 認証情報の破棄

logoutメソッドは、ログアウト時の処理を記述しています。$_SESSIONに空の配列を格納してセッション変数のデータを破棄します⓯。さらにsetcookie関数で過去の時間を設定してクッキーを削除しています⓰。最後のsession_destroy関数で他にセッションに関連づけたデータがあれば破棄します⓱。

Auth.php

```php
// 一部抜粋
public function start(){
    // ❾ ここでセッションの状態を確認して、
    // セッションが既に開始している場合は何もしない。
    if(session_status() === PHP_SESSION_ACTIVE){
        return;
        // ❿ セッションがアクティブな場合は戻ります。
    }
    if($this->sessname != ""){
        // ⓫ ここにセッション名が格納されていたら、
        session_name($this->sessname);
        // ⓬ ここでセッション名を変更します。
    }
    // セッション開始
    session_start();
}


// 認証情報の確認
public function check(){
    // ⓭ ここで配列名に名前を設定して、
    if(!empty($_SESSION[$this->get_authname()]) &&
            $_SESSION[$this->get_authname()]['id'] >= 1){
        return true;
        // ⓮ ここで認証情報を確認します。
    }
}


// 認証情報を破棄
public function logout(){
    // セッション変数を空にする
    $_SESSION = [];
    // ⓯ ここでデータを破棄して、

    // クッキーを削除
    if (ini_get("session.use_cookies")) {
        $params = session_get_cookie_params();
        setcookie(session_name(), '', time() - 42000,
            $params["path"], $params["domain"],
            $params["secure"], $params["httponly"]
        );
        // ⓰ ここでクッキーを削除して、
    }

    // セッションを破壊
    session_destroy();
    // ⓱ ここでセッション関連データがあれば破棄します。
}
```

Next▶

Authクラスの組み込み

1 Authクラスでセッションの開始

testauth1.phpにAuthクラスを組み込んで、testauth2.phpを作成しましょう。必要なところだけ解説します。「$auth = new Auth;」として、Authクラスのオブジェクトを$authに格納します❶。これまで見てきたAuthクラスのメソッドを「$auth->メソッド()」と指定して実行できます。はじめにset_authnameメソッドで定数_MEMBER_AUTHINFOを設定します❷。設定ファイルinit.phpで_MEMBER_AUTHINFOを「userinfo」として定義しています。set_sessnameメソッドでは_MEMBER_SESSNAMEを設定しています。init.phpで_MEMBER_SESSNAMEを「PHPSESSION_MEMBER」と定義しています。これは新しいセッション名となります❸。「$auth->start();」でセッションが開始されます❹。

2 Authクラスで認証

ユーザーネームとパスワードが一致したら❺、$_SESSION[$auth->get_authname()]['id']に1を追加します。先ほどのset_authnameにより$_SESSION['userinfo']['id']に1が格納されます❻。ログアウトする場合は、$auth->logout();を実行するだけです。$auth->check()で、$_SESSION['userinfo']['id']に1以上が格納されていたら認証済みとなり会員画面が表示されます。Section 77で設置した環境と同じ場所（DocumentRoot）にtestauth2.phpを設置して、testlogin.tpl、testauth.tplは、Smartyのテンプレート設置ディレクトリに設置して動作を確認してください。Auth.phpはinit.phpにより自動的に読み込まれます。

testauth2.php

```php
// 一部抜粋

// Auth クラスの読み込み
$auth = new Auth;
$auth->set_authname(_MEMBER_AUTHINFO);
$auth->set_sessname(_MEMBER_SESSNAME);
$auth->start();

if (!empty($_POST['type']) &&  $_POST['type'] == 'authenticate') {
    // 認証機能
    if( $_POST['username']== 'user' && $_POST['password'] == 'pass' ){
        $_SESSION[$auth->get_authname()]['id'] = 1; // 数値ならなんでも OK
    }
}else if( !empty($_GET['type']) && $_GET['type'] == 'logout'){
    $auth->logout();
}


if($auth->check()){
    // 認証済み
}else{
    // 未認証
}
```

❶ ここにAuthクラスのオブジェクトを格納して、

❷ ここで配列名を設定して、

❸ ここで新しいセッション名をセットして、

❹ ここでセッションを開始します。

❺ ここでユーザーネームとパスワードが一致したら、

❻ ここで1を格納して認証済みとなります。

パスワードの保存

1 ハッシュ値

会員システムではパスワードは安全性を高めるため暗号化して保存します。実際の文字列はデータベースには保存せず、代わりにハッシュ値と呼ばれるものをパスワードから計算して保存します。このときに利用されるものがハッシュ関数と呼ばれるものです。ハッシュ関数で計算したものがハッシュ値となります。ハッシュ値は、元のデータの長さに関わらず一定の長さの文字列となります。パスワードをハッシュ値にすることで、盗聴されても内容をわからないようにしたうえに、その内容が正しいかどうか簡単に確認することができます。以前はMD5関数やsha1関数でパスワードを暗号化（ハッシュ値）していましたがすでに解析できる技術となってしまい、現在はcrypt

関数またはhash関数を使用します。ここではPHPで利用できるpassword_hash関数と互換性がありPHPに標準で含まれているcrypt関数を利用します。ここで利用する手法は非可逆処理と呼ばれるものでハッシュ値（暗号化した文字列）から元の文字列に戻すことはできません。しかし、あらかじめ任意の文字列をハッシュ値にして比較する方法で暗号を解読される可能性があります。このような攻撃を防ぐために文字列にソルトと呼ばれるランダムな文字列をあらかじめ付加してパスワードを解析しにくくします。パスワードハッシュに関する詳細は、PHPの公式サイト「http://php.net/manual/ja/faq.passwords.php」で確認してください。

2 get_hashed_password

get_hashed_passwordは入力されたパスワード $password をハッシュ値にする機能です。ソルトを作成するためrandom_bytes関数でランダムなデータを生成して❶、base64_encodeで文字列を半角の英数字列にします❷。 random_bytesの引数には必要な長さをバイトで指定します❸。出力された文字列をbase64_encodeでエンコードすると「+」が入るのでstrtr関数で「.」に変換します❹。crypt関数は1つめの引数にパスワードを、2つめの引数にソルト指定します。このときのソルトの先頭の文字列によりどのハッシュアルゴリズムを利用するか決められます❺。本書では、$2y$を利用します。$2y$の次にコストパラメーターとして2桁の数字を設定します。ここでは10を設定しました。数字を大きくすると堅牢になりますがシステムの負荷が増大します。sprintf関数で%02dの部分に10が入ります。「$2y$10$文字列」となります❻。最後にcrypt関数を実行してハッシュ値を生成します❼。実際に作成したハッシュ値は「$2y$10$ZNgRTSAlfnTMJmpzwwmiHOJiwV9Hd2w2e6tPT.CudcZPTdK.RVuJC」となります。

（表）ソルトの先頭文字列とハッシュアルゴリズム

1	MD5
$2a$	Blowfish
$2x$	Blowfish
$2y$	Blowfish 5.3.7以降はこちらを利用
5	SHA-256
5	SHA-512

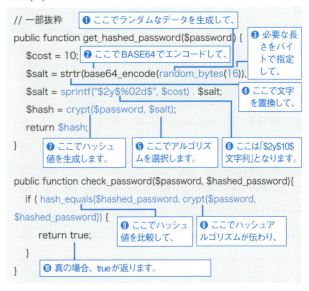

Auth.php

3 パスワードとハッシュ値の比較

check_passwordメソッドでは、送信パスワード（平文）と保存パスワードのハッシュ値（暗号文）を比較します。crypt関数にパスワードとハッシュ値を指定するところが重要なところです。これによりハッシュアルゴリズムがcrypt関数に伝わり❽、ハッシュ値を比較できます。タイミング攻撃を防ぐためhash_equals関数で比較し❾、一致したらtrueが返ります❿。

Term タイミング攻撃
>> 用語

手順3で利用しているhash_equalsはタイミング攻撃を防ぐための関数です。タイミング攻撃とは比較処理にかかる僅かな時間の差を計測してパスワードを推測する手法です。「==」や「===」などの比較演算子を使ってパスワードのハッシュ値を比較するとこのタイミング攻撃によりパスワードを推測される可能性が高くなります。処理時間が常に一定になるようにhash_equals関数を使用しましょう。

データベースの利用

1 ユーザーネームで検索

これまでは、ユーザーネームとパスワードはプログラム内に直接書き込んでいましたが、今回はデータベースから取得して比較する方法に変更します。DBに接続する方法はPDOを利用します。通常はプログラムの最初で接続しますが解説をわかりやすくするためにここで接続しています❶。まず、member テーブルの中をユーザーネームにより検索します。ユーザーネームとパスワードで検索するとすぐに結果がわかるのですがパスワードをハッシュ値にしているため、一度パスワードを取得してcrypt関数で比較する必要があります。$_POST['username'] をbindValueメソッドに指定して❷、executeメソッドで検索を実行します❸。fetchメソッドですべて$userdataに結果を格納します❹。ユーザーネームが一致しない場合は、$userdataの中は空の配列となります。

2 パスワードの比較

Auth クラスの check_password メソッドで入力されたパスワードとデータベースから取得したパスワードを比較します❺。内部ではcrypt関数でパスワードとハッシュ値を比較して一致したらtrueが戻ります。

3 セッションIDの再発行

Authクラスのauth_okメソッド❻ではセキュリティに関して重要な処理を行っています。session_regenerate_id関数を実行してセッションIDを再発行します❼。いままで使っていたセッションIDに関する情報は削除されあらたな番号のセッションIDを利用できます。これによりセッションハイジャックと呼ばれる攻撃を排除できます。session_regenerate_idの引数にtrueを指定すると関連するクッキーも削除されます。セッションIDを再生成したあとセッション変数に認証情報を保存します❽。Section 77で設置した環境と同じ場所（DocumentRoot）にtestauth3.phpを設置して、testlogin.tpl、testauth.tplは、Smartyのテンプレート設置ディレクトリに設置して動作を確認してください。Auth.phpはinit.phpにより自動的に読み込まれます。

testauth3.php

```php
// 一部抜粋
if (!empty($_POST['type']) && $_POST['type'] == 'authenticate' )
{
    // 認証機能

    // DB に接続
    $db_user = "sample";            // ユーザー名
    $db_pass = "password";          // パスワード
    $db_host = "localhost";         // ホスト名
    $db_name = "sampledb";          // データベース名
    $db_type = "mysql";             // データベースの種類
    $dsn = "$db_type:host=$db_host;dbname=$db_name;charset=utf8";
    try {
        $pdo = new PDO($dsn, $db_user, $db_pass);
        $pdo->setAttribute(PDO::ATTR_ERRMODE,
            PDO::ERRMODE_EXCEPTION);
        $pdo->setAttribute(PDO::ATTR_EMULATE_PREPARES, false);
    } catch(PDOException $Exception) {
        die(' エラー :' . $Exception->getMessage());
    }

    // ユーザーネームで検索
    $userdata = [];
    try {
        $sql= "SELECT * FROM member WHERE username = :username ";
        $stmh = $pdo->prepare($sql);
        $stmh->bindValue(':username', $_POST['username'],
            PDO::PARAM_STR );
        $stmh->execute();
        while ($row = $stmh->fetch(PDO::FETCH_ASSOC)) {
            foreach( $row as $key => $value){
                $userdata[$key] = $value;
            }
        }
    } catch (PDOException $Exception) {
        print " エラー : " . $Exception->getMessage();
    }
    if(!empty($userdata['password']) &&
        $auth->check_password($_POST['password'], $userdata['password'])){
        $auth->auth_ok($userdata);
    } else {
        // 何もしません
    }
}
```

❶ ここでDBに接続して、

❷ ここでユーザーネームを指定して、

❸ 検索を実行して、

❹ ここで配列にデータを格納して、

❺ ここでパスワードを比較して、

Auth.php

```php
// 一部抜粋

    // 認証情報の取得
    public function auth_ok($userdata){
        session_regenerate_id(true);
        $_SESSION[$this->get_authname()] = $userdata;
    }
```

❻ auth_okメソッドを実行します。

❼ ここでセッションIDを再発行して、

❽ ここで認証情報を保存します。

MemberModelクラス

1 データベースへ接続する

MVCのM（モデル）にあたるクラスを利用しデータベースに接続しデータ検索を行います。testauth3.phpでは、全体の構造がわかりにくいので、モデルにデータベース関連の処理を移し見通しのよいコードを作成します。まず、すべてのモデルで共通する処理をBaseModelクラスに担当させます。BaseModelにはコンストラクタにDBへの接続処理が書かれています❶。次に、会員情報を保存するテーブルmemberを操作するためのMemberModelクラスを作成します。ファイル名もわかりやすくMemberModel.phpとしてクラスを保存するディレクトリに設置します。内部では基底クラスのBaseModelをextends（継承）してMemberModelクラスを宣言しています❷。設定情報のinit.phpを読み込んで、$MemberModel = new MemberModel;とするだけで、基本クラスのコンストラクタが実行され、データベースに接続できます。

2 ユーザネームで検索

MemberModelにはget_authinfoメソッドがpublicで定義されているため、「$MemberModel->get_authinfo(ユーザネーム);」として実行するとユーザネームをキーにして検索できます❸。内部のコードはtestauth3.phpとほとんど同じです。$pdoがクラス内部の変数のため「$this->pdo」となっている点が違います。データを配列$dataに格納したらreturnで返します。

3 認証データの取得

それでは、MemberModelクラスを組み込んだログイン処理を確認します。testauth4.phpの全体はサンプルコードをダウンロードして確認してください。testauth3.phpとの違いはデータベースの処理だけです。init.phpによりすでにBaseModel.phpやMemberModel.phpは読み込み済みですので、単に、MemberModelのオブジェクトを生成して❹、get_authinfoメソッドを実行❺するだけのわずか2行でデータを取得できます❻。

BaseModel.php

```php
class BaseModel {
    protected $pdo;
    public function __construct() {
        $this->db_connect();
    }

    private function db_connect(){
        try {
            $this->pdo = new PDO(_DSN, _DB_USER, _DB_PASS);
            $this->pdo->setAttribute(PDO::ATTR_ERRMODE,
                PDO::ERRMODE_EXCEPTION);
            $this->pdo->
                setAttribute(PDO::ATTR_EMULATE_PREPARES, false);
        } catch(PDOException $Exception) {
            die(' エラー :' . $Exception->getMessage());
        }
    }
}
```

❶ BaseModelには接続処理だけが書かれています。

MemberModel.php

```php
// 一部抜粋
class MemberModel extends BaseModel {

    public function get_authinfo($username){
        $data = [];
        try {
            $sql= "SELECT * FROM member WHERE username = :username ";
            $stmh = $this->pdo->prepare($sql);
            $stmh->bindValue(':username', $username, PDO::PARAM_STR );
            $stmh->execute();
            while ($row = $stmh->fetch(PDO::FETCH_ASSOC)) {
                foreach( $row as $key => $value){
                    $data[$key] = $value;
                }
            }
        } catch (PDOException $Exception) {
            print " エラー : " . $Exception->getMessage();
        }
        return $data;
    }
}
```

❷ ここでBaseModelを継承して、

❸ ここでユーザーネームをキーに検索します。

testauth4.php

```php
// 一部抜粋
if (!empty($_POST['type']) &&  $_POST['type'] == 'authenticate' ) {
    // 認証機能
    $MemberModel = new MemberModel();
    $userdata = $MemberModel->get_authinfo($_POST['username']);
```

❹ ここでMemberModelのオブジェクトを生成して、

❺ ここでget_authinfoメソッドを実行して、

❻ この配列にデータを取得します。

Chapter 9

Section 81 Chapter 9

制御構造

制御構造を作るには

Section 77の会員システムがユーザーの操作によって処理を分岐させて画面を表示するまでを確認します。

起点となるファイルの動作

1 index.phpの実行

Section 77のサンプルコードをもとに処理を分岐させる方法を学習しましょう。DocumentRootに設置した、index.phpは会員または未登録のユーザーがアクセスします。premember.phpは登録中の会員、system.phpは管理者がアクセスします。これらプログラムの起点になるファイルの内部はほとんど同じで、コントローラークラスを利用してrunメソッドを実行するだけです。index.phpの場合、はじめに「__DIR__」によりindex.phpが設置されているディレクトリ（DocumentRoot）を_ROOT_DIRに設定して❶、require_once関数でその位置から「../php_libs/init.php」を読み込みます❷。DocumentRootの配下ではなく、並列にディレクトリが存在するので「../」にひとつ上のディレクトリに移動してphp_libsディレクトリの位置を表しています。index.phpの場合は会員がアクセスするので、MemberControllerクラスのオブジェクトを$controllerに格納して❸、runメソッドを実行して❹、exitで終了します❺。premember.phpは、PrememberControllerクラスを❻、system.phpでは、SystemControllerクラスを❼利用する点だけが違います。

index.php

❶ ここにディレクトリを定数に設定して、
❷ ここで設定ファイルを読み込み、

```
define('_ROOT_DIR', __DIR__ . '/');
require_once _ROOT_DIR . '../php_libs/init.php';
$controller = new MemberController();
$controller->run();

exit;
```

❸ ここにMemberControllerクラスのオブジェクトを格納して、
❹ ここでrunメソッドを実行して、
❺ ここで終了します。

premember.php

```
define('_ROOT_DIR', __DIR__ . '/');
require_once _ROOT_DIR . '../php_libs/init.php';
$controller = new PrememberController();
$controller->run();

exit;
```

❻ ここではPrememberControllerクラスを利用します。

system.php

```
define('_ROOT_DIR', __DIR__ . '/');
require_once _ROOT_DIR . '../php_libs/init.php';
$controller = new SystemController();
$controller->run();

exit;
```

❼ ここではSystemControllerクラスを利用します。

286

基底クラスと継承クラス

Section 81

制御構造

1 テーブルとクラス、ファイルの関係

Authクラスと BaseModel、BaseController の基底クラス以外は、データベースのテーブルに対応したモデルクラスとコントローラークラスのみです。Auth.php には認証用の Auth クラスが含まれていて、BaseModel.php には BaseModel クラスが含まれている、というようにファイル名からクラス名がわかります。BaseModel クラスにはデータベース接続用の処理がコンストラクタに設定されています。モデルクラスはすべて BaseModel クラスを継承して、オブジェクト生成時にデータベースに接続します。同様にコントローラークラスはすべて BaseController クラスを継承します。サンプルプログラムをダウンロードしてコード全体を確認してください。

（表）データベース内のテーブル

テーブル名	説明
ken	県名
member	会員情報
premember	登録中の会員情報
system	管理者ID・パスワード

（表）クラス名とファイル名

ファイル名	クラス名	説明
Auth.php	Auth	認証用クラス
BaseController.php	BaseController	コントローラの基底クラス
BaseModel.php	BaseModel	モデルの基底クラス
KenController.php	KenController	未使用
KenModel.php	KenModel	県名を取り出す機能のみ
MemberController.php	MemberController	会員システムの各機能
MemberModel.php	MemberModel	会員データの検索・登録・更新・削除
PrememberController.php	PrememberController	メールアドレスの確認処理
PrememberModel.php	PrememberModel	会員データの検索・登録・削除
SystemController.php	SystemController	MemberControllerを利用した管理機能
SystemModel.php	SystemModel	管理者データの検索機能のみ

2 BaseController内部の動作

BaseController の中で画面表示の制御に関係のある部分だけを解説します。protected で宣言した変数は継承先のクラス内で使用できます❶。この会員システムでは処理の振り分けを $type と $action を使用します❷。各ページの次の遷移先は $next_type と $next_action で指定します❸。各コントローラーのオブジェクトを生成したときに実行されるコンストラクタ __construct メソッドの内部で❹、管理画面であるかどうかの設定を行い❺、次に、ビュークラス（Smarty）の準備を view_initialize メソッドで行います❻。スーパーグローバルの $_REQUEST は、GET メソッドと POST メソッドで送信された両方の値を参照できます。先に定義した $type はクラス内で参照するときは $this->type となります。$this->type に $_REQUEST['type'] の値を格納してコントローラーのどこでも確認できるようにします❼。同じように $this->action には $_REQUEST['action'] の値を格納します❽。

BaseController.php

```php
// 一部抜粋
class BaseController {
    protected $type;              // ❶ この変数は継承先で使用できます。
    protected $action;            // ❷ この変数で処理を振り分けて、
    protected $next_type;
    protected $next_action;       // ❸ この変数で次の処理を設定します。
    ～省略～
    public function __construct($flag=false){   // ❹ ここがオブジェクト生成時に実行されます。
        $this->set_system($flag);
        $this->view_initialize();
    }
    public function set_system($flag){   // ❺ 管理側か会員側かを設定して、
        $this->is_system = $flag;
    }

    private function view_initialize(){   // ❻ Smartyの準備を行います。
        $this->view = new Smarty;
    ～省略～
        // ❼ ここで外部の値を$typeに設定して、
        if(isset($_REQUEST['type'])){   $this->type   = $_REQUEST['type'];}
        if(isset($_REQUEST['action'])){ $this->action = $_REQUEST['action'];}
    ～省略～
        // ❽ 同様に$actionに設定します。
    }
}
```

Next ▶

処理の振り分け

1 runメソッドの実行

前の手順の基底クラスのコンストラクタの処理が実行されたあと、runメソッドが実行されます。runメソッドはAuthクラスの設定❶とAuthクラスのcheckメソッドにより認証済みかどうかをチェックして❷、会員の場合はmenu_memberメソッドへ❸、会員ではない場合は、menu_guestメソッドへ振り分けます❹。

MemberController.php

```php
public function run() {
    // セッション開始　認証に利用します。
    $this->auth = new Auth();
    $this->auth->set_authname(_MEMBER_AUTHINFO);
    $this->auth->set_sessname(_MEMBER_SESSNAME);
    $this->auth->start();

    if ($this->auth->check()){
        // 認証済み
        $this->menu_member();
    }else{
        // 未認証
        $this->menu_guest();
    }
}
```

❶ ここでAuthクラスを設定して、

❷ ここで認証済みかどうか確認して、

❸ 会員の場合はこのメソッドを、

❹ 会員ではない場合はこのメソッドを実行します。

2 振り分けの条件

次の画面へ移動するには「リンクをクリックして画面を表示」するか、「送信ボタンをクリックして画面を表示」するかのどちらかです。「リンクをクリックして画面を表示」するときはHTTP(Hypertext Transfer Protocol:ハイパーテキスト転送プロトコル)のGETメソッドを利用してURLのパラメータをブラウザからサーバに送信します。「送信ボタンをクリックして画面を表示」するときはPOSTメソッドを利用して値が送信されます。まず、$this->typeの値でメソッドが決まり、メソッドの内部では$this->actionの値で処理を振り分けています。送信ボタンが2つある画面ではボタンの名称を振り分けに利用しています。最初のページに表示されている「未登録の方はこちらから登録できます。」のリンクは登録処理の中で入力画面を表示したいので「index.php?type=regist&action=form」とリンクを設定し、クリックすると会員情報の入力画面を表示します。

（表）振り分け時の条件

type	action	ボタン	処理	表示画面
無し	—	—	認証	会員画面 TOP
無し	—	—	未認証	ログイン画面
authenticate	—	—	認証処理 OK	会員画面 TOP
authenticate	—	—	認証処理 NG	ログイン画面
regist	form	—	—	入力画面
regist	confirm	—	入力チェック OK	確認画面
regist	confirm	—	入力チェック NG	入力画面
regist	complete	戻る	—	入力画面
regist	complete	登録する	INSERT	完了画面
modify	form	—	—	入力画面
modify	confirm	—	入力チェック OK	確認画面
modify	confirm	—	入力チェック NG	入力画面
modify	complete	戻る	—	入力画面
modify	complete	更新する	UPDATE	完了画面
delete	confirm	—	—	確認画面
delete	complete	—	DELETE	完了画面
logout	—	—	ログアウト処理	ログイン画面

3 画面表示までの処理

認証済みで$this->typeに値がない場合❺、menu_memberメソッドが実行され❻、$this->typeが空であるため、「default:」のthis->screen_topメソッドが実行され会員トップ画面が表示されます❼。認証されていない場合で$this->typeに値がない場合は❽、menu_guestメソッドが実行され❾、$this->typeが空のため「default:」のthis->screen_loginメソッドが実行されログイン画面が表示されます❿。screen_loginメソッドではBaseControllerのview_displayメソッドでテンプレートを読み込み各種変数を設定して、screen_loginメソッドで設定した、次のtypeをSmartyの変数に設定しています⓫。

MemberController.php

```php
// 一部抜粋
public function menu_member() {
    switch ($this->type) {          // ❺ ここに値がないと、
        case "logout":
            $this->auth->logout();
            $this->screen_login();
            break;
        case "modify":
            $this->screen_modify();
            break;
        case "delete":
            $this->screen_delete();
            break;
        default:                    // ❻ この処理が実行されて、
            $this->screen_top();    // ❼ 会員トップ画面が表示されます。
    }
}


public function menu_guest() {
    switch ($this->type) {          // ❽ ここに値がないと、
        case "regist":
            $this->screen_regist();
            break;
        case "authenticate":
            $this->do_authenticate();
            break;
        default:                    // ❾ この処理が実行されて、
            $this->screen_login();  // ❿ ログイン画面が表示されます。
    }
}


public function screen_login(){
    $this->form->addElement('text', 'username',
    ['size' => 15, 'maxlength' => 50], [ 'label' => ' ユーザ名 ']);
    $this->form->addElement('password', 'password',
    ['size' => 15, 'maxlength' => 50], [ 'label' => ' パスワード ']);
    $this->form->addElement('submit', 'submit', ['value' =>' ログイン ']);
    $this->title = ' ログイン画面 ';
    $this->next_type = 'authenticate';
    $this->file = "login.tpl";
    $this->view_display();
}
```

BaseController.php

```php
// 一部抜粋         // ⓫ 次の画面へ遷移するためのtypeをここで設定します。
protected function view_display(){
~省略~
            $this->view->assign('type',   $this->next_type);
            $this->view->assign('action', $this->next_
action);
```

Chapter 9
Section 82 | 会員情報の登録

会員情報を登録するには

会員情報を仮登録用テーブルに登録するまでを学習します。Section 75で学習したHTML_QuickForm2クラスを利用してテンプレート1枚だけで登録、確認画面を表示します。

会員管理システムの登録処理

1 登録画面表示までの動作

はじめて訪問した閲覧者は会員になるための情報を登録画面から登録します。このデータは仮登録テーブルに登録されます。処理の流れを簡単に説明します。ログイン画面の「未登録の方はこちらから登録できます。」をクリックすると、「http://localhost/index.php?type=regist&action=form」へアクセスします。index.php が起動します。MemberController のオブジェクトが生成され、同時に基底クラスの BaseController のコンストラクタが実行され Smarty の準備が整います。run メソッドが実行され、未認証であるため menu_guest メソッドから、type=regist であるため、screen_regist メソッドが呼ばれ、action=form なので新規登録画面を表示します。

新規登録画面

2 変数の初期化を行う

screen_regist メソッドの引数 $auth は、管理画面からこのメソッドを利用するときに使用します。次に、送信ボタンの表示名を格納するための変数 $btn と $btn2 を初期化します❶。$this->file にテンプレートファイルを設定します❷。このメソッドには4つのactionがあり、処理によって $this->file を適切なテンプレートファイル名で上書きします。

MemberController.php

```
// 一部抜粋

public function screen_regist($auth = ""){
    $btn = ""; $btn2 = "";
    $this->file = "memberinfo_form.tpl"; // デフォルト

// 次の手順へ
```

❶ ここで変数を初期化して、
❷ ここにテンプレートを設定します。

3 入力値のチェック

次は、配列 $date_defaults に date 関数（Section 30参照）を使い、現在の年、月、日を格納します❸。$form->addDataSource メソッドの引数にこの配列を指定すると誕生日入力欄のデフォルト（初期）値になります。make_form_controle メソッド（後述）で、各入力欄の生成とチェック用ルールを定義しています❹。$this->form->validate メソッドは、すべての入力値がチェック用ルールを満たしているときに TRUE になります❺。ここではデータをまだ送信していないので FALSE を返しますが「！」演算子により論理値が反転し TRUE となり、$this->action に「form」が格納されます。

4 画面遷移を制御する

$this->action の値が form のときは新規登録画面の表示処理を実行します❻。$this->next_type と $this->next_action には、新規登録画面の次の処理（確認画面）へ遷移できるように hidden タグに埋め込む文字「regist」と「confirm」を格納します。登録処理に関連した type と action の関係は下表のとおりです。confirm では確認画面の処理を行います❼。$this->form->toggleFrozen メソッドを実行すると入力欄が消えて入力値のみが表示されます。$btn に「登録する」、$btn2 に「戻る」を格納して送信ボタンを2つ表示します。complete のときは2とおりの処理があり、「戻る」ボタンがクリックされたときは新規登録画面と同じ処理❽、「登録する」ボタンがクリックされたときはデータベースへの登録処理を実行します❾。

MemberController.php

```php
// 前の手順から続く
    // フォーム要素のデフォルト値を設定
    $date_defaults = [
        'Y' => date('Y'),
        'm' => date('m'),
        'd' => date('d'),
    ];
    $this->form->addDataSource(new HTML_QuickForm2_DataSource_
Array(['birthday' => $date_defaults]));
    $this->make_form_controle();

    // フォームの妥当性検証
    if (!$this->form->validate()) {
        $this->action = "form";
    }

    if ($this->action == "form") {
        $this->title = ' 新規登録画面 ';
        $this->next_type = 'regist';
        $this->next_action = 'confirm';
        $btn = ' 確認画面へ ';
    } else {
        if ($this->action == "confirm") {
            $this->title = ' 確認画面 ';
            $this->next_type = 'regist';
            $this->next_action = 'complete';
            $this->form->toggleFrozen(true);
            $btn = ' 登録する ';
            $btn2 = ' 戻る ';
        } else {
            if ($this->action == "complete" &&
            isset($_POST['submit2']) && $_POST['submit2'] == ' 戻る ') {
                $this->title = ' 新規登録画面 ';
                $this->next_type = 'regist';
                $this->next_action = 'confirm';
                $btn = ' 確認画面へ ';
            } else {
                if ($this->action == "complete" &&
                isset($_POST['submit']) && $_POST['submit'] == ' 登録する ') {
// 次の手順へ続く
```

❸ 年、月、日を格納して、

❹ チェック用ルールを定義します。

❺ ここでチェックします。

❻ 新規登録画面を表示します。

❼ 確認画面を表示します。

❽ 新規登録画面と同じ処理を実行します。

❾ データベースへ登録します。

（表）type と action の関係

type	action	ボタン	処理	表示画面
regist	form	—	—	入力画面
regist	confirm	—	入力チェック OK	確認画面
regist	confirm	—	入力チェック NG	入力画面
regist	complete	戻る	—	入力画面
regist	complete	登録する	INSERT	完了画面

Next ▶

5 メールアドレスの有無で処理を分岐する

ここから登録処理を実行します。HTML_QuickForm2のgetValueメソッドは、入力されたデータを取り出して$userdataへ格納します⑩。次の条件文の中のMemberModelとPrememberModelのcheck_usernameメソッド（後述）に$userdataを引数として指定して、メールアドレスがすでに登録済みかどうかを確認します⑪。登録済みの場合は新規登録画面に戻ります⑫。登録されてない場合はelseブロックを実行します⑬。パスワードはAuthクラスのget_hashed_passwordでハッシュ値にして、誕生日はsprintf関数で形式を整えてそれぞれ$userdataへ格納します。

6 データベースへの登録

$this->is_systemをチェックして、管理機能⑭と会員機能を振り分けます。ここではFALSEなので、elseブロックで会員機能を実行します⑮。まず、メールで送信するリンクに付加する文字列にhash関数、uniqid関数、rand関数を使って推測が難しい文字列を自動生成して、$userdata['link_pass']に格納します。PrememberModelのregist_prememberメソッド（後述）でデータを仮会員テーブルに登録します⑯。MemberControllerクラスのmail_to_prememberメソッド（Section 83参照）により、メールを登録されたメールアドレス宛に送信します⑰。同時に、$this->messageに登録に関するメッセージを格納して、$this->fileにメッセージ用のテンプレート名「message.tpl」を格納します。

```php
// 前の手順から続く
    // データベースを操作します。
    $PrememberModel = new PrememberModel();
    // データベースを操作します。
    $MemberModel = new MemberModel();
    $userdata = $this->form->getValue();
    if ($MemberModel->check_username($userdata) ||
    $PrememberModel->check_username($userdata)) {
        $this->title = '新規登録画面';
        $this->message = "メールアドレスは登録済みです。";
        $this->next_type = 'regist';
        $this->next_action = 'confirm';
        $btn = '確認画面へ';
    } else {
        // システム側から利用するときに利用
        if ($this->is_system && is_object($auth)) {
            $userdata['password'] =
            $auth->get_hashed_password($userdata['password']);
        } else {
            $userdata['password']
            = $this->auth->get_hashed_password($userdata['password']);
        }
        $userdata['birthday'] = sprintf("%04d%02d%02d",
            $userdata['birthday']['Y'],
            $userdata['birthday']['m'],
            $userdata['birthday']['d']);
        if ($this->is_system) {
            $MemberModel->regist_member($userdata);
            $this->title = '登録完了画面';
            $this->message = "登録を完了しました。";
        } else {
            $userdata['link_pass'] = hash('sha256', uniqid(rand(), 1));
            $PrememberModel->regist_premember($userdata);
            $this->mail_to_premember($userdata);
            $this->title = 'メール送信完了画面';
            $this->message = "登録されたメールアドレスへ確認の
                        ためのメールを送信しました。<br>";
            $this->message .= "メール本文に記載されているURLに
                        アクセスして登録を完了してください。<br>";
        }
        $this->file = "message.tpl";

// 途中省略
    }

// 次の手順へ続く
```

- ⑩ 会員情報を格納して、
- ⑪ メールアドレスを確認します。
- ⑫ 新規画面に戻ります。
- ⑬ 登録処理を開始します。
- ⑭ ここで管理機能を、
- ⑮ ここで会員機能を実行します。
- ⑯ 仮会員登録をして、
- ⑰ メールを送信します。

Grammar ≫文法　sprintf 関数

sprintf 関数は、引数に指定したデータを、あらかじめ指定した文字形式に変換します。手順5では、sprintf("表示形式のパターン",年,月,日);のように指定して、表示形式のパターンとして「%04d%02d%02d」を記述しています。パターンの中の「%」はデータの始まりを意味します。「04」は4桁で、桁数が足りない場合は左側に0を埋めるという意味です。「d」はデータを整数として扱うという意味です。データを3つ指定するときは、%で始まるパターンも3つ必要です。

7 登録画面を表示する

前の手順の$this->titleや$this->message
に格納された文字列はview_display メ
ソッドに渡されて、Smartyのassign メ
ソッドを使ってテンプレート内のキー
title、type、action、messageに各変数
のデータを割り当てます⓲。HTML_
QuickForm2のaddElement メソッドで
「確認画面へ」というボタンと「取り消
し」ボタンを追加します⓳。$this->file
に格納されたファイル名をview_display
メソッドの中のSmartyのdisplay メソッ
ドに渡して画面を表示します⓴。最初
のアクセスでは新規登録画面を表示し
ます。入力エラー発生時は、新規登録
画面の表示処理と同じ手順でメッセー
ジを表示します。違いは、エラーがある
入力欄の上（テンプレートでは{$form.
キー .error}の部分）にあらかじめ設定し
たエラーメッセージが表示されるところ
だけです。

```php
// 前の手順から続く
  $this->form->addElement('submit', 'submit', ['value' =>$btn]);
  $this->form->addElement('submit', 'submit2', ['value' =>$btn2]);
  $this->form->addElement('reset', 'reset', ['value' =>' 取り消し ']);
  $this->view_display();
}
```

BaseController.php

⓲ 各変数を割り当てます。　⓳ ボタンを追加して、

```php
// 一部抜粋
protected function view_display(){

  $this->view->assign('title', $this->title);
  $this->view->assign('message', $this->message);
  $this->view->assign('type',    $this->next_type);
  $this->view->assign('action',  $this->next_action);
  $this->view->assign('form',
        $this->form->render($this->renderer)->toArray());
  $this->view->display($this->file);
}
```

⓴ ファイル名を渡します。

入力チェック

1 入力欄を設定する

make_form_controle メソッドは、会員情
報の入力項目とルールの設定を行いま
す。KenModel は県名を保管したテーブ
ルを操作します。get_ken_data メソッド
（後述）で県名をデータベースから取得し
て$ken_arrayに格納します❶。$options
には、誕生日の入力欄に表示するプル
ダウンメニューの日付の書式❷、最小の
年（1950）❸、最大の年（今年）❹を格納
しています。$this->form には HTML_
QuickForm2クラスのオブジェクトが格
納されています。addElement メソッド
（Section 79参照）を使って入力欄を作成
します。誕生日の入力欄には「date」❺
と$optionsを指定します❻。$options
は「+」演算子によって前方の配列と結合
しています。これで、年、月、日の3つの
プルダウンメニューを表示します。県名
は、「select」とデータベースから取得し
た$ken_arrayを指定して、県名選択用の
プルダウンメニューを表示します。

BaseController.php

```php
public function make_form_controle(){
  $KenModel = new KenModel;
  $ken_array = $KenModel->get_ken_data();
  $options = [
    'format'   => 'Ymd',
    'minYear'  => 1950,
    'maxYear'  => date("Y"),
  ];
  $username = $this->form->addElement('text', 'username',
       ['size' => 30], ['label' => ' メール（ユーザーネーム）' ] );
  $password = $this->form->addElement('password',
       'password', ['size' => 30], ['label' => ' パスワード ' ] );
  $last_name = $this->form->addElement('text', 'last_name',
       ['size' => 30], ['label' => ' 氏 '] );
  $first_name= $this->form->addElement('text', 'first_
       name',['size' => 30], ['label' => ' 名 '] );
  $birthday = $this->form->addElement('date', 'birthday', null,
       ['label' => ' 誕生日 '] + $options);
  $ken =      $this->form->addElement('select','ken',      null,
       ['label' => ' 県名 ', 'options' => $ken_array] );

// 次の手順へ続く
```

❶ 県名をここに格納します。
❷ 日付の書式、
❸ 最小の年、
❹ 最大の年を指定します。
❺ dateを指定して、
❻ $optionsを指定します。

Next▶

2 入力チェックのルール設定

addElementを実行して送信フォームに入力欄を追加するとその結果としてHTML_QuickForm2_Nodeクラスのオブジェクトが返ります。このオブジェクトを$usernameなどの変数へ入力欄ごとに格納します。これらのオブジェクト変数からaddRuleメソッドを利用して、入力チェック用のルールを設定できます。設定の詳細は下の表のとおりです。passwordには、lengthを[8, 16]のように設定して、8〜16字までの文字幅かどうかチェックします❼。passwordに追加してregexを指定して正規表現「/^[a-zA-z0-9_¥!?#$%&]＊$/」により文字種もチェックします❽。

```
// 前の手順から続く
    $username->addRule('required', 'メールアドレスを入力してください。',
        null, HTML_QuickForm2_Rule::SERVER);
    $username->addRule('email', 'メールアドレスの形式が不正です。',
        null, HTML_QuickForm2_Rule::SERVER);
    $password->addRule('required', 'パスワードを入力してください。',
        null, HTML_QuickForm2_Rule::SERVER);
    $password->addRule('length', 'パスワードは8文字から16文字の範
        囲で入力してください。',
        [8, 16], HTML_QuickForm2_Rule::SERVER);
    $password->addRule('regex', 'パスワードは半角の英数字、記号（
        _-!?#$%&）を使ってください。',
        '/^[a-zA-z0-9_\-!?#$%&]*$/', HTML_QuickForm2_Rule::SERVER);
    $last_name->addRule('required', '氏を入力してください。',
        null, HTML_QuickForm2_Rule::SERVER);
    $first_name->addRule('required','名を入力してください。',
        null, HTML_QuickForm2_Rule::SERVER);

    $this->form->addRecursiveFilter('trim');
}
```

❼ 文字幅をチェックして、

❽ 正規表現でチェックします。

引数の設定

$ オブジェクト ->addRule(' ルール ',' エラーメッセージ ',' オプション ',' チェックする場所 ');

（表）よく使うルール

ルール名	内容
required	必須項目に設定。入力がないとエラー
maxlength	最大文字数を超えるとエラー
rminlength	最小文字数を超えるとエラー
length	文字数幅の範囲外だとエラー
regex	正規表現によるチェックをパスしないとエラー
email	メール形式以外はエラー

（表）チェックする場所

ルール名	内容
HTML_QuickForm2_Rule::SERVER	サーバ上のPHPでチェック
HTML_QuickForm2_Rule::CLIENT	クライアント上のJavaScriptでチェック

登録画面のテンプレート

1 他のページへリンクする

会員管理システムでは管理者側からも使用するため、合計4画面をテンプレート1枚で表示しています。最初にDocumentRootの配下「js」ディレクトリ内のquickform.jsを読み込んでいます❶。これはHTML_QuickForm2用の入力チェックをするためのJavaScriptで記述されたライブラリです。入力チェックのルールに「HTML_QuickForm2_Rule::CLIENT」を指定したときに利用されます。{$SCRIPT_NAME}には、会員機能のときはindex.php、管理者のときはsystem.phpが入ります❷。管理機能の場合、if文の$systemflg

memberinfo_form.tpl

```
（省略）
<script type="text/javascript" src="js/quickform.js" async></script>
</head>
<body>
<div style="text-align:center;">
<hr>
<strong>{$title}</strong>
<hr>
        <table>
         <tr>
         <td style="vertical-align: top;">
    [ <a href="{$SCRIPT_NAME}">トップページへ </a> ]
```

❶ 入力チェック用のJavaScriptを読み込み、

❷ 実行中のファイル名に置換され、

がTRUEになり、会員一覧へのリンクが表示されます❸。{$add_pageID}には、元のページに戻るための変数がURLに追加されます（Section 87参照）。

2 入力欄を記述する

入力欄はすべて同じ形式で<table>タグ内に記述されています。「<tr>」から「</tr>」までが表示画面では1行になります。{$form.user name.label}は見出しです❹。「{if 条件} 処理 {/if}」として、条件がTRUEのときにifブロック内を実行します。ここでは「{if isset($form.username.error)}」として、エラーメッセージがあるときに{$form.username.error}を表示します❺。{$form.username.html}は、入力欄を表示するためのHTMLに置換されます❻。このように{$form. キー .label}、{$form. キー .error}、{$form. キー .html}を繰り返してpassword、last_name、first_name、birthday、kenの入力欄を構成しています。コードは省略していますので、サンプルデータで確認してください。

3 送信ボタンを記述する

{if ($form.submit2.attribs.value != "") }により、$form.submit2.attribs.valueに値が割り当てられていれば、$form.submit2.htmlの部分が送信ボタン（submit2）のHTMLに置き換わります❼。値がない場合は、リセットボタンのHTMLに置き換わります❽。次に、送信ボタン（submit）に置換しています❾。最後もif文を使って、$debug_str（デバッグ出力用の文字）に値が格納されていれば、$debug_strの内容を表示します❿。$debug_strの内容は、BaseControllerのdebug_displayメソッド内で格納されています。

```
{if ($is_system) }
    <br><br>
    [ <a href="{$SCRIPT_NAME}?type=list&action=form
        {$add_pageID}"> 会員一覧 </a> ]
{/if}
```
❸ 会員一覧へのリンクを表示します。

```
    <br><br>
    {$disp_login_state}
    </td>
    <td>
    {$message}
    <form {$form.attributes}>
        {$form.hidden}
        <table>
            <tr>
                <td style="vertical-align:top; text-align:right;">
                    {$form.username.label} : </td>
                <td style="text-align:left;">
                {if isset($form.username.error)}
                    <div style="color:red; font-size: smaller;">
                        {$form.username.error}</div>
                {/if}
                {$form.username.html}</td>
            </tr>
```
❹ ここは見出しで、

❺ ここはエラーメッセージ、

❻ ここは入力欄に置き換わります。

```
        ～ 中略 ～

            <tr>
            <td>  </td>
            <td>
            {if ( $form.submit2.attribs.value != "" ) }
                {$form.submit2.html}
            {else}
                {$form.reset.html}
            {/if}
                {$form.submit.html}
                <input type="hidden" name="type"  value="{$type}">
                <input type="hidden" name="action" value="{$action}">
            </td>
            </tr>
        </table>
        <br>
    </form>
    </td>
</tr>
</table>
</div>
{if $form.javascript}
    {$form.javascript}
{/if}
{if ($debug_str)}<pre>{$debug_str}</pre>{/if}
</body>
</html>
```
❼ ここは送信ボタンのHTMLに、

❽ 値がない場合は、リセットボタンのHTMLに、

❾ ここも送信ボタンに、

❿ ここはデバッグ出力用の文字に置き換わります。

Next ▶

Section 82

会員情報の登録

295

データベース処理

1 データベース接続

ここから、登録処理内で使用したデータベースに関連する処理について解説します。重複して解説している部分もありますが大切なところなので再度確認してください。MemberModelやPrememberModelなどのモデルクラスのオブジェクトを生成すると自動的にBaseModelクラスの__constructの内部のdb_connectメソッドが実行されて、データベースに接続します❶。なお、PHPの場合、スクリプトの実行が終わると自動的に接続を切断するため、切断処理は記述していません。

BaseModel.php

```php
class BaseModel {
    protected $pdo;
    public function __construct() {
        $this->db_connect();          ❶ ここで接続します。
    }
    private function db_connect(){
        try {
            $this->pdo = new PDO(_DSN, _DB_USER, _DB_PASS);
            $this->pdo->setAttribute(
                PDO::ATTR_ERRMODE, PDO::ERRMODE_EXCEPTION);
            $this->pdo->setAttribute(
                PDO::ATTR_EMULATE_PREPARES, false);
        } catch(PDOException $Exception) {
            die(' エラー :' . $Exception->getMessage());
        }
    }
}
```

2 県名の取得

KenModelもBaseModelを継承しているため、オブジェクト生成時にデータベースに接続します。このクラスにはget_ken_dataメソッドのみです。get_ken_dataメソッドは、登録・更新画面で表示する都道府県名をデータベースから取得します。まず、都道府県名を格納する$key_arrayを配列として初期化して❷、「SELECT*FROM ken」を$sqlに格納します。このSQL文はkenテーブルからデータをすべて取り出します。SQL文の中には変数がないので、プリペアドステートメントで使用するprepareメソッドやexecuteメソッドの代わりにqueryメソッドでSQL文を発行して❸、結果をfetchメソッドで$rowに格納します❹。後の処理で利用しやすいように、foreach文で「$ken_array[県名ID]=県名」となるように格納します。処理が終わったらreturn文で$ken_arrayを返します❺。

KenModel.php

```php
class KenModel extends BaseModel {
    public function get_ken_data(){
        $ken_array = [];                    ❷ $ken_arrayを初期化して、
        try {
            $sql= "SELECT * FROM ken ";      ❸ ここでSQL文を発行して、
            $stmh = $this->pdo->query($sql);
            while ($row = $stmh->fetch(PDO::FETCH_ASSOC)){
                $ken_array[$row['id']] = $row['ken'];
            }                                ❹ ここで結果を格納して、
        } catch (PDOException $Exception) {
            print " エラー : " . $Exception->getMessage();
        }
        return $ken_array;                   ❺ $ken_arrayを返します。
    }
}
```

3 仮会員登録処理

BaseModelを継承したPrememberModelもオブジェクトを生成するときにデータベースに接続します❻。regist_prememberメソッドは、登録画面から送信されたデータを仮登録用のprememberテーブルに登録します。はじめにbeginTransactionメソッドでトランザクション処理を開始します❼。途中でエラーが発生したら元に戻す起点になります。次にデータ登録のためのSQL文を組み立てます❽。外部から送信された変数を登録するためプリペアドステートメントを使用します。prepareメソッドに$sqlを渡して❾、bindValueメソッドでキーごとにデータを割り当てます❿。executeメソッドでSQLを実行して⓫、commitメソッドで処理を確定します⓬。この間にエラーが発生した場合、rollBackメソッドで元に戻して⓭、エラーメッセージを表示します⓮。

PrememberModel.php

```php
// 一部抜粋
                              ❻ ここでBaseModelを継承します。
class PrememberModel extends BaseModel {
  public function regist_premember($userdata){
    try {          ❼ トランザクション処理を開始して、    ❽ SQL文を組
      $this->pdo->beginTransaction();                    み立てて、
      $sql = "INSERT  INTO premember
        (username, password, last_name, first_name, birthday, ken, link_pass )
        VALUES ( :username, :password, :last_name, :first_name,
        :birthday, :ken , :link_pass )";
      $stmh = $this->pdo->prepare($sql);          ❿ ここでデータを
                 ❾ prepareメソッドで準備をして、        割り当てます。
      $stmh->bindValue(':username',
$userdata['username'],   PDO::PARAM_STR );
      $stmh->bindValue(':password',
$userdata['password'],   PDO::PARAM_STR );
      $stmh->bindValue(':last_name',
$userdata['last_name'], PDO::PARAM_STR );
      $stmh->bindValue(':first_name',
$userdata['first_name'], PDO::PARAM_STR );
      $stmh->bindValue(':birthday',
$userdata['birthday'],   PDO::PARAM_STR );
      $stmh->bindValue(':ken',
$userdata['ken'],              PDO::PARAM_INT );
      $stmh->bindValue(':link_pass',
$userdata['link_pass'], PDO::PARAM_STR );
      $stmh->execute();              ⓫ ここでSQLを実行して、
      $this->pdo->commit();          ⓬ ここで確定します。
    } catch (PDOException $Exception) {
      $this->pdo->rollBack();          ⓭ ここでロールバックして、
      print " エラー : " . $Exception->getMessage();
    }                        ⓮ ここでエラーを表示します。
  }
}
```

Next▶

Chapter 9
PHPとMySQLで作る会員管理システム —会員機能

4 登録状況を調べる

check_usernameメソッドは、会員の
ユーザー名（メールアドレス）と同じも
のがあるかどうかを検索して調べ、存在
した場合はTRUEを、存在しない場合は
FALSEを返します。引数として$user
dataを受け取り、bindValueメソッド
で:usernameに$userdata['username']
のデータを割り当てます⑮。rowCount
メソッドで検索件数を$countに格納し
ます⑯。$countが1以上の場合は、す
でに登録済みの同じusername（メール
アドレス）があるということになりま
す。このときはTRUEを返します⑰。
検索結果が0件の場合は、FALSEを返
します⑱。check_usernameメソッド
はPrememberModelとMemberModel
にあり「SELECT * FROM premember」
と「SELECT * FROM member」のよう
に検索する対象のテーブル名だけが違
います⑲。

PrememberModel.php

```php
// 一部抜粋
public function check_username($userdata){
    try {
        $sql= "SELECT * FROM premember WHERE username = :username ";
        $stmh = $this->pdo->prepare($sql);
        $stmh->bindValue(':username', $userdata['username'],
                        PDO::PARAM_STR );      ⑮ ここでデータ
                                                   を割り当てて、
        $stmh->execute();
        $count = $stmh->rowCount();   ⑯ ここに検索件数を格納して、
    } catch (PDOException $Exception) {
        print " エラー：" . $Exception->getMessage();
    }
    if($count >= 1){
        return true;          ⑰ usernameがあればTRUEを返して、
    }else{
        return false;         ⑱ 0件の場合はFALSEを返します。
    }
}
```

MemberModel.php

```php
// 一部抜粋
public function check_username($userdata){
    try {                        ⑲ このテーブル名だけが違います。
        $sql= "SELECT * FROM member WHERE username = :username ";
        $stmh = $this->pdo->prepare($sql);
        $stmh->bindValue(':username',
                $userdata['username'], PDO::PARAM_STR );
        $stmh->execute();
        $count = $stmh->rowCount();
    } catch (PDOException $Exception) {
        print " エラー：" . $Exception->getMessage();
    }
    if($count >= 1){
        return true;
    }else{
        return false;
    }
}
```

298

5 メッセージ表示テンプレート

最後に、登録・更新・削除などが完了したときのメッセージ表示に使用するテンプレートを解説します。{$disp_login_state}にはログイン状態を表す文字列に⑳、{$message}は、画面表示の各関数内で割り当てられたメッセージに置き換えられます㉑。

Section 82

会員情報の登録

message.tpl

```html
<!DOCTYPE html>
<html lang="ja">
<head>
<title>{$title}</title>
</head>
<body>
<div style="text-align:center;">
<hr>
<strong>{$title}</strong>
<hr>
   <table>
    <tr>

      <td style="vertical-align: top;">
          [ <a href="{$SCRIPT_NAME}">トップページへ </a> ]
{if ($is_system) }
          <br>
          <br>
          [ <a href="{$SCRIPT_NAME}?type=list&action=form
          {$add_pageID}">会員一覧 </a> ]
{/if}
          <br>
          <br>
          {$disp_login_state}
      </td>


      <td>

                    {$message}


        </td>
      </tr>
    </table>
</div>
{if ($debug_str)}<pre>{$debug_str}</pre>{/if}
</body>
</html>
```

⑳ ログイン状態を表す文字列と、

㉑ メッセージに置き換えられます。

299

Chapter 9
Section 83 | メールによる確認

メールを使って本人を確認するには

この会員管理システムでは、登録したユーザーにメールを送信して本人確認を行います。ユーザーがリンクをクリックすることで登録を完了します。

本人確認メール

1 機能を確認する

premember.php ファイルは、登録者を確認するために使用します。通常は、メールで送信した URL をクリックしてアクセスしますが、ここでは、「http://localhost/premember.php」に直接アクセスしてください。エラー画面に「この URL は無効です。」と表示されたら成功です ❶。この Section では、メール送信を利用しますので、Section 33 を参照してメール送信の準備ができているか確認してください。

❶ 無効な URL でアクセスするとエラー画面が表示されます。

2 本人確認の仕組み

登録時にランダムなパスワードを生成して、仮会員テーブルに登録します。同じパスワードとアドレスををURL に追加して、登録されたアドレス宛てメールを送信します。受信後、リンクをクリックすると、アドレスと本人確認用のパスワードが送信されてデータベースで照合します。同一の場合、仮会員の情報を会員テーブルへ移動します。

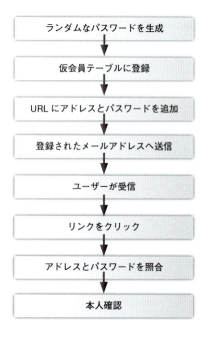

メール送信からリンク先の起動まで

Section 83

メールによる確認

1 仮登録者へメール送信する

MemberControllerクラスのscreen_registメソッド（Section 82）内で仮登録者の情報がprememberテーブルに保存された後、同じクラス内のmail_to_prememberメソッドが実行されて仮登録者宛てにメールが送信されます。mail_to_prememberメソッドの動作を確認しましょう。$pathには現在のパス名からファイル名を除いたディレクトリ名の部分だけを格納します。$toにはメールアドレスを❶、$subjectにはメールの件名を❷、$messageにはメール本文を格納します❸。{$userdata['username']}の「{}」波括弧は文字列に式を記述するためのものです。エラーを防止するために囲んでいます。$_SERVER['SERVER_NAME']は環境変数で実行中のサーバーの「localhost」や「www.example.co.jp」の部分が格納されています。$userdata['username']はメールアドレスに❹、{$userdata ['link_pass']}は本人確認用のパスワードに置き換わります❺。$add_headerには、From、Cc、Bccなどヘッダを追加できます。コメントを外して使用してください。送信データが準備できたらPHPのmb_send_mail関数に送信先、件名、本文、追加ヘッダの順に引数を指定して送信を実行します❻。

MemberController.php

```php
// 一部抜粋
public function mail_to_premember($userdata){

    $path = pathinfo(_SCRIPT_NAME)['dirname'] ;

    $to     = $userdata['username'];          // ❶ メールアドレスと、
    $subject = " 会員登録の確認 ";              // ❷ 件名と、
    $message =<<<EOM                           // ❸ 本文を格納します。
{$userdata['username']} 様

会員登録ありがとうございます。
下のリンクにアクセスして会員登録を完了してください。

http://{$_SERVER['SERVER_NAME']}{$path}/premember.php?username={$userdata['username']}&link_pass={$userdata['link_pass']}
```

❹ メールアドレスと、 ❺ パスワードに置き換わります。

```php
このメールに覚えがない場合はメールを削除してください。

--
会員システム

EOM;
    $add_header = "";

    //$add_header .= "From: xxxx@xxxxxxx\nCc: xxxx@xxxxxxx";

    mb_send_mail($to, $subject, $message, $add_header);
```

❻ メールを送信します。

```php
}
```

Next ►

Chapter 9
PHPとMySQLで作る会員管理システム ──会員機能

2 premember.php を起動する

メールを受け取ったユーザーがリンクをクリックするとpremember.phpが起動します。premember.phpはindex.phpと同じ構造です。はじめに「__DIR__」によりpremember.phpが設置されているディレクトリ（DocumentRoot）を_ROOT_DIRに設定して❼、require_once関数でその位置から「../php_libs/init.php」を読み込みます❽。DocumentRootの配下ではなく、並列にディレクトリが存在するので「../」によりひとつ上のディレクトリに移動してphp_libsディレクトリの位置を表しています。仮登録情報を扱うPrememberControllerクラスのオブジェクトを$controllerに格納して❾、runメソッドを実行し❿、exitで終了します⓫。

premember.php

```php
<?php
define('_ROOT_DIR', __DIR__ . '/');
require_once _ROOT_DIR . '../php_libs/init.php';
$controller = new PrememberController();
$controller->run();

exit;
```

❼ ここにディレクトリを定数に設定して、

❽ ここで設定ファイルを読み込み、

❾ ここにPrememberControllerクラスのオブジェクトを格納して、

❿ ここでrunメソッドを実行して、

⓫ ここで終了します。

3 有効なリンクの場合

runメソッド内部はif文により、はじめに送信データの有無で分岐して、次に、usernameとlink_passが一致するかどうかで分岐しています。はじめの条件文は、isset関数で$_GET['username']と$_GET['link_pass']にデータがあるかどうかを確認して、データがある場合はifブロック内の処理を実行します⓬。$_GETにはリンクをクリックしたときに送信されるデータが格納されています。PrememberModelのオブジェクトを$PrememberModelに格納して、check_prememberメソッド（後述）に$_GET['username']（メールアドレス）、$_GET['link_pass']（本人確認用のパスワード）を指定して照合します⓭。結果は$userdata（会員情報）に格納されます。$userdataに会員情報があればcount関数の値が1以上になり、本人確認できたことになります。本人確認に成功したら⓮、同じPrememberModelクラスのdelete_premember_and_regist_memberメソッ

PrememberController.php

```php
class PrememberController extends BaseController {
    public function run(){
        if (isset($_GET['username']) && isset($_GET['link_pass'])){
            // 必要なパラメータがある
            // データベースを操作します。
            $PrememberModel = new PrememberModel();
            $userdata = $PrememberModel->check_premember(
                $_GET['username'], $_GET['link_pass']);
            if(!empty($userdata) && count($userdata) >= 1){
            // パラメータが合致する
                // 仮登録テーブルから削除して、memberへデータを挿入する
                $PrememberModel->
                    delete_premember_and_regist_member($userdata);
                $this->title = '登録完了画面';
                $this->message = '登録を完了しました。
                        トップページよりログインしてください。';
            }else{
            // パラメータが合致しない
                $this->title = 'エラー画面';
                $this->message = 'このURLは無効です。';
            }
        }else{
```

⓬ ここでデータの有無をチェックして、

⓭ ここで本人を確認して、

⓮ 確認成功の場合はこちらを実行して、

⓯ 確認失敗の場合はこちらを実行します。

302

ドで仮登録テーブルからデータを削除して、member テーブルへデータを挿入します。

```
// 必要なパラメータがない
    $this->title = ' エラー画面 ';
    $this->message = ' この URL は無効です。 ';
}
```
⓰ messageを割り当てます。
```
$this->file = 'premember.tpl';
$this->view_display();
}


}
```

4 無効なリンクの場合

$_GET['username'] と $_GET['link_pass'] のデータがない場合は ⓯、「この URL は無効です。」を message に割り当てます ⓰。 最後に $this->file に「premember.tpl」を格納して、BaseController の view_display メソッドを実行して画面を表示します。

登録関連のデータベース処理

1 入力を終了する

ここで本人確認処理に使ったデータベース関連の関数をまとめて解説します。本人確認に使用する PrememberModel の check_premember メソッドは、リンクをクリックして送信されてきたデータをキーに検索して結果を返すメソッドです。 引数に $username（メールアドレス）と、$link_pass（本人確認用パスワード）を受け取り ❶、外部から送信された変数を SQL 内に使用するためプリペアドステートメントで SQL を構成します。WHERE 句以降は検索条件です ❷。2つの条件式を AND で結びつけています。ここでは「メールアドレスが一致して、かつ、本人確認用パスワードも一致する」となります。最後の「limit 1」は検索結果のうち最初の1件だけを取得するという意味です。検索キーが入る部分には名前パラメータを追加して ❸、prepare メソッドを実行後 ❹、bindValue メソッドにより各名前パラメータに $username と $link_pass を割り当てます ❺。execute メソッドで SQL 文を実行して ❻、fetch メソッドで $data に格納します ❼。

PrememberModel.php

```
// 一部抜粋

                                    ❶ ここで引数を受け取り、
public function check_premember($username, $link_pass){
    $data = [];              ❷ ここが検索条件です。    ❸ 名前パラメー
    try {                                              タを追加して、
        $sql= "SELECT * FROM premember WHERE
               username = :username AND link_pass = :link_pass limit 1";
        $stmh = $this->pdo->prepare($sql);        ❹ ここで準備して、
        $stmh->bindValue(':username', $username,  ❺ ここでデー
                        PDO::PARAM_STR );            タを名前パラ
        $stmh->bindValue(':link_pass', $link_pass,   メータに割り
                        PDO::PARAM_STR );             当てます。
        $stmh->execute();            ❻ ここでSQL文を実行して、
        $data = $stmh->fetch(PDO::FETCH_ASSOC);
    } catch (PDOException $Exception) {
        print " エラー：" . $Exception->getMessage();
    }
    return $data;                   ❼ ここで結果を格納します。
}
```

Next▶

2 仮登録情報の削除

仮登録情報の削除と会員情報の登録は一連の続いた処理として実行します。delete_premember_and_regist_memberメソッドは、はじめに、check_prememberメソッド（手順1）で取得した会員のid（連番）をキーにして仮登録テーブル（premember）に格納されているデータを削除します。$sqlにはDELETE文を格納します❽。WHERE以降は条件式が続きます。引数に指定された$userdata['id']と同じidを検索します❾。prepareメソッドでプリペアドステートメントの準備をして❿、bindValueメソッドでidを設定して⓫、executeメソッドで削除を実行します⓬。

PrememberModel.php

```php
// 一部抜粋
public function delete_premember_and_regist_member($userdata){
    try {                                  ❽ DELETE文を格納して、    ❾ $userdata['id']
        $this->pdo->beginTransaction();                              を検索して、
        $sql = "DELETE FROM premember WHERE id = :id";
        $stmh = $this->pdo->prepare($sql);     ❿ ここで準備をして、
        $stmh->bindValue(':id', $userdata['id'], PDO::PARAM_INT );
        $stmh->execute();              ⓫ ここで検索キーを割り当てて、
// 次の手順へ続く
                                         ⓬ ここで削除を実行します。
```

3 会員テーブルに登録する

引き続きdelete_premember_and_regist_memberメソッドを使って、認証に使用するmemberテーブルにデータを格納します。登録処理部分はregist_prememberメソッド（Section 82参照）とほとんど内容は同じです。reg_dateカラムに⓭、MySQLのnow関数を使って現在時刻を格納しています⓮。

PrememberModel.php

```php
// 前の手順から続く
                                            ⓭ reg_dateカラムに、
    $sql = "INSERT  INTO member (username, password,
            last_name, first_name, birthday, ken,  reg_date )
    VALUES ( :username, :password, :last_name, :first_name,
            :birthday, :ken , now() )";      ⓮ ここで現在時刻を
    $stmh = $this->pdo->prepare($sql);          格納します。
    $stmh->bindValue(':username',   $userdata['username'],
        PDO::PARAM_STR );
    $stmh->bindValue(':password',   $userdata['password'],
        PDO::PARAM_STR );
    $stmh->bindValue(':last_name',  $userdata['last_name'],
        PDO::PARAM_STR );
    $stmh->bindValue(':first_name', $userdata['first_name'],
        PDO::PARAM_STR );
    $stmh->bindValue(':birthday',   $userdata['birthday'],
        PDO::PARAM_STR );
    $stmh->bindValue(':ken', $userdata['ken'], PDO::PARAM_INT
);
    $stmh->execute();
    $this->pdo->commit();
  } catch (PDOException $Exception) {
    $this->pdo->rollBack();
    print " エラー：" . $Exception->getMessage();
  }
}
```

テンプレート

Section 83

メールによる確認

1 本人確認用テンプレート

premember.tplは、メール送信されたパスワード付リンクをクリックしたときに画面表示に使用されるテンプレートです。トップページに移動するためのリンクが変数{$SCRIPT_NAME}ではなくindex.phpと直接記されています ❶。メッセージを表示するため{$message}を記述しています ❷。{$debug_str}はデバッグ用の表示機能です。

2 結果を確認する

登録処理を実行すると、同時に、登録したアドレス宛にメールが送信されます。メール内に記述されたURLをクリックすると、手順1のテンプレートファイルpremember.tplを使った画面に「登録を完了しました。トップページよりログインしてください。」と表示されます。

premember.tpl

```
<!DOCTYPE html>
<html lang="ja">
<head>
<title>{$title}</title>
</head>
<body>
<div style="text-align:center;">
<hr>
<strong>{$title}</strong>
<hr>
    <table>
    <tr>

        <td> <a href="index.php"> トップページへ </a>
        </td>

        <td>

        </td>
    </tr>
    </table>
</div>
{if ($debug_str)}<pre>{$debug_str}</pre>{/if}
</body>
</html>
```

❶ ここにindex.phpと記述して、

{$message}

❷ ここはメッセージに置き換わります。

305

Chapter 9

PHPとMySQLで作る会員管理システム —会員機能

Chapter 9
Section 84

会員情報の更新

会員情報を更新するには

このSectionでは会員情報の更新処理を学習します。登録との違いは、更新画面に登録済みのデータをあらかじめ読み出して表示するところです。

会員情報の更新

1 更新画面表示までの動作

ログイン後に表示される会員トップ画面から「会員登録情報の修正」をクリックすると「http://localhost/index.php? type=modify&action=form」へアクセスします。index.php が起動して、run メソッド（Section 81 参照）からmenu_member メソッド（Section 81 参照）が呼び出されます。「type=modify」により、screen_modify メソッドが実行されます。ここでは「action=form」となり、手順 4 の form（更新画面の表示）の処理を行い、更新画面が表示されます。

MemberController.php

```
public function screen_modify($auth = ""){
    $btn        = "";
    $btn2       = "";
    $this->file = "memberinfo_form.tpl";

    // データベースを操作します。
    $MemberModel = new MemberModel();
    $PrememberModel = new PrememberModel();
    if($this->is_system && $this->action == "form"){
        $_SESSION[_MEMBER_AUTHINFO] =
        $MemberModel->get_member_data_id($_GET['id']);
    }
    // 次の手順へ続く
```

❶ 管理機能のときはここで会員情報を取得します。

2 会員情報の取得

更新画面で利用するボタン変数の初期化と、テンプレートファイル memberinfo_form.tpl を設定します。MemberModel と PrememberModel を利用してデータベースを操作します。screen_modify メソッドは、管理側からも利用するため $this->is_system フラグが TRUE で、$this->action が form の場合は MemberModel の get_member_data_id メソッドが実行され、会員情報を取得して $_SESSION[_MEMBER_AUTHINFO] に格納します ❶。

306

3 入力値のチェック

次は、配列 $date_defaults に会員の誕生日を初期値として格納します❷。birthday には「19800101」のような8文字が格納されています。substr 関数により文字列を分割して、年、月、日を指定します❸。$this->form->setDefaults メソッドの引数に、セッション変数に格納していた会員情報と❹、先ほどの $date_defaults を指定して❺、各入力欄の初期値として画面に表示されます。make_form_controle メソッド（Section 82「入力チェック」手順1参照）で各入力欄の生成とチェック用ルールを定義しています❻。$this->form->validate メソッドは、すべての入力値がチェック用ルールを満たしているときに TRUE になります。ここではデータをまだ送信していないので FALSE を返しますが「!」演算子により論理値が反転し TRUE となり❼、$action に「form」が格納されます❽。

```
// 前の手順から続く
// フォーム要素のデフォルト値を設定
$date_defaults = [          ❷ $date_defaultsに誕生日を設定します。
    'Y' => substr($_SESSION[MEMBER_AUTHINFO]
                   ['birthday'], 0, 4),
    'm' => substr($_SESSION[MEMBER_AUTHINFO]
                   ['birthday'], 4, 2),
    'd' => substr($_SESSION[MEMBER_AUTHINFO]
                   ['birthday'], 6, 2),
];
                      ❸ ここで文字列を分割して、年、月、日を指定します。

$this->form->setDefaults(        ❹ ここにセッション変数に格納
    [                               していた会員情報と、
        'username'    => $_SESSION[MEMBER_AUTHINFO]
                         ['username'],
        'last_name'   => $_SESSION[MEMBER_AUTHINFO]
                         ['last_name'],
        'first_name'  => $_SESSION[MEMBER_AUTHINFO]
                         ['first_name'],
        'ken'         => $_SESSION[MEMBER_AUTHINFO]
                         ['ken'],
        'birthday'    => $date_defaults,    ❺ $date_defaultsを指定
    ]                                          して初期値にします。
);
            ❻ ここで各入力欄の生成とチェック用ルールを定義します。

$this->make_form_controle();

// フォームの妥当性検証
if (!$this->form->validate()){    ❼ ここが TRUE となり、
    $this->action = "form";        ❽ $actionに「form」が格納されます。
}
// 次の手順へ続く
```

In detail >> 詳解 **substr 関数**

この関数は、substr(文字列, 開始位置, バイト数)のように指定します。「ABCDEFGH」という文字列がある場合 A の位置は 0 になります。例を示します。

```
$str = substr('ABCDEFG', 0, 4); // ABCD が返されます。
$str = substr('ABCDEFG', 4, 2); // EF が返されます。
$str = substr('ABCDEFG', 6, 2); // GH が返されます。
```

Next▶

4 画面遷移を制御する

$this->actionの値がformのときは更新画面の表示処理を実行して❾、confirmの場合確認画面を❿、completeで、かつ、$_POST['submit2']が「戻る」のときも更新画面が❶、completeで$_POST['submit']が「更新する」のときは更新完了画面が表示されます❷。処理は、screen_registメソッド（Section 82参照）とほとんど同じです。異なる点は、$this->titleに「更新画面」と格納しているところ、$this->next_typeに「modify」が格納されているところ、$btnに「更新する」が格納されているところです。更新処理に関連したtypeとactionの関係は下表のとおりです。

```
// 前の手順から
if ($this->action == "form") {
    $this->title = ' 更新画面 ';
    $this->next_type = 'modify';
    $this->next_action = 'confirm';
    $btn = ' 確認画面へ ';
} else {
    if ($this->action == "confirm") {
        $this->title = ' 確認画面 ';
        $this->next_type = 'modify';
        $this->next_action = 'complete';
        $this->form->toggleFrozen(true);
        $btn = ' 更新する ';
        $btn2 = ' 戻る ';
    } else {
        if ($this->action == "complete" && isset($_POST['submit2'])
                    && $_POST['submit2'] == ' 戻る ') {
            $this->title = ' 更新画面 ';
            $this->next_type = 'modify';
            $this->next_action = 'confirm';
            $btn = ' 確認画面へ ';
        } else {
            if ($this->action == "complete" && isset($_POST['submit'])
                    && $_POST['submit'] == ' 更新する ') {
// 次の手順へ続く
```

❾ $actionの値がformのときは更新画面を、

❿ confirmでは確認画面を、

❶ completeで「戻る」のときも更新画面を、

❷ completeで「更新する」のときは更新完了画面が表示されます。

（表）更新処理の type と action による分岐

type	action	ボタン	処理	表示画面
modify	form	―	―	入力画面
modify	confirm	―	入力チェック OK	確認画面
modify	confirm	―	入力チェック NG	入力画面
modify	complete	戻る	―	入力画面
modify	complete	更新する	UPDATE	完了画面

5 メールアドレスを確認する

HTML_QuickForm2クラスの getValue メソッドで入 力データを取り出して $userdataへ格納します⑬。次のif文の中でMemberModelとPrememberModelそれぞれのcheck_usernameメソッドを使って登録予定のアドレスの存在をチェックしています⑭。条件がTRUEになる場合は「メールアドレスは登録済みです。」というメッセージを格納して⑮、条件がFALSEの場合はelseブロックの更新処理を実行します⑯。更新画面からの送信データには会員idはないので、セッション変数に格納していた会員idを $userdata['id'] に代入します。$this->is_systemをチェックして管理機能のときと会員機能のときそれぞれget_hashed_passwordメソッドでパスワードを暗号化します。MemberControllerの呼び出し方の違いにより管理機能のときは $auth、会員機能のときは $this->auth と違っています。MemberModelの modify_member メソッド（後述）で会員テーブルのデータを更新して⑰、$this->is_systemをチェックして、管理機能のときは、unset関数で $_SESSION['userdata'] を破棄して⑱、会員機能のときは、MemberModelの get_member_data_id クラス（後述）でセッション変数に更新後のデータを格納します⑲。

6 更新画面を表示する

処理は、screen_regist メソッド（Section 82参照）と同じです。最後に、HTML_QuickForm2のaddElement メソッドで送信ボタンと取り消しボタンなど追加して、BaseControllerクラスの view_display メソッドで画面を表示します⑳。

```php
// 前の手順から続く
        $userdata = $this->form->getValue();        // ⑬ 入力データを格納します。
        if (($MemberModel->check_username($userdata)
            || $PrememberModel->check_username($userdata))
            && ($_SESSION[_MEMBER_AUTHINFO]['username']
            != $userdata['username'])
        ) {                                          // ⑭ ここでチェックして、
            $this->next_type = 'modify';             // ⑮ 登録済みのメッセージを格納します。
            $this->next_action = 'confirm';
            $this->title = ' 更新画面 ';
            $this->message = " メールアドレスは登録済みです。";
            $btn = ' 確認画面へ ';
        } else {                                     // ⑯ 更新処理を実行します。
            $this->title = ' 更新完了画面 ';
            $userdata['id'] = $_SESSION[_MEMBER_AUTHINFO]['id'];
            // システム側から利用するときに利用
            if ($this->is_system && is_object($auth)) {
                $userdata['password'] =
                    $auth->get_hashed_password($userdata['password']);
            } else {
                $userdata['password'] =
                    $this->auth->get_hashed_password($userdata['password']);
            }
            $userdata['birthday'] = sprintf("%04d%02d%02d",
                $userdata['birthday']['Y'],
                $userdata['birthday']['m'],
                $userdata['birthday']['d']);          // ⑰ データを更新して、
            $MemberModel->modify_member($userdata);
            $this->message = " 会員情報を修正しました。";
            $this->file = "message.tpl";
            if ($this->is_system) {
                unset($_SESSION[_MEMBER_AUTHINFO]);
            } else {                                  // ⑱ 管理者は会員情報を破棄して、
                $_SESSION[_MEMBER_AUTHINFO] =
                $MemberModel->get_member_data_id
                ($_SESSION[_MEMBER_AUTHINFO]['id']);
            }
                    // ⑲ 会員はセッション変数にデータを格納します。
        }
    }
    }
  }
}

$this->form->addElement('submit', 'submit', ['value' =>$btn]);
$this->form->addElement('submit', 'submit2', ['value' =>$btn2]);
$this->form->addElement('reset', 'reset', ['value' =>' 取り消し ']);
$this->view_display();                               // ⑳ ここで画面を表示します。
}
```

Next ▶

更新関連のデータベース処理

1 ユーザー名とパスワードで検索

更新処理に使用するデータベース関連の関数をここでまとめて解説します。MemberModelのget_authinfoメソッドは、会員がログインしたときに会員情報を取得します。引数$usernameにはメールアドレスが格納されています。$data = []として配列$dataを初期化しています。SQL文の中に外部からの変数があるためプリペアドステートメントを使用します。「limit 1」は検索結果から1件だけ取得する指定です。変数$sqlにSQL文を格納して❶、prepareメソッドの引数に指定して❷、bindValueメソッドで$usernameを割り当てて❸、executeメソッドで検索を実行します❹。fetchメソッドで$dataに検索結果を格納して❺、$dataをreturn文で返します❻。

MemberModel.php

```php
// 一部抜粋

public function get_authinfo($username){
    $data = [];
    try {
        $sql= "SELECT * FROM member          ❶ SQL文を格納して、
                    WHERE username = :username limit 1";
        $stmh = $this->pdo->prepare($sql);   ❷ ここで準備して、
        $stmh->bindValue(                    ❸ ここでデータを割り当てて、
                ':username', $username, PDO::PARAM_STR );
        $stmh->execute();   ❹ ここで検索を実行します。  ❺ ここで$dataに結果を格納して、
        $data = $stmh->fetch(PDO::FETCH_ASSOC);
    } catch (PDOException $Exception) {
        print "エラー:" . $Exception->getMessage();
    }
    return $data;           ❻ ここで結果を返します。
}
```

Point ≫要点 — パスワードの暗号化

個人情報の取り扱いが重要になってきました。会員の個人情報だけでなく、パスワードに関しても十分注意して保管しなければなりません。不幸にも情報漏洩が起こったときに、そのパスワードが別のサイトや銀行のATMなどに使われていると、被害が拡大する恐れがあります。このようなリスクをサイト管理者が負わないためにも、パスワードは暗号化して保存しておくべきでしょう。また、途中の経路で重要な情報が漏洩しないようにSSL（Secure Socket Layer）などの技術を利用することも重要です。

2 会員情報を会員IDで検索

MemberModelクラスのget_member_data_idメソッドは、会員IDを検索キーにして会員情報を取得します。引数の$idを使って条件式を「WHERE id=$id」と、することで❼memberの「idカラムの値が$idであるデータ」を取得することができます。$idは外部から送信されたものなので、プリペアドステートメントを利用します❽。SQLの中に名前パラメータ「:id」を設定してlimit 1を指定して1件だけ取得します。prepareメソッドで準備して❾、bindValueメソッドでデータを割り当てて❿、executeメソッドで実行します⓫。fetchメソッドで$dataに格納して⓬、return文で結果を返します⓭。

MemberModel.php

```php
// 一部抜粋

public function get_member_data_id($id){
    $data = [];        ❼ 条件式を記述して、   ❽ ここでプリペアドステートメントを使用して、
    try {
        $sql= "SELECT * FROM member WHERE id = :id limit 1";
        $stmh = $this->pdo->prepare($sql);      ❾ ここで準備して、
        $stmh->bindValue(':id', $id, PDO::PARAM_INT );   ❿ ここでデータを割り当てて、
        $stmh->execute();      ⓫ ここで実行して、
        $data = $stmh->fetch(PDO::FETCH_ASSOC);
    } catch (PDOException $Exception) {      ⓬ ここで$dataに格納して、
        print "エラー:" . $Exception->getMessage();
    }
    return $data;           ⓭ ここで結果を返します。
}
```

310

3 会員情報の更新処理

MemberModelクラスのmodify_memberメソッドは、引数$userdataから受け取ったデータを使って会員情報を更新します。POSTで送信されてきたデータは$userdataに格納されています ⓮。データベースを変更するため、beginTransactionメソッドでトランザクション処理を開始します ⓯。さらに$userdataは外部から送信されるデータが含まれるためプリペアドステートメントを使用します ⓰。更新処理はUPDATE文でテーブル名を指定してSET以降で更新するカラム名と名前パラメータを対にして指定してWHERE句で更新する会員IDを指定します。SQL文は$sqlに格納して、prepareメソッドで準備して ⓱、bindValueメソッドで各データを割り当てて ⓲、executeメソッドで実行します ⓳。エラーがなければcommitメソッドで確定します ⓴。

MemberModel.php

```php
// 一部抜粋
public function modify_member($userdata){          // ⓮ ここで引数を受け取り、
    try {
        $this->pdo->beginTransaction();            // ⓯ ここでトランザクション処理を開始して、
        $sql = "UPDATE  member
                SET
                    username  = :username,
                    password  = :password,
                    last_name = :last_name,
                    first_name = :first_name,      // ⓰ ここでプリペアドステートメントを使用して、
                    birthday  = :birthday,
                    ken       = :ken               // ⓱ ここで準備して、
                WHERE id = :id";                   // ⓲ ここで各データを割り当てて、
        $stmh = $this->pdo->prepare($sql);
        $stmh->bindValue(':username',$userdata['username'],
                        PDO::PARAM_STR );
        $stmh->bindValue(':password',$userdata['password'],
                        PDO::PARAM_STR );
        $stmh->bindValue(':last_name',$userdata['last_name'],
                        PDO::PARAM_STR );
        $stmh->bindValue(':first_name',$userdata['first_name'],
                        PDO::PARAM_STR );
        $stmh->bindValue(':birthday',$userdata['birthday'],
                        PDO::PARAM_STR );
        $stmh->bindValue(':ken',$userdata['ken'],PDO::PARAM_INT );
        $stmh->bindValue(':id',$userdata['id'],PDO::PARAM_INT );
        $stmh->execute();                          // ⓳ ここで更新処理を実行して、
        $this->pdo->commit();                      // ⓴ ここで確定します。
    } catch (PDOException $Exception) {
        $this->pdo->rollBack();
        print " エラー：" . $Exception->getMessage();
    }
}
```

In detail ≫詳解 DDL と DML

データベースの操作に利用している SQL は DDL（Data Definition Language） と DML（Data Manipulation Language） に分けることができます。DDL はテーブルを制御する言語で、DML はレコード単位で操作するための言語です。DDL の例としては CREATE TABLE、CREATE VIEW、ALTER TABLE、DROP TABLE などがあります。DML の例としては SELECT、INSERT、UPDATE、DELETE などがあります。

Chapter 9

Section **85**

会員情報の削除

会員情報を削除するには

このSectionでは、ログインした会員が自分自身の会員情報をデータベースから削除して、自動的にログアウトするまでの処理を解説します。

削除処理

1 確認画面表示までの動作

ログイン後に表示される会員トップ画面から［退会する］をクリックすると「http://localhost/index.php」へアクセスします。このとき HTML の hidden タグを利用して type は delete、action は confirm が送信されます。index.php が起動して、MemberController クラスの run メソッド（Section 81 参照）から、同じクラスの menu_member メソッド（Section 81 参照）が呼び出され、type は delete なので screen_delete メソッドが実行されます。action は confirm のため、確認画面が表示されます。削除処理関連の type、action と表示画面の関係は下表のとおりです。送信ボタンの値は利用しません。

（表）削除処理の type と action による分岐

type	action	ボタン	処理	表示画面
delete	confirm	—	—	確認画面
delete	complete	—	DELETE	完了画面

2 確認画面表示までの動作

データベースの会員情報を操作するため MemberModel のオブジェクトを $MemberModel に格納します。$this->action が confirm の場合、削除を確認するための画面が表示されます❶。管理機能のときは、$this->is_system が TRUE になり❷、get_member_data_id メソッド（Section 84 参照）で会員情報を取得してセッション変数に格納します❸。$this->message に誰の情報なのかわかるように氏名を格納して❹、HTML_QuickForm2 クラスの addElement メソッドで「削除する」と表示されるボタンを設定します❺。会員機能のときは、$this->is_system が FALSE なので else ブロックを実行して❻、$this->message に削除の確認メッセージを設定します❼。addElement メソッドで「退会する」ボタンを設定します❽。

MemberController.php

```
// 一部抜粋
public function screen_delete(){
    // データベースを操作します。
    $MemberModel = new MemberModel();
    if($this->action == "confirm"){      ❶ 確認画面が表示されます。
        if($this->is_system){      ❷ 管理はここが実行され、   ❸ 会員情報を格納します。
            $_SESSION[MEMBER_AUTHINFO]
            = $MemberModel->get_member_data_id($_GET['id']);
❹氏名を
格納して、   $this->message  = "[削除する]をクリックすると ";
            $this->message .= htmlspecialchars($_SESSION
            [_MEMBER_AUTHINFO]['last_name'], ENT_QUOTES);
            $this->message .= htmlspecialchars($_SESSION
            [_MEMBER_AUTHINFO]['first_name'], ENT_QUOTES);
            $this->message .= " さん　の会員情報を削除します。";
            $this->form->addElement('submit','submit', ['value' => '削除する']);
        }else{      ❺「削除する」ボタンを設定します。
            $this->message = "[退会する]をクリックすると
❻ 会員はここが実行され、    会員情報を削除して退会します。";
            $this->form->addElement('submit','submit', ['value' => '退会する']);
    }      ❽「退会する」ボタンを設定します。   ❼ 確認メッセージを格納して、
```

❹氏名を格納して、
❺「削除する」ボタンを設定します。
❻ 会員はここが実行され、
❼ 確認メッセージを格納して、
❽「退会する」ボタンを設定します。

$this->next_type に delete と **❾**、$this->next_action に complete を格納します **❿**。最後に、$this->file にはテンプレート名「delete_form.tpl」を設定します **⓫**。

3 削除処理を実行する

$this->action が complete の場合は削除処理を実行します。MemberModel クラスの delete_member メソッド（後述）に会員 ID を指定してデータを削除します **⓬**。$this->is_system を確認して **⓭**、TRUE（管理機能）の場合は、unset 関数で $_SESSION['userdata'] を破棄して **⓮**、FALSE（会員機能）の場合 **⓯**、Auth クラスの logout メソッドを実行して **⓰**、logout メソッド内部でクッキーやセッション変数を破棄します。会員の場合は同時にログアウトしますので、会員ページを表示するには再度登録する必要があります。

4 会員情報を完全に削除する

データを変更するためトランザクション処理 beginTransaction を開始します。引数の $id は外部から送信されたデータなので **⓱**、プリペアドステートメントを使用します。データを削除するので DELETE 文を使用します。条件式に「id = :id」と名前パラメータを指定して、prepare メソッドの引数に設定します **⓲**。bindValue メソッドでデータを割り当てて **⓳**、execute メソッドで SQL 文を実行して **⓴**、commit メソッドで処理を確定します **㉑**。これで、指定した id の会員情報が 1 件削除されます。

5 削除画面のテンプレート

削除画面には delete_form.tpl を使用します。前の Section で見たテンプレートと構造は同じです。{$message} は、メッセージに置き換わります **㉒**。{$form.submit.html} は、「削除する」または「退会する」という文字列に置換されて表示されます **㉓**。

```
$this->next_type  = 'delete';          ❾ ここに delete を設定し、
$this->next_action = 'complete';       ❿ ここに complete を設定し、
$this->title = '確認画面';
$this->file = 'delete_form.tpl';       ⓫ 画面ファイルを設定。

                                       ⓬ 会員 id の情報を削除して、
}else if($this->action == "complete"){
    $MemberModel->delete_member($_SESSION
                                [_MEMBER_AUTHINFO]['id']);
    ⓭ is_system を確認して、

    if($this->is_system){              ⓮ TRUE の場合の処理
        unset($_SESSION[_MEMBER_AUTHINFO]);
    }else{                             ⓯ FALSE の場合の処理
        $this->auth->logout();         ⓰ logout メソッドを実行して、
    }
    $this->message = " 会員情報を削除しました。";
    $this->title = ' 削除完了画面 ';
    $this->file = 'message.tpl';
}
$this->view_display();
}
```

MemberModel.php

```
// 一部抜粋
public function delete_member($id){    ⓱ $id を受け取り、
    try {
        $this->pdo->beginTransaction();
        $sql = "DELETE FROM member WHERE id = :id";
        $stmh = $this->pdo->prepare($sql);        ⓲ ここで準備して、
        $stmh->bindValue(':id', $id, PDO::PARAM_INT );
        $stmh->execute();                          ⓳ ここでデータを割り当てて、
        $this->pdo->commit();                      ⓴ ここで実行します。
    } catch (PDOException $Exception) {            ㉑ ここで削除処理
        $this->pdo->rollBack();                       が確定します。
        print " エラー : " . $Exception->getMessage();
    }
}
```

delete_form.tpl

```
〜 中略 〜
<form {$form.attributes}>
    {$message}<br><br>                 ㉒ メッセージと、
    {$form.submit.html}                ㉓ 送信ボタンに置き換わります。
    <input type="hidden" name="type"   value="{$type}">
    <input type="hidden" name="action"
value="{$action}">
</form>
〜 中略 〜
```

Section 85　会員情報の削除

313

練習問題

9-1 最新の話題を表示するためにデータベースに news テーブルを追加しました。テーブルを扱うクラスと各種処理を行うクラス名を作ってください。また、それらクラスを保存するファイル名を作成してください。

9-2 member テーブルに下記のようにふりがなを追加しました。

```
last_name_kana   VARCHAR(50)
first_name_kana   VARCHAR(50)
```

プリペアドステートメントを利用して登録用のSQLを作成してください。名前パラメータを使って変数 $sql に格納してください。

9-3 下記コードの後ろに、50文字までの「コメント」を `<input type="text" name="comment">` タグで送信するために addElement メソッドを記述してください。

```
require_once("HTML/QuickForm2.php");
$form = new HTML_QuickForm2('Form');
```

Chapter 10

PHPとMySQLで作る会員管理システム
―管理機能

Section 86
管理画面を表示するには　　　　　　　　　　　　［管理画面の表示］　　　　316

Section 87
会員情報の一覧を分割表示するには　　　　　　　［分割表示］　　　　　　320

Section 88
管理画面から会員情報を登録するには　　　　　　［管理側から登録］　　　326

Section 89
管理画面から会員情報を更新するには　　　　　　［管理側から更新］　　　332

Section 90
管理画面から会員情報を削除するには　　　　　　［管理側から削除］　　　336

Section 91
機能を追加するには　　　　　　　　　　　　　　［機能追加］　　　　　　340

Section 92
ログインを自動解除するには　　　　　　　　　　［タイムアウト処理］　　344

練習問題　　　　　　　　　　　　　　　　　　　　　　　　　　　　　346

Chapter 10

Section 86 | Chapter 10
管理画面の表示

管理画面を表示するには

引き続き会員管理システムについて学習します。このChapterでは会員機能を裏からサポートする管理機能について解説します。

管理画面の表示

1 管理者情報テーブル

管理者の認証に使用する管理者情報テーブルsystemをCREATE TABLE文で作成します❶。認証だけに使用するため、id（連番）、username（ユーザーネーム）、password（パスワード）を定義して最後に主キー「id」の定義を行います。次に、管理者としてログインできるようにINSERT文を作成します❷。ここではユーザーネームもパスワードもsystemです。「$2y」からはじまる文字列は、Authクラスのget_hashed_passwordメソッドで「system」という文字列を暗号化したものです。サンプルプログラムのget_hashed_password.phpにこのメソッドだけを抜き出して試せるようにしています。system.sqlは、mysqlコマンドラインツールからMySQLサーバに接続して、「\.system.sql」などとして（Chapter 07参照）、テーブルを作成してください❸。

system.sql

```
DROP TABLE IF EXISTS system;
CREATE TABLE system (          ❶ ここでテーブルを作成して、
  id      MEDIUMINT UNSIGNED NOT NULL AUTO_INCREMENT,
  username           VARCHAR(50),
  password           VARCHAR(128),
  PRIMARY KEY (id)
);
                              ❷ ここで認証用データを登録します。
INSERT INTO system (username, password) VALUES(
'system', '$2y$10$tUVR.YCXFVdyUeVABEYmqudPhEfHyfeK8
YHVw9gg/1rN17ibTMfwq');
```

操作例

```
# mysql -u sample -p sampledb
MariaDB [sampledb]> \.system.sql
```

❸ ここでファイルを読み込み、テーブルを作成します。

2 system.phpを起動する

管理者は、system.phpから管理画面にアクセスします。index.php（Section 81参照）との違いは、SystemControllerを利用している点です❹。runメソッドを実行して管理機能にアクセスします。ほとんどのメソッドは会員機能と共用しています。このため一部説明が重複するところがありますが、重要なポイントですので繰り返し説明します。

system.php

```
<?php
define('_ROOT_DIR', __DIR__ . '/');
require_once _ROOT_DIR . '../php_libs/init.php';
$controller = new SystemController();
$controller->run();
exit;
?>
```

❹ ここでSystemControllerのオブジェクトを生成します。

3 ログイン画面を表示する

未認証の状態でsystem.phpにアクセスするとrunメソッド(手順4参照)が実行され、管理者用ログイン画面(system_login.tpl)が表示されます。会員用のログイン画面のlogin.tplと構造は同じです。「管理画面」という表示❺と、登録画面へのリンクがないところだけが違います。

In detail ▶▶詳解 パスワードのハッシュ化

Section 86のサンプルプログラムget_hashed_password.phpは、文字列をハッシュ化するものです。Authクラスのget_hashed_passwordメソッドを抜き出して動作を確認しやすくしています。DocumentRootにこのファイルを設置して、アドレス欄にhttp://localhost/get_hashed_password.phpと入力すると画面に「$2y$10$」から始まる文字列が表示されます。ブラウザをリロードするとまた別の文字列を表示します。それぞれまったく違う文字列ですがどれも「system」というパスワードのハッシュ値です。system.sqlで実行したINSERT文の中にある「$2y$10$」から始まる文字列を、get_hashed_password.phpで表示されたものと交換して登録しても、同じように「system」というパスワードとして機能します。

system_login.tpl

```html
<!DOCTYPE html>
<html lang="ja">
<head>
<title>{$title}</title>
</head>
<body>
<div style="text-align:center;">
<hr>
<strong>{$title}</strong>
<hr>
  <table>
   <tr>
    <td>
    <form {$form.attributes}>
     <table>
      <tr>
       <th> 管理画面 :</th>
      </tr>
      <tr>
       <td><div style="text-align: right">
{$form.username.label}:</div></td>
       <td> {$form.username.html}</td>
      </tr>

      <tr>
       <td><div style="text-align: right">
{$form.password.label}:</div></td>
       <td> {$form.password.html}</td>
      </tr>
      <tr>
       <td colspan="2" >
       <input type="hidden" name="type" value="{$type}">
       <div style="text-align:center;">{$form.submit.html}</div>
    <br>
       <div style="color:red;font-size: smaller;">
{$auth_error_mess} </div></td>
      </tr>
     </table>
    </form>

    </td>
    <td>
     <br>
     <br>
    </td>
   </tr>
  </table>
</div>
{if ($debug_str)}<pre>{$debug_str}</pre>{/if}
</body>
</html>
```

❺「管理画面」と表示されます。

Section 86

管理画面の表示

Next ▶

Chapter 10
PHPとMySQLで作る会員管理システム ── 管理機能

4 管理者の処理を分岐する

管理者が正常にログインすると、Authクラスのset_authnameとset_sessnameで定数を設定します❻。これらの設定により管理者の認証情報を格納する変数は$_SESSION['systeminfo']、セッション名はPHPSESSION_SYSTEMとなります。会員とは別の名称を使用することで誤動作を防ぎます。$this->is_systemにtrueを設定して❼、各種処理を管理用に切り替えます。MemberControllerのオブジェクトを生成するときに引数に$this->is_systemを設定します❽。MemberController内の処理も管理機能に切り替えます。switch文では$this->typeの値で処理を分岐します❾。会員と違う機能はlist（会員一覧）です❿。会員一覧に関しては次のSectionで解説します。「default:」のscreen_topメソッドが実行され管理者トップ画面が表示されます⓫。

SystemController.php

```php
public function run() {
    // セッション開始　認証に利用します。
    $this->auth = new Auth();
    $this->auth->set_authname(_SYSTEM_AUTHINFO);
    $this->auth->set_sessname(_SYSTEM_SESSNAME);
    $this->auth->start();

    if (!$this->auth->check() && $this->type != 'authenticate'){
        // 未認証
        $this->type = 'login';
    }

    // 共用のテンプレートなどをこのフラグで管理用に切り替えます。
    $this->is_system = true;

    // 会員側の画面を表示するため MemberController を利用します。
    $MemberController = new MemberController($this->is_system);

    switch ($this->type) {
        case "login":
            $this->screen_login();
            break;
        case "logout":
            $this->auth->logout();
            $this->screen_login();
            break;
        case "modify":
            $MemberController->screen_modify($this->auth);
            break;
        case "delete":
            $MemberController->screen_delete($this->auth);
            break;
        case "list":
            $this->screen_list();
            break;
        case "regist":
            $MemberController->screen_regist($this->auth);
            break;
        case "authenticate":
            $this->do_authenticate();
            break;
        default:
            $this->screen_top();
    }
}
```

❻ ここで定数を設定して、

❼ ここで管理用フラグにtrueを設定して、

❽ ここに管理用フラグを設定して、

❾ ここで分岐して、

❿ ここで会員一覧を表示して、

⓫ ここで管理用トップ画面が表示されます。

In detail	**定時処理で仮登録を無効にする**
>>詳解	

本システムの仮登録テーブルのデータは一時的なデータなので、内容を間違った場合は再度登録することになります。本人確認の意味から考えても修正ではなく削除したほうがよいでしょう。ここでは、24時間以内にアクセスがないと仮登録を無効にする定時処理を作成します。premember テーブルの reg_date（DATETIME 型）を利用して、以下のように SQL 文を作成します。

```
DELETE FROM premember WHERE NOW() >= (reg_date + INTERVAL 24 HOUR);
```

この SQL 文を実行すると、現在時から24時間以上前に仮登録されたデータをすべて削除します。この SQL 文を delete.sql などのファイルに保存して、Linux の場合は、以下のコードを cron に登録します。cron の操作に関しては、man コマンドなどでご確認ください。

```
mysql -u sample --password=password sampledb < detete.sql
```

Windows の場合は、パスの部分を「"C:¥delete.sql"」のようにして、cron.bat など拡張子を bat のファイル名にして保存します。できあがったファイルをタスクスケジューラに登録して使用します。タスクスケジューラの詳細については、Windows のヘルプなどでご確認ください。これにより、アクセスがなければ24時間で登録が無効化（削除）されますので、仮登録テーブルに無駄なデータが増えることはありません。どうしても内容を変更したい場合は、会員テーブルにデータを移動（登録）したあとに行うことができます。

5 管理者トップ画面

ログインして認証されると、管理者トップ画面（system_top.tpl）が表示されます。会員一覧へのリンクは、「{$SCRIPT_NAME}?type=list&action=form」となり {$SCRIPT_NAME} は system.php に置き換わります⓬。クリックすると system.php に対して「type=list」と「action=form」が送信され会員一覧を表示します。

system_top.tpl

```
<!DOCTYPE html>
<html lang="ja">
<head>
<title>{$title}</title>
</head>
<body>
<div style="text-align:center;">
<hr>
<strong>{$title}</strong>
<hr>
  <table>
    <tr>

      <td style="vertical-align: top;">
      [ <a href="{$SCRIPT_NAME}?type=logout">ログアウト </a> ]
      <br>
      <br>
      {$disp_login_state}
      </td>

      <td>
[ <a href="{$SCRIPT_NAME}?type=list&action=form"> 会員一覧
</a> ]  会員の検索・更新・削除を行います。 <br><br>
      <br>
      <br>

      </td>
    </tr>
  </table>
</div>
{if ($debug_str)}<pre>{$debug_str}</pre>{/if}
</body>
</html>
```

⓬ ここが system.php に置き換わります。

Chapter 10
Section 87 分割表示

会員情報の一覧を分割表示するには

会員が多くなると一覧画面の表示件数も多くなります。PEARのPagerクラスを使って件数を任意の件数に分割して表示しましょう。

実例を確認する

1 テスト用データを登録する

会員情報を一覧にして表示しましょう。はじめにテスト用データを作成します。データはINSERT文を並べています。ファイルに保存したらターミナルやコマンドプロンプトからデータを登録します。Section 61や関連の項目を参照して作業してください。INSERT文の中の「$2y」からはじまる文字列は「password」をAuthクラスのget_hashed_passwordメソッドで暗号化したものです。Windowsで文字化けする場合は、「C:¥xampp¥mysql¥bin¥mysql -u sample -p --default-character-set=utf8 sampledb < testdata.sql」のように、「--default-character-set=utf8」を追加して読み込んでください。

testdata.sql

INSERT INTO member VALUES (NULL, '001@example.co.jp', '$2y$10$zWukYjKluCRSe8OtjbfymO5sDgoUfGdlXAm75.SSzBox1ySpQpgAC', '氏001', '名001', '19950101', 1, '2017-06-01', NULL);
INSERT INTO member VALUES (NULL, '002@example.co.jp', '$2y$10$zWukYjKluCRSe8OtjbfymO5sDgoUfGdlXAm75.SSzBox1ySpQpgAC', '氏002', '名002', '19950102', 2, '2017-06-02', NULL);
～ 中略 ～
INSERT INTO member VALUES (NULL, '020@example.co.jp', '$2y$10$zWukYjKluCRSe8OtjbfymO5sDgoUfGdlXAm75.SSzBox1ySpQpgAC', '氏020', '名020', '19950120', 20, '2017-06-20', NULL);

2 一覧を表示する

一覧を表示しましょう。「http://localhost/system.php」にアクセスして管理者のユーザーネームとパスワードをsystem、systemと入力してログイン後、トップ画面から「会員一覧」をクリックすると一覧が表示されます。リンクをクリックしてページを切り替えてください❶。

❶ ここをクリックしてページを切り替えます。

会員一覧画面

1 会員一覧画面を表示する

screen_listメソッドは会員一覧を表示します。同時に、更新、削除、検索を行う起点となるページです。このメソッドでは検索機能も兼ねているため、先に、$disp_search_key（表示用の検索キー）と❶、$sql_search_key（SQL文に使用する検索キー）を初期化します❷。

2 セッション変数を処理する

会員情報を更新するときに利用する$_SESSION[_MEMBER_AUTHINFO]をunset関数であらかじめ破棄します❸。_MEMBER_AUTHINFOは設定ファイルinit.phpでuserinfoと定義されています。ここでは、$_SESSION['userinfo']を破棄しています。$_POST['search_key']に値（検索キー）が格納されているときは検索を実行したということなので、ページ分割に関係する変数$_SESSION['pageID']を破棄します❹。検索キーは$_SESSION['search_key']に格納します❺。ページを移動しても検索キーを参照できるので同じ検索結果を取得できます。$disp_search_keyにはhtmlspecialchars関数（Section 28参照）でHTMLタグを無効化して格納します❻。$sql_search_keyには検索キーをそのまま格納します❼。検索キーがない場合は、elseブロックに分岐して、さらに$_POST['submit']に「検索する」が格納されているかどうかで処理を分岐します。検索キーがなく「検索する」が送信された場合は、全データを検索するため$_SESSION['search_key']を破棄します❽。検索キーが送信も保持もされていない場合は、アクセス後最初に一覧を表示した状況なので、何も処理を行わず次の処理に移ります。

SystemController.php

```php
private function screen_list(){
    $disp_search_key = "";
    $sql_search_key = "";
    // セッション変数の処理
    unset($_SESSION[_MEMBER_AUTHINFO]);
    if(isset($_POST['search_key']) && $_POST['search_key']
    != ""){
        unset($_SESSION['pageID']);
        $_SESSION['search_key'] = $_POST['search_key'];
        $disp_search_key = htmlspecialchars (
            $_POST['search_key'], ENT_QUOTES);
        $sql_search_key = $_POST['search_key'];
    }else{
        if(isset($_POST['submit']) && $_POST['submit']
        == "検索する"){
            unset($_SESSION['search_key']);
        }else{
            if(isset($_SESSION['search_key'])){
                $disp_search_key = htmlspecialchars
                ($_SESSION['search_key'], ENT_QUOTES);
                $sql_search_key = $_SESSION['search_key'];
            }
        }
    }
    // 次の手順へ続く
```

❶ 表示用の検索キーと、

❷ SQL文に使用する検索キーを初期化します。

❸ この変数をunset関数で破棄します。

❹ ここも破棄して、

❺ 検索キーをここに格納します。

❼ ここに検索キーを格納します。

❽ ここで$_SESSION['search_key']を破棄します。

❻ ここにHTMLタグを無効化した検索キーを格納します。

Point 》》要点 セッション変数の破棄

このシステムでは会員情報を格納したセッション変数 $_SESSION['userdata'] を持ち回っています。管理機能ではこれに加えて $_SESSION['search_key']、$_SESSION['pageID'] を使用しています。便利に使えますが、セッション変数は適切なタイミングで削除しないと思わぬバグの原因になることがあります。このため、ログアウト時には Auth クラスの logout メソッドを使用して認証関連のセッションを破棄し、さらに session_destroy 関数ですべて破棄しています。

Next▶

3 一覧データを取得する

MemberModelのget_member_listメソッド（後述）に$sql_search_keyを引数に指定して実行します❾。会員情報の一覧が$dataに、検索件数が$countに格納されます❿。$dataは、make_page_linkメソッドに渡されます。メソッド内でデータを分割処理して⓫、他のページへ移動するためのリンクをHTML形式で生成して、それぞれ$dataと⓬、$linksに格納します⓭。Smartyクラスのオブジェクトを格納した$this->viewのassignメソッドで、countに件数、dataに一覧データを、search_keyに検索キーを、linksに$links['all']を割り当てます⓮。$this->fileにsystem_list.tplを格納して⓯、$this->view_displayメソッドで画面を表示します。

4 検索する

get_member_listメソッドは検索キー「$search_key」を受け取り⓰、検索条件とします。2つのテーブルを結合して検索するため記述方法が違います。m.idはmemberテーブルのidという意味です。「as id」はキーがm.idではなくidとなるように設定しています⓱。FROM以下にmemberテーブルを「m」として定義し⓲、県名を格納したkenテーブルは「k」とします⓳。WHERE以下は条件文です。「m.ken = k.id」として、会員テーブルのken（数字）から、県名テーブルのken（文字列）を取り出すことができます⓴。次の条件文でキーがあれば検索キーをSQL文に組み込みます㉑。ただし、外部から送信されたデータのためプリペアドステートメントを使用します。SQLでは「like %検索キー%」とすると部分一致で検索できます。名前パラメータ:last_nameと:first_nameにはbindValueメソッドで%$search_key%が割り当てられます㉒。これによりlast_nameまたはfirst_nameの文字列中に検索キーがあるデータを検索します。rowCountメソッドで検索件数

```php
// 前の手順から続く
// データベースを操作します。
$MemberModel = new MemberModel();
list($data, $count) = $MemberModel->get_member_list(
$sql_search_key);
list($data, $links) = $this->make_page_link($data);

$this->view->assign('count', $count);
$this->view->assign('data', $data);
$this->view->assign('search_key', $disp_search_key);
$this->view->assign('links', $links['all']);
$this->title = ' 管理 - 会員一覧画面 ';
$this->file = 'system_list.tpl';
$this->view_display();
}
```

❾ ここで一覧データを取得して、

❿ 一覧データを$dataに、件数を$countに格納します。

⓫ ここで分割処理を行い、

⓬ $dataは分割処理したデータを、

⓭ $linksに他のページへ移動するためのリンクを格納します。

⓮ ここでデータをSmartyの変数に割り当てて、

⓯ ここでテンプレートを設定します。

MemberModel.php

```php
public function get_member_list($search_key){
$sql = <<<EOS
SELECT
m.id as id,
m.username    as username,
m.password    as password,
m.last_name   as last_name,
m.first_name  as first_name,
m.birthday    as birthday,
k.ken         as ken,
m.reg_date    as reg_date
FROM
member m,
ken k
WHERE
m.ken = k.id

EOS;
if($search_key != ""){
$sql .= " AND ( m.last_name  like :last_name OR
m.first_name like :first_name ) ";
}

try {
$stmh = $this->pdo->prepare($sql);
if($search_key != ""){
$search_key = '%' . $search_key . '%';
$stmh->bindValue(':last_name', $search_key,
PDO::PARAM_STR );
$stmh->bindValue(':first_name', $search_key,
PDO::PARAM_STR );
}
```

⓰ ここで$search_keyを受け取ります。

⓱ このm.idはmemberテーブルのidです。ここでidとなるよう設定して、

⓲ ここでmemberテーブルをmと定義して、

⓳ ここでkenテーブルをkとして、

⓴ この条件で県名を取り出します。

㉑ ここで検索キーを組み込みます。

㉒ ここで名前パラメータにデータを割り当てて、

を$countに格納して㉓、fetchメソッド
で結果を1行ずつ$rowに格納した後㉔、
一覧表示で扱いやすくするため多次元
配列$dataに結果を格納します㉕。最
後に一覧データと検索件数をreturn文
で返します。

5 ページ分割処理

make_page_linkメソッドは、件数が多
いときに決まった件数ごとにデータを分
割して、分割したデータと別ページへの
リンクを自動的に生成します。リンク
をクリックすることで、あたかもページ
を分割して表示するように見せること
ができます。一覧データを引数$dataか
ら受け取り㉖、require_once文でページ
分割のためのクラスPagerのJumping
を読み込みます㉗。PagerはPEAR公
式サイトで配布されています（Section
79参照）。$paramsに各オプションを
設定して㉘、Pager_Jumpingクラスを
インスタンス化して$pagerに格納しま
す㉙。getPageDataメソッドで1ページ
分のデータを受け取り、getLinksメソッ
ドで検索件数に合わせて各ページへの
リンクをHTML形式で受け取ります㉚。
最後にreturn文で$dataと$linksを返し
ます。

Point **Pager 利用時のオプション**
≫要点 **の意味**

$paramsに設定するオプションの意味です。mode の
Slidingは、「≪1｜2｜3｜4≫」、Jumping は、「<< Back
1 2 3 4 Next >>」のようにリンクが表示されます。
オプションはこれ以外にもありますのでPEARのマ
ニュアル等を参照して確認してください。

オプション	意味
mode	Jumping または Sliding を選択
perPage	1ページに表示する件数
delta	表示するページ番号の数
itemData	ページに表示する配列データ（会員情報など）

Section 87

分割表示

```php
    $stmh->execute();
    // 検索件数を取得
    $count = $stmh->rowCount();
    // 検索結果を多次元配列で受け取る
    $i=0;
    $data = [];
    while ($row = $stmh->fetch(PDO::FETCH_ASSOC)){
      foreach( $row as $key => $value){
        $data[$i][$key] = $value;
      }
      $i++;
    }
  } catch (PDOException $Exception) {
    print "エラー：". $Exception->getMessage();
  }
  return [$data, $count];
}
```

㉓ ここに結果を格納して、

㉔ ここで1件ずつ結果を取得して、

㉕ ここで$dataに入れ替えて、

BaseController.php

㉖ データをここで受け取ります。

```php
public function make_page_link($data){
  // Slinding を使用する場合
  //require_once 'Pager/Sliding.php';

  // Jumping を使用する場合
  require_once 'Pager/Jumping.php';

  $params = [
    'mode'    => 'Jumping',
    'perPage' => 10,
    'delta'  => 10,
    'itemData' => $data
  ];

  // Slinding を使用する場合
  //$pager = new Pager_Sliding($params);

  // Jumping を使用する場合
  $pager = new Pager_Jumping($params);

  $data  = $pager->getPageData();
  $links = $pager->getLinks();
  return [$data, $links];

}
```

㉗ PagerのJumpingクラスを読み込み、

㉘ ここで各オプション
を設定します。

㉙ Pager_Jumpingクラ
スをインスタンス化して、

㉚ getPageDataで1ページ
分の結果、getLinksメソッ
ドでリンクを受け取ります。

Next►

テンプレートのループ処理

Chapter 10

PHPとMySQLで作る会員管理システム ── 管理機能

1 会員一覧画面テンプレート

テンプレートsystem_list.tplは会員情報を操作するための機能が集まった画面です。新規会員の登録と会員の検索ができます。検索結果とともに会員ごとに生成された[更新]と[削除]のリンクをクリックすることで該当の会員情報の更新、削除を行うことができます。新規登録画面へのリンク{$add_pageID}は❶、add_pageIDメソッド（後述）で元の検索ページに戻るための変数がURLに追加されます。

2 検索欄を設置する

<form>タグに指定された$form.attributesはHTML_QuickForm2の機能です。ブラウザに表示されるときは「method="post" id="Form" action="/system.php"」のように変換されます❷。検索キーを入力する欄と❸、「検索する」ボタンを記述します❹。ボタンをクリックするとhidden形式で設定された「type=list」「action=form」が送信され、この画面が再度表示されます。{$count}は、検索件数に置き換わります❺。また、{$links}は、「<< Back 1 2 3 4 Next >>」形式で表示するためのHTMLに置き換わります❻。

system_list.tpl

```html
<!DOCTYPE html>
<html lang="ja">
<head>
<title>{$title}</title>
</head>
<body>
<div style="text-align:center;">
<hr>
<strong>{$title}</strong>
<hr>

  <table>
   <tr>
   <td style="vertical-align: top;">
[ <a href="{$SCRIPT_NAME}">トップページへ </a> ]
<br>
<br>
{$disp_login_state}
   </td>
   <td>
   <p>[ <a href="{$SCRIPT_NAME}?type=regist&action=
form{$add_pageID}"> 新規登録 </a> ]
<br>
```

❶ 元の検索ページに戻るための変数です。

❷ ここに送信先のURLを指定して、

```html
<form {$form.attributes}>
名前：<input type="text" name="search_key"
value="{$search_key}">
```

❸ 検索キーを入力する欄と、

```html
<input type="submit" name="submit" value=" 検索する ">
<input type="hidden" name="type" value="list">
<input type="hidden" name="action" value="form">
</form>
検索結果は {$count} 件です。<br>
<br>
{$links}
```

❹ 「検索する」ボタンを記述します。

❺ {$count}は検索件数に、

❻ {$links}はリンクを構成するHTMLに置き換わります。

```
// 次の手順へ続く
```

3 データをループ処理する

取得したデータはテンプレート内でループ処理して、tableタグごと書き出します。{if ($data) }{/if}により❼、$dataが0件の場合はtableタグ部分は表示されません。はじめに一覧の見出し部分を記述して❽、{foreach item=item from=$data}{/foreach}に囲まれた部分が$dataの件数分繰り返されます❾。このタグ内では$itemという変数を使い、{$item.id}のように「.」でキーを指定して、データを表示できます。{$item.last_name|escape:"html"}の「|escape:"html"」により、$item.last_nameに割り当てられたデータはescape修正子に送られ「& " ' < >」があると、HTMLとして無効な文字列（特殊文字）に変換されます❿。同様に誕生日と登録日も「|date_format:"%Y年%m月%d日"」でフィルタ処理をしていて、%Yは年を、%mは月、%dは日に置換されます。途中の「年」は特殊文字といい「年」という文字を表示します。同様に「月」は「月」、「日」は「日」を表示します⓫。登録日を{$item.reg_date}として表示すると「19950101」という文字列が表示されます。ここに年月日を追加するためにdate_formatを利用します。文字型をそのままdate_formatに渡すと意図しない文字が表示されたるため、先に「|strtotime」で文字型からタイムスタンプ型に変換します⓬。更新、および削除のリンク部分には「&id={$item.id}」のようにして会員idを追加して次の処理に渡します⓭。

❼ この条件文で$dataがあるときだけ表示します。

```
// 前の手順から続く
{if ($data) }
<table border="1">
<tbody>
```
❽ ここに見出し部分を記述して、
```
<tr><th> 番号 </th><th> 氏 </th><th> 名 </th><th> 生年月日 </th><th> 県名 </th><th> 登録日 </th><th>   </th><th>   </th></tr>
```
❾ このタグに囲まれた部分を繰り返します。
```
{foreach item=item from=$data}
<tr>
<td>{$item.id}</td>
<td>{$item.last_name |escape:"html"}</td>
<td>{$item.first_name |escape:"html"}</td>
```
❿ ここでHTMLタグを無効化して、
⓫ ここで表示形式を指定します。
```
    <td>{$item.birthday |strtotime|date_format:
              "%Y&#24180;%m&#26376;%d&#26085;"}
    </td>
```
⓬ ここでタイムスタンプ型に変換して、
```
    <td>{$item.ken}</td>
    <td>{$item.reg_date|strtotime|date_format:
        "%Y&#24180;%m&#26376;%d&#26085;"}
    </td>
<td>[<a href="{$SCRIPT_NAME}?type=modify&action=form
&id={$item.id}{$add_pageID}"> 更新 </a>]
</td>
```
⓭ ここに会員idを追加して次の処理に渡します。
```
<td>[<a href="{$SCRIPT_NAME}?type=delete&action=confirm
&id={$item.id}{$add_pageID}"> 削除 </a>]</td>
</tr>
{/foreach}

</tbody></table>
{/if}
        </td>
      </tr>
    </table>
</div>
{if ($debug_str)}<pre>{$debug_str}</pre>{/if}
</body>
</html>
```

In detail 詳解 Smartyのテンプレート内で繰り返し処理を行うには

Smartyのテンプレート内でforeach文を使うことができます。これにより、DBの検索結果を取得して、一覧を表示する処理を簡単に記述できます。手順3の {foreach item=item from=$data} は、PHPの構文 foreach(配列 as 変数)と似ています。「配列」にあたるのが$dataで、「変数」にあたるのがitemになります。itemに連想配列が格納されている場合、参照するには「.」でキーを指定して、例えば {$item.id} のようにします。

```
{foreach item=item from=$data}
        {$item.id}
{/foreach}
```

Chapter 10
Section 88 | 管理側から登録

管理画面から会員情報を登録するには

管理画面から会員情報を登録する処理を確認します。会員の操作とは違い、メールアドレスによる確認はありません。

管理側から登録画面を表示

1 一覧画面からの操作

一覧画面を表示すると [新規登録] と表示されます ❶。リンク先は「http://locahost/system.php?type=regist&action=form」です。リンクをクリックすると HTTP の GET メソッドによりサーバへ送信され $_GET['type'] に regist を $_GET['action'] に form が格納されて system.php に届きます。会員側では認証の有無によって menu_member メソッドと menu_guest メソッドとに分けて分岐していました。このようにすることで未登録者向けのコンテンツを簡単に追加できるようになります。ただし、管理側ではこのような処理は不要ですので run メソッドの中だけで処理を分岐します。

（表）振り分け時の条件

type	action	ボタン	処理	表示画面
list	form	―	―	一覧画面
regist	form	―	―	入力画面
regist	confirm	―	入力チェック OK	確認画面
regist	confirm	―	入力チェック NG	入力画面
regist	complete	戻る	―	入力画面
regist	complete	登録する	NSERT	完了画面

BaseController.php

```
// 一部抜粋
private function view_initialize(){
  $this->view = new Smarty;
  $this->view->template_dir = _SMARTY_TEMPLATES_DIR;
  $this->view->compile_dir  = _SMARTY_TEMPLATES_C_DIR;
  $this->view->config_dir   = _SMARTY_CONFIG_DIR;
  $this->view->cache_dir        = _SMARTY_CACHE_DIR;

  ～ 中略 ～
  // リクエスト変数 type と action で動作を決めます。
  if(isset($_REQUEST['type'])){
  $this->type   = $_REQUEST['type'];}
  if(isset($_REQUEST['action'])){
  $this->action = $_REQUEST['action'];}

  // 共通の変数
  $this->view->assign('is_system',  $this->is_system );
  $this->view->assign('SCRIPT_NAME', _SCRIPT_NAME);
  $this->view->assign('add_pageID', $this->add_pageID());
}
```

❷ ここで送信された値を受け取ります。

❶ ここに新規登録と表示されます。

2 typeとaction

$_GET['type'] と $_GET['action'] の値は、BaseController のコンストラクタ内で実行される、view_initialize メソッドの中で $this->type と $this->action にそれぞれ格納されます ❷。$_REQUEST は、$_GET、$_POST 両方の値を受け取ります。

3 振り分け処理

MemberControllerを利用するためオブジェクトを生成して$MemberControllerに格納します❸。$this->typeにはregistが格納されているため、「$MemberController->screen_regist($this->auth);」が実行されます❹。引数には$this->authを設定しています❺。これは管理側からMemberControllerのオブジェクトを生成したため、runメソッドが実行されず、Authクラスが生成されないためです。Authクラスを途中の処理で利用するため引数にして渡しています。

SystemController.php

```php
public function run() {
  $this->auth = new Auth();
  $this->auth->set_authname(_SYSTEM_AUTHINFO);
  $this->auth->set_sessname(_SYSTEM_SESSNAME);
  $this->auth->start();

  if (!$this->auth->check() && $this->type != 'authenticate'){
    $this->type = 'login';
  }
```

> ❸ MemberControllerのオブジェクトをここに格納して、

```php
  $this->is_system = true;

  $MemberController = new MemberController($this->is_system);

  switch ($this->type) {

  ～ 中略 ～
    case "list":
      $this->screen_list();
      break;
    case "regist":
      $MemberController->screen_regist($this->auth);
      break;
```

> ❹ ここで登録画面の処理が実行されて、

> ❺ ここでAuthのオブジェクトが渡されます。

```php
  ～ 中略 ～
  }
}
```

4 登録画面を表示

screen_registメソッドが実行されると$this->actionにはformが格納されているため、「$this->action == "form"」のifブロックが実行され❻、画面に必要な変数を設定してBaseControllerの$this->view_displayを実行します❼。view_displayメソッド内ではSmartyのassignメソッドでデータをテンプレートの変数に割り合てて、同じくSmartyのdisplayメソッドでテンプレートファイルの内部で置換処理を行い登録画面が表示されます。

MemberController.php

```php
// 一部抜粋
public function screen_regist($auth = ""){
  $btn = ""; $btn2 = "";
  $this->file = "memberinfo_form.tpl";

  ～ 中略 ～

  if($this->action == "form"){
    $this->title  = '新規登録画面';
    $this->next_type = 'regist';
    $this->next_action  = 'confirm';
    $btn = '確認画面へ';
  }else if($this->action == "confirm"){

  ～ 中略 ～

  }

  $this->form->addElement('submit', 'submit', ['value' =>$btn]);
  $this->form->addElement('submit', 'submit2', ['value' =>$btn2]);
  $this->form->addElement('reset', 'reset', ['value' => '取り消し ']);
  $this->view_display();
}
```

> ❻ ここが実行されて、

> ❼ ここで画面を表示します。

Next ▶

管理画面から登録処理を実行

Chapter 10

PHPとMySQLで作る会員管理システム ── 管理機能

1 登録画面から確認画面へ

登録画面にデータを入力して[確認画面へ]を押すとテンプレートに設定されている「<input type="hidden" name="type" value="regist">」と「<input type="hidden" name="action" value="confirm">」により POST メソッドで system.php に送信されます。$this->type に regist が、$this->action には confirm が設定されます。

2 確認画面を表示する

HTML_QuickForm2 の $this->form->validate メソッドにより入力値が検証されて ❶、エラーがある場合は false が返り「!」により反転して真になり、$this->action に form が設定され、元の登録画面を表示します。$this->form->validate メソッドの検証でエラーが無い場合は true が返り「!」により偽になり、「$this->action == "confirm"」の if ブロックの処理を実行して、HTML_QuickForm2 の $this->form->toggleFrozen メソッドにより入力したデータだけが表示されます ❷。入力欄のある画面と同じ memberinfo_form. tpl を利用しています。

MemberController.php

```php
// 一部抜粋
public function screen_regist($auth = ""){

  〜 中略 〜

  $this->form->addDataSource(new HTML_QuickForm2_DataSource_
Array(['birthday' => $date_defaults]));
  $this->make_form_controle();

  // フォームの妥当性検証
  if (!$this->form->validate()){      ❶ ここで入力値が検証され、
    $this->action = "form";
  }

  if($this->action == "form"){
    $this->title  = ' 新規登録画面 ';
    $this->next_type= 'regist';
    $this->next_action  = 'confirm';
    $btn = ' 確認画面へ ';
  }else if($this->action == "confirm"){
    $this->title  = ' 確認画面 ';
    $this->next_type= 'regist';
    $this->next_action  = 'complete';
    $this->form->toggleFrozen(true);
    $btn = ' 登録する ';      ❷ ここで入力データだけになります。
    $btn2= ' 戻る ';
  }else if($this->action == "complete" &&
      isset($_POST['submit2']) &&

  〜 中略 〜
}
```

3 確認画面から戻るへ

確認画面で「戻る」ボタンをクリックすると「<input name="submit2" value="戻る" type="submit">」の値「戻る」が送信されます❸。同時にテンプレートに設定されているタグ「<input type="hidden" name="type" value="regist">」と「<input type="hidden" name="action" value="complete">」がHTTPのPOSTメソッドでsystem.phpに送信されます。$this->typeにはregistが、$this->actionにはcompleteが設定されます。$_POST['submit2']という変数があり、かつ、内容が「戻る」の場合は、「}else if($this->action == "complete" && isset($_POST['submit2']) && $_POST['submit2'] == '戻る'){」以降のブロックの処理が実行され、登録画面に戻ります❹。

4 確認画面から登録するへ

一方、確認画面で「登録する」ボタンをクリックすると❺、「}else if($this->action == "complete" && isset($_POST['submit']) && $_POST['submit'] == '登録する'){」のブロックが実行され、PrememberModelとMemberModelのオブジェクトをそれぞれの変数$PrememberModelと$MemberModelに格納します❻。HTML_QuickForm2のgetValueメソッドでフォームから送信されたデータを$userdataに受け取ります❼。

MemberController.php

```php
public function screen_regist($auth = ""){

    〜 中略 〜

    }else if($this->action == "complete" && isset($_POST['submit2'])
        && $_POST['submit2'] == '戻る'){
        $this->title  = '新規登録画面';
        $this->next_type = 'regist';
        $this->next_action = 'confirm';
        $btn = '確認画面へ';
    }else if($this->action == "complete" && isset($_POST['submit'])
        && $_POST['submit'] == '登録する'){
        $PrememberModel = new PrememberModel();
        $MemberModel = new MemberModel();
        $userdata = $this->form->getValue();

        if( $MemberModel->check_username($userdata) ||
$PrememberModel->check_username($userdata) ){
            $this->title = '新規登録画面';
            $this->message = "メールアドレスは登録済みです。";
            $this->next_type = 'regist';
            $this->next_action = 'confirm';
            $btn = '確認画面へ';
        }else{
            // システム側から利用するときに利用
            if($this->is_system && is_object($auth)){
                $userdata['password'] =
$auth->get_hashed_password($userdata['password']);
            }else{
                $userdata['password'] =
$this->auth->get_hashed_password($userdata['password']);
            }
            $userdata['birthday'] = sprintf("%04d%02d%02d",
            $userdata['birthday']['Y'],
            $userdata['birthday']['m'],
            $userdata['birthday']['d']);
            if($this->is_system){
                $MemberModel->regist_member($userdata);
                $this->title  = '登録完了画面';
                $this->message = "登録を完了しました。";
            }else{

    〜 中略 〜

}
```

❸「戻る」をクリックすると、

❹ ここで登録画面へ戻ります。

❺ [登録する]をクリックすると、

❻ ここでデータベース操作の準備をして、

❼ ここで送信データを受け取ります。

Section 88

管理側から登録

Next►

329

Chapter 10

PHPとMySQLで作る会員管理システム ── 管理機能

5 登録前にメールをチェックする

$userdataは連想配列形式で登録画面から送信されたデータが格納されています。$username['username']にはユーザーネーム（メールアドレス）が格納されています。MemberModelのcheck_usernameメソッドの引数として$userdataを渡して同一のユーザーネームが存在するかどうか確認します❽。同じようにPrememberModelのcheck_usernameメソッドでもチェックします❾。どちらか一方でも同じユーザーネームが存在すれば元の登録画面へ戻り「メールアドレスは登録済みです。」と表示します❿。

6 確認画面から登録するへ

memberテーブルにもprememberテーブルにも同じユーザーネームが無ければ、elseブロックを実行します⓫。管理側から操作しているので$this->is_systemはtrueとなり⓬、引数の$authはオブジェクトなので「$auth->get_hashed_password($userdata['password']);」が実行され⓭、$userdata['password']に送信されたパスワードのハッシュ値が格納されます⓮。

MemberController.php

```php
// 一部抜粋
public function screen_regist($auth = ""){

    ～ 中略 ～

    }else if($this->action == "complete" && isset($_POST['submit'])
    && $_POST['submit'] == ' 登録する '){
        $PrememberModel = new PrememberModel();
        $MemberModel = new MemberModel();
        $userdata = $this->form->getSubmitValues();
```

❽ ここで会員テーブルでユーザーネームをチェックして、

```php
        if( $MemberModel->check_username($userdata) ||
$PrememberModel->check_username($userdata) ){
```

❾ ここで未登録テーブルでユーザーネームをチェックして、

```php
            $this->title = ' 新規登録画面 ';
            $this->message = " メールアドレスは登録済みです。";
            $this->next_type       = 'regist';
            $this->next_action     = 'confirm';
            $btn = ' 確認画面へ ';
        }else{
```

❿ 一致すれば登録画面へ戻ります。

⓫ 同じユーザーネームがなければこちらを実行して、

```php
            if($this->is_system && is_object($auth)){
                $userdata['password']
```

⓬ ここがtrueになり、

```php
                = $auth->get_hashed_password($userdata['password']);
            }else{
```

⓭ ここでパスワードのハッシュ値を取得して、

```php
                $userdata['password']
                = $this->auth->get_hashed_password($userdata['password']);
            }
```

⓮ ここに結果を格納します。

```php
    ～ 中略 ～

}
```

330

7 登録を実行する

パスワードを暗号化したあと、バラバラに送信された誕生日の年、月、日をsprintf関数で形式を整えて$userdata['birthday']に格納します⓯。$this->is_system がtrueなのでifブロックに分岐して⓰、MemberModel の regist_member メソッドを実行します⓱。regist_member メソッドは管理側だけで使用します。データはすべて外部から送信されたものなのでプリペアドステートメントを利用します。

beginTransaction メソッドでトランザクション処理を開始します⓲。INSERT文のデータの部分に名前パラメータを追加してSQLを構成します。now()はMySQLの関数です。INSERT文実行時の時間を取得できます。prepareメソッドで準備して⓳、bindValueメソッドで各データを割り当てます⓴。executeメソッドでSQLを実行して㉑、commitメソッドで確定します㉒。

MemberController.php

```php
// 一部抜粋
public function screen_regist($auth = ""){

    ～ 中略 ～

    }
    $userdata['birthday'] = sprintf("%04d%02d%02d",
                            $userdata['birthday']['Y'],
                            $userdata['birthday']['m'],
                            $userdata['birthday']['d']);
    if($this->is_system){
        $MemberModel->regist_member($userdata);
        $this->title    = ' 登録完了画面 ';
        $this->message = " 登録を完了しました。";
    }else{

    ～ 中略 ～

}
```

⓯ 誕生日をフォーマットしてここに格納して、

⓰ ここを実行して、

⓱ ここで登録メソッドを実行して、

MemberModel.php

```php
// 一部抜粋
public function regist_member($userdata){
    try {
        $this->pdo->beginTransaction();
        $sql = "INSERT INTO member (username, password,
    last_name, first_name, birthday, ken, reg_date )
        VALUES ( :username, :password, :last_name, :first_name,
            :birthday, :ken , now() )";
        $stmh = $this->pdo->prepare($sql);
        $stmh->bindValue(':username',$userdata['username'],
                        PDO::PARAM_STR );
        $stmh->bindValue(':password',$userdata['password'],
                        PDO::PARAM_STR );
        $stmh->bindValue(':last_name',$userdata['last_name'],
                        PDO::PARAM_STR );
        $stmh->bindValue(':first_name',$userdata['first_name'],
                        PDO::PARAM_STR );
        $stmh->bindValue(':birthday',$userdata['birthday'],
                        PDO::PARAM_STR );
        $stmh->bindValue(':ken',$userdata['ken'],
        PDO::PARAM_INT );
        $stmh->execute();
        $this->pdo->commit();
    } catch (PDOException $Exception) {
        $this->pdo->rollBack();
        print " エラー：" . $Exception->getMessage();
    }
}
```

⓲ ここでトランザクション処理を開始して、

⓳ ここで準備して、

⓴ ここで各データを割り当てて、

㉑ ここでSQLを実行して、

㉒ ここで確定します。

Chapter 10

Section 89 | 管理側から更新

管理画面から会員情報を更新するには

管理画面から会員情報を更新する処理を確認します。ほとんどの機能を会員側と共用しています。

管理側から更新画面を表示

1 一覧画面から更新画面へ

一覧画面を表示すると会員名の一覧の横に [更新] と表示されます ❶。リンク先は「http://localhost/system.php?type=modify&action=form&id=1」です。id=1 の部分はデータベースに登録した順に加算される連番で、会員ごとに違うものです。リンクをクリックすると HTTP の GET メソッドによりサーバへ送信され $_GET['type'] に modify を $_GET['action'] に form が、そして、$_GET['id'] に会員 ID が格納されて system.php に届きます。

❶ [更新]と表示されます。

（表）振り分け時の条件

type	action	ボタン	処理	表示画面
modify	form	—	—	入力画面
modify	confirm	—	入力チェック OK	確認画面
modify	confirm	—	入力チェック NG	入力画面
modify	complete	戻る	—	入力画面
modify	complete	更新する	UPDATE	完了画面

SystemController.php

```php
// 一部抜粋
public function run() {

〜 中略 〜

    $MemberController = new MemberController($this->is_system);
    switch ($this->type) {

〜 中略 〜

    case "modify":
        $MemberController->screen_modify($this->auth);
        break;
    case "delete":
        $MemberController->screen_delete();
        break;
    case "list":
        $this->screen_list();
        break;

〜 中略 〜

    }
}
```

❷ ここでデータベースの準備をして、

❸ ここに modify が格納され、

❹ ここで MemberController の更新メソッドを実行して、

2 typeとaction

$_GET['type'] と $_GET['action'] の値は、BaseController のコンストラクタ内で実行される、view_initialize メソッドの中で $this->type と $this->action にそれぞれ格納され、各処理で利用されます。$_GET['id'] は更新対象の会員情報を取得するところでこのまま使用します。MemberController のオブジェクトを生成して $MemberController に格納します ❷。$this->type には modify が格納されているため ❸、「$MemberController->screen_modify($this->auth);」が実行されます ❹。引数には $this->auth を設定して、Auth クラスを更新処理内で利用しています。

332

3 セッション変数に格納する

screen_modifyメソッド内では、はじめに更新画面に表示する会員情報を取得します。MemberModelのget_member_data_idメソッドの引数に$_GET['id']を設定して❺、同じ会員IDの情報を取得します。データは$_SESSION[_MEMBER_AUTHINFO]に格納することで❻、この更新処理を会員と管理者で両方から使えるようにしています。誕生日、ユーザーネーム、姓、名、県名は$_SESSION[_MEMBER_AUTHINFO]に格納した情報を設定します。会員の場合は、ログイン時に取得した情報がこのセッション変数に入っています。

❻ ここに格納します。

4 更新画面を表示する

screen_modifyメソッド内では、$this->actionにはformが格納されているため、「$this->action == "form"」のifブロックが実行され❼、画面に必要なタイトル、次のtypeとaction、ボタン名を設定してBaseControllerの$this->view_displayを実行して❽、更新画面が表示されます。

MemberController.php

```php
// 一部抜粋
public function screen_modify($auth = ""){

    〜 中略 〜

    $MemberModel = new MemberModel();
    $PrememberModel = new PrememberModel();
    if($this->is_system && $this->action == "form"){
        $_SESSION[_MEMBER_AUTHINFO]
    = $MemberModel->get_member_data_id($_GET['id']);
    }
    // フォーム要素のデフォルト値を設定
    $date_defaults = [
        'Y' => substr($_SESSION[_MEMBER_AUTHINFO]['birthday'], 0, 4),
        'm' => substr($_SESSION[_MEMBER_AUTHINFO]['birthday'], 4, 2),
        'd' => substr($_SESSION[_MEMBER_AUTHINFO]['birthday'], 6, 2),

    ];

    $this->form->
    addDataSource(new HTML_QuickForm2_DataSource_Array(
        [
            'username' => $_SESSION[_MEMBER_AUTHINFO]['username'],
            'last_name' => $_SESSION[_MEMBER_AUTHINFO]['last_name'],
            'first_name' => $_SESSION[_MEMBER_AUTHINFO]['first_name'],
            'ken' => $_SESSION[_MEMBER_AUTHINFO]['ken'],
            'birthday' => $date_defaults,
        ]
    ));

〜 中略 〜

    if ($this->action == "form") {
        $this->title = ' 更新画面 ';
        $this->next_type = 'modify';
        $this->next_action = 'confirm';
        $btn = ' 確認画面へ ';
    } else {
        if ($this->action == "confirm") {

〜 中略 〜

        }
    }

    $this->form->addElement('submit', 'submit', ['value' =>$btn]);
    $this->form->addElement('submit', 'submit2', ['value' =>$btn2]);
    $this->form->addElement('reset', 'reset', ['value' => '取り消し ']);
    $this->view_display();

}
```

❺ ここで$_GET['id']の会員情報を取得して、

❼ このifブロックが実行され、

❽ ここで更新画面が表示されます。

Section 89

管理側から更新

Next ►

管理画面から登録処理を実行

1 更新画面から確認画面へ

更新画面でデータを変更して[確認画面へ]をクリックすると、テンプレートに設定されている「<input type="hidden" name="type" value="modify">」と「<input type="hidden" name="action" value="confirm">」によりPOSTメソッドでsystem.phpに送信されます。$this->typeには、modifyが$this->actionにはconfirmが設定されます。このとき同時に入力欄の各値も送信されますが、会員IDは変更してはいけないので送信されていません。

2 確認画面を表示する

HTML_QuickForm2の$this->form->validateメソッドにより入力値が検証されて❶、問題なければ$this->form->toggleFrozenメソッドにより入力したデータだけが表示されます❷。このあたりは登録時と同じです。

3 メールアドレスをチェックする

MemberModelのcheck_usernameメソッドの引数として$userdataを渡して同一のユーザーネームが存在するかどうか確認します❸。同じようにPrememberModelのcheck_usernameメソッドでもチェックします❹。ここまでは登録と同じですが、「&& ($_SESSION[_MEMBER_AUTHINFO]['username'] != $userdata['username'])」と条件を追加しています❺。管理者がデータベースから取得したユーザーネームと更新画面から送信したユーザーネームが違う場合という意味になります。これでユーザーネームを変更したときだけこのチェックを実行します。重複ユーザーネームが無い場合は更新処理を実行しますが、その前に$userdata['id']に$_SESSION[_MEMBER_AUTHINFO]['id']の値を格納しておきます❻。$userdata['id']は更新時の検索キーになります。

MemberController.php

```php
// 一部抜粋
public function screen_modify($auth = ""){

  〜 中略 〜

  $this->make_form_controle();

  // フォームの妥当性検証
  if (!$this->form->validate()){       // ❶ ここで入力値を検証して、
    $this->action = "form";
  }

  if($this->action == "form"){

  〜 中略 〜

  }else if($this->action == "confirm"){
    $this->title = ' 確認画面 ';
    $this->next_type= 'modify';
    $this->next_action  = 'complete';
    $this->form->toggleFrozen(true);
    $btn = ' 更新する ';              // ❷ ここでデータだけを表示します。
    $btn2= ' 戻る ';
  }else if($this->action == "complete" && isset($_POST['submit2'])
  && $_POST['submit2'] == ' 戻る '){

  〜 中略 〜        // ❸ ここで会員テーブルをチェックして、  ❹ ここで未登録テーブルをチェックして、

  }else if($this->action == "complete" && isset($_POST['submit'])
  && $_POST['submit'] == ' 更新する '){
    $userdata = $this->form->getValue();
    if( ($MemberModel->check_username($userdata) ||
$PrememberModel->check_username($userdata))
        && ($_SESSION[_MEMBER_AUTHINFO]['username']
!= $userdata['username']) ){      // ❺ ここでメールアドレスの変更をチェックして、
      $this->next_type         = 'modify';
      $this->next_action  = 'confirm';
      $this->title  = ' 更新画面 ';
      $this->message = " メールアドレスは登録済みです。";
      $btn = ' 確認画面へ ';
    }else{                            // ❻ ここに更新する会員IDを格納します。
      $this->title = ' 更新完了画面 ';
      $userdata['id']     = $_SESSION[_MEMBER_AUTHINFO]['id'];
      if($this->is_system && is_object($auth)){
        $userdata['password']
= $auth->get_hashed_password($userdata['password']);
      }else{
        $userdata['password']
= $this->auth->get_hashed_password($userdata['password']);
      }

  〜 中略 〜
```

4 更新を実行する

MemberModel の modify_member メソッド
の引数に $userdata を渡して実行します ❼。
データはすべて外部から送信されたものな
のでプリペアドステートメントを利用しま
す。beginTransaction メソッドでトランザク
ション処理を開始します ❽。更新処理なの
で UPDATE 文を利用して SET 以降に「カラ
ム名＝名前パラメータ」を追加して SQL を
構成します。後は登録と同じです。prepare
メソッドで準備して ❾、bindValue メソッド
で各データを割り当てます ❿。execute メソッ
ドで SQL を実行して ⓫、commit メソッドで
確定します ⓬。

5 更新後の処理

会員の場合は最後にセッション変数 $_
SESSION[_MEMBER_AUTHINFO] に認
証関連の情報をすべて保持しますが、管理
者の場合は、これ以降の処理では不要なの
で unset 関数で $_SESSION[_MEMBER_
AUTHINFO] を廃棄します ⓭。

MemberController.php

```php
// 一部抜粋
public function screen_modify($auth = ""){

  〜 中略 〜

    $MemberModel->modify_member($userdata);
    $this->message = " 会員情報を修正しました。";
    $this->file = "message.tpl";
    if($this->is_system){
      unset($_SESSION[_MEMBER_AUTHINFO]);
    }else{
      $_SESSION[_MEMBER_AUTHINFO] = $MemberModel->
  get_member_data_id($_SESSION[_MEMBER_AUTHINFO]['id']);
    }
  }
}

  〜 中略 〜
}
```

❼ ここで更新情報を引数に渡して更新処理を実行します。

MemberModel.php

```php
// 一部抜粋
public function modify_member($userdata){
  try {
    $this->pdo->beginTransaction();
    $sql = "UPDATE  member
        SET
          username  = :username,
          password  = :password,
          last_name = :last_name,
          first_name = :first_name,
          birthday  = :birthday,
          ken        = :ken
        WHERE id = :id";
    $stmh = $this->pdo->prepare($sql);
    $stmh->bindValue(':username',
            $userdata['username'],  PDO::PARAM_STR );
    $stmh->bindValue(':password',
            $userdata['password'],  PDO::PARAM_STR );
    $stmh->bindValue(':last_name',
            $userdata['last_name'], PDO::PARAM_STR );
    $stmh->bindValue(':first_name',
            $userdata['first_name'], PDO::PARAM_STR );
    $stmh->bindValue(':birthday',  $userdata['birthday'],
            PDO::PARAM_STR );
    $stmh->bindValue(':ken',    $userdata['ken'],
PDO::PARAM_INT );
    $stmh->bindValue(':id',      $userdata['id'],
            PDO::PARAM_INT );
    $stmh->execute();
    $this->pdo->commit();
  } catch (PDOException $Exception) {
    $this->pdo->rollBack();
    print " エラー：" . $Exception->getMessage();
  }
}
```

❿ ここで利用したセッション変数を廃棄します。

❾ ここで準備して、

⓫ ここでデータを割り当てて、

⓬ ここで SQL を実行して、

⓭ ここで確定します。

❽ ここでトランザクション処理を開始して、

Section 89

管理側から更新

335

Chapter 10

Section **90** | Chapter 10

管理側から削除

管理画面から会員情報を削除するには

管理画面から会員情報を削除する処理を確認します。会員とは違い退会後のログアウト処理はありません。

管理側から削除画面を表示

1 一覧画面から削除画面へ

一覧画面を表示すると会員名の一覧の横に [削除] と表示されます **❶**。リンク先は「http://localhost/system.php?type=delete&action=confirm&id=1」です。id=1 の部分は会員 ID です。PRIMARY KEY に設定しているため同じものがないことが保証されています。リンクをクリックすると HTTP の GET メソッドによりサーバへ送信され $_GET['type'] に delete が、$_GET['action'] に confirm が、そして、$_GET['id'] に会員 ID が格納されて system.php に届きます。

（表）振り分け時の条件

type	action	ボタン	処理	表示画面
delete	confirm	—	—	確認画面
delete	complete	—	DELETE	完了画面

❶ [削除]と表示されます。

[新規登録]

名前： [   ] [検索する]
検索結果は20件です。

1 2 Next >>

番号	氏	名	生年月日	県名	登録日		
1	氏001	名001	1995年01月01日	北海道	2017年06月01日	[更新]	[削除]
2	氏002	名002	1995年01月02日	青森県	2017年06月02日	[更新]	[削除]
3	氏003	名003	1995年01月03日	岩手県	2017年06月03日	[更新]	[削除]
4	氏004	名004	1995年01月04日	宮城県	2017年06月04日	[更新]	[削除]
5	氏005	名005	1995年01月05日	秋田県	2017年06月05日	[更新]	[削除]
6	氏006	名006	1995年01月06日	山形県	2017年06月06日	[更新]	[削除]

2 typeとaction

$_GET['type'] と $_GET['action'] の値は $this->type と $this->action にそれぞれ格納され各処理で利用されます。$_GET['id'] は更新対象の会員情報を取得するところでこのまま使用します。MemberController のオブジェクトを生成して $MemberController に格納します **❷**。$this->type には delete が格納されているため **❸**、「$MemberController->screen_delete();」が実行されます **❹**。Auth クラスを利用する処理がないため引数には何も指定しません。

SystemController.php

```
// 一部抜粋
public function run() {

    ～ 中略 ～
    $this->is_system = true;
    $MemberController = new MemberController($this->is_system);

    switch ($this->type) {
        case "login":
            $this->screen_login();
            break;
        case "logout":
            $this->auth->logout();
            $this->screen_login();
            break;
        case "modify":
            $MemberController->screen_modify($this->auth);
            break;
        case "delete":
            $MemberController->screen_delete();
            break;

    ～ 中略 ～
    }
}
```

❷ ここでコントローラーを生成して、

❸ ここは delete なので、

❹ ここで削除メソッドを実行します。

3 削除確認画面を表示する

screen_deleteメソッドが実行されると$this->actionにはconfirmが格納されているため、「$this->action == "confirm"」のifブロックが実行され❺、さらに管理側からの操作なので「if($this->is_system){」のブロックが実行されます❻。まず、メッセージの中で姓名を使うためget_member_data_idメソッドの引数に$_GET['id']を渡して対象の会員情報を取得します❼。結果は$_SESSION[_MEMBER_AUTHINFO]に格納しておきます❽。$this->messageを使ってメッセージを作成します。「.=」は文字列を追加していきます❾。htmlspecialchars関数でHTMLタグを無効化して❿、[削除する]ボタンをHTML_QuickForm2のaddElementメソッドで設定します⓫。$this->next_typeにdeleteを設定して⓬、$this->next_actionにcomleteを設定します⓭。これはテンプレートの中でhiddenタグに設定され画面には表示されませんが、これらが送信されて次の処理が決まります。$this->titleに「削除確認画面」と設定します⓮。ブラウザのタイトルとページ内のタイトルに表示されます。$this->fileにdelete_form.tplを設定して⓯、$this->view_displayメソッドで画面を表示します⓰。

MemberController.php

```php
// 一部抜粋
public function screen_delete(){
    $MemberModel = new MemberModel();
    if($this->action == "confirm"){          // ❺ このifブロックが実行され、
        if($this->is_system){                // ❻ この処理に分岐して、
            $_SESSION[_MEMBER_AUTHINFO]
            = $MemberModel->get_member_data_id($_GET['id']);   // ❼ ここで会員情報を取得して、
            // ❽ ここに結果を格納して、
            $this->message  = "[ 削除する ] をクリックすると   ";
            // ❾ 「.=」で文字列を追加して、     ❿ ここでHTMLを無効化して、
            $this->message .= htmlspecialchars($_SESSION
            [_MEMBER_AUTHINFO]['last_name'], ENT_QUOTES);
            $this->message .= htmlspecialchars($_SESSION
            [_MEMBER_AUTHINFO]['first_name'], ENT_QUOTES);
            $this->message .= " さん　の会員情報を削除します。";
            $this->form->addElement('submit', 'submit', ['value' => '削除する']);
        }else{                               // ⓫ ここでボタンを設定して、
            $this->message = "[ 退会する ] をクリックすると会員情報
                            を削除して退会します。";
            $this->form->addElement('submit', 'submit', ['value' => '退会する']);
        }
        $this->next_type   = 'delete';       // ⓬ ここにdeleteを、
        $this->next_action = 'complete';     // ⓭ ここにcompleteを、
        $this->title = ' 削除確認画面 ';      // ⓮ ここにタイトルを設定して、
        $this->file = 'delete_form.tpl';     // ⓯ ここにテンプレート
                                             //    ファイルを設定して、
    }else if($this->action == "complete"){

    ～ 中略 ～

    }
    $this->view_display();                   // ⓰ ここで画面を表示します。
}
```

Next ▶

337

管理画面から削除処理を実行

1 削除する

メッセージを確認して [削除する] をクリックするとテンプレートに設定されている「<input type="hidden" name="type" value="delete">」と「<input type="hidden" name="action" value="complete">」により POST メソッドで system.php に送信されます。これにより $this->type に delete が $this->action には complete が設定され、screen_delete メソッド内の「if($this->action == "complete"){」ブロックが実行されます ❶。

2 セッション変数の会員ID

MemberModel の delete_member メソッドは $_SESSION[_MEMBER_AUTHINFO]['id'] が 設 定 さ れ て い ま す ❷。$_GET['id'] を利用していないのは会員処理と共通にするためです。このため、get_member_data_id メソッドで会員情報を取得するときに検索結果に会員ID も含まれるように「SELECT * FROM member」と「*」を指定してすべてのカラムのデータを取得しています ❸。

MemberController.php

```php
// 一部抜粋
public function screen_delete(){
    $MemberModel = new MemberModel();
    if($this->action == "confirm"){

        ～ 中略 ～

    } else {
        if ($this->action == "complete") {
            $MemberModel->delete_member($_SESSION
                                [_MEMBER_AUTHINFO]['id']);
            if ($this->is_system) {
                unset($_SESSION[_MEMBER_AUTHINFO]);
            } else {
                $this->auth->logout();
            }
            $this->message = " 会員情報を削除しました。";
            $this->title = ' 削除完了画面 ';
            $this->file = 'message.tpl';
        }
    }
    $this->view_display();
}
```

❶ このブロックが実行され、

❷ ここにセッション変数を設定しています。

MemberModel.php

```php
// 一部抜粋
public function get_member_data_id($id){
    $data = [];
    try {
        $sql= "SELECT * FROM member WHERE id = :id limit 1";
        $stmh = $this->pdo->prepare($sql);
        $stmh->bindValue(':id', $id, PDO::PARAM_INT );
        $stmh->execute();
        $data = $stmh->fetch(PDO::FETCH_ASSOC);
    } catch (PDOException $Exception) {
        print " エラー : " . $Exception->getMessage();
    }
    return $data;
}
```

❸ ここで全カラムを取得しています。

3 削除する

MemberModel の delete_member メソッドを実行します ❹。外部から送信されたデータはありませんが変数を組み込むためプリペアドステートメントを利用します。また、データベースに変更を加えるため beginTransaction メソッドでトランザクション処理を開始します ❺。DELETE 文に WHERE 句で削除条件「id = :id」を追加して SQL を構成します ❻。prepare メソッドで準備して ❼、bindValue メソッドで id に会員 ID を割り当てます ❽。execute メソッドで SQL を実行して ❾、commit メソッドで削除を確定します ❿。

4 削除後の処理

会員側の場合、Auth クラスの logout メソッドでログアウトして、セッションもクッキーもすべて廃棄しますが、管理者の場合は利用したセッション変数のみ廃棄します ⓫。

MemberController.php

```php
// 一部抜粋
public function screen_delete(){

    ～ 中略 ～

    } else {
        if ($this->action == "complete") {
            $MemberModel->delete_member($_SESSION
                                    [_MEMBER_AUTHINFO]['id']);
            if ($this->is_system) {
                unset($_SESSION[_MEMBER_AUTHINFO]);
            } else {
                $this->auth->logout();
            }
            $this->message = " 会員情報を削除しました。";
            $this->title = ' 削除完了画面 ';
            $this->file = 'message.tpl';
        }
    }
    $this->view_display();
}
```

❹ ここで削除処理を実行して、

⓫ ここでセッション変数を廃棄します。

MemberModel.php

```php
public function delete_member($id){
    try {
        $this->pdo->beginTransaction();
        $sql = "DELETE FROM member WHERE id = :id";
        $stmh = $this->pdo->prepare($sql);
        $stmh->bindValue(':id', $id, PDO::PARAM_INT );
        $stmh->execute();
        $this->pdo->commit();
    } catch (PDOException $Exception) {
        $this->pdo->rollBack();
        print " エラー : " . $Exception->getMessage();
    }
}
```

❺ ここでトランザクション処理を開始して、

❻ ここでDELETE文を構成して、

❼ ここで準備して、

❽ ここでデータを割り当てて、

❾ ここでSQLを実行して、

❿ ここで削除処理を確定します。

Section 90

管理側から削除

339

Chapter 10

Section **91** | **機能追加**

機能を追加するには

会員トップページにメッセージを表示する機能を追加しましょう。

設計とテーブル作成

1 設計する

会員トップページにお知らせを表示する機能を追加します。設計というには大げさですが、手書きのメモや簡単な絵などを書きながらどのように機能を追加するか考えると作業が進みます。なるべく労力が最小限になるように機能を簡素なものにします。管理側はお知らせの更新機能のみにして、会員側はその表示のみにします。お知らせは追加されず1件だけで常に更新することにします。空欄にすると何も表示されないようにします。機能追加のためにモデルとコントローラーとテンプレートを1つ作成して、関連箇所を修正します。

2 テーブルを作成する

テーブルを作成します。テーブル名はnoticeにします❶。memberテーブルをコピーして作成しました。このテーブルには1件のみ保存します。idは1だけです。件名のsubjectと❷、本文はbody❸、登録日をreg_dateにして❹、idをPRIMARY KEYとして設定します❺。本文を入れるbodyカラムに設定されているのはtext型です。およそ65KBのデータ（半角英文字で6万5千文字）を保存できるので容量としては十分でしょう。mysqlコマンドラインツールやphpMyAdminなどを利用してSQLを実行してsampledb内にnoticeテーブルを作成してください。INSERT文で先にお知らせの内容を追加しておきます❻。今回作成するモデルには簡単な検索処理と更新処理しかないため、先にデータを登録しておく必要があります。

notice.sql

```
DROP TABLE IF EXISTS notice;
```
❶ ここにテーブル名を設定して、
```
CREATE TABLE notice (
    id      MEDIUMINT UNSIGNED NOT NULL AUTO_INCREMENT,
    subject   VARCHAR(256),
    body     TEXT,
    reg_date  DATETIME,
    PRIMARY KEY (id)
);
```
❷ ここは件名にして、
❸ ここに本文を設定して、
❹ ここに登録日を設定して、
❺ ここでPRIMARY KEYを設定します。

```
INSERT  INTO notice (subject, body, reg_date ) VALUES(' 会員
向けお知らせ ',  ' 会員向け本文 ',  now() );
```
❻ ここでお知らせを1件登録します。

340

クラスの作成

1 モデルを作成する

モデルの名称は NoticeModel として他のクラスと同じように NoticeModel.php に保存して /php_libs/class ディレクトリに保存します。モデルには検索処理と更新処理を追加します。MemberModel の get_member_data_id メソッドと modify_member メソッドを参考にして作成します。会員側と管理側に表示するときに利用する get_notice_data_id メソッドと ❶、更新処理のための modify_notice メソッド ❷ を作成します。短時間に完成すると思います。

NoticeModel.php

```
class NoticeModel extends BaseModel {
  public function get_notice_data_id($id){
    $data = [];
    try {                    ❶ get_notice_data_idメソッドを作成します。
      $sql= "SELECT * FROM notice WHERE id = :id limit 1";
      $stmh = $this->pdo->prepare($sql);
      $stmh->bindValue(':id', $id, PDO::PARAM_INT );
      $stmh->execute();
      $data = $stmh->fetch(PDO::FETCH_ASSOC);
    } catch (PDOException $Exception) {
      print "エラー : " . $Exception->getMessage();
    }
    return $data;
  }
                      ❷ modify_noticeメソッドを作成します。

  public function modify_notice($userdata){
    try {
      $this->pdo->beginTransaction();
      $sql = "UPDATE  notice
          SET
          subject   = :subject,
          body      = :body,
          reg_date = now()
          WHERE id = :id";
      $stmh = $this->pdo->prepare($sql);
      $stmh->bindValue(':subject',$userdata['subject'],
                   PDO::PARAM_STR );
      $stmh->bindValue(':body',   $userdata['body'],
                   PDO::PARAM_STR );
      $stmh->bindValue(':id',      $userdata['id'],
                   PDO::PARAM_INT );
      $stmh->execute();
      $this->pdo->commit();
    } catch (PDOException $Exception) {
      $this->pdo->rollBack();
      print "エラー : " . $Exception->getMessage();
    }
  }

}
```

Next▶

2 コントローラを作成する

コントローラーの名称はNoticeController
とします❸。NoticeController.phpに
保存して/php_libs/classディレクト
リに保存します。会員側で必要な機能
はメッセージを取得する機能だけです。
これはコントローラーを経由せずにデー
タを取得します。管理側で必要な機能
は編集機能です。MemberControllerか
らscreen_modifyメソッドをコピーし
て作成します。画面は更新画面と完了
画面の2画面だけにして、ボタンも[更
新する]だけにします。編集対象の情
報をget_notice_data_idメソッドで取
得します❹。お知らせIDは1だけなの
で引数に1を設定しています❺。件名
と本文のデフォルト値を設定して編集
画面に表示します❻。addElementメ
ソッドで入力欄を定義して❼、テンプ
レートファイルにnotice_form.tplを設
定します❽。[更新する]をクリックす
るとmodify_noticeメソッドが実行され
更新されます❾。

NoticeController.php

❸ ここにNoticeControllerと名付けて、

```php
class NoticeController extends BaseController {
    public function screen_modify(){          ❹ ここでお知らせを取得して、
        $NoticeModel = new NoticeModel;
        $noticedata = $NoticeModel->get_notice_data_id('1');
        $this->form->addDataSource          ❺ ここに1を設定して、
                (new HTML_QuickForm2_DataSource_Array(
            [
                'subject'  => $noticedata['subject'],
                'body'     => $noticedata['body']
            ]          ❻ ここに入力欄のデフォルト値を設定して、
        ));
        $this->form->addElement('text',   'subject', ['size' => 50,
                    'maxlength' => 100 ], [ 'label' => ' 件名 ']);
        $this->form->addElement('textarea','body',
                    ['rows'=> 5, 'cols'=> 40], [ 'label' => ' 内容 ']);
        if($this->action == "form"){          ❼ ここで入力欄を設定して、
            $this->next_type    = 'notice';
            $this->next_action  = 'complete';
            $this->form->addElement('submit','submit', ' 更新する ');
            $this->file = "notice_form.tpl";          ❽ ここにテンプレート
        }else if($this->action == "complete"){          フィアルを設定して、
            $userdata = $this->form->getValue();
            $userdata['id'] = '1';          ❾ ここで更新処理を実行します。
            $NoticeModel->modify_notice($userdata);
            $this->message = " お知らせを更新しました。";
            $this->file = "message.tpl";
        }
        $this->title = ' お知らせ画面 ';
        $this->view_display();
    }
}
```

3 オートローディング

この追加作業でさらにクラスが増えるた
め、今後の機能拡張に備えてクラスファ
イルを自動で読み込むよう（オートロー
ディング）に変更します。spl_autoload_
register関数❿と「無名関数」を使っ
てこの機能を実現します。無名関数は
function ($className) から始まる関数の
ことです。関数名を指定せずに実行でき
るため、未定義のクラスを読み込むのに
都合がいいです。init.php の最後でクラ
スを読み込んでいます。これらすべて削
除してこの関数に置き換えます。

init.php   ❿ ここで自動的にクラスファイルを読み込みます。

```php
// 一部抜粋
spl_autoload_register(function ($className) {
        require_once _CLASS_DIR . $className . ".php";
});
```

4 テンプレートを作成する

テンプレートは memberinfo_form.tpl を
コピーして、notice_form.tpl として保存
します。不要な項目を削除して subject
と body の入力欄を作成します❶。送
信ボタンは {$form.submit.html} だけに
します。

notice_form.tpl

```
// 一部抜粋
<tr>
  <td style="vertical-align:top; text-align:right;">{$form.subject.label} : </td>
  <td style="text-align:left;">
    {if isset($form.subject.error) }
      <div style="color:red; font-size: smaller;">{$form.subject.error}</div>
    {/if}
    {$form.subject.html}</td>
</tr>
<tr>
  <td style="vertical-align:top; text-align:right;">{$form.body.label} : </td>
  <td style="text-align:left;">
    {if isset($form.body.error) }
      <div style="color:red; font-size: smaller;">{$form.body.error}</div><br>
    {/if}
    {$form.body.html}</td>
</tr>
```

❶ subject と body の入力欄を作成します。

5 コントローラを組み込む

管理画面が動作するように system_top.tpl
に リンク「type=notice&action=form」
を一行追加します❷。SystemController
の run メソッドに case 文を追加して、
type ＝ notice が送信されたら更新画面
が実行されるようにします❸。

system_top.tpl

```
// 一部抜粋
[ <a href="{$SCRIPT_NAME}?type=notice&action=form"> お知
らせ </a> ]   会員トップページのお知らせを更新します。<br><br>
```

❷ ここにお知らせ管理用リンクを追加します。

SystemController.php

```
case "notice":
        $NoticeController->screen_modify();
        break;
```

❸ ここで更新画面を表示します。

6 会員トップページに表示する

最後に会員トップページにお知らせ
を表示しましょう。MemberController
の scree_top メソッドの中に右コード
を追加します。get_notice_data_id メ
ソッドで取得したデータを❹、HTML_
QuickForm2 の assign メソッドでデー
タをテンプレートの変数に割り当てま
す❺。

MemberController.php

```
// 一部抜粋
$NoticeModel = new NoticeModel;
$noticedata = $NoticeModel->get_notice_data_id('1');
$this->view->assign('subject',  $noticedata['subject']);
$this->view->assign('body',     $noticedata['body']);
$this->view->assign('reg_date', $noticedata['reg_date']);
```

❹ ここでデータを取得して、

❺ ここでテンプレートにデータを割り当てます。

7 テンプレートの修正

member_top.tpl の○○さん、こんにち
は！の上部に右コードを追加します。
if 文で本文があるときだけ表示します
❻。動作を確認するには Section 77 で
設置したファイルにサンプルプログラ
ムを上書きしてください。

member_top.tpl

```
// 一部 div タグを省略
{if ($body)}
    <div style="font-size:small; font-weight: bold;"> お知らせ </div>
      {$reg_date|date_format:"%Y 年 %m 月 %d 日"} {$subject|escape:"html"}
    <div style="font-size:small;">{$body|escape:"html"} </div>
{/if}
```

❻ ここで本文があるときだけお知らせを表示します。

Section 91

機能追加

343

Chapter 10

Section 92 | Chapter 10

タイムアウト処理

ログインを自動解除するには

安全性を高めるため一定時間が経過したらタイムアウトする処理を追加します。

タイムアウト処理を実装する

1 タイムアウト処理とは

例えば、管理画面や会員画面にログインしたままで長時間席を離れたようなとき、自分以外が操作しないように自動的にログアウトできれば安全性が向上します。このように操作者から応答が一定時間無い場合、セッションを削除してログイン画面へ移動する処理をタイムアウト処理といいます。

2 タイムアウトする方法

タイムアウトするには、時間を記録しておく必要があります。もっとも良いタイミングはログインが成功したところです。Authクラスを改造することになります。ページを見るたびに会員画面と管理画面はcheckメソッドで認証済みかどうか確認していますが、ここに現在の時間とログイン時間を比較する処理を入れましょう。操作が無い時間をここでは20分と決めておきます。

現在時刻 >= ログイン時間 + 操作が無い時間

この条件が成立したらタイムアウト処理を行います。

3 ログイン時間を保存する

時間の記録と比較にはtime関数を使用します。time関数は1970年1月1日0時0分0秒からの通算秒を返します。ログインしたときに会員側、管理側それぞれでキー名「logintime」にtime関数の現在時を格納します❶。

```
// 会員側
$_SESSION[_MEMBER_AUTHINFO]['logintime'] = time();

// 管理側
$_SESSION[_SYSTEM_AUTHINFO]['logintime'] = time();
```

❶ time関数で現在の時刻を設定します。

344

4 Authクラスに組み込む

auth_ok メソッドに現在時刻を保存する処理を追加します❷。$_SESSION[$this->get_authname()] とすることで、会員側と管理側両方の設定ができます。

Auth.php

```php
// 一部抜粋
public function auth_ok($userdata){
    session_regenerate_id(true);
    $_SESSION[$this->get_authname()] = $userdata;
    $_SESSION[$this->get_authname()]['logintime'] = time();
}
```

❷ ここで時間を保存して、

5 時間を比較する

時間を比較する場所が大切です。ログインしていない場合は時間の比較は不要です。正常にログインしている場合に時間を比較します。Auth クラスのcheck メソッドのif ブロック中に追加します❸。「20*60」は 20分を秒に換算しています。ログインしていて時間を超過している場合、次の操作で自動的にログアウトします❹。false を返り値とすることで❺、認証前とみなされログイン画面を表示します。

Auth.php

```php
// 一部抜粋
public function check(){
    if(!empty($_SESSION[$this->get_authname()]) &&
            $_SESSION[$this->get_authname()]['id'] >= 1){
        // 現在時刻 >= ログイン時間 + 操作が無い時間
        if( time() >= $_SESSION
                [$this->get_authname()]['logintime'] + 20 * 60){
            $this->logout();
            return false;
        }
        return true;
    }
}
```

❸ ここで時間を比較して

❹ ここでログアウトします。

❺ ここでfalseを返します。

In detail 詳解 時間によって挨拶を返す

実際に利用している時間を知るには date 関数を利用します。 $hour = date("H"); とすることで現在の時間がわかります。0 時から 10 時まで朝、10 時から 18 時まで昼、それ以降を夜としてそれぞれ挨拶を返すようにすれば完成します。

get_greeting.php

```php
<?php

print get_greeting();

private function get_greeting(){
    $greeting = "";
    $hour = date("H");
    if($hour >= 0 && $hour < 10 ) {
        $greeting = 'おはようございます。';
    } else if ($hour >= 10 && $hour < 18) {
        $greeting = 'こんにちは。';
    } else {
        $greeting = 'こんばんは。';
    }
    return $greeting;
}
?>
```

練習問題

10-1

下は本書のSystemControllerのrunメソッドの一部です。管理機能にメールマガジン配信機能を追加します。このコードにメールマガジン配信機能への分岐処理を追加してください。動作モード（type）はmelmaga、画面を表示するメソッドは$this->screen_melmagalist()にします。

```php
public function run() {

～ 中略 ～

    switch ($this->type) {

～ 中略 ～

        case "delete":
            $MemberController->screen_delete();
            break;
        case "list":
            $this->screen_list();
            break;
        case "regist":
            $MemberController->screen_regist($this->auth);
            break;

～ 中略 ～

        default:
            $this->screen_top();
    }
}
```

10-2

データが格納された配列$db_dataにはデータベースから受け取ったデータが配列として1件ごと格納されています。$db_data[0]['date']には年月が、$db_data[0][sell]には売上高が格納されています。これらを一覧で表示するためのテンプレートを記述してください。

Chapter 11
データベースの運用

Section 93
MySQL のコマンドツール　　　　　　　　［コマンドツール］　　　　348

Section 94
ログ取得と動作確認　　　　　　　　　　［動作確認］　　　　352

Section 95
データをバックアップするには　　　　　　［バックアップ］　　　　356

練習問題　　　　　　　　　　　　　　　　　　　　　　358

Chapter 11

データベースの運用

Chapter 11
Section 93

コマンドツール

MySQLのコマンドツール

このChapterではデータベースの運用面について学習しましょう。ここでは、MariaDB／MySQLを操作する各コマンドツールについて学習します。

MySQLを操作するツール

1 クライアントツール

mysqlコマンドラインツールの他に、MariaDB／MySQLにはターミナルやコマンドラインから操作する各種ツールが豊富です。以下に、コマンド名と機能を紹介します。

● mysql

本書では主にこのツールを使って操作をしてきました。コマンドラインから直接SQL文を入力して対話的に操作したり、ファイルを用意して一連のSQL文を連続して実行することができます。

● mysqladmin

データベースを作成したり破棄するなどのMariaDB／MySQLに対する管理操作を実行できます。mysqladminは、サーバーのバージョンやプロセス、ステータスの各情報を取得することができます。

● mysqldump

データベースからデータをSQL文またはタブ区切りのテキスト形式ファイルとして取り出すことができます。

● mysqlimport

LOAD DATA INFILE構文を使用して、テーブル内にテキストファイルからデータを登録できます。

● mysqlshow

データベース、テーブル、カラム、インデックスに関する各情報を表示します。

● mysqlcheck

テーブルを保守したり、破壊されたデータを復活するときに使用します。

各ツールの詳細は MariaDB／MySQL のマニュアルを参照してください。

2 ツールの起動

各ツールは、「mysql」と同じようにユーザー名「-u root」と❶、パスワードの使用を指定するオプション「-p」が必要です❷。ヘルプを確認するには「mysqladmin --help」のようにオプションに「--help」を指定してください❸。

Windows の操作例：
C:¥xampp¥mysql¥bin¥mysqladmin -u root -p

❶ ユーザー名

❷ パスワードの使用を指定します。

Mac の操作例：
/Applications/XAMPP/xamppfiles/bin/mysqladmin -u root -p

Linux の操作例：
/opt/lampp/bin/mysqladmin -u root -p

ヘルプの表示：
> mysqladmin --help ── ❸ ヘルプを確認します。

phpMyAdmin

1 phpMyAdminの起動

phpMyAdminを利用するとWebブラウザを使ってデータベースを操作できます。簡単な確認やSQLのテストなどはこちらが簡単です。ただし、大量のデータをやりとりする場合はmysqlコマンドラインツールやmysqldumpが確実です。XAMPPの管理画面「http://localhost/xampp/」を表示すると左のメニュー欄の「ツール」のカテゴリにphpMyAdminがあり、クリックするとブラウザにphpMyAdminが表示されます。または、Webブラウザのアドレスバーに直接「http://localhost/phpmyadmin/」と入力するとphpMyAdminが表示されます。本書の解説どおりインストール・設定してエラーが発生する場合は下のコラムを確認してください。起動すると左に各データベース、中央に各種設定、右に各種バージョンを表示します。中央の一番上に「サーバ:127.0.0.1」とあり操作している対象がどこなのかここでわかります❶。

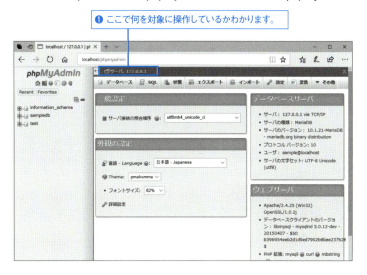

❶ ここで何を対象に操作しているかわかります。

Caution ≫注意　phpMyAdminのエラー

本書の解説どおりインストール・設定してエラーが発生する場合はconfig.inc.php内部にMySQLで設定したパスワードを追加してください。
$cfg['Servers'][$i]['user']に、管理者権限のrootを設定するか一般ユーザsampleを設定するかで表示されるデータベースや機能が変わります。rootは新規にデータベースを作成できます。

config.inc.phpの位置
Windows：

C:¥xampp¥phpMyAdmin¥config.inc.php

Mac：

/Applications/XAMPP/xamppfiles/phpmyadmin/config.inc.php

Linux：

/opt/lampp/phpmyadmin/config.inc.php

config.inc.php

/* Authentication type */
$cfg['Servers'][$i]['auth_type'] = 'config';
$cfg['Servers'][$i]['user'] = 'root';
$cfg['Servers'][$i]['password'] = '';

↓

$cfg['Servers'][$i]['password'] = 'password';

Next▶

2 データの確認

左のデータベース一覧から「sampledb」を探して「+」をクリックすると「−」に変わりメニューが開きます❷。メニューにはデータベースの内部のテーブルの一覧が表示されます。テーブル名をクリックすると❸、画面右にデータが表形式で表示されます❹。この画面ではデータの編集、削除が可能です。

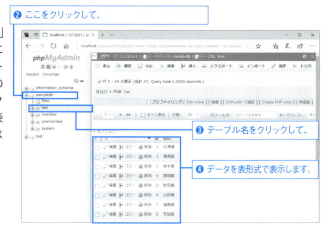

❷ ここをクリックして、
❸ テーブル名をクリックして、
❹ データを表形式で表示します。

3 構造の確認

上部のタブメニューには「表示」「構造」「SQL」「検索」など各種機能が用意されています。ページ一番上の表示を見ると「127.0.0.1 >> sampledb >> テーブル名」となっています❺。これで現在どのテーブルが対象なのかがわかります。テーブルがどのような構造になっているかを確認するときはタブメニューの[構造]をクリックしてください❻。このページでは各カラムの定義の変更やカラムの削除、追加できます。インデックスもここで追加できます。

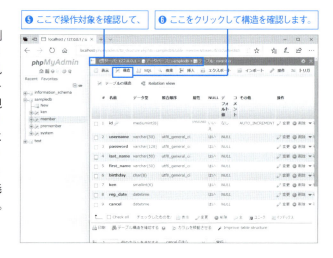

❺ ここで操作対象を確認して、
❻ ここをクリックして構造を確認します。

4 SQLの実行

上部のタブメニューの[SQL]をクリックすると❼、SQLのための入力欄が表示されます❽。複雑なSQLを作成するときなどすぐに動作を検証できるため便利です。画面右下の[実行]ボタンをクリックするとSQLが実行され結果が表形式で表示されます❾。

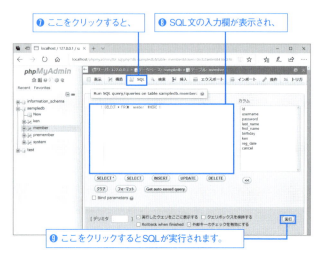

❼ ここをクリックすると、
❽ SQL文の入力欄が表示され、
❾ ここをクリックするとSQLが実行されます。

In detail 詳解　データの一括登録

Section 93 コマンドツール

郵便番号から住所を検索して入力の手間を省く機能を付けたいときなど、事前に大量のデータをデータベースに保存しておくことがあります。ここでは郵便番号を例にデータを一括して登録する方法を説明します。はじめに、下記URLから郵便番号データをダウンロードしておきます。ダウンロードしたデータは「全国一括」です。およそ12万件、1.7MByteの容量があります。データはExcelでは読み込めませんが、テキストエディタでは読み込むことができますので、環境に応じて文字コードを変換したり、半角カタカナを全角に変換したりします。

次に、CREATE TABLE文でテーブルzipcodeを作成しましょう。テーブルが完成したら、データの一括登録はLOAD DATA INFILE文で行います。この操作はroot権限で行います。mysql -u root -p として、アクセスして「use sampledb;」としてデータベースを変更して、「LOAD DATA INFILE 'ファイル名' INTO TABLE テーブル名;」で、一括してデータを登録します。今回ダウンロードしたファイルはCSV形式という「,」で区切って、文字列を「"」で囲み、一行の終わりが「¥r¥n（改行）」となるデータです。「LOAD DATA INFILE 'ファイル名' INTO TABLE テーブル名 FIELDS TERMINATED BY ',' ENCLOSED BY '"' LINES TERMINATED BY '¥r¥n';」とすることでCSV形式を読み込むことができます。ファイルを指定するときに「'C:¥KEN_ALL.CSV'」とするとうまく読み込めません。「'C:/KEN_ALL.CSV'」と「/」で指定してください。ダウンロードしたCSVファイルは文字コードがシフトJISです。文字コードの変換をせずにUTF8のテーブルにデータを読み込むには、LOAD DATA INFILE文を実行する前に「set character_set_database=sjis;」を実行してください。zipcodeテーブル作成用のSQLはcreatetable.sqlとして用意しています。

```
MariaDB [(none)]> use sampledb;
Database changed
MariaDB [sampledb]> CREATE TABLE zipcode (
    ->     jiscode             VARCHAR(255),
    ->     postcode_short      VARCHAR(255),
    ->     postcode            VARCHAR(255),
    ->     pref_kana           TEXT,
    ->     city_kana           TEXT,
    ->     town_kana           TEXT,
    ->     pref_kanji          TEXT,
    ->     city_kanji          TEXT,
    ->     town_kanji          TEXT,
    ->     flag1               TINYINT,
    ->     flag2               TINYINT,
    ->     flag3               TINYINT,
    ->     flag4               TINYINT,
    ->     flag5               TINYINT,
    ->     flag6               TINYINT
    -> );
MariaDB [sampledb]> set character_set_database=sjis;
MariaDB [sampledb]>  LOAD DATA INFILE 'C:/KEN_ALL.CSV' INTO TABLE zipcode FIELDS TERMINATED BY ',' ENCLOSED BY '"' LINES TERMINATED BY '\r\n';
Query OK, 124148 rows affected (3.17 sec)
Records: 124148  Deleted: 0  Skipped: 0  Warnings: 0
MariaDB [sampledb]> select count( * ) from zipcode;
+------------+
| count( * ) |
+------------+
|     124148 |
+------------+
1 row in set (0.53 sec)
```

郵便番号のダウンロード
URL http://www.post.japanpost.jp/zipcode/dl/kogaki-zip.html

Chapter 11

Section **94** | Chapter 11
動作確認

ログ取得と動作確認

稼動中のMySQLの動作を確認するために、操作ログを取得しましょう。また、MySQLの各種情報を取得する方法を学習します。

ロギング

1 ロギングとは

ユーザーの操作状況やシステムの稼働状況を記録に残すことをロギングといいます。実行したSQLにトラブルがあり内容を確認したいときや処理が重いSQLを探すときなどに利用できます。常にログを取得するとファイルが短時間で非常に大きくなるため、必要なときだけログを見られるような方法を解説します。はじめにログファイルを設置します。ファイル名は「query.log」とします。他の名前でもかまいません。Windowsでは、任意のディレクトリに空のファイルを設置して名前を変更してください。MacとLinuxの場合は、ターミナルを起動して右のコマンドを実行してください。root権限で実行するか、sudoをコマンドの先頭に追加してください。touchは、空ファイルを生成するコマンドです❶。「chmod 666」は、ファイルに書き込み権限を追加します❷。コマンドの操作の詳細は書籍やインターネットで検索してください。「ファイル設置パス」は実際に設置されたファイルまでの絶対パスに書き換えてください。

❶ ファイルを作成して、

```
$ touch ファイル設置パス /query.log
$ chmod 666 ファイル設置パス /query.log
```

❷ 書き込めるようにします。

2 一般ログの取得

XAMPPでMariaDB ／ MySQLサーバを起動した状態でmysqlコマンドラインクライアントに接続します（Section 56参照）。MySQLの情報が含まれているデータベース「mysql」を操作するためrootで接続してください。

Windows：
C:¥xampp¥mysql¥bin¥mysql -u root -p

Mac：
/Applications/XAMPP/xamppfiles/bin/mysql -u root -p

Linux：
/opt/lampp/bin/mysql -u root -p

「MariaDB [(none)]>」に続けて「use mysql;」と入力して❸、Enterキーを押してデータベースを切り替えます。「MariaDB [mysql]>」が表示されたら「SET GLOBAL general_log = 1;」と入力して❹、Enterキーを押します。「1」でON、「0」にすると「OFF」に設定されます。一般ログの取得をONに変更しました。次にログを書き込むファイル名を設定します。「MariaDB [mysql]>」に続けて「SET GLOBAL general_log_file = 'ファイル設置パス/query.log';」と入力して❺、Enterキーを押します。ファイル設置パスは実際に設置されたファイルまでの絶対パスに書き換えてください。これでMySQLサーバへの問い合わせをログに記録します。ログにうまく書き込めない場合は書き込み権限を確認してください。ログの取得をやめるときは「SET GLOBAL general_log = 0;」としてください。MySQLサーバを停止・再起動すると初期の設定に戻ります。

```
MariaDB [(none)]> use mysql;  ──❸mysqlデータベースに切り替えて、
Database changed
MariaDB [mysql]> SET GLOBAL general_log = 1;  ──❹ここでログ記録をONにして、
Query OK, 0 rows affected (0.00 sec)

MariaDB [mysql]> SET GLOBAL general_log_file = 'ファイル設置パス/query.log';
Query OK, 0 rows affected (0.00 sec)  ──❺ここで記録するファイルを設定します。

MariaDB [mysql]> ¥q
Bye
```

動作状況の確認とメンテナンス

1 ツールで確認する

mysqladminを使ってサーバー（MySQL）の動作状況を調べてみましょう。「mysqladmin ping」を実行して❶、「mysqld is alive」と表示されたら❷、正常に動作していることがわかります。root以外にも接続できるよう設定したユーザーでも接続できます。本書のとおり設定した場合は「mysqladmin -u root -p ping」または「mysqladmin -u sample -p ping」としてください。次に、MySQLの動作状況を「mysqladmin status」を実行して確認しましょう❸。表示項目の意味を右表で確認してください。なお、「mysqladmin extended-status」を実行するとさらに詳細な状況を得ることができます。

項目	意味
Uptime	サーバーの稼動秒数
Threads	MySQLが使用中のスレッド（クライアント）の数
Questions	クライアントから発行された問い合わせ数
Slow queries	設定された時関より時間がかかった問い合わせ数
Opens	開いたテーブルの数
Flush tables	flush、refresh、reloadを実行した回数
Open tables	現在開いているテーブル数
Queries per second avg	問い合わせにかかった秒数の平均

```
> mysqladmin ping  ──❶ mysqladminを実行すると、
mysqld is alive  ──❷ ここで動作していることがわかります。

> mysqladmin status  ──❸ ここでMySQLの動作状況を確認します。
Uptime: 8852  Threads: 1  Questions: 42  Slow queries: 0
Opens: 43  Flush tables: 1  Open tables: 0
Queries per second avg: 0.005
```

Next ▶

2 データベースの修復と最適化

ここで説明したコマンドはストレージエンジンのMyISAMではすべて動作しますが、InnoDBでは修復と最適化はできません。MySQLのマニュアルでは、修復やインデックスの最適化が必要な場合は、データベースをmysqldump（Section 95 参照）を使用してデータ全体をSQL文としてファイルにしてダウンロードして、mysqlコマンドラインツールを使用してそのファイルを再度読み込む方法が紹介されています。

Windows：
C:¥xampp¥mysql¥bin¥mysqlcheck -c sampledb -u root -p

Mac：
/Applications/XAMPP/xamppfiles/bin/mysqlcheck -c sampledb -u root -p

Linux：
/opt/lampp/bin/mysqlcheck -c sampledb -u root -p

3 innodb_buffer_pool_size とinnodb_log_file_size

MySQLの設定ファイル（オプション・ファイル）に記述されている[mysqld]欄の設定を変更してサーバープロセスを調整できます（Section 57参照）。本書でインストールしたデータベースのストレージエンジンはInnoDBです。InnoDBではバッファプールと呼ばれるメモリ領域にテーブルのデータとインデックスをキャッシュすることで、ディスクへのアクセスを減らして動作を速くしています。バッファサイズはinnodb_buffer_pool_sizeに設定します。他のプログラムも考慮しながらサーバのメモリの6割から7割を割り当てます。ここでは1000Mを設定します❶。innoDBはデータファイルとログファイル（WAL：Write Ahead Log）で構成されています。innoDBへのSQLによる問い合わせなどの変更はデータファイルにはすぐには反映されず、ログファイルに一旦書き込まれ、しばらくしてデータファイルが更新されます。データファイルに保存する処理は時間がかかるため、ログファイルのサイズが大きくなると動作が速くなります。ログファイルのサイズは innodb_log_file_size に設定します。ここでは128Mを設定します❷。なお、ログファイルサイズの大きさは右の式を満たす必要があります。

オプション・ファイルの位置
Windows：
C:¥xampp¥mysql¥bin¥my.ini

Mac：
/Applications/XAMPP/xamppfiles/etc/my.cnf

Linux：
/opt/lampp/etc/my.cnf

my.ini または my.cnf の内容

```
innodb_buffer_pool_size = 1000M
innodb_additional_mem_pool_size = 2M
innodb_log_file_size = 128M
innodb_log_buffer_size = 8M
innodb_flush_log_at_trx_commit = 1
innodb_lock_wait_timeout = 50
```

❶ ここにバッファプールサイズを設定して、

❷ ここにログフィアルサイズを設定します。

ログファイルサイズの計算式

innodb_log_file_size × innodb_log_files_in_group < innodb_buffer_pool_size

※innodb_log_files_in_group は初期値が 2 です。

4 設定を反映する

設定ファイルを変更したあとに、MySQLサーバを再起動するだけではうまくいきません。ログファイルにデータが残っているため再起動できません。ログファイルの内容をデータファイルにすべて書き出して停止する必要があります。停止するにはmysqlコマンドラインツールを起動して（Section 56参照）、「SET GLOBAL innodb_fast_shutdown=0;」を入力して❸、Enterキーを押してmysqlコマンドラインツールを終了します。ここで、MySQLサーバを停止します。次に、操作に失敗したときに元に戻せるようにログファイルを移動します❹。ログファイルは、Windowsは「C:¥xampp¥mysql¥data」、Macは「/Applications/XAMPP/xamppfiles/var/mysql」、Linuxは「/opt/lampp/var/mysql」にあります。ログファイル名はib_logfile0とib_logfile1です。「ib_logfile*」とするとib_logfile0とib_logfile1の2つを表します。これらを、mvコマンドで移動します。ここではMac上のログファイルを/tmpディレクトリへ移動しています。MySQLを再起動するとログファイルが生成されて設定変更を反映できます。

```
mysql> SET GLOBAL innodb_fast_shutdown=0;
Query OK, 0 rows affected (0.29 sec)

mysql> \q
Bye

// ここで MySQL サーバを停止します。

$ sudo mv /Applications/XAMPP/xamppfiles/var/mysql/ib_
logfile* /tmp
```

❸ ここでログファイルをデータファイルに書き出す設定をして、

❹ ここで、ログファイルを移動します。

Section 94

動作確認

Chapter 11

データベースの運用

Chapter 11

Section **95**

バックアップ

データをバックアップするには

ここでは、データベースに蓄えられた重要なデータをバックアップする手順について学習しましょう。

バックアップ

1 バックアップとは

バックアップとは、データを別のメディアなどにコピーしておくことです。突然の停電や、ハードディスクの障害から大切なデータを守るには、適切なバックアップ処理を定期的に行うことが必要です。MySQL のデータファイルが格納されているディレクトリ ❶ ごとに圧縮して保存する方法もあります。ここでは mysqldump を使ったデータベースのバックアップを解説します。

Windows のデータディレクトリ
C:¥xampp¥mysql¥data

Mac のデータディレクトリ
/Applications/XAMPP/xampfiles/var/mysql

Linux のデータディレクトリ
/opt/lampp/var/mysql

❶ データはここに保存されています。

2 バックアップする

mysqldump を使ってデータをすべて SQL文で出力します。「mysqldump sam pledb > database.dat」とすることで、database.dat にデータベース sampledb 内のすべてのデータとテーブル構造が SQL文で出力されます ❷。テーブル名を指定して出力することもできます ❸。MySQL 内のすべてのデータベースを出力するにはオプションに「--all-databases」とユーザー名に root を指定します。

❷ データベースを指定してデータを出力します。

Windows の操作例：
C:¥xampp¥mysql¥bin¥mysqldump -u sample -p sampledb > database.sql

❸ テーブル名を指定して出力します。

Mac の操作例：
/Applications/XAMPP/xampfiles/bin/mysqldump -u sample -p sampledb > database.sql

Linux の操作例：
/opt/lampp/bin/mysqldump -u sample -p sampledb > database.sql

356

In detail ▶▶詳解 バイナリログ

my.cnf の [mysqld] 欄以下に「log-bin=file」と指定すると、データが変更された操作のみをすべてバイナリデータとして記録します。データディレクトリの中にファイル名「file.000001」のような形式で操作が SQL 文として保存されます。このデータを利用することで、更新したデータだけをバックアップできます。全体のバックアップは週に 1 回行い、毎日のバックアップはこのバイナリログを利用することができます。別にサーバーを用意して、常時、データを同期（同じものを保存）しておく方法を「レプリケーション」といいます。このときもこのバイナリログを利用します。レプリケーションについての詳細な操作についてはマニュアルを参照してください。

3 データを元に戻す

バックアップしたデータを戻す場合、データベース内が空になっている必要があります。「drop database データベース名;」として、さらに「create database データベース名;」(Section 58 参照) として新規に作成するとよいでしょう。コマンドプロンプトまたはコンソール画面から「mysql sampledb < database.dat」のようにして読み込ませます❹。ファイルが見つからないというエラーが表示される場合は、ファイル名をフルパスで記述してください。

```
> mysql sampledb < database.dat
```

❹ ここで元に戻します。

タブ区切りデータを読み込む

1 データの形式

LOAD DATA INFILE 構文を使うと、テキストファイルからテーブルへ高速にデータを読み込むことができます。使用できるデータの形式は、各カラムをタブで区切り❶、データ 1 件ごとに改行で区切ったものです❷。

カラム 1 < タブ > カラム 2 < タブ > カラム 3 < 改行 >
カラム 1 < タブ > カラム 2 < タブ > カラム 3 < 改行 >
カラム 1 < タブ > カラム 2 < タブ > カラム 3 < 改行 >

❶ 各カラムをタブで区切り、

❷ データ 1 件ごとに改行で区切ります。

2 LOAD DATA INFILE で読み込む

手順 2 で作成したデータをファイルに保存して、コマンドプロンプトまたはコンソール画面からクライアントツール mysql を起動して、「LOAD DATA INFILE "ファイル名" INTO TABLE テーブル名;」を実行します❸。ファイルが見つからない場合はファイル名のパスを適切に設定してください。権限でエラーが出る場合は、ユーザーに「root」を指定して mysql を起動して操作してください。

```
mysql> LOAD DATA INFILE " ファイル名 "
INTO TABLE テーブル名 ;
```

❸ ファイル名とテーブル名を指定して実行します。

練習問題

11-1 MySQLのクライアントツールを使ってサーバーが起動していることを確認してください。

11-2 クライアントツールを使ってサーバーの状態を確認してください。

Chapter 12
PHP の応用

Section 96
商品情報を取得するには　　　　　　　　　　　　［商品情報の取得］　　　　360

Section 97
位置情報を取得するには　　　　　　　　　　　　［位置情報の取得］　　　　366

Section 98
レンタルサーバを利用するには　　　　　　　　　［レンタルサーバ］　　　　370

練習問題　　　　　　　　　　　　　　　　　　　　　　　　　　　　　　　372

Chapter 9
Section 96　商品情報の取得

商品情報を取得するには

最後のChapterです。このSectionではWebサービスのAPIに関数る情報の入手方法やアクセス方法を学習します。

アカウントの取得

1 Webサービスとは

AmazonやGoogleなどが提供するAPI（URL）を通じて商品情報や地図情報などさまざまな情報を取得できます。このときに利用する技術はSOAPやRESTといい、このような手法を使って、提供されたプログラム資源を利用する技術をWebサービスと呼びます。たいてい、情報にアクセスするためのURLとパラメータの使用方法が決められていれそれに従ってアクセスすると結果データをXMLやJSON、RSSなどの形式で取得できます。また、このようにWebサービスを組み合わせることをマッシュアップ（Mashup）といいます。

（表）主要 Web サービス

サイト名	資料、アカウント取得のための URL
Amazon	https://affiliate.amazon.co.jp/
Facebook	https://developers.facebook.com/docs/graph-api/
Google	https://developers.google.com/maps/?hl=ja
Twitter	https://dev.twitter.com/
Yahoo	https://developer.yahoo.co.jp/sitemap/
ぐるなび	http://api.gnavi.co.jp/api/index.html
楽天	https://webservice.rakuten.co.jp/api/ichibaitemsearch/

2 Amazonアソシエイトのアカウントを作成する

これからAmazonのWebサービスのProduct Advertising APIを使って商品情報を取得します。さらに、PearのライブラリリリリリりをXML形式のデータを配列に変換して一覧を表示しましょう。情報を取得するプログラム内にユーザーネームやパスワードにあたるキーを3つ指定します。このキーを取得するためにAmazonアソシエイトのプログラムに参加する必要があります。Amazonの商品情報を取得する手順の中でもっともハードルが高いのはアカウントを作成することかもしれません。自サイトのURLも必要になります。

❶ ここをクリックして無料アカウントを作成します。

360

twitterの個人ページやブログなどでかまいません。本書では紙数の都合ですべての手順を解説できませんが、もし困ったらネットで検索するとすぐに情報が見つかると思います。はじめに、amazonアソシエイト「https://affiliate.amazon.co.jp/」にアクセスして右欄の「無料アカウント作成」ボタンを探してクリックしてください❶。後は手順にそって情報を入力してください。

3 アソシエイトIDまたはトラッキングIDの取得

アカウントを取得したら再度同じURLからサインインしてください。ページ右上にアソシエイトIDと表示されています❷。これをプログラム内に設定しますので記録しておいてください。別名として、トラッキングIDやアソシエイトタグなどとも記されています。トラッキングIDは追加できます。ページ上部にあるメールアドレスの横の▼をクリックします❸。メニューが表示されたら[トラッキングIDの管理]をクリックします❹。[トラッキングIDを追加する]をクリックしてトラッキングIDを追加してください❺。

4 認証情報の追加

次に、Product Advertising API画面で「アクセスキー」と「シークレットキー」を取得します。ページ上部のナビゲーションから[ツール]→[Product Advertising API]を選択します❻。「認証キーの管理」欄にある[認証情報を追加する]ボタンをクリックします❼。

5 アクセスキーとシークレットキー

「認証情報のダウンロード」欄にアクセスキーとシークレットキーが表示されたら[認証情報をダウンロードする]をクリックします❽。「PAAPICredentials.csv」というファイルがダウンロードされたらテキストエディタで開いてください。見出し行「Access Key,Secret Key」の下に文字列が表示されます。文字列はカンマで区切られていて、前半がアクセスキー、後半がシークレットキーです。どちらも大切に保管して他に知られないようにしてください。

Next▶

6 PHPプログラムを生成する

「Amazon Product Advertising API Scratchpad」というページを紹介します。検索に必要なURLを構築できるPHPプログラムを簡単に生成できます。右のURLにアクセスして、画面左の[Select operation]からItemSearchを選択します❽。Common parametersに対象となる国と❾、取得したキーを設定します❿。ItemSearch欄のKeywordsに検索キーを指定して⓫、[Run Request]ボタンをクリックすると下のCode snippets欄のPHPタブ内にコードが生成されます。うまく生成できない場合は本書のサンプルコードを利用してください。同じように動作します。

❽ ここを選択して、
❾ ここに対象国、
❿ ここに各キー、
⓫ ここに検索キーを指定します。

Amazon Product Advertising API Scratchpad
URL http://webservices.amazon.co.jp/scratchpad/index.html

データを取得する

1 URLを生成する

前の手順で生成したコードは商品情報を取得するためのURLを表示するだけのものです。別途ファイルに保存してDocumentRootに設置してWebブラウザでアクセスしてください。サンプルファイル get_products1.php を利用する方は実行する前に取得した各種キーを設定してください❶。検索するカテゴリーは「books」を❷、検索キーはKeywordsに「マイナビ PHP MySQL」を設定します❸。ResponseGroupで、返ってくるデータの内容を設定します❹。get_products1.php をDocumentRootに設置してWebブラウザでアクセスすると長いURLが表示されます。これをコピーしてWebブラウザのアドレスバーに入力して Enter キーを押すと画面にXMLと呼ばれる文書形式で商品データが表示されます。このURLには時間制限があるため画面が表示されないときは再度URLを生成して試してください。

get_products1.php

```
define( 'ACCESSKEY_ID', 'あなたのアクセスキー ID' );
define( 'SECRETACCESSKEY', 'あなたのシークレットアクセスキー' );
define( 'ASSOCIATE_TAG', 'アソシエートタグ' );
define('ENDPOINT', 'webservices.amazon.co.jp');
define('URI' , '/onca/xml');
$params = array(
    "Service" => "AWSECommerceService",
    "Operation" => "ItemSearch",
    "AWSAccessKeyId" => ACCESSKEY_ID,
    "AssociateTag" => ASSOCIATE_TAG,
    "SearchIndex" => "Books",
    "Keywords" => "マイナビ PHP MySQL",
    "ResponseGroup" => "Images,ItemAttributes,Offers"
);
if (!isset($params["Timestamp"])) {
    $params["Timestamp"] = gmdate('Y-m-d\TH:i:s\Z');
}
ksort($params);
$pairs = [];
foreach ($params as $key => $value) {
    array_push($pairs, rawurlencode($key)."=".rawurlencode($value));
}
$canonical_query_string = join("&", $pairs);
$string_to_sign = "GET\n". ENDPOINT . "\n" . URI . "\n" . $canonical_query_string;
$signature = base64_encode(hash_hmac("sha256", $string_to_sign, SECRETACCESSKEY, true));
$request_url = 'http://'. ENDPOINT .URI.'?'.$canonical_query_string.'&Signature='.rawurlencode($signature);

print $request_url;
```

❶ ここに各種キーを設定して、
❷ ここにカテゴリー、
❸ ここに検索キー、
❹ ここで内容を設定します。

2 XMLデータの構造を確認する

手順1で表示したXML文書の構造を確認しておきます。「ItemSearchResponse」が最上位にあり ⑤、その下の階層の「Items」⑥ 以降に検索された商品データが格納されています。「TotalResults」は検索件数 ⑦、「TotalPages」では1ページあたり10個の商品が何ページあるかがわかります ⑧。「Item」⑨ の下の階層に商品1件分のデータが格納されています。「MediumImage/URL」に今回利用する画像のURLがあり ⑩、「ItemAttributes」の下に「Author」に著者名 ⑪、「Binding」に本の形式があります ⑫。価格は「Offers」の下の階層深く、「Offers/OfferListing/Price/FormattedPrice」に格納されています。検索結果が2個以上のときは、同じ階層に「Item」が商品の個数分だけ続きます ⑬。

生成される XML データ

⑤ ここが最上位です。

```
▼<ItemSearchResponse xmlns="http://webservices.amazon.com/AWSECommerceService/2011-08-01">
  ▶<OperationRequest>...</OperationRequest>
  ▼<Items>
    ▶<Request>...</Request>
      <TotalResults>2</TotalResults>
      <TotalPages>1</TotalPages>
    ▶<MoreSearchResultsUrl>...</MoreSearchResultsUrl>
    ▼<Item>
        <ASIN>4839947597</ASIN>
      ▶<DetailPageURL>...</DetailPageURL>
      ▶<ItemLinks>...</ItemLinks>
      ▶<SmallImage>...</SmallImage>
      ▼<MediumImage>
        ▼<URL>
            https://images-fe.ssl-images-amazon.com/images/I/51iISPyXQ8L._SL160_.jpg
          </URL>
          <Height Units="pixels">160</Height>
          <Width Units="pixels">123</Width>
        </MediumImage>
      ▶<LargeImage>...</LargeImage>
      ▶<ImageSets>...</ImageSets>
      ▼<ItemAttributes>
          <Author>永田 順伸</Author>
          <Binding>単行本（ソフトカバー）</Binding>
          <EAN>9784839947590</EAN>
        ▶<EANList>...</EANList>
          <IsAdultProduct>0</IsAdultProduct>
          <ISBN>4839947597</ISBN>
          <Label>マイナビ</Label>
        ▶<Languages>...</Languages>
          <Manufacturer>マイナビ</Manufacturer>
          <NumberOfPages>384</NumberOfPages>
        ▶<PackageDimensions>...</PackageDimensions>
          <ProductGroup>Book</ProductGroup>
          <ProductTypeName>ABIS_BOOK</ProductTypeName>
          <PublicationDate>2014-01-24</PublicationDate>
          <Publisher>マイナビ</Publisher>
          <Studio>マイナビ</Studio>
          <Title>PHP+MySQLマスターブック</Title>
        </ItemAttributes>
      ▶<OfferSummary>...</OfferSummary>
      ▼<Offers>
          <TotalOffers>1</TotalOffers>
          <TotalOfferPages>1</TotalOfferPages>
        ▶<MoreOffersUrl>...</MoreOffersUrl>
        ▼<Offer>
          ▼<OfferAttributes>
              <Condition>New</Condition>
            </OfferAttributes>
          ▼<OfferListing>
            ▶<OfferListingId>...</OfferListingId>
            ▼<Price>
                <Amount>2916</Amount>
                <CurrencyCode>JPY</CurrencyCode>
                <FormattedPrice>¥ 2,916</FormattedPrice>
              </Price>
```

⑥ この階層以下に商品データ、

⑦ ここに検索件数、

⑧ ここにページ数、

⑨ この階層に商品1件分のデータ、

⑩ ここに画像のURL、

⑪ ここに著者名、

⑫ ここに本の形式、

⑬ ここに価格が格納されています。

Next ▶

Chapter 12 — PHPの応用

3 タイトルの表示

手順1のプログラムを改造してXML文書から商品データを取り出しましょう。書名を表示するだけの簡単な処理を考えます。商品を検索するURLは変数$request_urlに格納されています。ここまでは同じです。file_get_contents関数を使ってこのURLにアクセスして⑭、先ほど確認したXML文書を$linesに保管します⑮。このままではデータを取り出しにくいため、simplexml_load_string関数の引数に$linesを指定して⑯、XML文書をオブジェクトに変換して$xmlに格納します⑰。この$xmlに検索したすべての情報が入っています。オブジェクトなので$xml->Items->TotalResultsのようにして検索件数を取得できます⑱。手順2で確認したXML文書の構造から$xml->Items->Item[数字]->ItemAttributes->Titleとすると書名を取得できます⑲。数字の部分に、1件目のデータは「0」、2件目のデータは「1」が入ります⑳。for文で取得した商品の数だけ繰り返して書名を表示します㉑。

get_products2.php

```php
// 途中省略

// XML 形式のデータを URL から取得する
$lines = file_get_contents($request_url);

// オブジェクト形式に変換
$xml = simplexml_load_string($lines);

/// 検索件数を取得
$totalresults = $xml->Items->TotalResults;

// 1 度に表示できるのは 10 件までです。
if($totalresults > 10) {$totalresults = 10;}
for($i = 0; $i < $totalresults; ++$i) {
    $title  = htmlspecialchars
        ($xml->Items->Item[$i]->ItemAttributes->Title);
    print $title . "<br>";
}
```

⑭ この関数を利用して、
⑮ ここにXML文書を格納して、
⑯ ここの引数に$linesを指定して、
⑰ ここにオブジェクトを格納して、
⑱ ここで検索件数を取得して
㉑ 検索件数だけ繰り返します。
⑳ 何件目かを入れて、
⑲ 書名を取得

364

4 商品画像と価格を追加する

手順3のプログラムに商品画像と価格などを追加して画面に表示しましょう。$totalpages には1ページ10件としたときの検索ページ数が含まれています㉒。Amazon Product Advertising API では1度の問い合わせで10件まで商品情報を取得できます。10件以上は次のページで取得できます。今回のサンプルプログラムは、はじめのページの10件のみを対象として検索します。if文で$totalresultsが10件以上のときは㉓、$totalresultsに10を設定して㉔、検索結果が10件以上のときにエラーがでないようにしています。$authorに著者名㉕、$bindingに本の形式㉖、$urlに詳細ページへのURL㉗、$imageに商品画像のURL㉘、最後に$priceに価格を設定します㉙。なお、kindle本の場合、価格を取得できないため条件文を設定して取得失敗のときの処理を追加します㉚。ヒアドキュメント内にHTMLタグで形式を整えて㉛、print $html; で商品の数だけ繰り返し表示します㉜。

get_products3.php

```php
// 検索件数を取得
$totalresults = $xml->Items->TotalResults;
$totalpages = $xml->Items->TotalPages;
print "検索結果:" . $totalresults . "件 <br>";
print "ページ数:" . $totalpages . "ページです。<br>";
print "最初のページのみ表示します。<br>";

if($totalresults > 10) {$totalresults = 10;}
for($i = 0; $i < $totalresults; ++$i) {
    $title  = htmlspecialchars
        ($xml->Items->Item[$i]->ItemAttributes->Title);
    $author = $xml->Items->Item[$i]->ItemAttributes->Author;
    $binding= $xml->Items->Item[$i]->ItemAttributes->Binding;
    $url    = $xml->Items->Item[$i]->DetailPageURL;
    $image  = $xml->Items->Item[$i]->MediumImage->URL;
    if(isset($xml->Items->Item[$i]->Offers->Offer->
            OfferListing->Price->FormattedPrice)){
        $price  = $xml->Items->Item[$i]->Offers->
            Offer->OfferListing->Price->FormattedPrice;
    }else{
        $price = "取得できません";
    }
    $html = <<<HTML
    <div>
        <a href="{$url}"><img src="{$image}" border="0" align="left">
            {$title}</a><br>
        著者：{$author}<br>
          形式：{$binding}<br>
        価格：{$price}</div><br clear="all"><br>
HTML;
    print $html;


}
```

㉒ ここに検索ページ数、

㉓ ここで条件を判断して、

㉔ ここで10を設定します。

㉗ ここに詳細ページへのURL、

㉕ ここに著者名、

㉖ ここに本の形式、

㉘ ここに商品画像のURL、

㉚ ここに取得失敗の処理を、

㉙ ここに価格を設定します。

㉛ ここでHTMLタグを追加してます。

㉜ ここで表示します。

Section 96

商品情報の取得

365

Chapter 9
Section 97 位置情報の取得

位置情報を取得するには

このSectionでは、JavaScriptを利用して位置情報を取得して、PHPファイルに渡して画面に表示します。

Geolocation API

HTML5
2014年に正式勧告されたHTML5は、HTML4の大幅な改訂版です。HTML4に音声を埋め込むタグや動画を埋め込むタグを追加したり、アニメーションの制御、データの保存などができます。ほとんどのPC向けブラウザ、スマートフォン向けブラウザで採用されています。HTML5の機能追加のひとつに位置情報を取得するGeolocation APIがあります。

JavaScript
Geolocation APIにアクセスして位置情報を取得するにはJavaScriptを利用します。JavaScriptはWebアプリを作成するにはなくてはならないものになっています。PHPはWebサーバ上で動作をしているということからサーバサイドスクリプトとよばれることがあります。PHPからブラウザに送出されるデータはHTMLのみでPHPスクリプトは含まれていません。一方、JavaScriptはクライアントサイドスクリプトと呼ばれます。JavaScriptはHTML内部に含まれてブラウザ上で動作します。

HTML5 W3C Recommendation（英語）
URL http://www.w3.org/TR/html5/

JavaScriptの基礎

1 alertメソッド

Geolocation APIを操作する前にJavaScriptについて学習しましょう。JavaScriptはHTMLファイル内に記述してブラウザ上で動作します。JavaScriptはPHPフィアル内部にも書き込めます。ただし、PHPのタグの外❶、HTMLタグを記述する部分です。右コードのscriptタグ内の❷、alertはJavaScriptのメソッドです❸。ドキュメントルートに設置して実行すると、アラート画面に「こんにちは！」と表示します❹。

alert.php

```
<?php
// ここはPHPを記述します。
?>
<script>
alert(" こんにちは！ ");
</script>
<?php
// ここはPHPを記述します。
?>
```

❶ JavaScriptはPHPのタグの外で、
❷ <script>タグ内に記述します。
❸ これはメソッドです。
❹ ここで「こんにちは！」と表示します。

2 変数と文字列の操作

変数はvarによって宣言します❺。var message;として宣言部分を分けて書けますが、ここでは宣言と代入を同時に行っています。変数には文字列のほか数値やオブジェクトも代入できます。messageには文字列を代入しています❻。ここでは文字列と文字列を結合しています。文字列同士は半角記号の「＋」を使って結合できます❼。

alert2.php

```php
<?php

// ここは PHP を記述します。

?>

<script>
var message = "文字列１" + "文字列２";

alert(message);

</script>

<?php

// ここは PHP を記述します。

?>
```

❺ varで変数を宣言して、
❻ ここに文字列を代入して、
❼ ここで文字列を結合します。

3 navigatorオブジェクト

JavaScriptには各種オブジェクトがあります。この中のひとつnavigator オブジェクトを使用するとブラウザやOSの情報を取得できます。「navigator.userAgent」のuserAgent部分はプロパティ❽と呼ばれるものでブラウザの情報が格納されています❾。messageに文字列を結合してnavigator.userAgentを格納します❿。このファイルをドキュメントルートに置いてアクセスするとアラート画面にブラウザ情報が表示されます。

alert3.php

```php
<?php

// ここは PHP を記述します。

?>

<script>
var message =
    "あなたのブラウザは" + navigator.userAgent + "です。";

alert(message);

</script>

<?php

// ここは PHP を記述します。

?>
```

❽ ここはプロパティです。
❾ ここにブラウザの情報が設定されて、
❿ ここに格納します。

Next▶

位置情報の取得

Chapter 12 / PHPの応用

1 navigator.geolocation オブジェクト

navigatorにHTML5で追加されたのが navigator.geolocationオブジェクトです。このオブジェクトのgetCurrentPositionメソッドがGPSの位置情報を取得します。GPS機能が無い場合は無線LANのアクセスポイントや携帯電話基地局の位置などから推計した位置情報を取得します。2016年の仕様変更により、ブラウザで位置情報を取得するときはhttps://で始まるURL（SSL：暗号化して送受信する仕組み）のみに制限されました。プライバシーを守るため今後Webサイトすべてがhttpsになると予測されます。位置情報を確認する場合はSSL付きのレンタルサーバなどで確認してください。執筆時点ではMicrosoft Edgeのみhttp://接続で確認できました。xamppはSSLを有効にできますが難易度が高いため本書では割愛しています。サーバ構築に興味がある方はトライしてみてください。

Geolocation API に関する W3C のサイト（英語）
URL http://www.w3.org/TR/geolocation-API/#introduction

2 getCurrentPosition メソッド

ここからJavaScriptの説明を行います。PHPと混同しないようにしてください。右コードのようにnavigator.geolocation. getCurrentPosition()と記述するだけで位置情報を取得できます❶。1つめの引数のsuccessCallbackは下のfunctionで定義された関数です❷。位置情報取得に成功したときの処理を記述しています。2つめのerrorCallbackは失敗したときの関数です❸。alertでerror!と表示します。位置情報はsuccessCallbackの引数positionに渡されて❹、「position.coords.latitude」とすると緯度を❺、「position.coords. longitude」として経度を参照できます❻。それぞれ、変数latitudeとlongitudeに格納して❼、メッセージを組み立てて変数messageに格納して❽、alertで緯度、経度を表示します❾。この他にも定期的に位置情報を更新するwatchPositionメソッドと、それを停止するclearWatchメソッドがありますが本書では扱いません。

get_position.php

```php
<?php
// ここは PHP を記述します。
?>
```

❶ ここで位置情報を取得して、
❸ ここに失敗したときの処理を記述して、

```
<script>
    navigator.geolocation.getCurrentPosition(
        successCallback, errorCallback);
```

❷ ここに成功したときの処理を、
❹ 位置情報はここに渡されて、

```
    function successCallback(position) {
        var latitude = position.coords.latitude;
        var longitude = position.coords.longitude;
        var message =
            "緯度：" + latitude + "\n" + "経度：" + longitude;
        alert(message);
    }
    function errorCallback(error) {
        alert('error!');
    }
</script>
```

❺ ここを緯度、
❻ ここを経度、
❽ ここでメッセージを組み立てて、
❾ ここで表示します。
❼ これらを変数に格納して、

368

3 PHPとJavaScriptのデータの受け渡し

PHPのエリアからJavaScriptに変数の値を渡すことができます。実際にはJavaScript自体をPHPで書き換えています。JavaScriptは書き換えられた値で実行します。右のコードはPHPの変数$urlにリダイレクト先のURLが入っています❿。リダイレクトとは表示しているページから他のページに自動的に転送されることをいいます。転送のための記述はJavaScriptで記述しています。location.hrefにURLを設定するとそのURLへリダイレクトされます⓫。<?=$url?>の部分はPHPです⓬。PHP実行時に設定したURLに置き換わります。「?data1=test1&data2=test2」はURLに付加したパラメータです⓭。data1にtest1をdata2にtest2を設定しています。リダイレクト先のget_data.phpで$_GET['data1']と$_GET['data2']を参照してデータを表示します⓮。これによりJavaScriptのデータをPHPに転送できます。

location.php

```php
<?php

❿ ここにURLを設定して、
$url = 'http://localhost/get_data.php';

?>


<script>

⓫ ここでリダイレクトします。
location.href = '<?=$url?>?data1=test1&data2=test2';

⓬ ここはPHPです。    ⓭ これは送信データです。
</script>
```

get_data.php

```php
<?php


print htmlspecialchars($_GET['data1'], ENT_QUOTES);
print "<br>";                          ⓮ ここで受信して表示します。
print htmlspecialchars($_GET['data2'], ENT_QUOTES);

?>
```

4 Google Mapを表示

これまでに学習したJavaScriptの技術を利用して位置情報をget_position1.phpで取得して、この値をget_data1.phpへ送信して表示します。さらに、位置情報を利用してGoogle Mapへのリンクを作成してクリックすると地図を表示できるようにします。get_position1.phpを確認します。この機能はしばらく時間がかかることがあるため「探索中....」というメッセージを表示しています⓯。$urlにリダイレクト先のURLが設定されます⓰。JavaScript側での違いはURLに付加するパラメータの部分だけです。「?latitude=' + latitude + '&longitude=' + longitude;」のようにlatitudeには緯度をlongitudeには経度を設定するように構成しています⓱。get_data1.phpの内容はサンプルファイルで確認してください。

get_position1.php

```php
<?php                      ⓯ ここに探索中のメッセージを表示して、
print ' あなたの位置情報を探索中 ....<br>';
$url = 'http://localhost/get_data1.php';


?>
<script>                   ⓰ ここにリダイレクト先を設定して、
    navigator.geolocation.getCurrentPosition
                    (successCallback, errorCallback);
    function successCallback(position) {
        var latitude = position.coords.latitude;
        var longitude = position.coords.longitude;
        location.href =
            '<?=$url?>?latitude=' + latitude + '&longitude=' + longitude;
                    ⓱ ここに緯度と経度を指定します。
    }
    function errorCallback(error) {
        alert('error!');
    }
</script>
```

Chapter 9
Section **98** | レンタルサーバ

レンタルサーバを利用するには

レンタルサーバなどを利用すれば作成したPHPプログラムを公開できます。

環境を調査する

PHPについて調査する

PHPのプログラムを公開しようと考えてレンタルサーバを借りようと考えたら、契約をする前に確認しておきたいことがあります。PHPが使えないレンタルサーバは少ないと思いますが、まずはPHPを利用できることを確認します。サーバ会社によっては契約者向けのマニュアルを読めるところがあります。またはFAQやサーバの仕様などに書かれていることがあります。レンタルサーバの契約者以外には公開されてる情報が少ないため詳細がわからないこともあります。直接メールなどで問い合わせるといいでしょう。本書はPHP7.2.0対応ですが、レンタルサーバがどのPHPのバージョンを提供しているか確認しましょう。最近では複数のバージョンを提供していることがあり、契約後であれば、管理画面で目的のバージョンに適切に設定されているか確認します。

●設定について
レンタルサーバにはroot権限があって設定を自由に変更できるものと、管理画面から操作して設定を変更できるもの、全く変更できないものがあります。PHPに関してだけ説明すれば、.htaccessが使用できるかどうかでかなり使い勝手違ってきます。レンタルサーバによってはPHPの設定をphp.iniをユーザーディレクトリに置いて設定するものもあります。あらかじめ確認しておきましょう。

●機能の制限
phpinfo関数を利用すると各種情報をすばやく確認できます。攻撃者から見れば非常に役に立つ情報です。このためphpinfoやシステムを動作させる関数群などすべて利用を制限しているレンタルサーバがあります。PHPの関数が細かく制限されているとプログラミングに非常に困難を伴うことになります。

●WebサーバとPHPの動作モード
本書では、Apacheの拡張モジュールとしてPHPを利用する「モジュールモード」で動作させています。レンタルサーバによっては「CGIモード（ブラウザからの要求のたびにプログラムを起動）」とモジュールモードを選択できたり、安全性のためにCGIモードのみの場合があります。CGIモードを利用するときはファイルに実行権限を与えたり、ファイルの先頭にPHPのパスを記述することがあります。レンタルサーバによって方式が違いますのでサイト内の説明を確認して対処してください。最近ではnginx（エンジンエックス）という軽量Webサーバもレンタルサーバで見かけるようになりました。nginxはPHP、PHP-FPM（FastCGI Process Manager for PHP）を組み合わせることで高速に動作するサーバを構築できます。

●セーフモード
PHP5.4からはセーフモードが削除されました。レンタルサーバがこれより以前のバージョンのPHPを提供している場合、セーフモードにより関数の実行に制限を加えていることがあります。

370

設定の確認

1 フルパスを取得する

レンタルサーバの共有サーバは1つのサーバを複数のユーザーによって利用する形態です。このような形態のサーバはユーザーごとに深くディレクトリが設定されていることが多く、ユーザディレクトリまでのパスが長くてわかりにくいです。Webアプリケーションを設置するときに設置場所までのフルパスを簡単に知るには、__FILE__を利用します❶。PHPファイルに書き込んで実行するだけでわかります。

fullpath.php

```php
<?php

print __FILE__;        ── ❶ ここでフルパスを取得します。

?>a
```

2 MySQLサーバのバージョンを確認する

直接PHPからMySQLサーバのバージョンを知るにはPDOクラスのgetAttributeメソッドを使用します。getAttributeメソッドからはデータベース接続の属性を取得することができます。利用の仕方は、PDOによりMySQLへ接続後にgetAttribute❷に「PDO::ATTR_SERVER_VERSION」という定数を設定して❸、実行するだけです。PDO::ATTR_SERVER_VERSIONの他に、クライアント側のバージョンを格納したPDO::ATTR_SERVER_CLIENT_VERSIONと、接続状況を知らせるPDO::ATTR_SERVER_CONNECTION_STATUSなどがあります。

checkmysql.php

```php
<?php
    $db_user = "sample";        // ユーザー名
    $db_pass = "password";      // パスワード
    $db_host = "localhost";     // ホスト名
    $db_name = "sampledb";      // データベース名
    $db_type = "mysql";         // データベースの種類

    $dsn = "$db_type:host=$db_host;dbname=$db_name;charset=utf8";
    $pdo = new PDO($dsn, $db_user,$db_pass);
    print $pdo->getAttribute(PDO::ATTR_SERVER_VERSION);
?>
```

❷ このメソッドで、　❸ 定数を設定して実行します。

3 環境変数をすべて確認する

環境変数にはプログラミングに役立つ有用な情報が多数含まれています。環境変数が含まれている$_SERVERは連想配列なのでforeachの繰り返し処理で格納された全データを表示しています❹。

env_variable.php

```php
<?php
                            ❹ ここで全データを表示します。
foreach ($_SERVER as $key => $val) {

    print $key . " => " . $val . "<BR>";

}
```

練習問題

12-1

下記のコードを変更してタイトルで検索できるようにしてください。
ヒント：Keywordsの代わりにTitleを指定すると書籍タイトルで検索できます。

```
$params = array(
        "Service" => "AWSECommerceService",
        "Operation" => "ItemSearch",
        "AWSAccessKeyId" => ACCESSKEY_ID,
        "AssociateTag" => ASSOCIATE_TAG,
        "SearchIndex" => "Books",
        "Keywords" => "PHP MySQL" ,
        "ResponseGroup" => "Images,ItemAttributes,Offers"
);
```

12-2

下記はJavaScriptで記述された緯度と経度を変数に格納するコードです。方向のposition.coords.headingとスピードのposition.coords.speedという値が取得できた場合、alertで表示できるように変更してください。

```
var latitude  = position.coords.latitude;
var longitude = position.coords.longitude;
var message = " 緯度：" + latitude + "\n" +" 経度：" + longitude,
alert(message);
```

Chapter 13
これからプログラミングをしていくにあたって

Section 99
自分で考えてプログラミングするには　　　　　　［プログラミングするには］　　374

練習問題　　384

Section 99 プログラミングするには

自分で考えてプログラミングするには

このSectionで本書は終わりです。ここでは、プログラミング初心者が自力で考えてプログラミングしていくため方法を考えてます。

自分で考えてプログラミングするには

1 プログラミングはクリエイティブな作業

プログラミング初心者が目指す先は、自分で考えて自力でプログラミングすることだと思います。事務作業のようにコピー元のコードをただ入力するだけでは、プログラミングそのものを苦痛に感じることでしょう。ここから脱するにはプログラミングがクリエイティブな作業だということを認識する必要があります。あなたが思い描いたことを実際に画面上に形作っていく創造的な作業だということです。そうであるなら、まず、自分の作るものを思い描くことが大切です。

2 思い描く前に

プログラミングするときに、いきなりエディタを起動して直接コードを入力せずに、しばらくモニターから離れてゆっくりと考えてみましょう。瞑想するように目を閉じてあれこれ思い描きます。私の場合は布団の中だと落ち着いて考えられます。あなたにはあなたのやり方があると思います。無ければいろいろ試してみましょう。見晴らしのいいカフェ、図書館などで考えてもいいでしょう。騒音は最大の敵です。人の話し声、バイクの爆音、拡声器の声は一瞬にして思考が途切れます。これらはノイズキャンセリングヘッドフォンで防ぐことができます。少し高価ですが、最近はこのおかげで集中力が上がったと満足しています。

集中して考えるといろんなことを思いつくかもしれません。私は思い描いたことをすぐに忘れることがよくあります。コンピュータのメモリーに比べて私のメモリーは少ないようです。このようなときに備えて手元にメモとボールペンを置いておくといいでしょう。ストレス無く考えに集中できます。集中できる状態を作って、頭の中であれこれ想像します。時間は短くていいのです。少し考えている場合と、まったく考えていない場合では、後々かなりの差がでてきます。考えるべきことを思いつく限り考えてみます。

Webアプリの場合、あなたの作るプログラムを操作する人はどのようなときにこれを利用するのか想像してみましょう。このプログラムでどのような課題を解決したいのかということに意識を向けます。デザインやユー

ザーインターフェース、どのようなセキュリティリスクがあるか。集客のためのSEO対策など、考えることがたくさんあります。わかる範囲でかまいません。気になることがでてきたらさらにそれを考えましょう。

3 データの流れを考える

データがどのように流れていくかも意識する必要があります。PHPで作られたWebアプリの場合はほとんどの処理がテキストデータと呼ばれる文字列のやり取りになります。このデータがユーザーの画面からどのように流れて、そのデータをメールで送信するのか、データベースに保存したほうがいいのか、または、テキストファイルに保存したほうがいいのか考えます。

小さな処理、例えば、文字列からキーワードを探して表示するような場合でも、どのようにすれば検索できるか。頭の中に文字や図形を思い浮かべてアニメーションのように動かしてみます。文字を分割して配列に格納して、先頭からどう比較していくか。Webで検索すれば答えはすぐに見つかりますが、まずは頭の中で考えましょう。自分の知っていることや持っている道具だけで勝負することで技量が上がっていくように感じます。

取り組む処理が複雑な場合は分割して考えましょう。例えば会員登録処理だけでも、登録画面の表示、入力データのチェック、エラーメッセージの表示、確認画面の表示、データベースへの保存などいろいろな処理が含ま

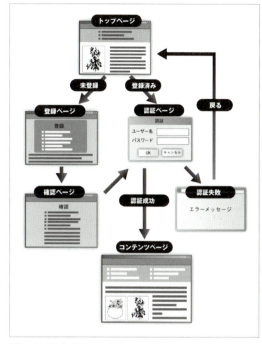

データの流れをイメージしてみる

れています。複雑な処理は、一度に考えようとせずに一つずつ考えていきましょう。分割がある程度進むとシンプルな機能のみになるはずです。このシンプルな機能は、あなたがこれから作る関数やメソッドの単位になります。

慣れたプログラマーなら考えた後にすぐにコードを書けるでしょう。寝ているかと思うくらい静かになった後、急に目を開けて猛烈な勢いでキーボードを叩いていたプログラマーを覚えています。彼は一晩中その方式でプログラミングしていました。

図で考える

1 図で考える

頭の中だけで考えることに疲れたら図を書いて考えてみましょう。誰かに提出するものではないので気軽に描いていくことが大切です。Webアプリなら画面を先に描いてみると想像しただけではわからないことにあれこれ気付くかもしれません。簡単な処理でもさらに詳細に考えることができるようになります。複雑な処理は、どのように分割するかを、描いては消して納得いくまで考えます。手を動かしているうちに、頭の中だけで考えていたときにはわからなかったポイントや問題点が浮かび上がってきたりします。

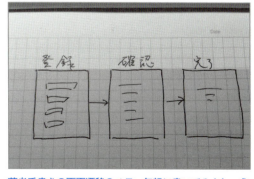

著者手書きの画面遷移のメモ。気軽に書いてみましょう

Next▶

ノートの種類に無地や罫線などがありますが、方眼罫のノートが書きやすいでしょう。小さな長方形を描いて線で結べば簡単な画面遷移図を描くことができます。大きく長方形を描いて内部にボタンや入力欄を書き込めばユーザーインターフェースを考えることができます。

筆記具がシャープペンシルだと薄くなって読めなくなることがあります。黒インクのボールペン、それも芯の太さが0.7mmの太い字で書くことをお薦めします。筆記具としてカラフルなペンをたくさん用意したことがありますがいつのまにか利用しなくなりました。考えるときは黒ボールペンの太字が心理的に安心できます。

私は字が上手な方ではないので、自分で書いたメモが読めないことがよくあります。このせいで、時間を置いて確認したいときはうまく使えません。そういうわけで、メモを書いたらすぐにプログラムして、メモは捨ててしまいます。

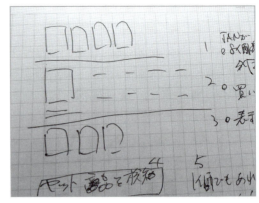

著者の手書きメモの一例。自分にだけわかればいいので、著者おすすめの0.7mmボールペンで書きなぐっています

2 フローチャート

メモしたキーワードを○や□で囲んで線で結ぶだけでも考えを深めることに役に立ちます。このように処理をの流れを書いた図をフローチャートといいます。フローチャートを使ってアルゴリズム（課題解決のため手順）を学ぶことができます。

そもそもプログラムの処理は基本的に上から下に向かって実行されます。フローチャートもそのように処理が上から下へ流れていきます。簡単にフローチャートの書き方を説明すると、楕円形の開始と終了がありその間に長方形の処理、ひし型は条件分岐、矢印で繰り返しを表せます。

大切なメモの場合は、スマホで写真を撮ってEvernoteなどに保存しておけば、必要なときいつでも参照できます。これならメモ紙を捨てても問題ありません。

一時期、タブレットで図を描いて考えていましたが、自分にはしっくりこなくて紙に戻りました。ペンを使って紙に書くときのように、筆先の細やかさやスピードに完全に近づいたらタブレットに戻るかもしれません。タブレットの良

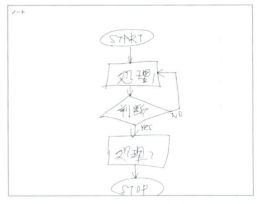

タブレットで描いたフローチャート。著者には、筆圧やインクのすべりなど五感に訴える手書きのほうがよいようです

さは書き直しや、移動、コピーができること。でもこれは「考える」ことにはあまり役立たないと思いました。いずれにせよ、ペンを持って手を動かすということが思考を刺激するようです。

さらに本格的に業務分析する場合はユースケース図というものがあります。アクター（操作者や外部システム）とユースケース（システムの利用の仕方）を関連付けることでシステムを詳細に考えることができます。大きなプロジェクトの初期にはホワイトボードにこれらを書いて考えたりします。興味がある方は専門の書籍で学習してください。

箇条書きで考える

1 箇条書きにする

何をしたいのか。どのような機能を作るか決まったら、ここからパソコンに向かっていままで考えたことを箇条書きにしていきます。プログラム言語ではなく自分の言葉で考えます。図があれば参照しながら文章にします。いままでよりコンピュータで動作するときのことを意識しながら書くといいでしょう。

プログラミングの箇条書きの実例

変数 age に年齢を入力
変数 age は整数？
変数 age を 20 と比較する
20 未満であればメッセージを表示
20 以上のときは次の画面を表示する

例えば会員システムに通販機能を追加する場合はもう少し全体を考える必要があります。通販なので会員データの他に商品や注文を扱うことになります。商品クラスや注文クラスを定義して必要なメソッドを考えます。

プログラミングの箇条書きの実例

商品クラスを定義
商品クラスから商品オブジェクトを生成
商品一覧メソッドを実行
商品データを取得
商品一覧を表示する

2 ソースコードの中に貼り付ける

箇条書きをソースコードの中に貼り付けましょう。この箇条書きを元にしてプログラミングします。貼り付けた文章はコメントにしておきます。改行を追加して空いた行にPHPコードを入力していきましょう。

プログラミングの箇条書きにコメントを付けながらプログラミング

```
// 変数 age に年齢を入力

// 変数 age は整数？

// 変数 age を 20 と比較する

// 20 未満であればメッセージを表示

// 20 以上のときは次の画面を表示する
```

Next▶

プログラミングの箇条書きにコメントを付けながらプログラミング

```
// 商品クラスを定義

// 商品クラスから商品オブジェクトを生成

// 商品一覧メソッドを実行

// 商品データを取得

// 商品一覧を表示する
```

PHPに翻訳する

1 PHPに翻訳する

自分で書いた箇条書きをガイドにして、PHPに翻訳していきましょう。自分のできる範囲でかまいません。わからないところがあれば日本語のままにしておきます。今わからないところは、後でまとめて調べればいいです。例えば、整数を判定する方法がいまわからなければ条件文には数字の0（処理が実行されない）や1（実行される）を入れておいて正常に動作するよう調整します。考えることを先に完結して、調査は別に行うことで、延々と続く「わからない」状態を抜け出すことができます。

箇条書きを PHP に書き換えていく

```php
// 変数 age に年齢を入力
$age = $_POST[ 'age' ];

// 変数 age は整数？
if( 0 ){ 整数で無ければエラーメッセージ }

// 変数 age を 20 と比較する
if($age < 20){
// 20 未満であればメッセージを表示

} else {
// 20 以上のときは次の画面を表示する
}
```

2 小さく作って大きく育てる

できるだけ短時間でプログラムを完成させるには小さく作って大きく育てるように作ることです。はじめは何もない枠だけのプログラムを用意して、次第に機能を追加することでエラーがないプログラムができあがります。例えば、クラスであれば必要最小限だけ書いておきます。商品一覧メソッドを書いているときに、頭の中でclassの中にこのメソッドが必要だと気付くと思います。思いつきを忘れないようにコードの中にTODOを書いたり、紙のメモにTODOを書いておきます。

クラスも最初は大雑把で OK

```php
// 商品クラスを定義
class product { }

// 商品クラスから商品オブジェクトを生成
$productobj = new product();

// 商品一覧メソッドを実行
// 商品データを取得
$array = $productobj->product_list();

// 商品一覧を表示する
ループ処理　$array;
```

class productにproduct_listメソッドを追加しておきます。期待する値を直接返すだけのプログラムを作っておきます。このようにして、全体をある程度動作するようにして枠組みだけを作って中身を後でじっくりと作るとピタリと収まるプログラムができることが多いです。

Webサイトなら、タイトルとボタンだけの画面を作ってしまいます。途中の処理は何も書かないで、登録画面、確認画面、完了画面と表示されるようにします。タイトルと送信ボタンしかない画面でも、表示されると「動いている」と実感がでてきて次を作りたくなります。

まずは、枠組みを作っていく

```
class product {

        public function product_list(){

                $array = [ データ ];
                return $array;

        }

}
```

作ってすぐに確認する

1 小さく作ってすぐに確認

このようにして作った枠だけのプログラムは、できたと思ったらすぐに動作をチェックします。作ってすぐにチェックすることでエラーがでても迅速に対応できます。一度に大量のコードを入力して大量のエラーが表示されたら、初心者には問題の切り分けが難しく時間もかかります。

NetBeans でのエラー表示。エラーメッセージの表示を参考にしてプログラミングしていこう

2 エラーメッセージを読む

エラーメッセージを検索エンジンで検索するとすぐに解決できるものが多いと思います。実際に、読者のみなさんからの質問の大半は検索すれば解決できるものでした。エラーメッセージが表示されたら、落ち着いて読んでみましょう。意味がわからないなりにも読めるところがあるはずです。いま、修正したファイル名やエラーが発生した行数などがあればそのコードを確認しましょう。

見当がつかない場合はすぐにエラーメッセージを検索します。自分の開発環境で使用しているパスなどはエラーメッセージから取り除くと検索結果が表示されやすくなります。検索結果を日本語だけで読んでいるとあまり新しい情報を確認できないかもしれません。積極的に英語のブログやフォーラムを読んでいくと収穫があることが多いです。変数名がPHPの文法に違反していたらどのようなエラーがでるか、変数に$マークがなかったらどのようなエラーがでるか、一つ一つ体得していきます。

Next▶

3 技術メモを作る

このようにして、プログラミングしているうちにいろいろと技術情報を目にしたり熟読することになります。何度も同じところを参照する場合は、その項目を技術メモとして保存しておきましょう。

Web上にあるソースコードをコピー＆ペーストすればすぐに動作するコードを手に入れられます。しかし、無駄な時間かもしれませんが一人で試行錯誤した時間は後できっと役に立つはずです。

どのように処理を作ればいいのかわからない場合、知っている技術だけで作ってみることです。自分の力を出し切ったときに新しい技術や能力を身につけられるように思います。

PHPにはたくさんの関数があります。自分で作らなくても関数だけで処理が完了することもあります。常にPHPのマニュアルをWebサイトで確認しましょう。例えば、配列を操作する場合、関数だけで驚くほどいろいろなことができます。できれば配列の項目すべてに目を通しましょう。必要なところを熟読して、時間があれば見本のコードを実行してみましょう。

さらに、新しい課題がでてきたら、また、はじめに戻って考えましょう。このように自分で考えてプログラミングを続けていくと、他人の書いたプログラムの中に自分と同じ考えの処理が実装されている部分を発見するかもしれません。人並みになったようで私にとってはうれしい瞬間です。

習熟する

読者からのご意見

前著『PHP+MySQLマスターブック』が出版されてから数年経ちました。その間、みなさんからの質問メールや感想をたくさんいただきました。Web上でも感想を読むことができました。丁寧に説明していないし、急に難しくなる箇所がありよくわからないというご意見がありました。特にChapter 9辺りから急に難しくなったと感じた人が多かったです。一方、目から鱗が落ちる、いままで破れなかった壁を越える体験をされた方々のコメントがありました。これもChapter 9辺りでそのような効果があったようです。

同じ書籍の同じ箇所を読んで真逆の意見がある理由はなぜだろうと考えました。このような技術書では読み手の習熟度により読書の結果が違ってくるのではないでしょうか。なぜなら、自転車や水泳をやるにしても基礎体力のある人とまったく運動をしてこなかった人とでは、同じことをやっても違った結果になるはずだからです。

難しい問題に直面したときの、心の持ち方も大切です。生き生きとそして、意欲的に対峙すれば「わかった」と実感できるところまで行けるでしょう。現場で実際に利用されているソースコードは、本書のサンプルコードの比ではありません。そのようなソースコードを延々と読み込む忍耐力も必要でしょう。なぜそうなるのか、追求や探求する精神が必要になります。

「啐啄（そったく）の機」という言葉があります。卵の中のひな鳥が中から殻をつついて、同じタイミングで外から親鳥がつつくことで、ひな鳥だけでは破れなかった殻が破れるそうです。目から鱗が落ちた方は基礎体力があり、自分でも知りたいと思うちょうど良いタイミングで本書を読まれたのだと思います。きっと、Chapter 9を読む前の努力で得た知識や経験があったのでしょう。

本書での学習

1 本書での学習

Chapter 9から会員管理システムを解説しています。本書の目的はこれを解説することなので、当然、このChapterを理解してもらうことを目的に前半部分が書かれています。Chapter9が難しく感じるのは当然です。PHP、HTMLやCSS、テンプレートエンジン、データベースが一度に含まれるので初めて見たらわからなくても仕方ないかもしれません。前提の知識や経験として、HTML、CSS、FTP、レンタルサーバなどを十分に知っていると理解が早くなると思います。これまでに、PHPのオープンソースの内部のコードを見たことがあったり、実際にフレームワークなどを簡単にでも操作したことがあればさらに理解度が高くなるように思いました。

本書で学習する場合は、読むだけではなく、サンプルプログラムを改造してみましょう。文字に色を付けたり、大きくしたり、わかるところからはじめます。難しそうなサンプルプログラムの場合は、コードを分析して箇条書きを書いていくと理解しやすいです。コードの中にわからないPHPの関数があれば、PHPのマニュアルや本書の解説記事を読み直します。

ひょっとしたら私よりいいコードを思いつくかもしれません。そのときは、自分の考えたコードで置き換えていきます。途中でエラーで詰まったら、これまで解説した方法で乗り越えてください。

本書の会員管理システムのサンプルのカスタマイズから始めて見るのもよいでしょう

2 読了後の学習方法

自転車や水泳では、本を一冊読むだけで自転車に乗れたり、長い距離を泳げるようになることはありません。本書のような書籍も同じことです。この後の努力が必要になります。本書で基本的なことがわかったらひたすらプログラミングしてください。自転車に乗って、水の中で泳ぐしかありません。本書を読了後、なにをすればいいか私なり考えたことを書いてみます。

●小さなプログラムを作ろう

初心者にとって、もっとも有効な学習法は小さなプログラムをたくさん作ることだと思います。そこでたくさんのエラーを出すことで、PHPの文法が教科書的な知識ではなく「ピンとくる」感じになります。マニュアルの関数ごとに小さなプログラムを作ってもいいし、日常に利用できるようなプログラムを作ってもいいです。分量は数行程度。長くても編集画面に一度に表示できるくらいがいいでしょう。

例えば、ファイルを読み込んで内容をソートするようなものです。他に、配列に用意したデータをCSV形式で保存する、あるディレクトリ内のテキストファイルから目的の文字列を検索してファイル名を表示する、複数の画像の名称を連番にして同じディレクトリに保存して元画像はbackupディレクトリを作成してそこ

Next▶

に保存する、あるWebサイトのページの中の気になるコラムだけメールを作成して自分に送信するなどです。このようなことを繰り返すことで基礎力が充実していきます。大きなシステムも小さなプログラムの集まりです。そのうちに大きなシステムも作れるようになるでしょう。

●マニュアルを読む

PHPには大量の関数があります。必要なときに必要なものが思い出せるように日頃からマニュアルを読んでおきましょう。英語で言えば単語を覚えることに当たります。オブジェクト指向関連が苦手だと思ったらその辺りを中心に読んでいきましょう。自分の課題がわかっていると上達が早いです。

●毎日プログラムを書くこと

プログラミングと、いわゆる「写経」は違うものです。生まれて初めてPHPのコードを見た人がテキストエディタに初見のコードを入力するということは、コードに慣れるという点で意味がありますが、だからといって、この本一冊分を写経することにはあまり意味がないと思います。毎日、きっちりと写経しても自分で考えてプログラミングができるようにはならないでしょう。小説を書く練習のために他人の小説を書き写しているようなものです。プログラミングの技量を上げるには、これまでに解説した方法で自力でプロラミングしたほうが断然楽しいし実力がつきます。そしてこれらのプログラミングの経験が基礎体力となり、さらに、このような練習を毎日繰り返すことで速いスピードでプログラミングできるようになるでしょう。

●PHPのソースコードを読む

本書のサンプル以外にもWordPressやEC-CubeなどPHPで作られたオープンソースがたくさんあります。ファイルをダウンロードしてテキストエディタで開いてください。できればPhpStormのような統合開発環境を利用しましょう。全文検索機能など豊富な機能でコードを追いやすくなります。もし、コードを読んでいて意味がわかったらコードの中にコメントとして残しておきましょう。あなたが理解しながら読んだコードの数が多ければ多いほど、他人の書いたコードを短い時間で理解できるようになります。本書にもサンプルコードがあります。自分のためのコメントを入れながら読み進めてください。

WordPress
URL https://ja.wordpress.org/

EC-Cube
URL https://www.ec-cube.net/

Section 99 プログラミングするには

●技術誌を読む

私は個人事業主なのでいつも一人で作業をしています。数カ月月一つの作業に集中していると、技術の進み具合に圧倒されることがあります。自分だけ置いていかれているような気になります。定期的に技術誌を読んでいます。新しい技術は私もみなさんと同じように理解できません。PHPでAIを試そうと思いますが、いろいろと勉強することがたくさんあります。このようなことに対してWebを検索してもいいですが、技術誌を読んでおきましょう。Webの情報は玉石混交です。古いバージョンを元に書かれた記事があるため、新しい技術に関しては技術誌で読んでおくといいです。

いまは役に立たないと思っていた記事が、課題に直面したときに思い浮かぶかもしれません。初心者のときは、知らないことばかりの技術誌の目次から1ページずつ目を通していきましょう。まだ興味が湧かないことばかりなので読む必要はないです。見るだけです。パラパラとめくっていき、気になるキーワードがあれば付箋を貼っておきます。このまま最後まで到達したら、もう一度パラパラと見ていきます。これを毎日繰り返すといままで知らなかった言葉の中に顔馴染みが少しずつできてきます。人付き合いと同じです。興味が湧いてきたらその記事を読みます。

●道具にも習熟する

開発環境を常に良くしていきましょう。私は、エディタに有料のPhpStormを使用しています。このエディタは入力したらすぐに文法違反がないかシンタックスチェックという機能が動作して、シンタックスエラーがあれば、プログラムの実行前に画面に表示されます。コードは、色分けされて見やすくなります。入力時には、補完機能が動作して関数やその引数も記憶に頼らずに入力できます。ただ、機能が豊富すぎてすべての機能を使いこなしたことはありません。短い期間でバージョンアップを繰り返すこのような開発環境に関しても毎日操作して、プログラミング作業が速くなるように工夫しています。

開発環境として使えるようXAMPPだけではなく、外部から見られるレンタルサーバを一つ借りています。最近はメールのセキュリティに関する作業が増えてきています。自分のサーバを自力でバージョンアップしていつも新しい技術に触れるようにしています。

PhpStorm
URL https://www.jetbrains.com/phpstorm/

手元のiMacの中には仮想環境を構築して、Windows 10やLinuxを操作できるようにしています。仕事では、XAMPPではなく、有料のMAMPを利用しています。PHPのバージョンを切り替えながら作業することが多いためこれがないと作業になりません。

いろいろ書いてきましたが、このような努力を地道に続けていくと気付いたら自力でプログラミングできる力が身に付いているはずです。

練習問題

13-1 会員システムに、会員同士のメッセージ機能を付けようと思いつきました。メッセージは通常の送信フォームを使って送信して、送信データはデータベースに保存します。どのような機能が必要でしょうか？画面を想像しながら機能を考えてください。
ヒント：検索、一覧、本文の表示などが必要になります。

13-2 メッセージ保存機能でデータベースに送信データを保存します。保存するデータに必要な項目は何でしょうか？
ヒント：メッセージの内容とそれを送信する会員、受信する会員がわかるようにしてください。それはいつ送信されたかわかると便利です。

13-3 メッセージ件数表示機能は、会員がログインして会員トップ画面を表示したときに、メッセージが何通あると表示する機能です。この機能をプログラムできるように詳細な箇条書きを作成してください。

13-4 メッセージ件数表示機能の箇条書きをコメントにして、関数display_number_of_messageにしてください。この関数の引数は$numberひとつです。$numberにはメッセージの件数が格納されています。この関数にはデータベースを検索してメッセージの件数を取得する処理は不要です。

練習問題の解答

各 Chapter 末の練習問題の解答です。答えがあっているかどうかだけでなく、なぜそうなるかを考えるようにすると上達も早いでしょう。

Chapter 1

1-1
httpd.conf

1-2
php.ini

1-3
.htaccess

Chapter 2

2-1

```
$tel = "03-0000-0000";
```

2-2

```
for($i = 1; $i <= 10; $i++ )
{
    print $i;
    print "<br>";
}
```

2-3

```
if($str == " 登録 ")
{
    print " 登録しました。 ";
}
```

2-4

```
foreach($member as $key => $value){
    print "$key：$value";
    print "<br >";
}
```

2-5

```
function test($name)
{
        $str = $name . ' さん、こんにちは！';
        return $str;
}
```

Chapter 3

3-1

```
$string = "TEL:03-0000-0000 （代表） ";
$tel    = substr($string, 4, 12);
```

3-2

```
$last = array_pop($data);
```

3-3

```
<?php
$timestamp = time() + ( 60 * 60 * 24 );
$tommorow  = date('Y 年 m 月 d 日 H 時 i 分 s 秒 ',
                $timestamp );
print $tommorow;
?>
```

Chapter 4

4-1

```
print $_POST["address"];
```

4-2

```php
session_start();
print $_SESSION["count"];
```

4-3

```php
print $_FILES["upfile"]["name"];
```

Chapter 5

5-1

```php
class Board
{
    public $subject  = " 新規投稿です。";
    public $name     = " 永田 ";
    public $contents = " こんにちは！";
    public function dispArticle(){
        print " 件名：".$this->subject . "<br>";
        print " 名前：".$this->name . "<br>";
        print " 内容：".$this->contents . "<br>";
    }
}
```

5-2

```php
$board = new Board;
$board->dispArticle();
```

5-3

```php
class NewBoard extends Board
{
    public $subject  = " 新しい掲示板です。";
}

$board = new NewBoard;
$board->dispArticle();
```

5-4

```php
class NewBoard extends Board
{
    public $subject  = " 新しい掲示板です。";
```

```php
    public function submitArticle(){
    }
    public function editArticle(){
    }
    public function deleteArticle(){
    }
}
```

Chapter 6

6-1

```sql
create database memberdb character set utf8
collate utf8_general_ci;
```

6-2

```sql
CREATE USER 'user01'@'localhost' IDENTIFIED BY
'abcdefg';
```

Chapter 7

7-1

```sql
CREATE TABLE goods (
    id  INT UNSIGNED
        NOT NULL AUTO_INCREMENT,
    goods_name  VARCHAR(100),
    price       INT(11),
    PRIMARY KEY (id)
);
```

7-2

```sql
INSERT INTO goods (goods_name, price) VALUES
(' 自動車 ',1000);
```

7-3

```sql
SELECT * FROM goods;
```

Chapter 8

8-1

```
$db_user  = "user";        // ユーザー名
$db_pass  = "f3u6mi";      // パスワード
$db_host  = "localhost";   // ホスト名
$db_name = "mydb";         // データベース名
$db_type  = "mysql";       // データベースの種類
$dsn = "$db_type:host=$db_host;dbname=$db_
name;charset=utf8";
```

8-2

```
$pdo = new PDO($dsn, $db_user,$db_pass);
```

8-3

```
$sql = "INSERT  INTO member (last_name, first_
name, age) VALUES ( :last_name, :first_name, :age )";
$stmh = $pdo->prepare($sql);
$stmh->bindValue(
        ':last_name', ' 中村 ', PDO::PARAM_STR );
$stmh->bindValue(
        ':first_name', ' 六郎 ', PDO::PARAM_STR );
$stmh->bindValue(
        ':age',            42, PDO::PARAM_INT );
$stmh->execute();
```

Chapter 9

9-1

```
クラス名
NewsModel
NewsController

ファイル名
NewsModel.php
NewsController.php
```

9-2

```
$sql = "INSERT  INTO member (username, password,
last_name, first_name, last_name_kana, first_name_
kana, birthday, ken, reg_date ) VALUES ( :username,
:password, :last_name, :first_name, :last_name_kana,
:first_name_kana, :birthday, :ken , now() )";
```

9-3

```
$this->form->addElement('text', 'name', ['size' =>
50], [ 'label' => ' コメント ']);
```

Chapter 10

10-1

```
public function run() {

 ～   中略   ～

   switch ($this->type) {

 ～   中略   ～

     case "delete":
       $MemberController->screen_delete();
       break;
     case "list":
       $this->screen_list();
       break;
     case "melmaga":
       $this->screen_melmagalist();
       break;
     case "regist":
       $MemberController->screen_regist($this->auth);
       break;

 ～   中略   ～

     default:
       $this->screen_top();
   }
}
```

10-2

```
{if ($db_data) }
<table>
<tbody>
<tr><th> 年月 </th><th> 売上高 </th></tr>
{foreach item=item from=$db_data}
<tr>
<td>{$item.date|escape:"html"}</td>
<td>{$item.sell|escape:"html"} 円 </td>
</TR>
{/foreach}
</tbody></table>
{/if}
```

付録 1

Chapter 11

11-1

```
> mysqladmin ping
```

11-2

```
> mysqladmin status
```

Chapter 12

12-1

```
$params = array(
        "Service" => "AWSECommerceService",
        "Operation" => "ItemSearch",
        "AWSAccessKeyId" => ACCESSKEY_ID,
        "AssociateTag" => ASSOCIATE_TAG,
        "SearchIndex" => "Books",
        "Title" => "PHP MySQL" ,
        "ResponseGroup" => "Images,
                ItemAttributes,Offers"
);
```

12-2

```
var latitude  = position.coords.latitude;
var longitude = position.coords.longitude;
var heading   = position.coords.heading;
var speed     = position.coords.speed;

var message = " 緯度：" + latitude + "¥n" + " 経度："
+ longitude + "¥n" + " 方 角：" + heading + "¥n" + "
速度：" + speed;
alert(message);
```

Chapter 13

ここに掲載している Chapter13 の解答は一例です。
少しでも自分で考えて解答できていれば正解です。

13-1

・メッセージ送信フォーム
・メッセージ保存機能
・メッセージ検索機能
・メッセージ件数表示機能
・メッセージ一覧機能
・メッセージ本文表示機能

13-2

・連番
・送信元 会員 ID
・送信先 会員 ID
・件名
・本文
・送信日時

13-3

「メッセージ件数表示機能」
・メッセージテーブルを会員 ID により検索
・メッセージの件数を取得する
・0 件のときは何もしない
・1 件以上のときはメッセージを表示する
・「メッセージが○件あります」と表示する

13-4

```
// ----------------------------------------------------
// メッセージ件数表示機能
// 引数：メッセージの件数
// ----------------------------------------------------
function display_number_of_message( $number )
{
        //0 件のときは何もしない
        if ( $number == 0 ) {

        //1 件以上のときはメッセージを表示する
        } else if ( $number >= 1 ) {
```

```
        // 「メッセージが○件あります」と表示する
        print ' 「メッセージが '. $number .' 件あり
ます」';
    }
}

// この関数を実行する場合 引数が 10 のとき
// 「メッセージが 10 件あります」と表示されます。
display_number_of_message( 10 );
```

付録2

Download-list
ダウンロード一覧

PHP7+MariaDB/MySQLマスターブックサンプルファイル

URL https://book.mynavi.jp/supportsite/detail/9784839962340.html

XAMPP (Windows)

Chapter 1
Section 02 14
URL https://www.apachefriends.org/index.html

XAMPP (Mac)

Chapter 1
Section 03 18
URL https://www.apachefriends.org/index.html

XAMPP (linux)

Chapter 1
Section 04 22
URL https://www.apachefriends.org/index.html

NetBeans

Chapter 1
Section 08 34
URL https://netbeans.org

JDK (Windows)

Chapter 1
Section 08 35
URL 「https://www.java.com/ja/download/win10.jsp

JDK (Mac)

Chapter 1
Section 08 35
URL http://www.oracle.com/technetwork/java/javase/downloads/index.html

Smarty

Chapter 9
Section 78 269
URL http://www.smarty.net/download

郵便番号のダウンロード

Chapter 11
Section 93 351
URL http://www.post.japanpost.jp/zipcode/dl/kogaki-zip.html

Amazon アソシエイト

Chapter 12
Section 96 269
URL https://affiliate.amazon.co.jp/

Index

索引

【数字・記号】

!	65
!=	60
!==	60
-	58
`	63
~	60
--	64
'	63,91,98,100,113,190
"	92,100,113
%	58
*	58
.	59
.=	59
.htaccess	28,33,252,255
/	58
+	58,65,102
++	64
+=	59
=	49,59
=>	56
#	27,191
$	48,50,54
$_COOKIE	87
$_ENV	87
$_FILES	87
$_FILES["uploadfile"]["error"]	146
$_FILES["uploadfile"]["name"]	146
$_FILES["uploadfile"]["size"]	146
$_FILES["uploadfile"]["tmp_name"]	146
$_FILES["uploadfile"]["type""]	146
$_GET	87,120
$_POST	87,120
$_REQUEST	87,120
$_SERVER	87
$_SESSION	87,141
1	283
$2a$	283
$2x$	283
$2y$	283
5	283

$data	62
$GLOBALS	87
%	233
&	60,92
&#039;	92
&&	65
&gt;	92
&lt;	92
&quot;	92
/* ~ */	41
//	41
:	61
;	45,78
@	62
[ ]	51,56,96
\	91
\q	184
^	60
__	178
__autoload関数	342
__CLASS__	46
__DIR__	46
__FILE__	46,369
__FUNCTION__	46
__LINE__	46,47
__METHOD__	46
__NAMESPACE__	46
__NAMESPACE__	46
__TRAIT__	46
FILE	109
?	61,91
? 値1 : 値2 ;	61
??	61
?>	40
?0	91
?n	91
?q	184
?r	91
?t	91
``	157
<	92
<%	41

391

索引

<?	40
<<	60
<<<EOS	225
<=	60
<	60
<>	60
<=>	60
<option>	134
<select>	134
==	60
===	60
>	60,92
>=	60
>>	60
|	60
||	65

【A】

addRule()	294
addメソッド	177
alertメソッド	366
Allow	253
AllowOverride	28
Amazon	360
Amazonアソシエイト	360
and	65
Apache	16,26,251
apachectl コマンド	33
array	49
array 関数	96
array_merge()	102
array_pop()	100
array_reverse()	103
array_shift()	102
array_slice()	103
array_unshift()	101
array関数	52,56
arsort()	99
asort()	98
asp_tags	41
assignメソッド	270
Authクラス	279
auto_increment	240

【B】

Basic認証	251,254,256
BIGINT	200
Blowfish	283
boolean	49
break文	76,77
case	69

【C】

CHAR	201
CHARACTER SET	192
checkbox	130
checkByte関数	85
checkdate()	105

chmod ……………………………………… 24,107
class ………………………………………… 163
COLLATE …………………………………… 192
continue文 …………………………………… 76
Cookies……………………………………… 138
copy() ……………………………………… 108
CREATE DATABASE文……………………… 192
CREATE USER文 …………………………… 194
CRO ………………………………………… 158
CRUD………………………………………… 182

【D】

date() ………………………………………… 105
date.timezone………………………………… 30
DB2 ………………………………………… 182
DDL ………………………………………… 311
default_charset ……………………………… 30
define 関数 …………………………………… 46
DELETE文…………………………………… 210
delta ………………………………………… 323
Deny ………………………………………… 253
Digest認証 …………………………………… 251
dir …………………………………………… 156
DirectoryIndex ……………………………… 28
displayメソッド ……………………………… 270
DML ………………………………………… 311
do…while文 ………………………………… 71
DROP DATABASE文 ……………………… 193
DSN ………………………………………… 217

【E】

EC-Cube …………………………………… 382
elsif…………………………………………… 68
endwhile; …………………………………… 70
ENT_COMPAT………………………………… 92
ENT_NOQUOTES ………………………… 92
ENT_QUOTES ……………………………… 92
EOS; ………………………………………… 225
escapeshellcmd 関数 ……………………… 159
EUC-JP ……………………………………… 43
exec関数 …………………………………… 156

exitコマンド ………………………………… 23
explode 関数 ………………………………… 53
explode() …………………………………… 94
expose_php………………………………… 31

【F】

FALSE ……………………………………… 46
Facebook …………………………………… 360
fclose() ……………………………………… 107
file 関数 …………………………………… 106
finfo_file関数 ……………………………… 148
file_get_contents() ………………………… 106
file_uploads ………………………………… 148
finaly ………………………………………… 222
finalキーワード ……………………………… 169
float ………………………………………… 49
Flush tables ………………………………… 353
fopen() ……………………………………… 107
foreach文 …………………………………… 74
for文 ………………………………………… 72
fread() ……………………………………… 107
FROM ……………………………………… 210
functionステートメント ……………………… 80
fwrite() ……………………………………… 107

【G】

GD Graphics Library ……………………… 150
Geolocation API …………………………… 366
GET ……………………………………… 118,120
get_hashed_password……………………… 283
getAttributeメソッド ………………………… 371
getCurrentPositionメソッド ………………… 368
getIteratorメソッド ………………………… 177
GETで送信する ……………………………… 121
global………………………………………… 12,86
glob関数 …………………………………… 108
GLOBALS …………………………………… 87
Google ……………………………………… 360
GRANT文 …………………………………… 195

393

索引

Index

【H】

H	105
header()	111
hiddenタグ	124
HTML_QuickForm2	272
HTML5	366
htmlspecialchars()	92,145
htpasswd	256
HTTP GET 変数	87
HTTP POST 変数	87
HTTP クッキー	87
HTTP ファイルアップロード変数	87
httpd.conf	26
HTTPヘッダー	110
Hypertext Transfer Protocol	111

【I】

i	105
IDE	34
IDENTIFIED BY	194
if…elseif…else文	68
if…else文	67
ifconfig	254
if文	66
iis	16
imap	153
imap_open 関数	154
implements	177
implode()	94
inputタグ	127
include文	78,79
index.php	286
InnoDB	202
innodb_buffer_pool_size	354
innodb_log_file_size	354
INSERT文	205
INT	200
integer	49
ipconfig	254
IPアドレス	254
itemData	323
Iteratorパターン	176

【J】

Java SE Development Kit	35
JavaScript	129,366

【K】

JDK	35
JpGraph	13
JIS	43
JSON	13

【K】

krsort()	100
ksort()	99

【L】

list 関数	85
list()	97
Listen	27
LOAD DATA INFILE 構文	357
LoadModule	27
localhost	17
ls	24

【M】

m	105
MAMP	20
mb_convert_encoding 関数	107
mb_convert_kana関数	91
mb_ereg_replace()	115
mb_send_mail()	113
mb_strpos関数	151
mb_strimwidth関数	95
mbstring	31
MD5	283
MEDIUMINT	200
MemberModelクラス	285
Memory	202
memory_limit	148
Mercury/32	112
Merge	202
Metaタグ	119
Microsoft Access	182
Microsoft edge	92
Microsoft SQL Server	182
mkdir()	109
mktime()	104
mode	323
MariaDB	13,183
MTA	112
multiple	136
my.cnf	190

MyISAM ·· 202
MySQL ·· 182,183
mysqladmin ·· 348
mysqlcheck ·· 348
mysqldump ···································· 348,356
mysqli ·· 214
mysqlimport ·· 348
mysqliクラス ·· 216
mysqlshow ··· 348
MySQLの設定 ·· 190
mysql関数 ··· 215

【N】

navigator.geolocationオブジェクト ········ 368
navigatorオブジェクト ····················· 367
nclude_once() ······································· 79
NetBeans ·· 34,42
newキーワード ······························· 164
nl2br 関数 ·· 122
nl2br() ·· 93
NUL バイト ·· 91
null ·· 46
NULL ·· 49
Null合体演算子 ····································· 61

【O】

object ·· 49
Open tables ··· 353
Opens ··· 353
or ·· 65
Oracle ·· 182
Order ··· 252

【P】

Pager ··· 323
pathinfo 関数 ····································· 109
PDF ··· 13
PDO ······································· 214,217,218
PDO クラスのメソッド
　__construct PDO ····························· 219
　beginTransaction ····························· 219
　errorCode ·· 219
　errorInfo ·· 219
　exec ·· 219
　getAttribute ····································· 219
　getAvailableDrivers ·························· 219

nTransaction ·· 219
　lastInsertId ·· 219
　prepare ·· 219
　query ·· 219
　quote ·· 219
　rollBack ··· 219
　etAttribute ·· 219
PDO::ERRMODE_EXCEPTION ············ 221
PDO::ERRMODE_SILENT ···················· 221
PDO::ERRMODE_WARNING E ··········· 221
PDO::PARAM_BOOL ·························· 231
PDO::PARAM_INT ···························· 231
PDO::PARAM_NULL ·························· 231
PDO::PARAM_STR ···························· 231
PDOStatementメソッド
　bindColumn ····································· 220
　bindParam ······································ 220
　bindValue ·· 220
　closeCursor ····································· 220
　columnCount ···································· 220
　debugDumpParams ··························· 220
　errorCode ·· 220
　errorInfo ··· 220
　execute ··· 220
　fetch ·· 220
　fetchAll ··· 220
　fetchColumn ····································· 220
　fetchObject ······································ 220
　getAttribute ····································· 220
　getColumnMeta ································ 220
　nextRowset ······································ 220
　rowCount ·· 220
　setAttribute ····································· 220
　setFetchMode ··································· 220
Perl ··· 95
Permission denied ································ 107
perPage ·· 323
PHP7 ·· 30
PHP _VERSION ···································· 47
php.ini ··· 30
PHP_OS ·· 46
PHP_VERSION ······································ 46
phpinfo(); ··· 40
phpMyAdmin ····································· 349
PhpStorm ·· 383
POP ··· 153
POST ·· 118,120
post_max_size ····································· 148

Index

索引

postfix ···················· 112
PostgreSQL ················ 182
preg_match() ·············· 114
preg_replace() ············ 115
PRIMARY KEY ·············· 201
print文 ····················43
private ···················· 167
protected ··············167,168
public ·················163,167

【Q】

Queries per second avg ······ 353
Questions ·················· 353
quit ······················ 184

【R】

radio ····················· 132
rawurlencode 関数 ·········· 121
RDBMS ···················· 182
ren ······················· 156
require_once() ·············79
require文 ···················78
resource ···················49
return文 ····················84
rmdir() ··················· 109
root ······················ 184
rsort() ····················98

【S】

s ························· 105
SELECT文 ·················· 205
ServerAdmin ················27
ServerName ·················27
ServerRoot ·················26
Services_Amazon ············ 361
session_cache_expire() ······ 141
session_destroy() ··········· 141
session_start 関数 ··········· 141
session_unregister() ········· 141
session_unset() ············· 141
SET ······················ 208
SET PASSWORD ············· 185
setAttribute ··············· 221
setcookie() ················ 138
set_include_path関数 ········78
SHA-256 ·················· 283

SHA-512 ·················· 283
short_open_tag ·············41
SHOW DATABASES文 ········· 192
SHOW TABLES ·············· 202
SID ······················ 141
size属性 ··················· 136
Slow queries ··············· 353
SMALLINT ················· 200
Smarty ·················268,269
sort() ·····················97
SORT_FLAG_CASE ···········98
SORT_LOCALE_STRING ········98
SORT_NATURAL ·············98
SORT_NUMERIC ·············98
SORT_REGULAR ·············98
SORT_STRING ···············98
SPL ·······················13
spl_autoload_register 関数 ···· 342
sprintf 関数 ················ 292
SQL ······················ 204
SQL 文 ···················· 224
SQLite ···················· 182
SQLite ···················· 182
Standard PHP Library ········ 176
static ·····················87
str_replace() ···············90
string ·····················49
strip_tags() ················93
strlen() ···················90
substr 関数 ················ 307
substr() ···················90
switch文 ·················68,69
system関数 ················· 157

【T】

Threads ··················· 353
throw ····················· 221
throwableインターフェース ····· 222
time 関数 ·················· 344
time() ···················· 104
TINYINT ··················· 200
touch ····················· 352
trait ····················· 170
trim() ·····················91
TRUE ······················46
try-catch構文 ·············· 221
Twitter ··················· 360

396

【U】

Unicode	43
UNIX	104
unlink	108
UPDATE文	208
upload_max_filesize	148
upload_tmp_dir	148
Uptime	353
URL	121
use	170
User-Agent	110
USE文	193
UTF-16	43
UTF-8	43

【V】

VALUES	205
VARCHAR	201
vim	28

【W】

Webサービス	360
WHERE	207
while文	70
WordPress	382

【X】

XAMPP	14
XAMPP Control Panel	16,20,183
XAMPP for Linux	22
XAMPP for Mac OS X	18
XAMPP for Windows	14
XAMPP-VM for mac	20
XAMPPのセキュリティ	189
XML	13
xor	65

【Y】

Y	105
Yahoo	360

【あ】

アクセサー	174
インスタンス	164
インストールエラー	36
インターフェース	177
インデックス	51
宇宙船演算子	60
エラーハンドラ	220
エラー制御演算子	62
エンコード	121
演算子	58
オートローディング	342
オーバーライド	168
オブジェクト	49
オブジェクト指向	162
オブジェクト変数	166
オプション	24

【か】

改行	91
改行コード	93
改行タグ	93
開始タグ	40
外部コマンド	156
カウンタ	142
加算子	64
画像の縮小	150
型変換	49
カラム	198
環境変数	87,129
キー	54
基底クラス	287
行	198
クエリー	204
クッキー	138,277
クッキーのセット	138
クッキーの有効期限	138
クラス	162,171
ぐるなび	360
グローバル変数	86,87
継承	168
継承クラス	287
検索キー	233
減算子	64
降順ソート	98
後置加算子	64

397

索引

コマンド	24
コマンドツール	348
コマンドプロンプト	63,156
コマンドライン	158
コメント	41
コンストラクタ	178

【さ】

サーバサイド・スクリプト言語	13
サーバ変数	87
サブクラス	168
三項演算子	61,67
実行ファイル	24
実行演算子	63
シナリオ	171
終了タグ	40
終了タグ	45
条件式	66
照合順位	192
昇順ソート	97
シングルクォーテーション	91
シングルクォート	63
スーパークラス	168
スーパーグローバル	87
スキーマ	182
スコープ	86
ストレージエンジン	202
正規化	262
正規表現	114
制御構造	286
整数	49
セキュリティ	159
セッション	140,277
セッションID	140
セッション管理	13
セッション変数	87
セッション変数の破棄	321,323
接続ポート	155
絶対パス	26
前置加算子	64
前置減算子	64
送信フォーム	119,146,228
送信ボタン	126
相対パス	26
ソルト	283

【た】

ターミナル	156
代数演算子	58
代入演算子	49,59
タイムアウト処理	344
タイムスタンプ	104
タイミング攻撃	283
多次元配列	57
多重継承	168
タブ	91
チェックボックス	130
抽象化	163
定数	46,174
ディレクティブ	252
ディレクトリ	109, 266
ディレクトリを削除	109
ディレクトリを作成	109
データの受け取り	131
データの上書き	51
データベース	182
データベースハンドラ	219,220
テーブル	198
テキストエディタ	43
テキストの送信	118
デザイン	268
デザインパターン	176
デストラクタ	178,179
テンプレートエンジン	268
匿名ユーザー	188
トランザクション処理	230
トレイト	168,170

【な】

入力エラー	294
入力チェック	293
認可	250
認証	250,276

【は】

排他的論理和	65
バイナリログ	356
配列	49,50,94,96
配列演算子	65,102
配列の初期化	53
パスワードの暗号化	310
パス情報	109

パースエラー	62
バックアップ	356
バッククォート	63
バックグラウンド	159
バックスラッシュ	91
ハッシュ値	282
半角スペース	91
半角数字	115
ヒアドキュメント構文	225
比較演算子	60
引数	82
引数のデフォルト値	83
日付・時刻	104
ビット演算子	60
否定	65
ファイルアップロード	146
ファイルの権限	107
ファイルの転送	146
ファイルの読み書き	106
ファイルをコピー	108
ファイルを削除	108
フィールド	198
複数行のテキスト送信	121
復帰	91
浮動小数点数	49
プライマリキー	198,201
フラグ	98
プラグイン	36
プリペアドステートメント	221,226
プルダウンメニュー	73,134
プロジェクト	42
プロセスID	16
変数	48
変数展開	58
ポインタ	74
ホスト名	185

【ま】

マージ	102
マッシュアップ	360
マッチ	114
メール受信	152
メール送信	112,113
メソッド	163,166
メタキャラクタ	114
メモリ	48
メンバー	163

文字	42
文字コード	43,63,107
文字コード変換	13
文字の並び方	99
文字列	49
文字列の操作	90
文字列結合演算子	59
戻り値	84

【や】

ユーザー定義関数	80
ユニーク	237
予約語	163

【ら】

楽天	360
ラジオボタン	132
リクエストヘッダー	110
リクエスト変数	87
リストボックス	136
リソース	49
リダイレクト	111
リレーショナルデータベース	262
リンクの作成	240
ループ	72
レコード	198
レスポンスヘッダー	111
列	198
連想配列	54
レンタルサーバ	370
ローカルスコープ	86
ロギング	352
ロジック	268
論理演算子	65
論理積	65
論理値	49
論理和	65,65

399

●**永田順伸（ながた よりのぶ）**

1962 年生まれ、東京在住。インターネットの黎明期にフリーランスとしてホームページ制作や CGI 作成など Web 関連の仕事を開始。同時にメールマガジンや業界紙、月刊誌などでインターネット関連の技術情報を執筆。これまでにゴーストライターとして 7 冊ほど技術関連の本を企画・執筆したあと、2014 年に自分名義で『PHP + MySQL マスターブック』（小社刊）を出版。現在は EC サイトのコンサルタントやプログラマー、技術書のライターとして多忙な日々を送っています。
ホームページ http://www.ynagata.com/

●**お問い合わせについて**

本書の内容に関する質問は、下記のメールアドレスおよびファクス番号までお送りください。ご質問の際は書籍名、ページ数を明記してくださいますよう、お願い申し上げます。なお、電話によるご質問や、本書の内容以外についてのご質問にはお答えすることができませんので、あらかじめご了承ください。

メールアドレス：book_mook@mynavi.jp　　ファクス：03-3556-2742

PHP7+MariaDB／MySQL マスターブック

2018 年 1 月 30 日　初版第 1 刷発行
2018 年 4 月 24 日　初版第 2 刷発行

●**著者**　　　　　　　永田順伸
●**発行者**　　　　　　滝口直樹
●**発行所**　　　　　　株式会社 マイナビ出版
　　　　　　　　　　　〒 101-0003　東京都千代田区一ツ橋 2-6-3 一ツ橋ビル 2F
　　　　　　　　　　　TEL0480-38-6872（注文専用ダイヤル）
　　　　　　　　　　　TEL03-3556-2731（販売部）
　　　　　　　　　　　TEL03-3556-2736（編集部）
　　　　　　　　　　　URL：http://book.mynavi.jp

●**装丁・本文デザイン**　米谷テツヤ
●**DTP**　　　　　　　　テクニカル・テーブル
●**印刷・製本**　　　　　図書印刷株式会社

©2018 Yorinobu Nagata, Printed in Japan
ISBN978-4-8399-6234-0 C3055
定価はカバーに記載してあります。
落丁・乱丁本はお取替えいたします。落丁・乱丁についてのお問い合わせは
TEL 0480-38-6872（注文専用ダイヤル）、電子メール sas@mynavi.jp までお願いいたします。
本書は著作権上の保護を受けています。本書の一部あるいは全部について、著者、発行所の許諾を得ずに、
無断で複写、複製することは禁じられています。
本書に登場する会社名や商品名は一般に各社の商標または登録商標です。